IoT Technology and Services

IoT 기술과 서비스

김현욱 저

동일출판사

감사의 글
acknowledgement

IoT 서비스가 범용화되고 있지만, 기술이 다양하고 복잡해서 전체적인 IoT 기술과 서비스를 이해하기 위해서는 어려움이 많았습니다. IoT 기술은 최근 정의된 것은 아니라 오랜기간을 걸쳐서 개발되었기 때문에 이전 기술을 이해해야만 어느 정도 접근할 수 있습니다.

본 서는 IoT 기술을 어느 정도 쉽게 기술하여 ICT와 관련된 사람뿐만 아니라 일반인도 IoT 기술과 서비스를 이해할 수 있도록 작성했습니다. 저자는 과거 다양한 이동통신과 IoT 기술을 개발했고, 상용화를 통하여 실제 느끼고 경험한 사실을 기반으로 작성했습니다.

본 서에는 5G 이동통신 기술이 많이 언급되어있지만, 세부적인 설명은 추가하지 않았습니다. 따라서 5G 이동통신과 관련된 세부 기술은 “5G 이동통신 기술과 서비스(김현욱, 동일출판사, 2019년)” 책을 참고하시기 바랍니다.

또한 저자는 IoT 이외에 다수의 신기술을 활용한 사업화 경험으로 추가 서적(AR/VR, eCommerce, AI, 보안기술 등)도 기획하고 있어서 향후 많은 관심 부탁드립니다. 본 서적이 발간되기까지 주위에 많은 분들이 자문과 지지를 해주셨는데, 이 분들께 감사 드립니다.

본 서가 발간되기까지 도와주신 분들은 임종태, 변재완, 김헌배, 이종봉, 이성범, 김희덕, 김경준, 양중근, 이준우, 김후종, 김성일, 문병호, 김진형, 배성수, 윤상현, 강봉호, 임형진, 이문희, 정일옥, 김정택, 염희웅, 민복기, 주범수, 이창우, 정종태, 조성훈, 박준석, 조원득, 김형기, 이재훈, 최윤석, 임준석, 윤재명, 김민용, 고현철, 윤석근, 김희두, 엄재홍, 김용선, 어응규, 심상규, 양정웅, 고대건, 성경택, 이창욱, 최용욱, 구본석, 전병철, 신동헌, 김순진, 하태곤, 최병혁, 문병철, 김태훈, 이정훈, 이철희, 두호진, 김득화, 조재웅, 윤영섭, 김주한, 유현길, 민경기, 조진균, 이봉문, 이종혁, 정헌구, 임두루, 노재영, 임의택, 백운달, 신민수, 김수철, 이충성, 문지한, 최규훈, 박순구, 조동원, 진대연, 박윤기, 정재웅, 이상우, 손상목, 정대성, 채상호, 김보은, 김정표, 김재훈, 송재훈, 박문서, 김기동, 김상준, 이성익, 김영중, 박태준, 김종현, 최은석, 남기선, 최양준, 송호용, 유지봉, 전대인, 고현철, 유봉국, 양성준, 강민석, 김현기, 신주용, 정성한, 박효순, 함성식, 권오주, 임병근, 양승모, 이삼구, 김성섭,

감사의 글
acknowledgement

박웅렬, 임준우, 하충만, 하병우, 한규영, 윤석진, 김상표, 양묘근, 성재모, 민병준, 김도형, 윤영신, 김남건, 김경태, 주병선, 정병록, 정태국, 이정용, 김철우, 박동일, 조성호, 조성민, 신동명, 최용규, 박지원, 강남기, 오성흔, 오석표, 손광준, 박시우, 강재현, 조채환, 천형주, 김승빈, 김경석, 최영조, 이관석, 김용태, 박성수, 윤종철, 김병철, 박지철, 장용재, 김영곤, 정기모, 김현중, 박주령, 김희철, 김병수, 심상우, 양시빈, 정종민, 류명환, 김성진, 백승윤, 최진태, 홍승표, 김기철, 조현덕, 이준성, 위인환, 양옥렬, 김정민, 서장원, 윤성룡, 이태형, 이석건, 김영락, 이동학, 이병인, 이도영, 임재우, 이현호, 윤종필, 이윤승, 박상진, 곽승환, 이기원, 김민형, 최준혁, 노해강, 신철원, 백승윤, 이상범, 김도용, 이원주, 김영훈, 김종석, 정우성, 박천민, 원창연, 김경민, 왕성호, 정희석, 서동희, 오상석, 김석태, 송양섭, 박진열, 권해문, 박용완, 황승익, 한대희, 김지훈, 황석희, 송병욱, 정찬욱, 이필우, 성효경, 최성호, 이성호, 김도완, 김형석, 원정현, 양진욱, 장호식, 정준용, 정해관, 안은영, 이준성, 최안나, 김영완, 고우리, 황인성, 이동영, 오종인, 김남구, 홍문식, 김필성, 강유경, 김봉환, 문병성, 박윤근, 어수안, 김재홍, 박종인, 김영우, 조삼모, 탁현욱, 정훈주, 김동현, 조현석, 유재명, 조형준, 조상현, 이영준, 김재동, 김기돈, 김원태, 하헌범, 노재헌, 김재원, 이태호, 박찬상, 정정문, 황승진, 차종호, 황인성, 이동영, 오종인, 김남구, 홍문식, 김필성, 오강영, 채원석, 류재철, 김형선, 최준규, 김윤석, 이종국, 조형준, 최영래, 최 혁 등 입니다. 책 발간에 도움을 주신 분들께 감사 드립니다.

마지막으로 이 책이 나오기까지 지속적으로 지지와 격려를 해준 사랑하는 나의 가족, 특히 새로운 도전에 힘을 주고 꼼꼼하게 원고를 교정해 준 나의 인생 동반자 이나경에게 감사드립니다.

머리말
Preface

IoT는 다양한 사물에 센서와 통신기능을 추가하여 항상 인터넷으로 연결되어 사물로부터 데이터가 수집되고, 이를 활용하여 가치있는 서비스를 제공하는 것이다. 최근 IoT에 Big Data, AI, 5G 등의 기술이 접목되어 기존의 IoT 디바이스간 연결중심에서 지능적인 서비스를 제공하는 방향으로 축이 이동되고 있다.

IoT 서비스는 사용자에게 편리한 기능을 제공하여 생활을 편리하게 하거나, 산업에 적용되어 시간과 비용을 줄이고 생산성을 증가시키는 효과가 있다.

IoT 디바이스 수는 2010년부터 급격히 증가되고 있으며, 향후에도 높은 성장이 예측된다. 보급율 측면에서 IoT 디바이스는 기존 PC나 휴대폰보다 훨씬 빠르고 폭발적이다.

ITU는 국제 공식 표준화 단체로서 IoT 기술에 대한 전체적인 표준화를 주관하고 있다. ITU는 세부적인 IoT 기술 정의보다는 전반적인 구조나 방향성을 제시한다. 또한 IoT 서비스에 적용되는 기술이 많아서 이러한 기술을 정의하는 표준화 단체는 많다.

IoT에 적용되는 기술은 무선통신, 인터넷 통신기술, 디바이스, Gateway, IoT Cloud Platform 등이 있다. 무선통신 기술에는 Bluetooth, Wi-Fi, 5G 이동통신 등이 있고, 가장 많이 사용되는 인터넷 통신기술에는 CoAP과 MQTT가 있다.

IoT Cloud Platform은 협회나 표준화 단체에서 주도하는 oneM2M이나 OCF가 있다. 이와는 별도로 Cloud 서비스 사업자인 Amazon, Microsoft, Google 등에서 제공하는 IoT Cloud Platform도 있다.

최근 다수의 IoT 서비스 제공자는 투자비용, 서비스 운용, 확장성 등에서 장점이 많은 범용 Cloud 서비스를 활용하는 추세이다. 또한 다수의 IoT 칩 업체는 다양한 제품을 출시하여 IoT 디바이스를 쉽게 개발할 수 있는 환경이 되었다.

최근의 IoT 서비스는 많은 IoT 디바이스가 자주 데이터를 생성하여 결국 Big Data가 되고, 이러한 Big Data에서 분석을 잘 해야 서비스 가치를 높이고 수익이 증대된다. 즉, IoT 비즈니스 환경은 데이터 위주로 중심이 이동하고 있으며, 결국 Big Data 분석을 잘 해야만 수익을 극대화할 수 있다.

머리말
Preface

또한 IoT에 AI가 접목됨으로써 기존의 사물간 연결 위주에서 지능적인 기능이 추가됨으로써 사용자가 원하는 서비스 품질이 높아지고 있다.

IoT 서비스는 다양하지만 일반적으로 IoT 업계는 Industrial IoT와 Consumer IoT 서비스로 구분했다. 이중에서 많은 IoT 서비스 제공자는 Industrial IoT 서비스 개발에 집중하고 있다.

Industrial IoT 서비스 중에 Smart Factory는 기존 공장에 IT 기술을 접목하여 생산효율을 증대시키고, 원가를 절감하는 서비스로써 많은 IoT 디바이스와 실시간 처리가 가능한 통신기술이 사용된다.

또한 Consumer IoT 서비스 중에 Smart Home은 IoT 기술을 활용하여 가정용 전자기기를 효과적으로 제어하여 사람의 삶의 질 향상과 편리한 생활을 위한 서비스이다.

특히, 최근의 Industry 4.0이나 Digital Transformation을 위하여 IoT가 기본적으로 사용되며, 이제는 IoT 디바이스가 사람의 생활이나 산업현장에서 생활의 일부분이 되어서 필수품으로 자리를 잡고 있다.

이처럼 IoT가 급격히 성장되는 이유는 IoT가 사람의 생활을 편리하게 해주고 기존 산업에 적용되어 원가절감, Process 개선, 품질개선 등의 효과가 있기 때문이다. 또한 대부분 국가는 사회 시스템을 효율적으로 운용하기 위하여 국가 차원에서 IoT를 장려함으로써 관련 기술이 발전되는 계기가 되었다.

본 서에서는 IoT의 성장배경, 주요 기술과 서비스를 정리했고, 향후 발전방향에 대해서도 언급했다.

목 차
Contents

목 차
Contents

CHAPTER 2

IoT 기술

목 차
Contents

CHAPTER 3
IoT 서비스

chapter 01 IoT 개요

Chapter

01 IoT 개요

1. 정의, 배경

1) 정의

IoT(Internet of Things, 사물인터넷)는 다양한 사물에 센서, 통신기능 등이 내장된 디바이스를 부착하여 이 디바이스가 인터넷에 연결되는 기술이다. 사물이란 우리 주변에 존재하는 물건이며, IoT란 이러한 사물이 유무선 통신으로 인터넷에 연결된 것이다.

IoT 서비스 목표는 ① 우리 주변에 있는 사물을 인터넷에 연결시켜, ② 사물이 생성하는 정보를 다른 사물이나 사람이 공유하고, ③ 이를 통하여 사물은 사람의 개입 없이 자동으로 정보를 수집한 다음, ④ 사람에게 서비스를 제공하여 편리한 생활을 위한 것이다.

IoT 용어 정의는 다수가 있지만, 전세계 통신과 관련된 정책, 규격, 규제(Regulation) 등을 관할하는 국제 공식 표준화 기구인 ITU(International Telecommunication Union)에서 정의한 IoT 용어가 어느 정도 객관적인 것으로 알려져 있다. ITU는 다음과 같이 IoT를 정의했다(2016년).

A global infrastructure for the information society, enabling advanced services by interconnecting(physical and virtual) things based on, existing and evolving, interoperable information and communication technologies.

즉, ITU는 IoT를 "현재 있거나 향후 등장할 상호 호환성이 있는 정보통신 기술을 기반으로 다양한 사물(물리적, 가상적)을 연결시켜 발전된 서비스를 제공하기 위한 글로벌 인프라"라고 정의했다.

ITU는 IoT 용어를 정의한 2016년 이전에 IoT가 성장될 것으로 예측하여, 2005년에 처음으로 IoT 개념(Concept)을 정립했는데, 이때 IoT 개념은 "언제, 어디서나, 어떤 것이든 통신으로 연결시켜주는 기술"이었다.

당시 ITU가 IoT에서 중점을 둔 사항은 다양한 사물이 서로 통신되는 연결성이었다. 하지만, 이후 ITU가 수정한 IoT 정의는 "사물이 인터넷으로 연결되어 상호간 존재와 상태를 파악하여 데이터를 수집하고, 이를 활용하여 새로운 가치(Value)를 창출하는 것"이었다. 이렇게 생성된 가치는 결국 사람이 활용하게 되고, 사람의 생활을 편리하게 해 준다.

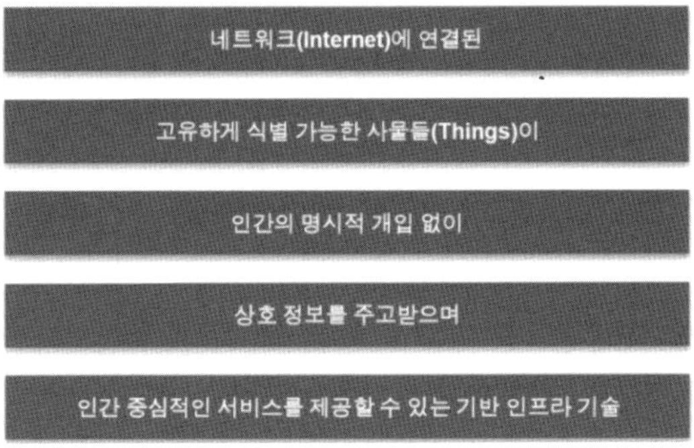

그림 1-1 IoT 정의 예 (출처 : IBM)

여기에서 새로운 가치란 기존에 개별적인 사물(또는 물건)이 제공하지 못했던 새로운 서비스를 사람에게 제공해주는 것으로, 예를 들어 Smart Home을 활용하여 침대에서 잠이 들면 자동으로 전등이 꺼지고, 잠에서 깨면 자동으로 창문이 열려서 환기를 하는 등 다수의 사물이 인터넷으로 연결되어 사람의 생활을 편리하게 해 주는 것이다.

또한 국내 정부는 IoT를 "정보통신기술을 기반으로 모든 사물이 통신으로 연결되어 사람과 사물, 사물과 사물 간에 정보를 교류하여 상호 소통하는 지능형 인프라 기반의 서비스를 제공하는 기술"이라고 정의했다.

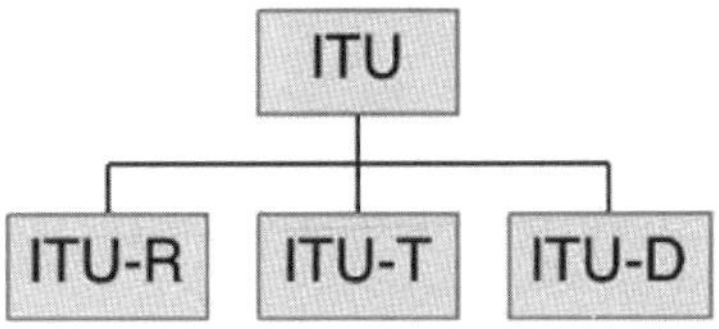

ITU는 UN(United Nations) 산하기관으로서 전세계 통신과 관련된 규제, 규격 등을 관할하는 국제 공식 표준화기구이다. 즉, ITU는 각 국가가 주된 멤버로서 통신과 관련된 전세계 유일한 공식적인(각 국가가 인정하는) 기구이다.

ITU 산하 조직으로는 ITU-T(Telecommunication), ITU-R(Radiocommunication), ITU-D(Development)가 있으며, 이 중에서 IoT 권고안을 만드는 조직은 ITU-T이다. 일반적으로 ITU는 세부 규격은 정의하지 않고, 요구사항이나 권고안 등을 배포하여 해당 세부 기술규격은 관련된 다른 표준화 단체에서 정의한다.

예를 들어, ITU-T는 IoT와 관련된 용어정의, Reference Model(참조모델), 권고안 등을 배포하고, 세부기술과 서비스 구현방법은 다른 표준화 단체나 협회인 3GPP, IEEE, ETSI, ISO/IEC, IETF, oneM2M, OCF, GSMA 등에서 정의한다.

ITU-T는 유선통신, 통신장비 운용, 요금 등에 대한 규제나 기술 권고사항을 정의하고, ITU-R은 전파를 사용하는 통신방식(즉, 무선통신) 정의와 전세계 통신용 주파수 할당 등을 관할하며, ITU-D는 인류복지를 위한 정보통신 서비스를 정의하는 것으로, 주로 개발도상국을 대상으로 관련된 프로그램을 제공하는 조직이다.

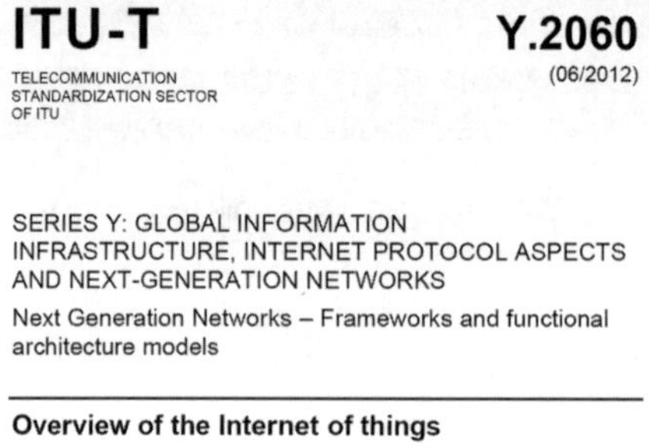

ITU-T **Y.2060**

TELECOMMUNICATION STANDARDIZATION SECTOR OF ITU (06/2012)

SERIES Y: GLOBAL INFORMATION INFRASTRUCTURE, INTERNET PROTOCOL ASPECTS AND NEXT-GENERATION NETWORKS

Next Generation Networks – Frameworks and functional architecture models

Overview of the Internet of things

ITU 산하조직인 ITU-T는 Series A부터 Series Z까지 권고안(Recommendations)을 작성하여 배포하는데, 이 중에서 IoT와 관련된 Series는 'Y'로써 "ITU-T, Y.2060" 등에 IoT와 관련된 내용이 정의되어 있다. Y.2060은 단순한 일련번호로 이전 Y.4000에서 번호를 다시 할당한 것으로 특별한 의미가 있는 것은 아니다.

ITU가 정의한 IoT에서 'Things'는 물리적, 가상적 사물로 구분되며, 이러한 사물은 통신망(즉, 인터넷)에 연결되어 정보가 교환될 수 있는 대상으로 정의했다. 물리적 사물은 사람이 어떤 목적을 달성하기 위해 만들어진 물건(예: TV, 식탁, 시계, 옷, 차량 등)이며, 심지어는 동물까지 포함되는 넓은 의미이다. 가상적 사물이란 인터넷으로 송수신되거나 저장될 수 있는 정보(예: 비디오, 오디오, 이미지, 문자, 앱)이다.

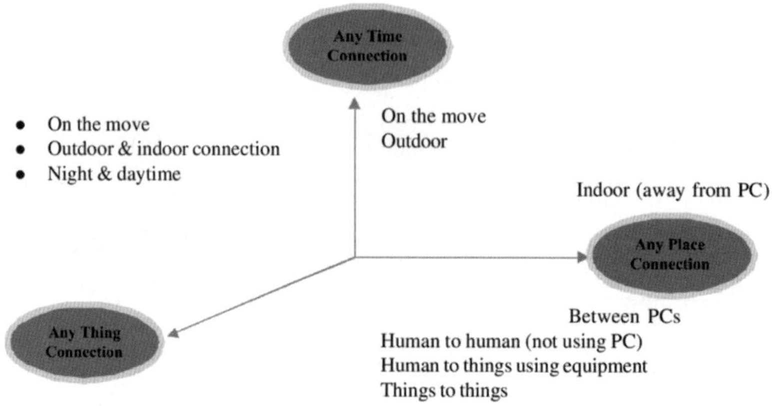

그림 1-2. IoT를 위한 새로운 도메인 도입 (출처: ITU)

ITU는 IoT를 정의하면서 기존 통신의 특징인 Any Time Connection과 Any Place Connection에서 새로운 도메인(또는 차원)인 Any Thing Connection을 추가했다. 즉, 기존의 통신은 무선을 활용하여 시간과 공간의 제약 없이(Any Time, Any Place) 통신이 가능한 환경인데, 여기에 IoT가 도입되면서 컴퓨터간, 사람과 사물간, 사물 상호간 통신할 수 있는 새로운 도메인(Any Thing)이 추가되었다.

이렇게 Any Thing Connection 도메인이 도입되면, 통신의 패러다임이 사람 중심에서 통신 주체가 사물로 확장되는 변화가 생긴다. 사물은 사람보다 훨씬 많기 때문에 IoT의 잠재적 시장은 크다.

ITU는 Things가 Physical World(현실세계)에 있거나 Information World(가상세계 또는 인터넷 상)에 있을 수 있다고 정의하면서 이들의 연관성을 정의했다. Physical World에 있는 Physical Things는 전자제품, 기계, 의류 등이 될 수 있고, Information World에 있는 Virtual Things는 멀티미디어, 문자, 응용 S/W 등이 될 수 있다.

Information World는 가상세계, 인터넷 상, 컴퓨터 S/W, Digital World, 사이버 공간 등과 같은 의미이며, 인터넷이나 컴퓨터가 제공하는 환경이다.

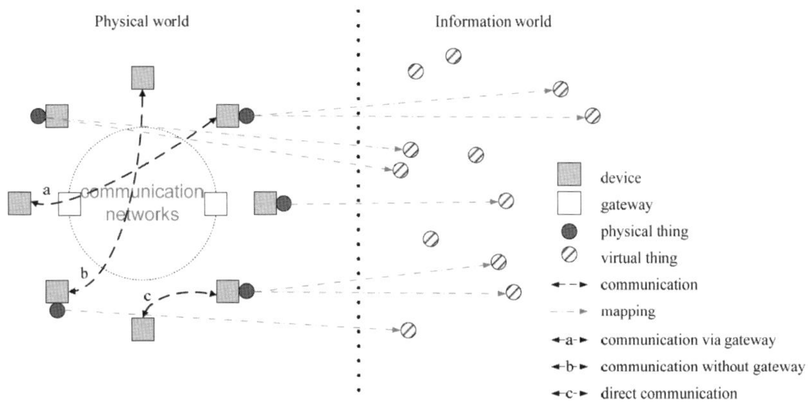

그림 1-3. Physical World와 Information World의 연관성 (출처: ITU)

Physical Thing은 하나 또는 다수의 Virtual Thing에 매핑(또는 연결)될 수 있고, Virtual Thing은 Physical Thing없이 존재할 수 없다. 예를 들어 가정용 전기 검침장치인 경우, Physical Thing은 전기검침기 자체지만, Virtual Thing은 ① 가정에서 사용한 전기량에 대한 전체 검침정보, ② 필요시 각 전자제품이 사용한 각각의 검침정보가 해당될 수 있다.

이렇게 Physical Thing을 Virtual Thing으로 매핑(Mapping)하는 이유는 사람이 컴퓨터를 활용하여 편리하게 사물을 관리하고, 정보를 획득하기 위한 것이다. 이러한 매핑은 결국 Digital Twin이나 CPS(Cyber Physical System)와 개념이 유사하다.

Digital Twin이란 현실세계에 있는 사물을 그대로 가상세계(즉, 컴퓨터 S/W)로 매핑한 것으로 일종의 디지털 쌍둥이(Physical World와 Information World의 정보는 같음)이다. CPS는 Digital Twin을 사이버 공간에서 제어 가능한 환경을 의미한다.

주차장에 설치된 IoT 장치에서 Physical World와 Information(또는 Digital) World간 매핑 예를 보면, Physical World에 있는 주차 가능한 공간 크기, 주차 위치, 출입 장치, 결제 장치 등의 물리적인 장치는 모두 Information World에 해당 정보(즉, S/W)로 매핑될 수 있다.

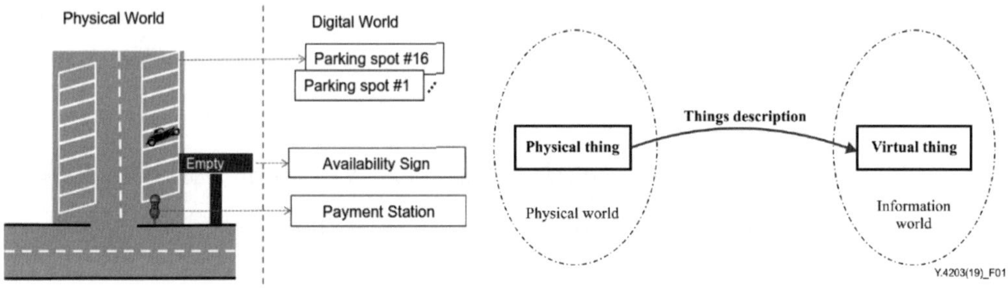

그림 1-4 Physical World와 Information World 간 매핑 (출처: ITU)

Physical Thing은 사전(즉, 정보 생성시점)에 정의된 유일한 ID(또는 주소)를 가지고 항상 인터넷에 연결된다. Physical World에 있는 IoT 디바이스가 Information World와 통신할 때, Gateway를 거치거나 디바이스 자체가 Information World에 연동될 수 있다. 이 경우, Physical Thing의 ID는 그대로 Information World에도 사용된다.

정보통신에서 ID(IDentifier)란 각 개인이나 사물에 할당된 유일한 구분자로써 Information World에서 데이터가 처리되거나 가공될 때도 사용되는 식별자이다. 사람의 경우, 일반적으로 ID는 주민등록번호가 될 수 있으며, ID 의미를 확장하면 신분증이 된다.

각 사물은 상호간 통신이나 Cloud와 통신을 위하여 고유의 식별자인 IP주소나 OID(Object IDentifier) 등이 부여되며, 이것은 인터넷에서 해당 사물의 데이터가 처리될 때, 다른 사물과 구분되는 ID(식별자, 인식자, 구분자)가 된다.

Physical Thing(로봇, 냉장고, 옷, 차량 등)에는 Sensor(사물을 감지하여 정보를 알아내는 장치), Actuator(시스템을 움직이거나 제어하는 장치) 등이 내장되거나 부착되어 있으며, Sensor가 생성하는 정보나 Actuator로 보내는 제어 명령은 인터넷으로 송수신된다.

Virtual Thing(멀티미디어, 앱, 응용 S/W 등)은 Information World에서 저장되거나 다른 목적으로 정보가 가공될 수 있으며, 다른 S/W가 Virtual Thing에 접근하여 해당 정보를 읽을 수도 있다.

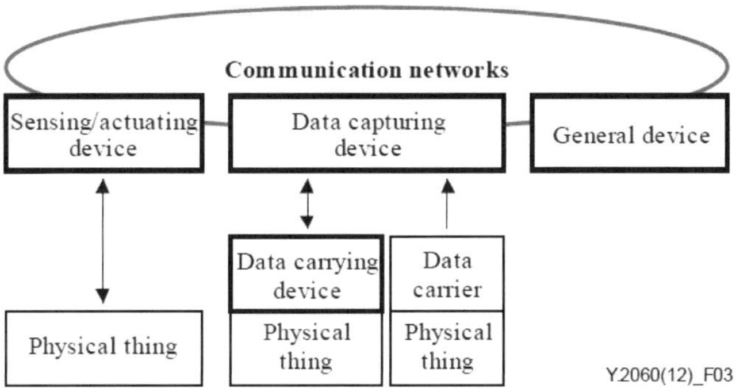

그림 1-5 Physical Thing 디바이스 종류와 연관성 (출처: ITU)

ITU는 IoT 디바이스가 갖추어야 하는 기본 요구사항으로 통신기능을 정의하면서, 이러한 기본 기능(즉, 통신) 외에 몇 가지 추가기능을 포함하여 다음과 같이 4가지 종류의 IoT 디바이스를 정의했다.

① Data Carrying Device(식별 디바이스): 식별 디바이스는 물리적 사물에 부착되어 이 사물을 간접적으로 통신망에 연결시키는 디바이스로 RFID(Radio Frequency IDentification) Tag(태그)가 해당된다.

② Data Capturing Device(데이터 획득 디바이스): 데이터 획득 디바이스는 사물에 부착된 IoT 디바이스와 통신을 통해 이 사물의 정보를 읽거나 기록할 수 있는 디바이스로 RFID Reader(리더)가 될 수 있다.

③ Sensing/Actuating Device(센싱/구동 디바이스): 센싱/구동 디바이스는 사물의 상태, 동작, 주변 환경 등의 정보를 측정 또는 감지하거나, 사물을 제어하기 위한 디바이스로 다양한 Sensor와 Actuator가 포함된 IoT 디바이스이다.

④ General Device(범용 디바이스): 범용 디바이스는 사물에 부착되어 정보처리와 통신기능을 갖춘 일반적인 IoT 디바이스가 해당된다.

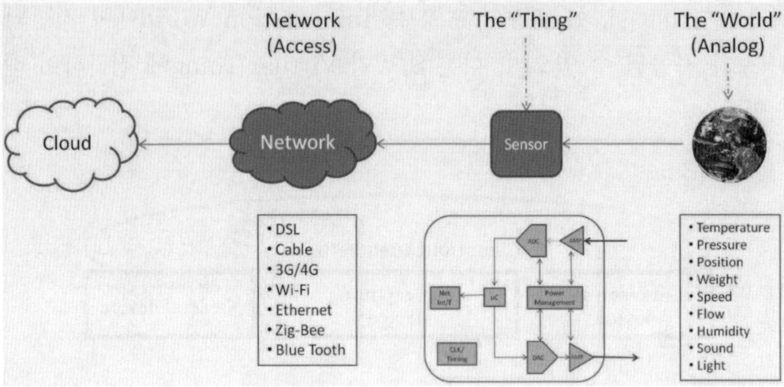

그림 1-6 IoT 서비스를 제공하기 위한 구성요소 (출처: Greywale Management)

IoT 서비스를 위한 구성요소를 보면, 현실세계(The World 또는 Physical World)에 있는 IoT 장치(The Thing)가 사물로부터 데이터를 수집하여 통신망(Network)을 통해서 Cloud로 보내면, Cloud에서 IoT 데이터가 가공되거나 처리된다.

ITU는 IoT 기기간 호환을 위하여 IoT Reference Model(참조모델)을 정의했다(2012년). ITU의 IoT Reference Model은 수평으로 하위부터 상위까지 Device Layer, Network Layer, Service Support and Application Support Layer, Application Layer로 구성되어 있고, 수직으로는 Layer 전체를 관리하는 Management Capabilities와 보안을 담당하는 Security Capabilities가 있다.

이렇게 각 Layer별로 처리되는 기능을 정의한 이유는 ① IoT 서비스에서 각 사물이 해당 기능 단위로 동작될 수 있고, ② 특정한 목적으로 서비스 정책이 변경될 때 유연하게 대처하고, ③ 다른 IoT 기기와 호환을 위한 것이다.

ITU에서 정의한 IoT Reference Model은 기본적으로 ISO(International Organization for Standardization)에서 정의한 OSI(Open Systems Interconnection) 7 Layer를 참조하여 IoT에 맞게 Layer를 재 정의한 것이다.

IoT Reference Model을 하위 Layer부터 볼 때, ① Device Layer는 디바이스와 Gateway에서 처리하는 기능(Capabilities)이며, ② Network Layer는 통신과 관련된 사항, ③ Service Support and Application Support Layer는 서비스 제공을 위한 일종의 플랫폼 기능, ④ Application Layer는 다양한 응용 서비스가 구현되는 Layer이다.

이렇게 주된 기능을 처리하는 수평(Horizontal) 구조의 Layer가 있고, 이 수평 Layer를 전체적으로 관리하기 위한 수직(Vertical) 구조로 Management Capabilities와 Security Capabilities가 있다.

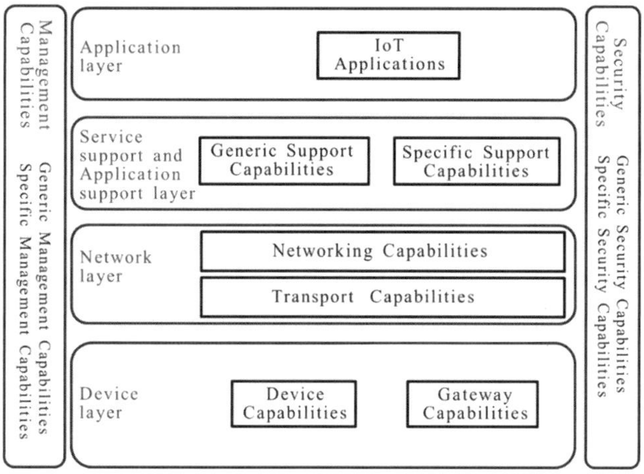

그림 1-7 IoT Reference Model (출처: ITU)

IoT가 추구하는 방향성(철학 또는 사상)은 ① 단말기 측면에서 저가, Low Computing Power, 제한된 메모리, 긴 배터리 수명, 개발의 편리성 등이 있고, ② 통신측면에는 저속통신, 많은 IoT 디바이스 수용, 전파가 건물내부로 깊숙히 침투(Deep Penetration), 먼거리 전송 등이다.

IoT는 이동통신이 추구하는 가장 큰 특징인 초고속 데이터 통신과는 근본적으로 방향이 다르다. 따라서 5G(Generation) 이동통신의 경우, 초고속 통신과는 별도로 IoT를 위한 처리절차가 추가로 정의되어 있다. 물론 이동통신망에는 초고속 통신과 IoT가 하나의 통신망(예: 5G)에 구현되고 운용된다.

예를 들어, 4G와 5G에서 IoT 목적인 NB(Narrow Band)−IoT가 이동통신망에 구현되는데, NB−IoT는 초고속 데이터 통신이 아닌, IoT가 추구하는 방향에 맞게 저속통신, 간단한 처리, 저가 단말기, 먼거리 통신 등이 특징이다.

3GPP(3rd Generation Partnership Project, 이동통신 기술 표준화 단체)는 5G 이동통신에서 고속통신은 광대역(예: 100MHz) 주파수 폭이 사용되지만, IoT를 위해서는 IoT가 추구하는 목적을 만족시키기 위해 협대역(예: 200KHz) 주파수 폭이 사용된다.

IoT와 관련된 용어에는 IoT 이외에 M2M(Machine to Machine), WoT(Web of Things), IoE(Internet of Everything) 등 추가적인 용어가 있다. 이렇게 IoT와 유사한 다수의 용어가 있지만, 일반적으로 IoT가 가장 많이 사용된다.

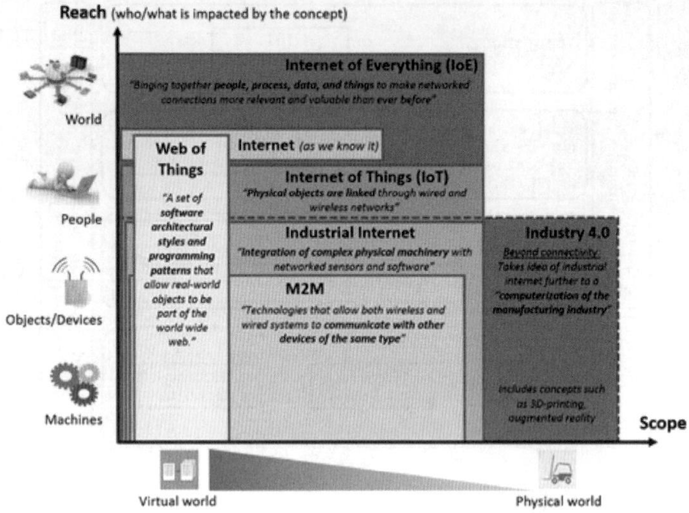

그림 1-8 M2M, IoT, WoT, IoE 등 용어 정의 (출처: IoT Analytics)

M2M은 2개 이상의 사물이 사전에 정해진 절차에 따라 정보가 수집되고, 이렇게 수집된 정보는 사용자에게 전달되는 수동적인 방법으로 사물간 통신이 이루어지지만, 사람의 개입이 없는 것이 특징이다. M2M 용어는 2010년까지 사용되었으나, 그 이후부터는 M2M의 발전된 개념인 IoT가 많이 사용된다.

M2M은 사람의 개입 없이 사물간(또는 기계간) 통신하는 것으로, 예를 들어 상수도 사용량을 검침하는 장치가 물 사용량을 수집하여 해당 데이터를 중앙 서버로 보내는 것은 M2M에 해당되지만, 사람이 개입하는 TV 리모콘으로 TV를 제어하는 것은 M2M이 아니다.

유럽 통신기술 표준을 정의하는 단체인 ETSI(European Telecommunications Standards Institute)는 M2M을 다음과 같이 정의했다(2009년). "M2M is about communication among machines without (or only limited) human intervention". 즉, M2M이란 사람의 개입 없이(또는 제한적 개입으로) 사물간 자체적으로 이루어지는 통신이다.

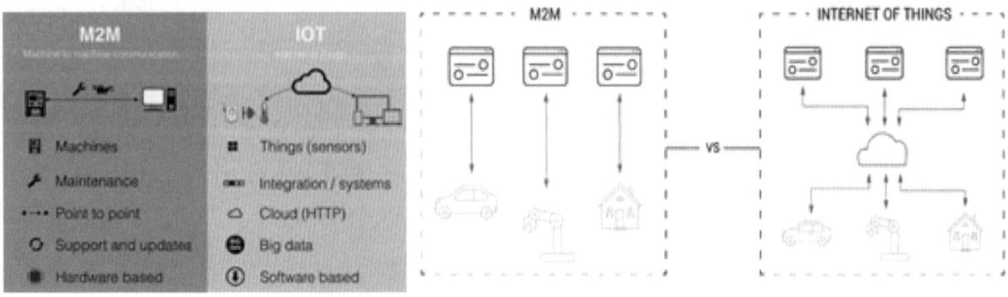

그림 1-9 M2M과 IoT 차이점 (출처: ARM)

M2M 예는 가정의 전력 사용에서 검침장치가 사용한 전력량을 자동으로 검출하고, 이 정보를 전력회사 서버로 보내면, 서버는 자동으로 전기 요금 청구서를 사용자에게 발송하는 경우이다. 이러한 처리과정에는 사람이 개입하지 않는다.

M2M에서 정보의 생산과 소비(또는 사용) 주체는 기계(Machine)인 반면, IoT는 사물(Thing)이 정보를 생산하고, 사람이 정보를 활용하는 구조이다. 따라서 IoT는 사람이 개입하기 때문에 사물과 사람간 연관성이 높은 기술이다.

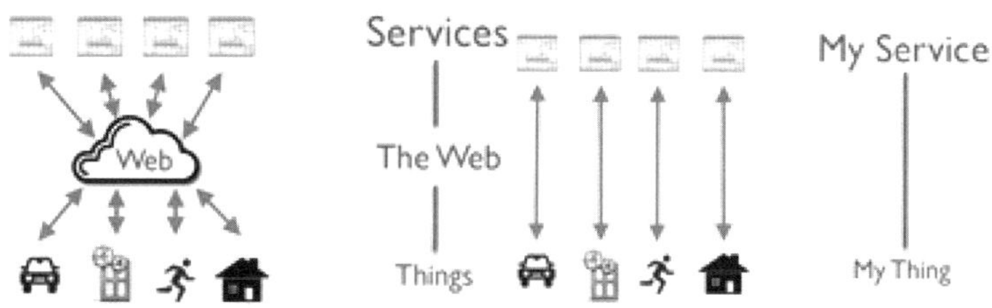

기존에 사용된 M2M은 주로 사람이 접근하기 힘든 지역의 원격 제어나 위험물 검사 등의 분야에서 많이 사용되었다. 이 경우, 대부분 무선통신을 활용한 단순한 제어 기능이었다.

다른 측면에서 볼 때, M2M 은 국소적으로 사물간 통신을 기반으로 발전되는 반면, IoT 는 많은 사물이 인터넷으로 연결되고, 이러한 정보를 사람이 활용하는 환경이므로 IoT 는 새로운 사업과 서비스 창출 기회가 많다.

M2M 기술규격 정의를 주도했던 ETSI는 이러한 변화에 대응하기 위하여 기존 M2M에 IoT 개념을 추가했다. ETSI는 2009년부터 M2M 기술규격을 정의하기 시작하여 M2M과 관련된 기술규격 Release 1, 2를 발표했다.

이후, ETSI는 자체 정의한 M2M 규격에 IoT 개념을 추가하여 전세계로 확장하겠다는 의도로 미국의 atis, 한국의 TTA 등 다수의 국가 표준화 단체와 협력하여 'oneM2M' 협의체를 구성했다(2012년). oneM2M 협의체는 ETSI M2M Release 2를 기반으로 Release 3을 oneM2M 규격으로 정의했다. 이러한 배경으로 oneM2M 기술은 이동통신 사업자가 주로 사용하고 있다.

Web 기술규격을 정의하는 단체인 W3C(World Wide Web Consortium)는 인터넷 상에서 IoT 데이터를 유용하게 활용하기 위하여 WoT(Web of Things)를 정의했다. WoT는 인터넷에 연결된 모든 사물이 Web 기술을 활용하여 접근하고 제어할 수 있는 프레임워크이다.

W3C에서 정의한 WoT는 무선통신 계층이 아닌 상위단 응용 계층(특히, 데이터를 표현하는 방식)의 기술이다. 이런 관점에서 WoT는 Physical World 기술 보다는 Information World에 있는 데이터를 처리하는 기술이다.

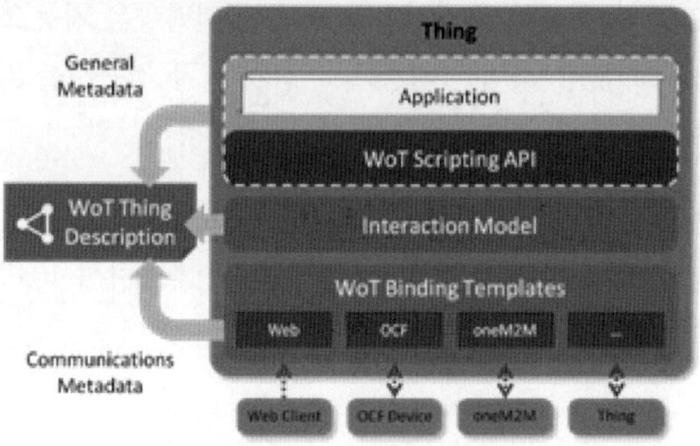

그림 1-10 W3C에서 정의한 WoT 구조

IoE(Internet of Everything)는 M2M, WoT, IoT 등 전체가 포함되는 개념이다. IoE는 Cisco사가 정의한 용어로써 4가지 요소(People, Process, Data, Things)가 통신으로 연결되어 지능형 서비스를 제공하겠다는 관점에서 정의되었다.

이와는 별도로 ISO/IEC, IEEE 등에서 정의한 다수의 IoT 용어가 있으며, 산업이나 도시(예: Smart Factory, Smart City)에 적용되는 IIoT(Industrial IoT), 이동통신을 활용한 CIoT(Cellular IoT) 등 특정한 용도를 위한 용어도 있다.

2) 역사

IoT 용어 유래는 미국 P&G사(생활용품 제조사)의 물류관리 매니저로 있었던 Kevin Ashton(캐빈 애쉬튼)이 IoT라는 단어를 언급하면서 시작되었다(1999년).

Kevin Ashton은 P&G에 근무하면서 제품의 효과적인 재고관리를 위해 RFID(Radio Frequency IDentification)를 연구하게 되었고, 이를 계기로 MIT 대학 교수와 함께 RFID 연구기관인 Auto-ID(Automatic IDentification) Center(또는 Labs)를 MIT 대학에 공동 설립했다.

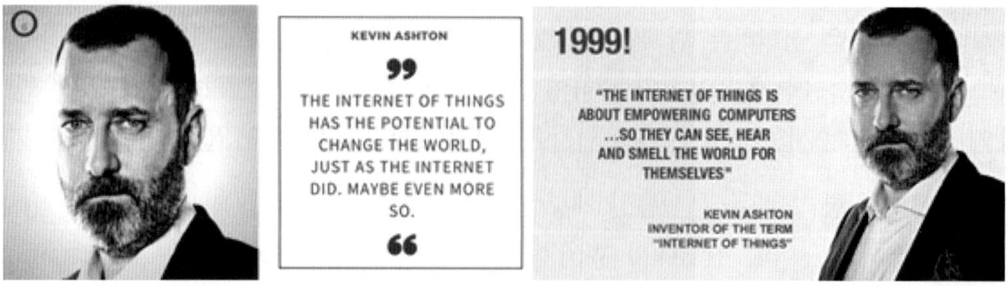

당시 Kevin Ashton은 모든 상품에 RFID를 부착하고, 이 상품을 서로 통신으로 연결하여 데이터가 교환되도록 하자는 의미에서 IoT라는 용어를 사용했다. 이렇게 할 경우, 사람이 일일이 제품을 관리하는 것보다 효과적으로 관리될 것이라고 생각했었다.

당시(1999년), 제품을 관리하기 위한 ID(구별자 또는 인식자)로 Bar Code(바코드)가 대부분 사용되었는데, P&G는 효과적인 물류관리를 위하여 전자태그인 RFID를 연구했고, 이때 Kevin Ashton이 과제에 참여하게 되었다. P&G 물류창고에는 매우 많은 상품(생활용품)이 있었고, 효과적인 재고관리 방법이 필요했었다.

P&G사의 대형 물류창고에 근무하는 직원이 재고관리를 위하여 일일이 상품의 Bar Code를 스캔할 경우, 작업량이 많고 사람의 실수로 오류가 발생될 수 있었다. 따라서 P&G는 각 상품에 RFID를 부착하면, 자동으로 상품을 관리할 수 있어서 효과적인 방법으로 생각했었다.

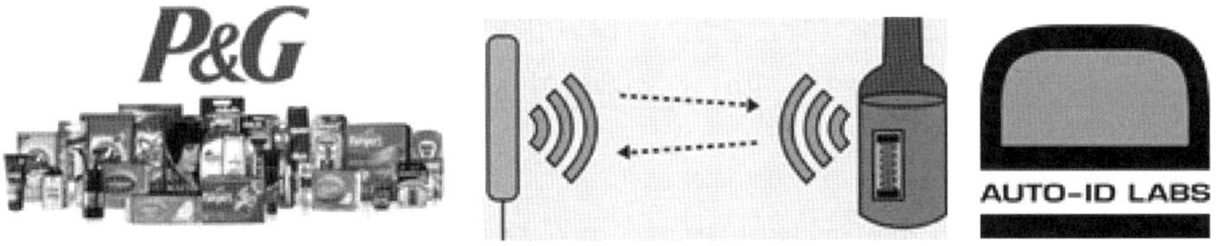

그림 1-11 P&G사 상품, RFID를 활용한 제품 관리, Auto-ID Labs 로고

<u>RFID는 단어가 의미하듯이 상품에 RFID Tag(태그)가 붙어있고, RFID Reader(리더)기를 활용하여 무선으로 상품정보를 읽는 기술이다. 이때 상품에 붙어있는 RFID Tag는 별도의 전원없이 RFID Reader기가 송출하는 전자장에 의하여 Tag 정보를 읽을 수 있다.</u>

RFID Tag에 저장된 정보는 Bar Code와 동일한 내용과 추가 사항이 있으며, RFID Tag는 스티커 형태로 대량 생산이 가능하여 저렴한 가격으로 각 상품에 부착될 수 있다. 즉, RFID Tag는 테이프처럼 상품에 붙일 수 있으며, 별도로 전원이 공급되거나 배터리가 사용되지 않는다.

1999년 당시에는 스마트폰, BlackBerry, Windows Mobile 등과 같은 단말기는 없었고, 일반 휴대폰(Feature Phone)과 전자수첩 기능이 있는 PDA(Personal Digital Assistant) 단말기가 있었다. 이러한 환경에서 Kevin Ashton은 물류센터 전용 RFID Reader기를 활용하여 자동으로 물류를 관리하는 기술을 검토하게 되었다.

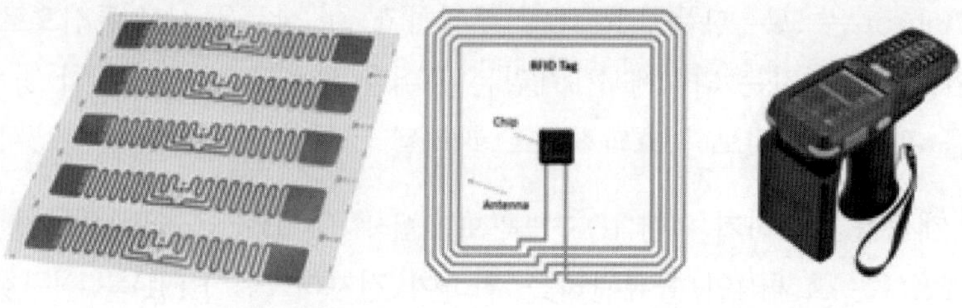

그림 1-12 RFID Tag, RFID Reader기

당시 Kevin Ashton이 P&G에서 담당하는 업무는 물류관리 최적화였기 때문에 각 상품에 RFID Tag를 부착하고, RFID Reader기를 통하여 모든 상품 정보를 인터넷으로 공유하면 물류처리와 재고관리가 획기적으로 개선될 것이라고 생각했었다.

이때 Kevin Ashton이 정의한 IoT 개념은 "사람, 사물, 서비스의 세 가지 분산된 요소가 사람의 명시적 개입 없이 사물이 서로 연결되어 자동으로 센싱, 네트워킹, 정보 처리 등 지능적 관계를 형성하는 사물간 연결망"이라고 정의했다. 즉, IoT 용어에는 단순히 데이터를 공유하는 것이 아니라, 지능적이고 효과적인 서비스를 제공하겠다는 목표가 포함되어 있다.

하지만, Kevin Ashton이 생각했던 RFID는 ① 무선을 사용하기 때문에 정확하게 Tag 정보를 인식하지 못해서 오류가 자주 발생되고, ② Bar Code보다 RFID Tag 가격이 비싸기 때문에 많이 사용되지 않았다.

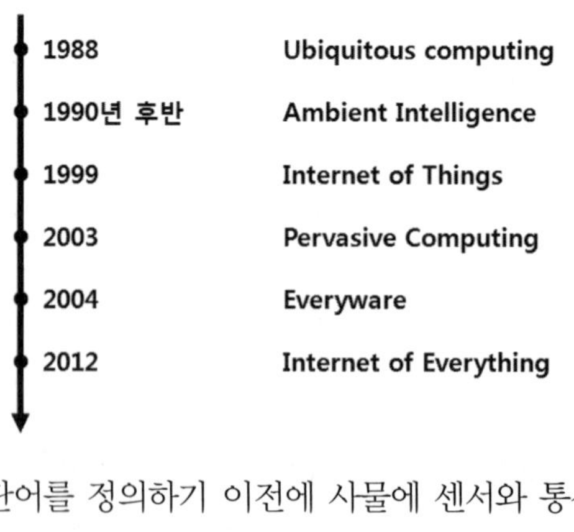

Kevin Ashton이 IoT 단어를 정의하기 이전에 사물에 센서와 통신모듈을 탑재하여 다양한 기능을 처리하거나 서비스를 제공하겠다는 개념인 'Ubiquitous Computing'이라는 시도가 있었다.

국내 정부도 RFID와 USN(Ubiquitous Sensor Network)을 사용하는 IT839(당시 정보통신부 주관, 2004년)로 명명된 과제를 진행했으며, IT839는 다양한 사물에 온도, 습도, 가스, 열

감지 등 기능별 센서를 적용하고, 통신망에 연결되면 언제, 어디서나, 다양한 서비스를 제공할 수 있는 일종의 사물통신 인프라 개발과제였다.

하지만, Kevin Ashton이 IoT를 언급하면서 IoT는 단순한 데이터 공유가 아니라, 지능적이고 효과적인 서비스를 제공하겠다는 뚜렷한 목표를 제시했기 때문에, 이때부터(2000년대 중반) Ubiquitous Computing이란 용어는 사용되지 않았고, IoT 용어가 많이 사용되는 계기가 되었다.

ITU는 Kevin Ashton이 정의한 IoT가 향후 많이 사용될 것으로 예측하여 "ITU Internet Reports - The Internet of Things"라는 보고서를 발간하면서(2005년) IoT에 대한 체계적인 접근을 시작했다. 당시 ITU 보고서에는 IoT 비전을 Tagging, Sensing, Shrinking, Thinking으로 정의했었다.

ITU Internet Reports

The Internet of Things

November 2005

이후, Google이 360도 카메라를 활용한 'StreeetView' 서비스를 준비하면서 IoT라는 용어를 사용했고(2010년), 중국 정부는 국가 차원에서 IoT를 전략 육성과제로 선정했다(2010년). 또한 2011년에는 Gartner(리서치 회사)가 Hype Cycle에 'Emerging Technologies'로 IoT를 선정했다.

Gartner의 Hype Cycle은 신기술 사업화 정도를 나타내는 그래프로써 전세계적으로 상당한 신뢰를 받고 있다. 당시 이 보고서에 IoT는 성장성이 높은 새로운 기술로 정의함으로써 IoT가 급격히 확산되는 계기가 되었다.

2010년대에는 IoT를 위하여 Wi-Fi, Bluetooth, Zigbee, Z-Wave, Wi-SUN 등 다수의 WLAN(Wireless Local Area Network), WPAN(Wireless Personal Area Network) 무선통신 디바이스 칩이 출시되었다. 이때 ① 신기술이 적용된 새로운 칩이 출시되거나 ② 기존 기술이 적용된 칩 대비 성능은 좋아지고, ③ 저렴한 가격의 칩이 많이 출시되었다.

또한 IoT 목적으로 저전력(단말기 측면)에 먼거리 전송이 가능한 무선통신 기술인 LPWAN(Low Power Wide Area Network)도 등장했고(2009년), 이동통신의 경우, 3GPP는 IoT 디바이스를 지원할 수 있도록 LTE(Long-Term Evolution)에 LTE Cat-M1과 NB-IoT 기술을 정의했다(2016년).

이처럼 2010년대에 IoT 디바이스를 위한 칩이 많아지고, 다양한 서비스 니즈가 증가되면서 IoT가 성장할 수 있는 기반이 구축되었다.

2014년에는 세계 최대 가전 전시회인 CES(Consumer Electronics Show)에 IoT 제품과 서비스가 주된 방향성(즉, 향후 사업성이 있다고)으로 선정됨으로써 많은 관심을 받았고, 2020년대에는 IoT에 Big Data, AI(Artificial Intelligence) 등의 기술과 융합되면서 고품질의 IoT 서비스가 제공되기 시작했다.

3) 배경

전세계적으로 이동통신 기술은 2000년부터 급격히 발전되었고, 이와 함께 IoT 목적으로 사용되는 다수의 Wireless Connectivity(Wi-Fi, Bluetooth, Zigbee 등) 기술도 동시에 발전되었다. 이렇게 무선통신 시장의 성장으로 단말기에 적용되는 칩이 소형화되고, 저렴해져서 쉽게 IoT 디바이스를 개발할 수 있는 환경이 되었다. 이러한 환경변화로 2010년부터 무선통신 서비스는 사람 위주에서 사물 위주로 확대되기 시작했다.

<u>IoT 시장이 급격히 성장되는 이유는 ① IoT가 사람의 생활을 편리하게 해주고, ② 기존 산업에 적용되어 원가절감, Process 최적화, 품질개선 등의 효과가 있기 때문이다.</u> 이러한 배경으로 전세계 주요 국가는 사회 시스템을 효과적으로 운영하기 위하여 국가 차원에서 IoT를 장려하고 있다.

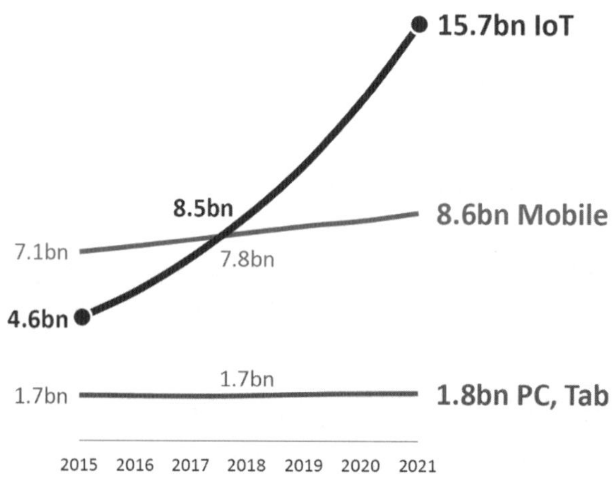

그림 1-13 기간별 PC, 휴대폰, IoT 디바이스 수 예측 (* 1B=10억개)

PC, 휴대폰, IoT 디바이스 수를 2015년에서 2021년까지 기간적인 측면에서 볼 때, PC 수는 거의 변화가 없고(1.7B → 1.8B개), 휴대폰은 어느 정도 성장했고(7.1B à 8.6B개), IoT 디바이스는 급격한 증가가 예측된다(4.6B → 15.7B개).

특히, 2018년에 IoT 디바이스 수는 이미 휴대폰 대수를 넘어섰고, 이후에도 빠른 성장이 예측된다. IoT 디바이스 수는 2015년에 46억 대에서 2021년에는 157억 대가 될 것으로 전망된다.

스웨덴 통신장비회사인 Ericsson사는 집전화(Place), 휴대폰(People), IoT(Connected Devices) 디바이스 수에 대한 기간별 성장 보고서를 발표했는데, 이 보고서에는 집전화의 경우 100년간 10억 개 장소, 휴대폰은 25년간 50억 명 가입자, IoT는 15년간 260억 개의 디바이스가 될 것이라고 밝혔다.

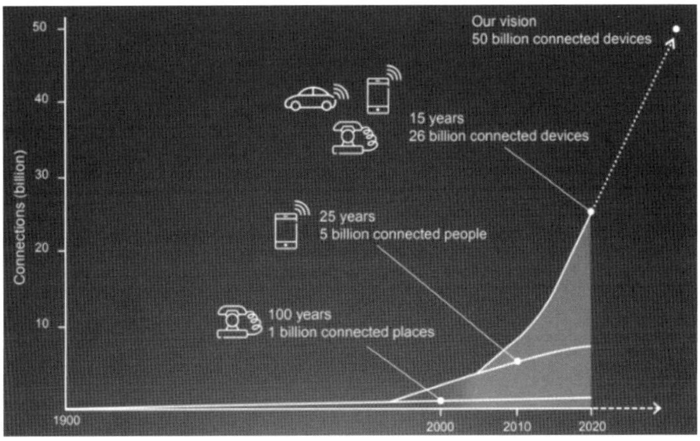

그림 1-14 Place, People, Connected Devices의 기간별 성장 (출처: Ericsson)

<u>이처럼 IoT디바이스는 과거의 다른 통신 디바이스보다 증가 속도가 월등히 빠를 것으로 예상된다.</u> 또한 Ericsson은 2020년 이후에도 IoT 디바이스는 급격히 증가될 것으로 예측했으며, 이러한 관점으로 보면 향후 IoT와 관련된 사업전망은 밝다고 볼 수 있다.

영국의 칩 핵심부분(IP)을 개발하는 ARM사는 IoT 시장이 급격히 확대되는 현상을 캄브리아기 대폭발(Cambrian Explosion)에 비유했다. 캄브리아기 대폭발은 약 5억 4200만 년 전에 발생한 지질학적 사건으로, 이 시기에 다양한 종류의 동물이 갑자기 많이 출현한 현상을 의미한다.

6억년 전까지 지구의 주된 동물은 바다의 삼엽충이었지만, 이후 지질 연대상 매우 짧은 기간인 수천 만년 동안 각종 생물이 진화를 일으켜 다세포 생물이 늘어나고 뼈대, 껍데기를 가진 동물이 처음으로 등장하는 등 생물의 다양성과 복잡성이 폭발적으로 증가되었다.

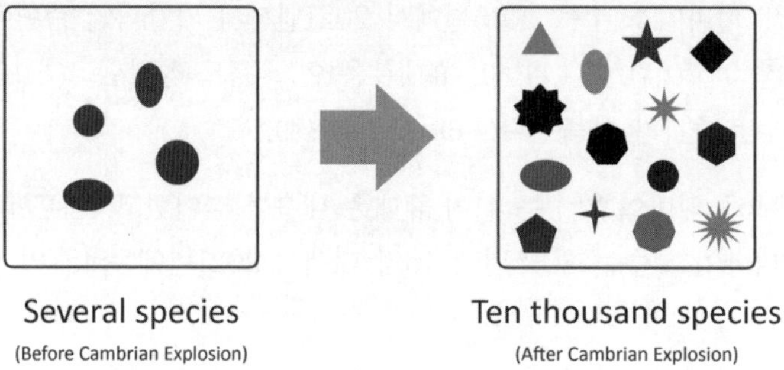

그림 1-15 IoT를 Cambrian Explosion에 비유 (출처: ARM)

캄브리아기 대폭발 의미는 어느 순간 진화의 속도가 폭발적으로 빨라지는 것인데 IoT 시장도 비슷하게 형성된다는 것이다. ARM사는 IoT 시장이 2020년 전후로 폭발적인 증가가 시작될 것으로 예측했으며, 이후에도 성장 속도는 빠를 것이라고 밝혔다.

이처럼 Ericsson, ARM 등의 예측과 같이 Connected Device(즉, 늘 인터넷에 연결되어 있는 단말기) 측면에서 IoT 디바이스는 과거의 PC나 이동통신 단말기 성장 대비, 짧은 기간에 훨씬 많이 확산될 것으로 예측된다.

PC나 이동통신 단말기는 개인이 소유하는 개념이지만, IoT는 불특정 사물에 설치되기 때문에 디바이스 개수 측면에서 월등히 많다. 이러한 이유로 IoT 디바이스는 과거의 다른 종류의 Connected Device와 비교시 시장에서 성장속도는 매우 빠르다.

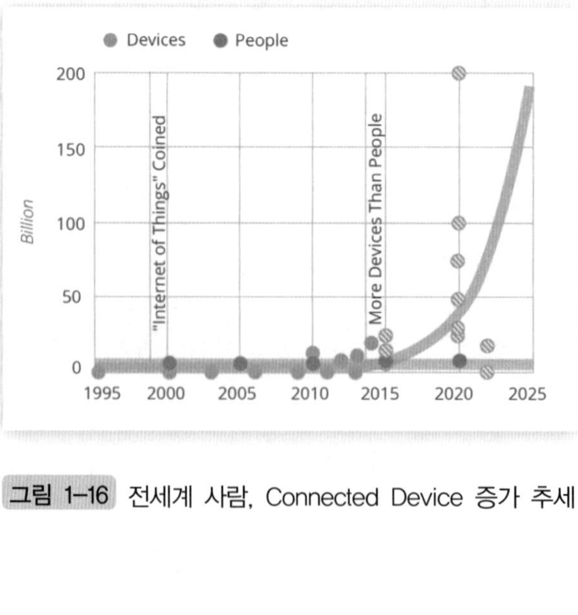

그림 1-16 전세계 사람, Connected Device 증가 추세

2020년부터 IoT 디바이스 수는 급격히 증가될 것으로 예측되고, 이러한 IoT 디바이스는 서로 연결되어 상호 시너지가 발생될 것으로 전망된다. 2015년을 기점으로 IoT 성장에 힘입어 Connected Device 수(PC, 휴대폰, IoT 등)는 사람 수(전세계 인구)를 넘어섰다.

이렇게 IoT 디바이스가 증가되는 이유는 ① IoT가 사람의 생활을 편리하게 해 주고, ② 기존 산업에 Digital Transformation 효과로 생산효율이 증대되기 때문이다. Digital Transformation이란 전통적인 산업분야(공장, 사무실 등)에 ICT 기술이 접목되어 효율이 증가되는 경영기법이다.

이와 함께 IoT에 사용되는 무선통신 기술의 발달, 고성능 센서, Cloud에서 정교한 Big Data 분석, AI 기술 적용 등을 통해서 IoT 응용분야가 다양해지고, 지능화된 서비스 제공이 가능해졌다.

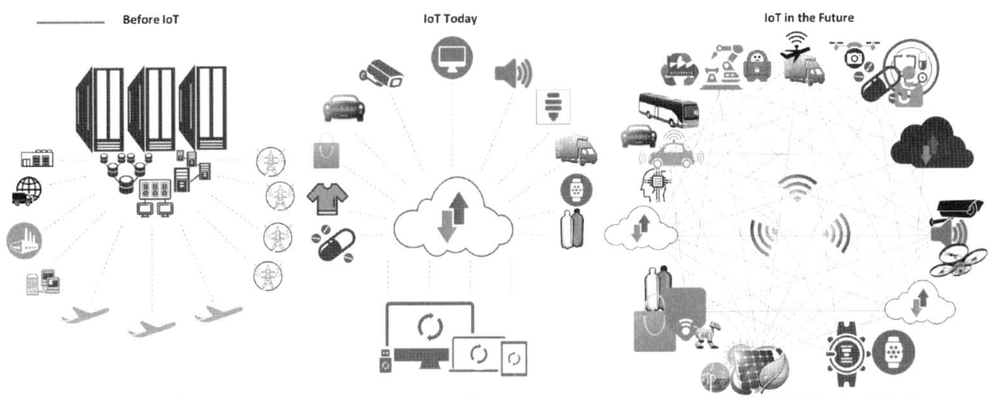

그림 1-17 IoT Network 발전 예측 (출처: IBM)

IBM사는 IoT Network(통신망) 구성에서 ① 특정 서버가 전체 기능을 관리하는 Centralized Network(중앙 집중식 망구조)에서 ② IoT Platform을 활용한 Open IoT Network(개방형 망구조)으로 발전되고, ③ 궁극적으로 Distributed IoT Network(분산형 망구조)이 될 것이라고 전망했다. 이것은 미래에 많은 IoT 디바이스간 상호 연결이 강화되어 동작된다는 의미이다.

또한 IBM은 IoT의 발전방향을 Instrumented(사물이 생성하는 데이터를 측정, 센싱), Interconnected(사물 상호간 또는 사물과 Cloud간 통신), Intelligent(데이터 분석과 AI 기술을 적용하여 서비스 지능화)가 융합되어 'Smarter Planet'이 된다고 언급했다.

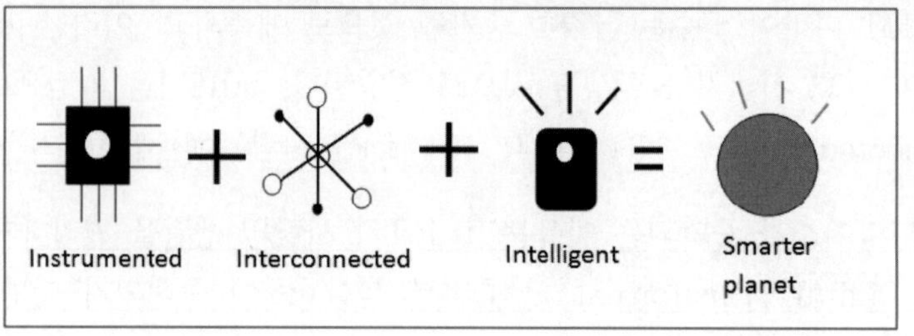

즉, IoT는 한정된 범위의 기술이 아니라 다수의 기술이 동시에 적용되는 융합형 기술이며, 기술 자체의 가치 추구에서 벗어나 연관된 산업에 IoT가 적용되어 사물 상호간 정보 공유로 지능적인 서비스를 제공하고 있다.

네트워크 구성원(또는 노드) 수와 관련되어 3Com(통신장비회사) 공동 설립자인 Robert Melancton Metcalfe가 정의한 Metcalfe's Law(메칼프의 법칙)가 있다. Metcalfe's Law는 "네트워크 효과가 네트워크에 참여하는 구성원(노드 또는 디바이스) 수에 비례하는 것이 아니라, 구성원 수의 제곱에 비례한다"는 것이다.

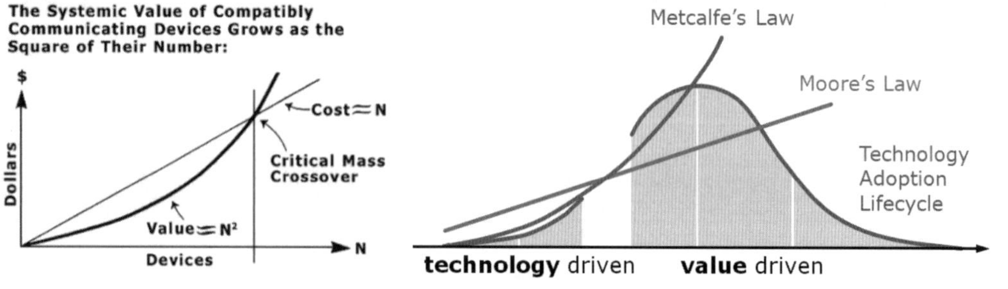

그림 1-15 Metcalfe's Law 그래프

예를 들어 네트워크 사용자 수가 많아져서 어느 기준점을 넘었다고 가정하면, 이후 사용자 수가 10배 증가했다면 네트워크 효과는 100배가 된다. 간단한 예로 현재 IoT 디바이스가 3개 인 경우, 1대1로 연결 가능한 방법은 3가지가 있다. 만약, 여기에 1개 디바이스가 추가되어 4개가 되면, 연결 가능한 방법은 6가지가 된다.

이렇게 디바이스 수가 증가되어 n개의 디바이스가 있는 경우, 연결 가능한 경우의 수는 $n(n-1)/2$이 된다. 이처럼 Metcalfe's Law는 디바이스 수의 제곱에 비례하여 네트워크 효과가 증가된다는 이론이다.

Metcalfe's Law에 따르면, 일정 수 이상의 사용자가 네트워크에 모이면, 그 가치가 폭발적으로 증가될 수 있는데, 이때 일정 수를 넘어서 의미를 가지는 기준점을 'Critical

Mass'(또는 Critical Mass Crossover)라고 한다.

네트워크 효과(Network Effect 또는 Network Value)란 해당 네트워크가 가진 상업적인 가치이다. 즉, 네트워크 효과가 커질수록 해당 네트워크를 운용하는 상업적 수익이 증가된다는 의미이다. 결국, 해당 네트워크를 사용하는 사용자나 디바이스가 많으면 많을수록 수익은 훨씬 더 많아진다.

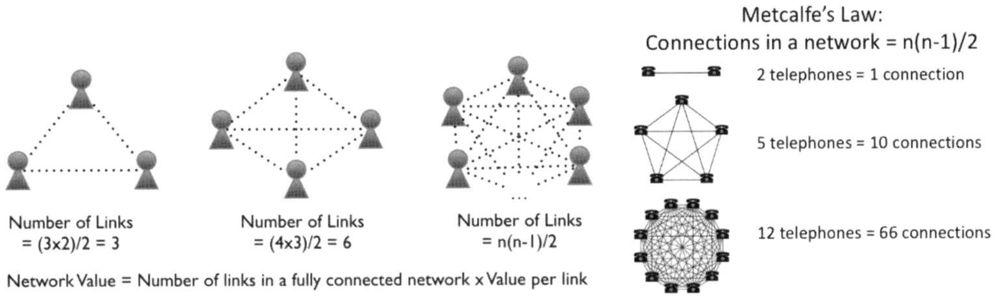

그림 1-16 Metcalfe's Law에서 네트워크 효과

초기 Metcalfe's Law는 Facebook, Twitter, Kakaotalk 등과 같은 SNS(Social Network Service), 게임, 블로그 등에 적용되었지만, IoT 시장이 급성장됨에 따라 IoT 환경에도 Metcalfe's Law가 적용될 수 있다.

IoT는 Industry 4.0(산업 4.0)을 위한 필수적인 기술이다. 최근 IoT, AI, Big Data, 5G 등의 신기술이 기존 산업에 적용되어 효율이 증가되는 Industry 4.0 용어가 많이 사용되고 있다. Industry 4.0은 기존의 산업혁명(1차, 2차, 3차)을 순차적으로 Industry 1.0, Industry 2.0, Industry 3.0으로 해석하여 연장선상에서 Industry 4.0을 정의했다.

1차, 2차, 3차 산업혁명은 기존에 존재하지 않았던 신기술이 산업에 적용되어 효율이 월등히 높아지는 현상을 의미하는데, 현재의 Industry 4.0은 기존에 있었던 기술을 조합하여 산업에 적용되기 때문에 제 4차 산업혁명보다는 해외에서는 Industry 4.0 용어를 많이 사용한다.

주요 선진국에서 제 4차 산업혁명보다는 Industry 4.0 용어를 많이 사용하는 이유는 혁신적인 기술이 발명된 것이 아니고, 기존에 있었던 기술을 조합해서 사용하기 때문이다. 따라서 혁명보다는 기존 산업에서 발전되었다는 의미로 Industry 4.0이 사용되고, 여기에 IoT가 핵심적인 역할을 한다.

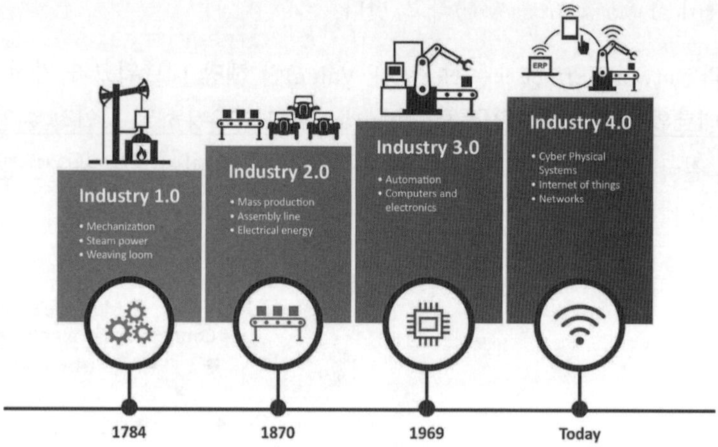

그림 1-17 Industry 1.0, 2.0, 3.0, 4.0 특징

1차 산업혁명은 기존의 마차(Carriage 또는 Coach) 대신에 기차를 활용하여 물류에 혁신이 있었고, 2차 산업혁명은 공장에서 사람이 하던 역할을 전기가 도입되면서 대량 생산이 가능했고, 3차 산업혁명은 인터넷, 정보통신 기술의 발달로 많은 산업분야에 급격한 발전이 있었다.

Industry 4.0의 핵심적인 단어로 CPS(Cyber Physical Systems)가 있다. CPS는 현실에 있는 물리적인(Physical) 세계와 컴퓨터 프로그래밍으로 만들어진 가상(Cyber)의 세계를 통합해서 제어되고, 관리되는 시스템(또는 환경)이다.

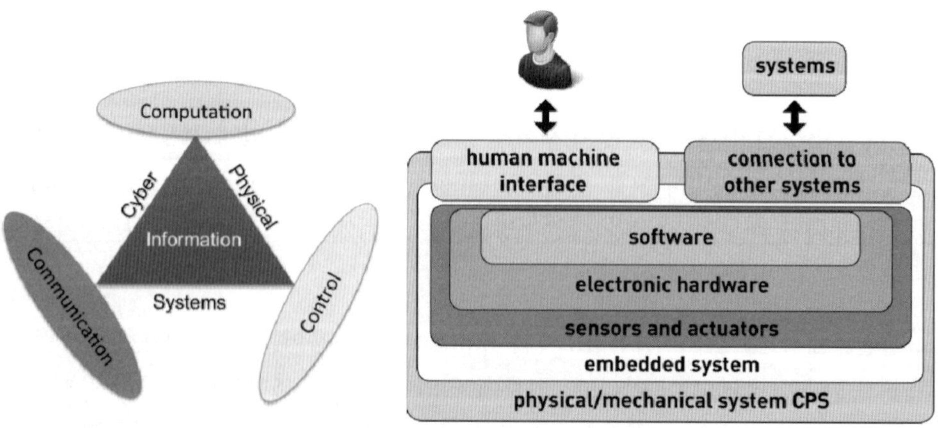

그림 1-18 CPS 개념

즉, CPS는 가상공간(즉, 컴퓨터 S/W)에서 네트워크를 통하여 물리환경에 있는 실제 사물을 제어하고 관리하는 기술로도 볼 수 있다. CPS가 구현되면 Cyber 공간에서 사람의 개입

없이 사물 상호간 정보가 교환되고 처리되며, 이를 기반으로 현실에 있는 사물을 효과적으로 제어할 수 있다.

CPS는 결국 ITU에서 정의한 Physical World, Information World를 합한 의미로 주변에 있는 사물을 모두 인터넷으로 연결하여, 컴퓨터에서 해당 사물을 관리하거나 정보를 교환하는 시스템으로 여기에는 IoT가 필수적으로 사용된다.

CPS는 주로 Industrial IoT(Smart Factory, Smart City 등)에 많이 사용될 것으로 추정되며, 컴퓨터(가상공간)가 현실에 있는 다양한 사물을 제어하기 위해서는 많은 IoT 디바이스가 필요하고, 이들 IoT 디바이스는 서로 연결되어야 관련된 정보를 수집할 수 있다.

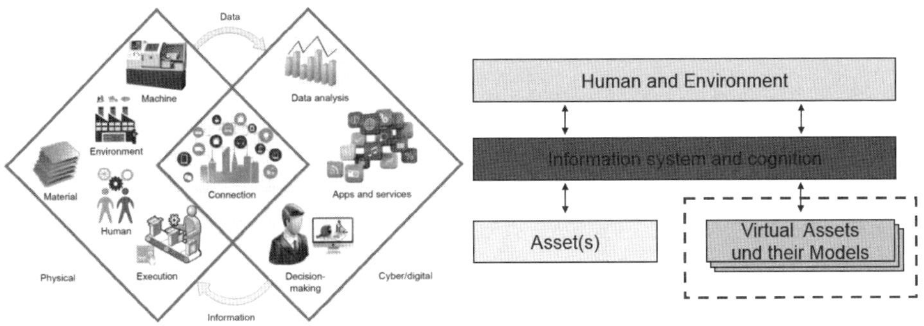

그림 1-19 CPS, Digital Twin 개념

CPS를 구현하기 위하여 현실에 있는 사물의 정보를 가상세계에서 동일하게 정의하는 것을 'Digital Twin'이라고 한다. 즉, Digital Twin이란 '디지털 쌍둥이'란 뜻으로 현실에 있는 사물의 정보를 가상세계가 동일하게 가지고 있는 것이다.

Digital Twin이 필요한 이유는 가상세계에서 컴퓨터를 통하여 현실에 있는 사물을 쉽게 제어하기 위해서이다. 또한 IoT, Big Data, AI, 5G 기술 등의 발전으로 Digital Twin을 효과적으로 구현할 수 있는 환경이 조성되었다.

이렇게 CPS가 필요한 이유는 IoT 목적과 유사하게 ① 사람의 편리한 생활을 위한 것과 ② 기존 산업에 적용되어 원가절감, 효율증대 등 이다. 예를 들어, 공장 자동화에서 현실세계에 있는 로봇을 CPS로 구현할 경우, 컴퓨터 S/W로 세밀하게 로봇을 제어할 수 있어서 생산효율이 증가된다.

CPS가 기존의 단순한 로봇제어와 다른 점은 가상공간에서 사람의 개입 없이 S/W로 현실에 있는 실제 로봇의 모든 부분을 제어할 수 있고, 가상공간에서 쉽게 데이터를 분석하거나 시뮬레이션할 수 있다.

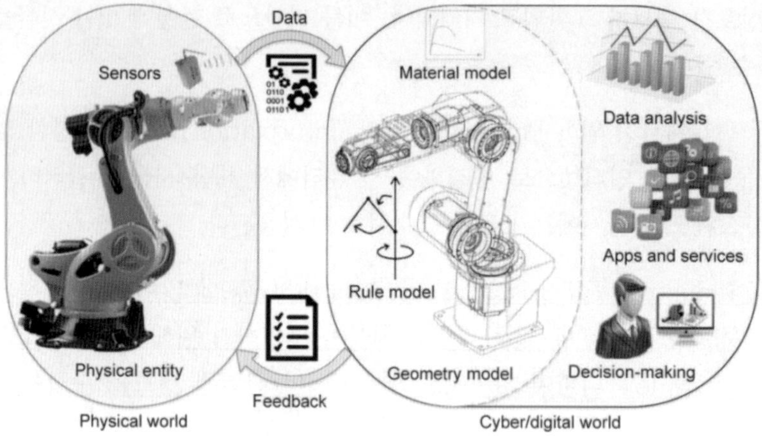

그림 1-20 CPS를 공장 자동화에 적용

이동통신 산업협의체인 GSMA(GSM Association)는 이동통신 사업자 측면에게 IoT 사업은 Digital Transformation을 위한 주요 수단이라고 발표했다. 즉, IoT는 이동통신 사업자의 통신사업과 관련된 직접적인 매출뿐만 아니라 다른 산업에 IoT를 활용한 부가 서비스 제공으로 추가 수익원이 될 수 있다.

GSMA는 IoT 사업 비전을 IoT Foundation(단순히 기기 연결), IoT Service Enablement (기존 IoT에서 새로운 서비스 개발), IoT Solution(IoT에 Big Data, AI 등을 적용하여 다른 산업으로 확장)으로 발전될 것이라고 예측했다.

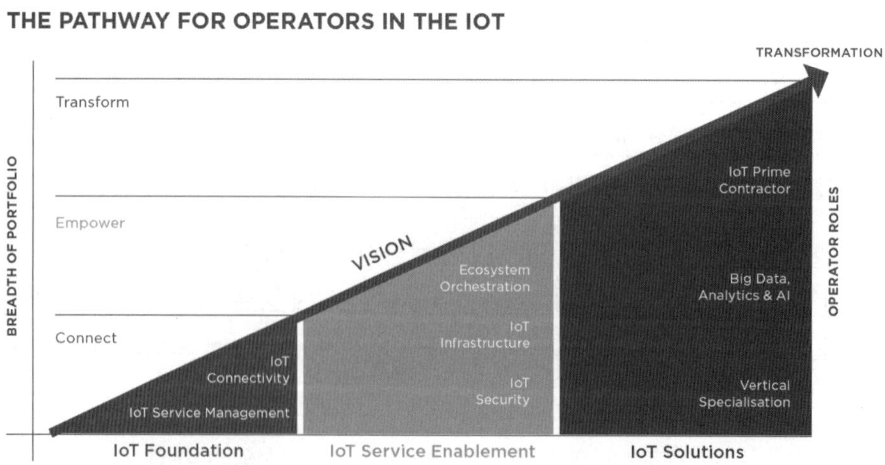

그림 1-21 이동통신 사업자 측면에서 IoT 사업 비전 (출처: GSMA)

또한 독일의 자동차 부품, 센서 등을 제조하는 Bosch사는 IoT를 공장자동화에 도입하려면 "IoT Application Long Tail"을 검토해야 한다고 주장했다. 많은 사용자가 사용하는 앱(Application, 줄여서 App)을 Killer App이라고 하는데, 이와는 반대로 사용 빈도는 적지만 꾸준한 수익이 창출되는 영역인 Long Tail에 있는 앱 개발도 필요하다.

최근 IoT에도 Long Tail 이론이 적용되는데, Long Tail 이론은 하위80%(Long Tail)가 20% 가치를 창출한다는 의미이다. Long Tail과 상대적인 반대 개념은 Pareto Principle(파렛토 법칙)으로 Pareto Principle은 "결과의 80%가 원인의 20%에서 일어나는 현상"을 의미한다.

Pareto Principle 예는 20%의 고객이 백화점 매출의 80%를 차지하는 현상이 될 수 있으며, 2:8 법칙이라고도 한다. 하지만 이와 반대 개념인 Long Tail은 하위 80%(Tail)에 있는 고객이나 서비스가 의미있는 가치를 창출하게 된다는 것이고, 이 법칙은 다양한 분야(경제, 사회, 정치 등)에도 적용될 수 있다.

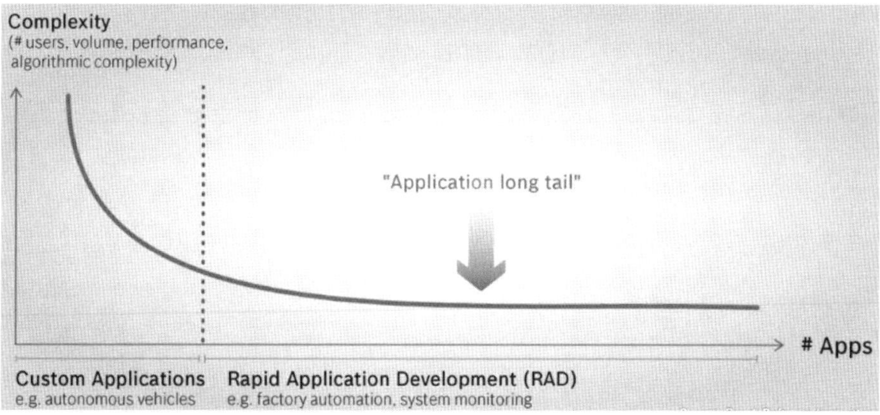

그림 1-22 IoT Application Long Tail (출처: Bosch)

이렇게, IoT에서 Long Tail 이론이 의미를 가지게 되었는데, Long Tail에 있는 하위 80%가 높은 가치를 창출할 수 있다는 뜻이다. 즉, 그동안 관심을 받지 못했던 Long Tail에 있는 IoT 사업에서 많은 수익이 발생될 수 있다.

그동안 Long Tail은 무시되는 경향이 있었지만, 고객 성향의 다양화, 매우 많은 상품과 서비스 등장, ICT 기술의 발전 등으로 Long Tail 정보를 가공하여 활용함으로써 경제적 가치를 창출할 수 있다. 예를 들면, 일반적으로 알려지지 않았던 Long Tail에 있는 IoT 사업이 전체 매출의 50% 이상이 될 수 있다.

또한 미국의 경우, 국가정보위원회는 IoT가 향후 국가 경쟁력에 결정적인 영향을 미칠 기술로 정의하면서 미국 연방정부는 다양한 방식으로 IoT 산업을 육성해야 한다고 강조했다. 이러한 분위기는 미국뿐만 아니라 EU, 중국, 일본 등 주요 국가에서도 IoT와 관련된 기술을 집중적으로 개발하고 있다.

하지만, 전세계적으로 IoT 시장이 급격히 성장되고 있지만 여전히 IoT 보안 문제, 많은 지역과 건물에 IoT 디바이스 설치로 인한 환경문제, 사람의 생활이 오히려 복잡해지는 현상 등 몇 가지 위험요인(Risk Factors)도 있다.

요 약

정의, 배경

- IoT는 다양한 사물에 센서, 통신기능 등을 추가하여 사물이 인터넷에 항상 연결되어 정보가 송수신되는 기술이다.
- IoT는 과거 M2M과 달리 사람이 개입하고, 다양한 IoT 디바이스가 Web 환경에 연동되어 동작된다.
- IoT 디바이스 수는 과거 PC나 휴대폰 대비 폭발적으로 증가하고 있다. IoT는 사람의 생활을 편리하게 하거나 산업에 적용되어 생산성 향상이나 원가절감 효과가 있다.
- IoT는 Industry 4.0에 필수적인 기술로 대부분 국가는 산업 경쟁력 강화를 위해서 국가차원에서 IoT 기술을 개발하고 있다.

2. 서비스, 시장

1) 서비스

IoT서비스는 다양한 사물에 디바이스(Sensor + Actuator + 통신모듈 등)가 부착되어 항상 인터넷에 연결되어(Always Connected) 있고, 관련된 정보는 사물간 또는 사물과 Cloud간 공유되어 제공된다.

최근에는 IoT 용어가 광범위하게 적용되는 추세로 디바이스 측면에서 볼 때, 사람이 늘 가지고 다니는 화면이 있는 디바이스 아닌 인터넷 연결이 가능한 물리적인 사물을 IoT 디바이스로 정의하는 사례도 있다.

따라서, 사람이 휴대하면서 화면이 있는 스마트폰, Tablet 등을 제외한 모든 장치를 IoT 디바이스로 볼 수 있다. 예를 들어 사람이 휴대하는 Smart Watch, 가정에서 사용하는 Smart Speaker, TV 등이 IoT 디바이스가 될 수 있다.

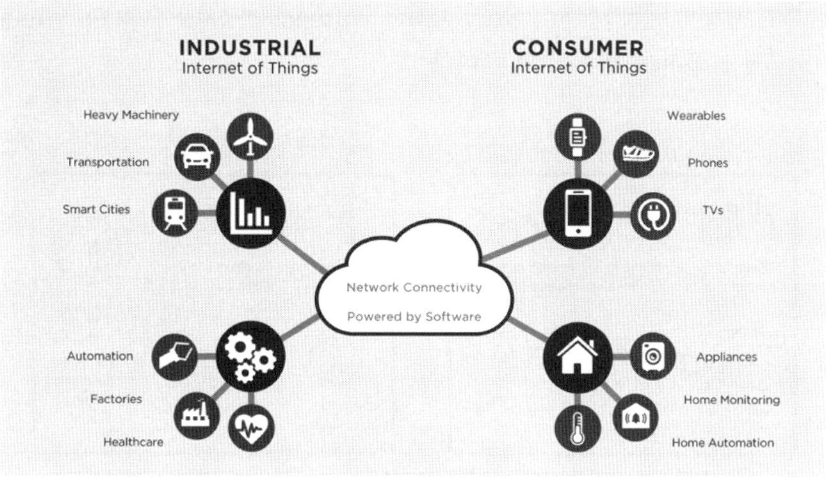

그림 1-23 IoT 서비스 구분 - Industrial IoT, Consumer IoT

IoT 서비스는 종류가 많고, 다양하기 때문에 체계적으로 서비스를 분류하기 쉽지 않지만, 관련된 업계는 IoT 서비스를 크게 'Industrial IoT'와 'Consumer IoT'로 구분했다. Industrial IoT는 사람이 직접 관여하지 않는 서비스로 Smart Factory, Transportation, Smart City, Healthcare, 자율주행차 등이 될 수 있다.

Consumer IoT는 사람이 직접 IoT 디바이스를 활용하는 서비스로 Wearable, Smart Home 등이 있고, Consumer IoT를 세부적으로 분류하면, ① 가정에서 사용하는 'Smart Home Service'와 ② 개인이 사용하는 'Personal Service'로 구분될 수 있다.

Industrial IoT와 Consumer IoT는 서비스가 제공되는 장소와 사람의 디바이스 휴대 여부에 따라 분류되었는데, Ericsson(스웨덴 이동통신 장비회사)은 이동통신망을 기반으로 제공되는 IoT 서비스를 크게 'Massive IoT'와 'Critical IoT'로 구분했다.

Massive IoT는 많은 IoT 디바이스를 사용하는 서비스로 주요 특징은 저가 단말기, 저렴한 서비스 요금, 적은 데이터 송수신(예: 전기 검침 데이터) 등 이고, Critical IoT는 저지연 통신과 신뢰성이 높은(즉, 오류가 거의 발생되지 않고) 통신을 활용하는 서비스이다.

Massive IoT에는 Smart Building, Smart Metering, Logistics(물류) 등이 있고, Critical IoT에는 Traffic Safety and Control(교통 안전 관리), Smart Grid Automation(전력망 제어), Industrial Application and Control(주로 스마트 공장) 등이 해당된다.

Massive IoT 특징은 Low Cost(저가), Low Energy(저전력), Small Data Volume(적은 데이터 송수신), Massive Numbers(많은 디바이스 사용)이고, Critical IoT의 특징은 Ultra

Reliable(오류 발생이 거의 없는), Very Low Latency(반응시간이 빠른), Very High Availability(항상 데이터를 받을 수 있는)이다.

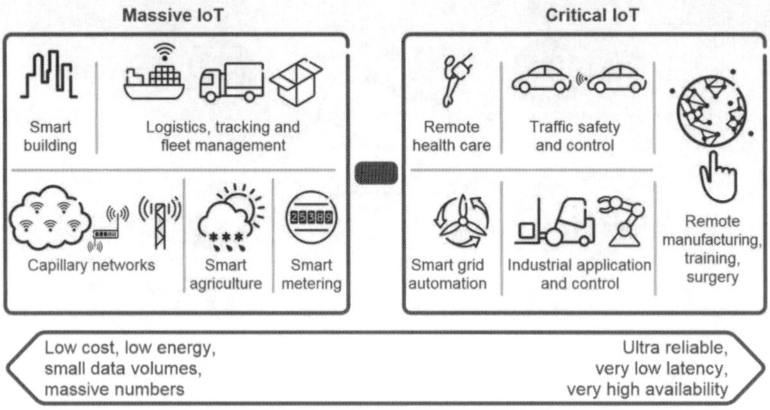

그림 1-24 Massive IoT와 Critical IoT 서비스 예

<u>이렇게 다수의 서비스 분류가 있지만, IoT 서비스를 ① Consumer IoT, ② Massive IoT, ③ Critical IoT와 같이 구분할 수 있고, ④ IoT에 Big Data, AI, 5G 등이 결합된 지능형 IoT 서비스인 'Intelligent Connectivity'가 추가될 수 있다.</u>

또한 IoT Analytics사는 IoT 서비스를 크게 Consumer, Business로 분류하면서 Consumer 서비스에는 Home, Lifestyle(Wearable Computing, Pets, Toys 등), Health(Fitness, Monitoring 등), Mobility(Connected Cars, eBikes)로 정의했다.

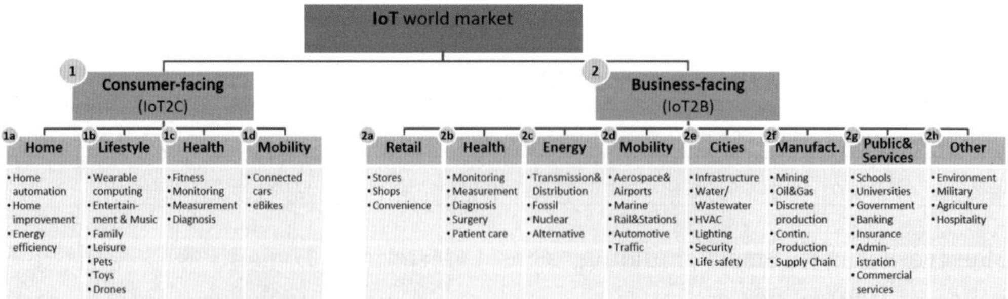

그림 1-25 IoT 세부 서비스 분류 예 (출처: IoT Analytics)

Business 서비스는 Retail(Stores, Shops 등), Health, Energy(전력망 관리, 핵발전소 등), Mobility(Airports, Marine, 교통관리 등), Cities(상수도, 쓰레기 관리, 가로등, 비디오 감시장치 등), Manufacturers(유전, 광산, 생산공장 등), Public & Services(학교, 정부, 은행 등),

Other(환경, 군사, 농업 등)로 분류했다.

따라서 IoT 업계는 일반적으로 서비스를 Consumer, Industrial(또는 Business)과 같이 크게(즉, 대분류) 2가지로 분류하며, 이러한 2개의 대분류를 기준으로 각각의 세부 서비스를 정의한다.

GSMA는 디바이스 이동성(Mobility) 정도와 데이터 전송속도를 기준으로 IoT 서비스를 구분하기도 했다. 여기에서 고정형(Fixed) IoT 서비스는 Smart Meter, Street Lamps, Smart Grid 등이 있고, 어느 정도 이동성이 보장되는(Limited) 서비스는 Home Education, Remote Health Monitoring 등이 있다.

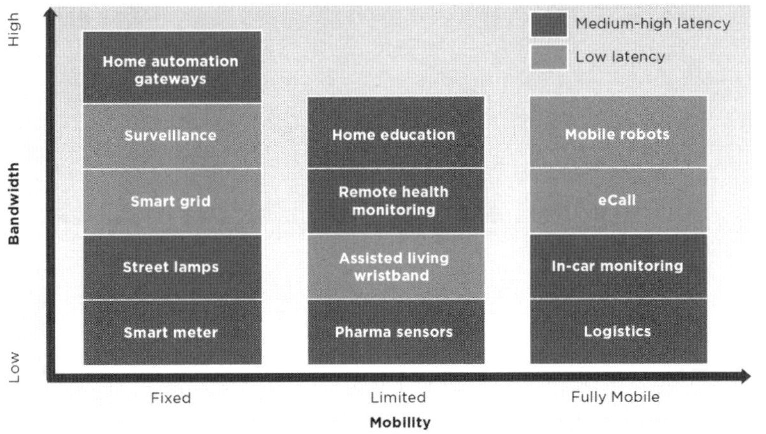

그림 1-26 디바이스 이동성과 데이터 속도로 IoT 서비스 구분 (출처: GSMA)

그리고, 완전히 이동성이 보장되는(Fully Mobile) 서비스는 Mobile Robots, eCall, In-car Monitoring, Logistics 등이 있다. GSMA는 이동성이 보장되면서 통신지연이 적은 서비스에는 Mobile Robots과 eCall이 있다고 언급했다.

일반적으로 이동통신망을 활용하는 IoT 디바이스와 서비스 특징은 ① 저렴한 디바이스 가격, ② 저전력 디바이스 동작(배터리 소모가 적음), ③ 넓은 서비스 영역(커버리지), ④ 저렴한 서비스 비용(즉, 요금) 등이다.

최근, 대부분 IoT 서비스는 범용 Cloud 플랫폼(예: AWS, Azure)을 활용하고, 쉽게 구할 수 있는 무선통신 모듈을 사용하여 디바이스를 개발하기 때문에 Niche 마켓(대량 사용목적이 아닌 소량의 특정 목적) 목적의 IoT 서비스도 쉽게 개발할 수 있다.

2) 시장

GSMA를 포함한 다수의 협회나 리서치 회사는 IoT 디바이스 수가 2015년부터 본격적으로 증가되기 시작했으며, 향후에도 지속적인 성장을 예측했다. 특히, IoT는 5G, AI, Big Data 등의 기술과 융합되어 서비스 품질이 높아지면서 사람의 생활에 필수적인 기술로 인정받아 시장이 성장되고 있다.

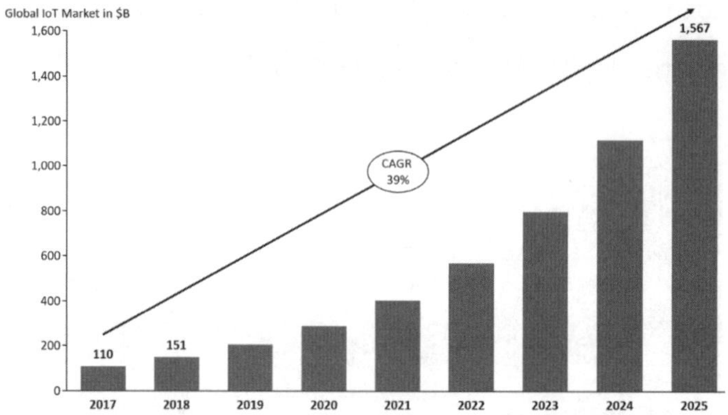

그림 1-27 전세계 IoT 시장 예측 (출처: IoT Analytics)

IoT Analytics사 보고서에 따르면, 전세계 IoT 시장은 2020년에 약240조원($220B)에서 2025년에는 약 1, 900조원($1,567B)이 될 것으로 예측했다. 이 기간에 IoT 시장(매출기준)의 연간 성장률(CAGR)은 39%이며, 이후에도 높은 성장이 기대된다

IoT Analytics사의 전세계 IoT 디바이스 수 예측을 보면, 2020년의 99억 개에서 2025년에는 215억 개로 전망했다. 전체적으로 IoT 디바이스 수의 연간 성장률은 17%로 예상되며, 특히 5G가 전세계적으로 활성화되는 2022년부터 IoT는 더 높은 성장이 예측된다.

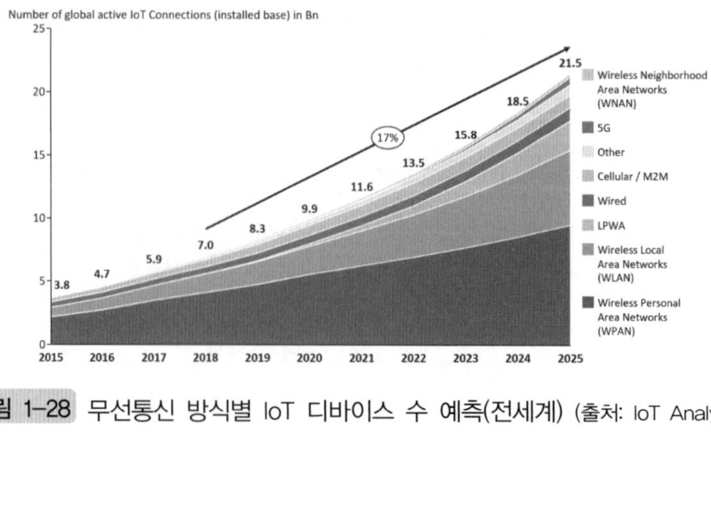

그림 1-28 무선통신 방식별 IoT 디바이스 수 예측(전세계) (출처: IoT Analytics)

IoT 시장은 여전히 WPAN(주로 Bluetooth/BLE)을 활용한 디바이스가 절대적으로 많고, 그 다음으로 WLAN(즉, Wi-Fi)을 사용하는 IoT 디바이스가 많다. Bluetooth(BLE 포함)의 경우, 배터리 소모가 적고, 저렴한 단말기 개발이 가능하여 Wearable Device, Smart Home, Retail 매장 등에 많이 사용되고 있다.

전체 IoT 디바이스에서 셀룰라(예: 4G, 5G) 디바이스 비중이 낮은 이유는 대부분의 IoT 디바이스는 저가 단말기, 서비스 요금이 없는 Bluetooth/BLE나 Wi-Fi가 많이 사용되기 때문이다. 셀룰라를 활용한 IoT 디바이스는 상대적으로 가격이 비싸고, 사용자는 주기적으로 이동통신 사업자에게 요금을 지불해야 된다.

셀룰라(Cellular)란 주파수 재사용을 위하여 기지국 형태를 6각형으로 구성하고, 인접 기지국과 연속적인 통신이 가능한 Handover가 지원되는 기술이다. 셀룰라 기술을 활용한 대표적인 예는 이동통신이며, 일반적으로 셀룰라는 이동통신과 같은 의미이다.

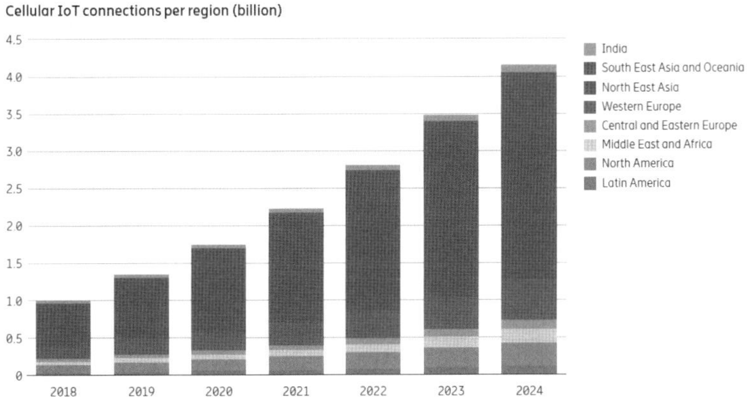

그림 1-29 전세계 지역별 셀룰라 IoT 디바이스 수 예측 (출처: GSA)

GSA(Global Mobile Suppliers Association) 보고서에 따르면, 전세계 지역별 셀룰라 IoT 디바이스 수는 아시아 지역이 절대적으로 많고, 그 다음으로 서유럽, 북미 등으로 발표했다. 아시아 지역에는 인구가 많은 중국, 인도, 인도네시아 등에서 많은 셀룰라 IoT 디바이스를 사용할 것으로 전망되기 때문이다.

또한 GSA는 셀룰라 IoT 디바이스 수가 연간 20%로 성장될 것이라고 밝혔다. GSA의 셀룰라 IoT 디바이스 수의 성장 예측(연간 20%)은 IoT Analytics사의 IoT 디바이스 전망치인 39%보다 낮지만, 20% 성장도 속도가 빠른 편이다.

Ericsson은 무선통신 방식별 IoT 시장 성장률을 예측했는데, 여기에서 무선통신 기술을 2가지로 구분하여 ① 이동통신망을 사용하는 IoT를 Cellular IoT(또는 CIoT)라고 하고, ②

이동통신을 사용하지 않는 IoT 서비스를 Non-Cellular IoT로 정의했다.

Non-Cellular IoT를 위한 무선통신 기술은 Wi-Fi, Bluetooth, BLE(Bluetooth Low Energy), Zigbee Z-Wave, Wi-SUN등이다. 대부분 IoT 디바이스는 셀룰라 통신보다는 Bluetooth나 Wi-Fi 등을 사용하는데, 이유는 디바이스가 저렴하고 서비스 요금이 없기 때문이다.

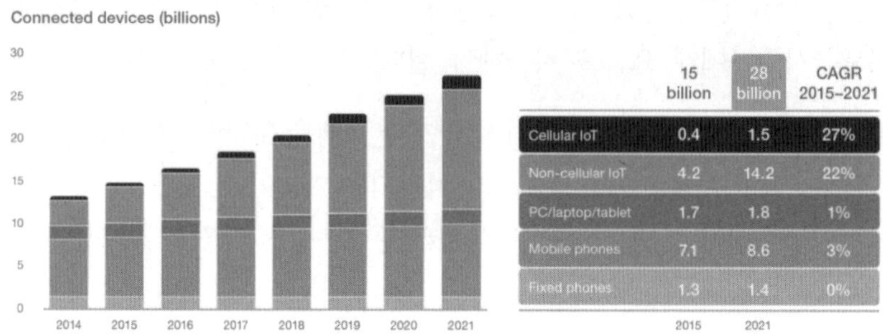

그림 1-30 IoT 디바이스 종류 별 수량 예측 (출처: Ericsson)

하지만 이동통신망을 활용하는 IoT 디바이스 가격이 점차 낮아지고, 서비스 요금이 저렴해져서 이동통신망 기반 IoT 성장률이 높아지고 있다. 이동통신의 경우, 사업자가 체계적으로 통신망을 관리하기 때문에 전파 간섭이 거의 없어서 안정적인 IoT 서비스를 제공받을 수 있다.

Ericsson은 IoT 디바이스 수를 예측하면서, 2015년에서 2021년까지 Cellular IoT는 27% 성장, Non-Cellular IoT는 22% 성장을 전망했다. 이처럼 Cellular IoT의 비중은 낮지만, 성장률이 높은 것으로 알려져 있다. 즉, Cellular 방식인 4G, 5G, LPWAN (Low Power Wide Area Network) 기반의 IoT 시장이 커지고 있다.

리서치 회사인 McKinsey는 2025년에 유망한 IoT 서비스 9개를 선정하면서 비중이 큰 순서로 Factories(스마트 공장), Cities(스마트 시티), Human, Retail 등을 발표했다. McKinsey 이외에 다수의 리서치 회사도 향후 유망한 IoT 응용분야로 Smart Factory, Smart City 등을 선정했다.

Factories는 기존 공장에 IoT를 적용하여 자동화된 공장이고, Cities는 공중 안전, 트래픽 관리 등 Smart City 서비스로 IoT를 활용하여 도시의 효율 증대와 비용 절감이 목적이다. Human은 사람이 디바이스를 몸에 부착하거나 들고 다니면서 건강, 운동 등을 체크하여 사람의 편리한 생활을 위한 서비스이다.

그림 1-31 IoT 서비스 예측(2025년) (출처: McKinsey)

특히, Smart Factory는 다른 IoT 분야보다 성장이 월등히 높을 것으로 기대되는데, 이것은 기존 공장에 Digital Transformation을 적용하여 효율을 높이고, 운영비를 절감할 수 있기 때문이다. Smart Factory는 스마트 공장, 공장 자동화와 동일한 의미이다.

3) Ecosystem

Ecosystem(생태계)이란 넓은 의미로 하나의 산업분야에 기여하고 있는 단체, 회사, 개인, 기타 조직이며 'Value Chain'이라고도 한다. 좁은 의미로는 해당 산업분야에서 수익을 창출하는 회사나 조직을 의미한다.

예를 들어, 좁은 의미로 이동통신 Ecosystem은 서비스를 제공하는 이동통신 사업자, 통신장비를 사업자에게 공급하는 통신장비회사, 단말기를 시장에 판매하는 단말기 제조사, 컨텐츠 제공회사 등이 있지만, 넓은 의미의 Ecosystem은 이동통신을 활용하는 미디어, 금융, 소매업, 물류, 물리보안 등 범위가 넓다.

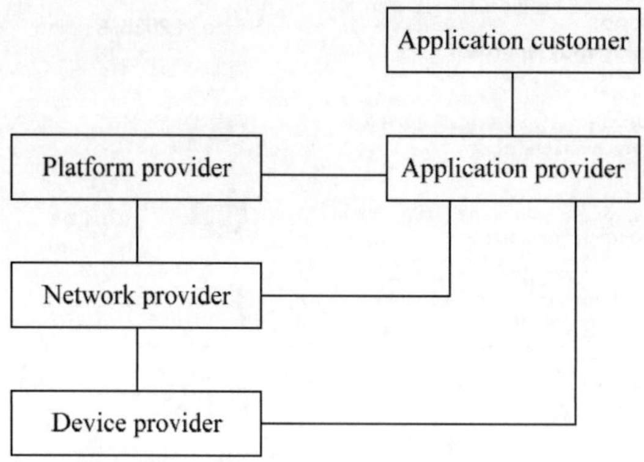

그림 1-31 ITU에서 정의한 IoT Ecosystem

ITU는 IoT Ecosystem을 Device Provider(IoT 디바이스 제조사), Network Provider(통신 사업사), Platform Provider(다양한 서비스 제공을 위한 플랫폼 회사), Application Provider(특정 서비스를 제공하는 회사)와 같이 4가지로 정의했다.

하지만, IoT 산업계는 이러한 ITU의 Ecosystem 분류보다는 일반적으로 Sensors(IoT 디바이스 포함), Gateway, Network, Big Data/Analytics와 같이 Ecosystem을 분류한다. 결국, 이러한 Ecosystem 구분은 IoT 서비스를 제공하기 위한 기술요소로 볼 수 있다.

Ecosystem에 관여하는 대부분의 회사와 단체는 BM(Business Model, 수익 모델) 창출이 목적이다. BM이란 Ecosystem에 있는 각 회사가 수익을 창출하는 방법이다.

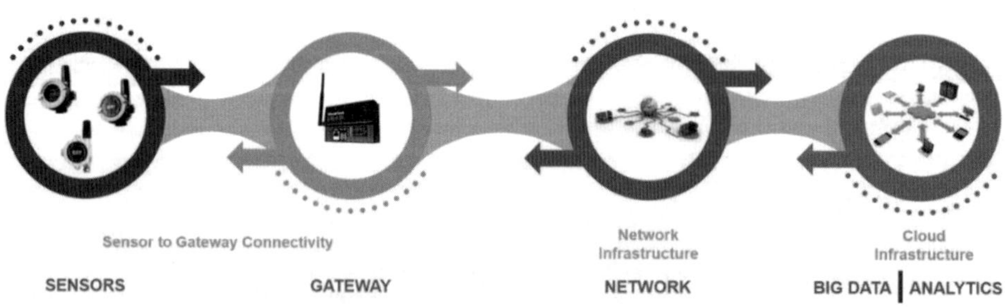

그림 1-32 IoT Ecosystem 예(1) (출처: OleumTech)

Ecosystem에서 기술요소인 Gateway는 다수의 IoT 디바이스로부터 데이터를 수집하여 서버로 보내는 일종의 장치이다. Network란 이동통신, Wi-Fi, Zigbee 등 무선통신과 인터넷에서 데이터 전송목적으로 사용되는 Protocol을 의미하며, Big Data/Analytics는 대량의 IoT 데이터를 분석하는 역할을 하며 주로 IoT Platform에서 동작된다.

이러한 Ecosystem에서 안정적인 수익을 창출하는 회사는 ① IoT 디바이스에 탑재되는 칩 회사와 ② IoT Platform을 운영하는 Cloud 업체로 알려져있다. 즉, 칩 IP를 개발하는 ARM, 칩을 개발하는 Qualcomm, Broadcom 등의 회사와 Amazon, Microsoft, Google과 같은 Cloud 사업자가 안정적인 사업을 진행하고 있다.

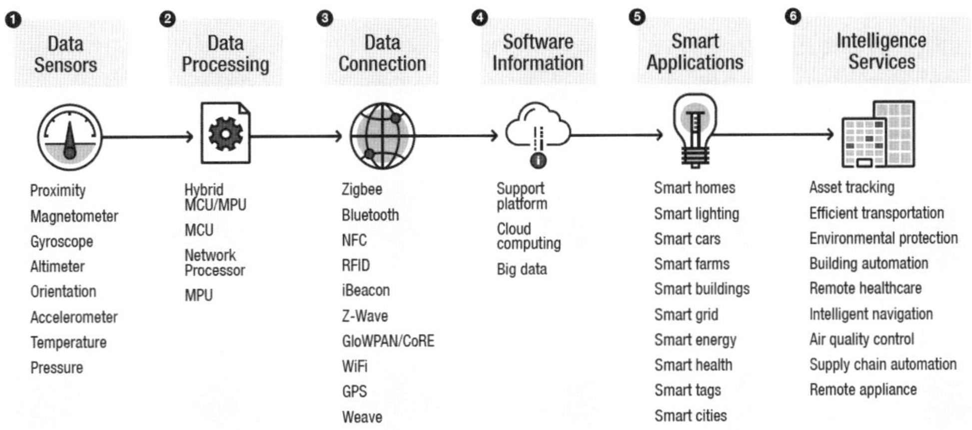

그림 1-33 IoT Ecosystem 예(2) (출처: Trend Micro)

IoT 기술을 개발하는 Trend Micro사는 IoT Ecosystem을 좀 더 세부적으로 정의하여 Data Sensor, Data Processing, Data Communication, Software Information, Smart Applications, Intelligence Services와 같이 6개로 분류하기도 했다.

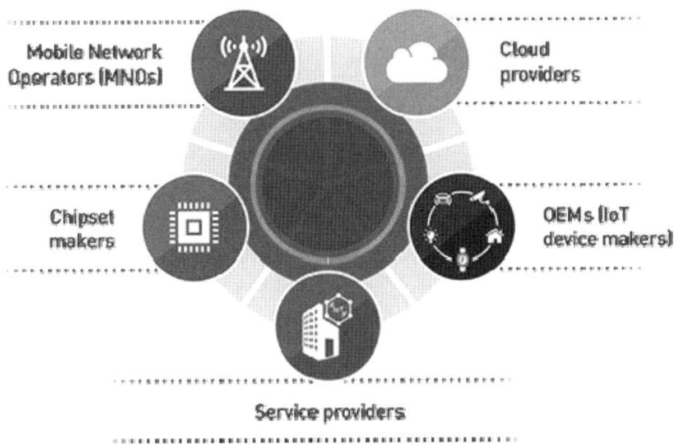

그림 1-34 IoT Ecosystem 예(3) (출처: Gemalto)

여기에서 Data Sensor는 센서 자체, Data Processing은 IoT 디바이스 내부에서 데이터 처리, Data Communication은 통신기능, Software Information은 주로 Big Data 처리, Smart Applications은 다양한 종류의 서비스, Intelligence Services는 각각의 세부

서비스를 의미한다.

이와는 별도로 IT 보안기술을 개발하는 Gemalto사는 IoT Ecosystem을 이동통신 사업자, 칩 제조사, 단말기 제조사, 서비스 제공자, Cloud 서비스 제공자와 같이 분류하기도 했다.

하지만, 일반적으로 IoT Ecosystem은 크게 디바이스, Gateway, IoT Platform(또는 Cloud)과 같이 분류된다. 이러한 Ecosystem은 IoT 서비스를 제공하기 위한 시스템 구성 요소이다.

요 약

정의, 배경

- IoT는 다양한 사물에 센서, 통신기능 등을 추가하여 사물이 인터넷에 항상 연결되어 정보가 송수신되는 기술이다.
- IoT는 과거 M2M과 달리 사람이 개입하고, 다양한 IoT 디바이스가 Web 환경에 연동되어 동작된다.
- IoT 디바이스 수는 과거 PC나 휴대폰 대비 폭발적으로 증가하고 있다. IoT는 사람의 생활을 편리하게 하거나 산업에 적용되어 생산성 향상이나 원가절감 효과가 있다.
- IoT는 Industry 4.0에 필수적인 기술로 대부분 국가는 산업 경쟁력 강화를 위해서 국가차원에서 IoT 기술을 개발하고 있다.

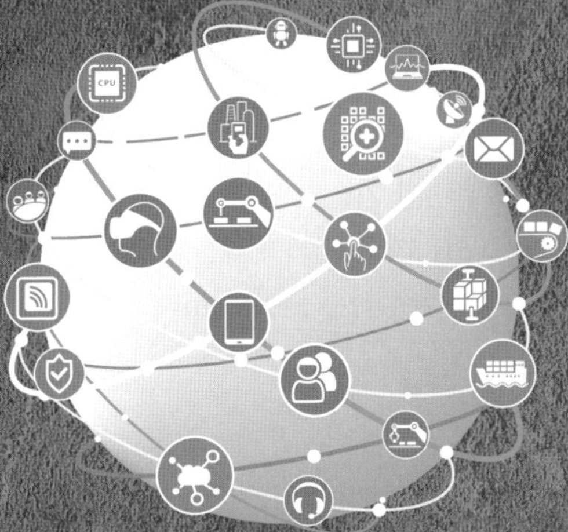

chapter 02 IoT 기술

Chapter

02 IoT 기술

1. 기술 요소

IoT 서비스는 다양한 기술이 융합되어 제공되기 때문에 관련된 기술도 많다. 따라서 IoT에 적용되는 기술을 분류하기 쉽지 않지만, 일반적으로 IoT 기술을 크게(대분류) ① IoT 서비스를 위한 디바이스와 Gateway, ② 데이터를 수집하여 분석하는 Platform과 서비스를 제공하는 부분 등으로 분류될 수 있다.

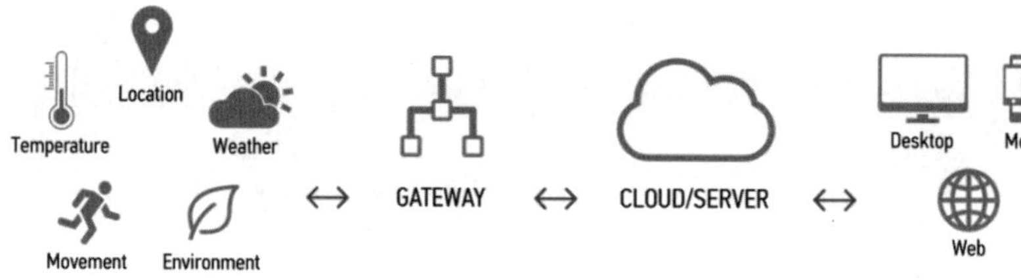

그림 2-1 IoT 서비스를 위한 기술요소(또는 시스템 구조)

이러한 대분류를 기준으로 IoT 서비스를 제공하기 위한 세부 기술은 ① IoT 디바이스, ② Gateway, ③ Cloud(또는 IoT Platform), ④ 다양한 응용서비스(또는 App)로 분류될 수 있다. 이렇게 분류된 기술은 결국 IoT 시스템 구성요소이다.

'시스템' 용어는 특정(또는 개별) H/W나 S/W를 의미하기도 하지만, 서비스 제공을 위한 전체 장비 구성을 의미하기도 한다. 따라서 시스템 용어는 문맥에 따라 의미가 다를 수 있다. 또한 Cloud, IoT Platform, IoT Cloud Platform은 약간의 의미 차이는 있지만, 유사한 뜻이다.

IoT 디바이스에는 Sensor, 통신 칩 등이 내장되며, Sensor는 서비스 목적에 맞게 데이터를 수집하고, 통신 칩을 통하여 무선으로 Gateway와 연동된다. Gateway는 다수의 IoT 디바이스와 연동되어 Cloud에 접속하는 중계자 역할을 한다.

즉, Gateway는 일종의 장치(또는 기기)로써 일반적으로 ① 다수의 IoT 디바이스와 연동을 위한 WPAN(예: Bluetooth, Zigbee) 기능과 ② 인터넷 접속을 위한 Wi-Fi, 5G, 유선통신 기능을 모두 가지고 있다.

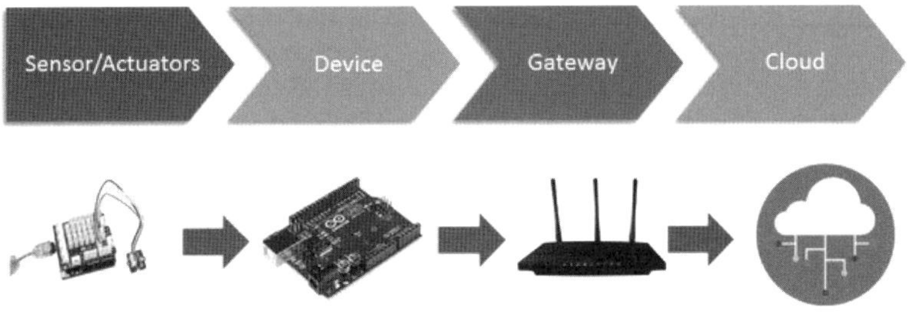

그림 2-2 일반적인 IoT 데이터 처리 절차

Gateway와 연동되는 Cloud는 ① IoT 서비스에 맞게 다양한 비즈니스 로직(또는 서비스 제공 시나리오)을 제공하는 Platform 역할과 ② 사용자가 외부 터미널(User Interface)을 통하여 서비스 상태를 확인할 수 있는 환경을 제공해 준다. 또한, Cloud에는 많은 디바이스가 수집한 데이터(즉, Big Data)를 분석하는 'Analytics' 기능도 있다.

IoT 서비스가 지향하는 목표는 ① 단말기 측면에서 저가, 저전력 소모, 소형이며 ② 통신 측면에서 저속 데이터 송수신, 먼거리 전송, 저렴한 요금 등 이다. 따라서, IoT는 고속 데이터 통신이 목적인 다른 무선통신(예: 5G 이동통신, Wi-Fi)이 추구하는 방향과는 다르다.

이동통신 기술은 고속통신 위주로 규격이 정의되고 있지만, 4G와 5G에는 IoT를 수용하기 위한 기술이 추가되었다. 예를 들어, 5G에서 고속통신을 위하여 광대역 주파수를 사용하는 eMBB(Enhanced Mobile Broadband)와 다르게 IoT 목적의 NB-IoT(Narrow Band-Internet of Things)는 협대역 주파수를 사용하며, 단말기 처리절차를 단순화시켜 IoT가 지향하는 목적을 만족시키고 있다.

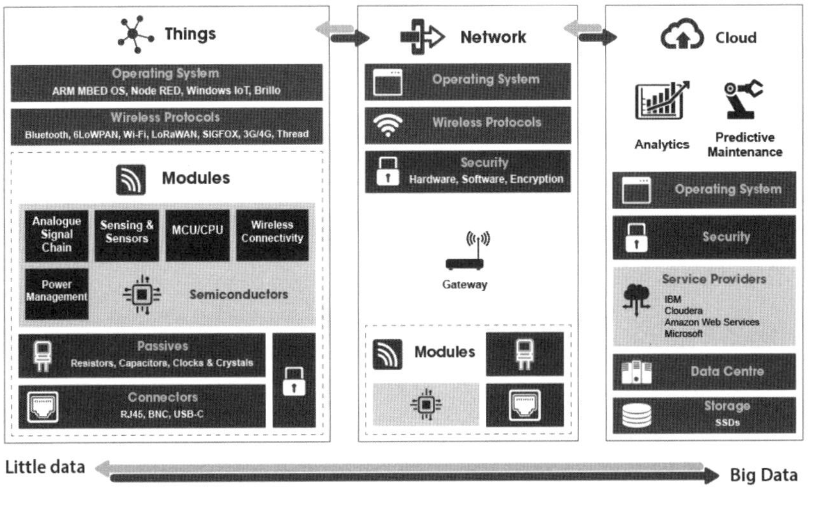

그림 2-3 IoT 기술요소 정의 예 (출처: RS-Online)

RS-Online사는 IoT 기술요소를 정의하면서 IoT 디바이스에 들어가는 칩, 센서 등을 강조했는데, 이것은 IoT에서 절대적으로 큰 시장이 디바이스이고, 디바이스에 다양한 칩이 들어가기 때문에 칩 시장도 크다는 의미이다.

즉, IoT 서비스를 제공하기 위해서는 많은 디바이스가 필요하므로 디바이스가 가장 큰 시장을 형성한다. 이러한 디바이스 시장에서 칩을 포함한 부품시장도 크기 때문에 일부 전문가는 IoT 디바이스 구성요소를 세부 기술로 분류하기도 한다.

기술적 관점에서 IoT Protocol Layer는 하나로 통일된 규격은 없지만, ITU에서 정의한 "IoT Reference Model"이 객관적으로 평가받고 있다. ITU는 IoT 서비스를 위하여 기술적인 Layer를 하위 Layer부터 ① Device Layer, ② Network Layer, ③ Service and Application Layer, ④ Application Layer로 정의했다(2012년).

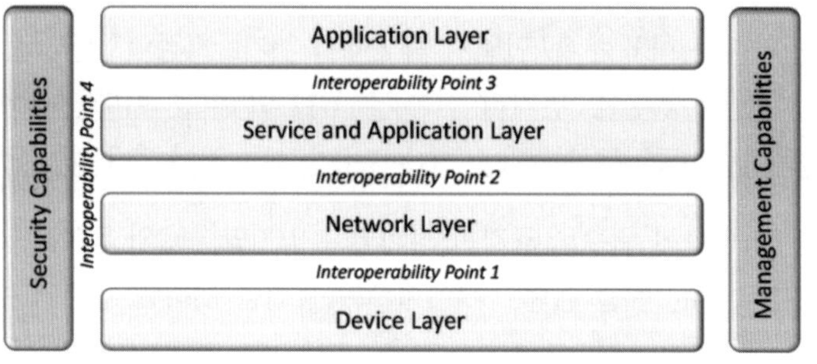

그림 2-4 ITU에서 정의한 IoT Reference Model

ITU에서 정의한 IoT Reference Model은 국제 공식 표준단체인 ISO(International Organization for Standardization)에서 정의한 OSI(Open Systems Interconnection) 7 Layer 규격과 연관이 있다. 즉, ITU에서 정의한 IoT Reference Model은 어느 정도 OSI 7 Layer와 매칭된다.

이렇게 ITU에서 정의한 IoT Protocol Layer 구조(즉, IoT Reference Model)는 개념적인 틀을 제공하는 것으로, 실제 사업(즉, 상용화)에는 그대로 적용되지 않고, IoT 기술을 개발하는 회사가 ITU Model을 참조하여 관련 기술을 개발한다.

이러한 ITU의 IoT Reference Model을 기반으로 IETF(Internet Engineering Task Force, 인터넷 기술을 정의하는 표준화 단체)는 실제 적용 가능한 IoT Protocol Layer를 정의했다. IoT Protocol Layer(또는 Stack)가 유래된 시간적인 순서는 ① OSI 7 Layer → ② TCP/IP Model → ③ IoT Protocol Layer이다. 즉, IoT Protocol Layer는 OSI 7 Layer를 보완한 TCP/IP Model을 기반으로 정의되었다.

OSI 7 Layer는 유무선 통신에 사용되는 장비나 S/W 기능을 7개 Layer로 정의된 것이다. 이렇게 7 Layer로 분류한 이유는 통신 시스템을 여러 회사에서 개발할 수 있는데, 이때 ① 장비간 호환성을 유지하고, ② 통신기능을 모듈화시켜서 기술개발, 검증, 유지보수 등을 효과적으로 하기 위해서이다.

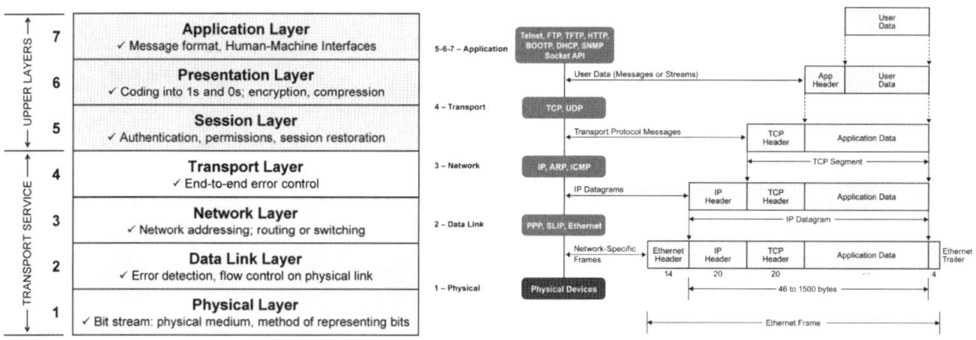

그림 2-5 ISO에 정의한 OSI 7 Layer 구조

크게 보면, OSI 7 Layer에서 상위계층(L5 ~ L7)은 응용 서비스를 담당하고, 하위계층(L1 ~ L4)은 전송을 담당한다. OSI 7 Layer의 기본 동작은 캡슐화(Capsulation)의 연속이다. 캡슐화란 바로 상위 Layer 데이터에 자기 Layer의 헤더(Header)나 기타 처리를 하는 작업이다.

예를 들어 사과(Apple)를 서울에서 부산으로 보낼 때, 하나의 사과를 종이로 포장하고, 포장된 여러 개의 사과를 상자에 넣는 것, 상자를 트럭에 싣는 것 등은 모두 캡슐화 작업으로 볼 수 있다.

통신에서 'Protocol'이란 네트워크에 있는 노드(또는 디바이스) 상호간 정확한 데이터를 송수신하기 위한 통신규칙이다. ISO는 전세계적으로 통신장비간 호환을 위해서 각 노드에 적용되는 기능인 OSI 7 Layer를 정의했다(1978년).

OSI 7 Layer에서 대표적인 기술/기능은 Physical(예: Bluetooth), Data Link(예: MAC, 스위치), Network(예: IP, 라우터), Transport(예: TCP, UDP, Port Number), Session(예: Sync, Ack), Presentation(예: Encryption, ASCII, PNG, MIDI), Application(예: HTTP, FTP)이다.

이후, 1990년대부터 인터넷이 활성화되기 시작하여 IETF는 인터넷 망에 적합한 Protocol을 위하여 OSI 7 Layer에서 Layer 수를 줄인 TCP/IP Model을 정의했다(1991년). TCP/IP Model은 OSI 7 Layer에서 Layer 수를 7개에서 4개로 줄인 것으로 기존의

Session, Presentation, Application Layer를 합해서 1개의 Application Layer로 정의된 것이다.

TCP/IP Model의 Application Layer는 Application Protocol과 Application Service가 합쳐진 개념이다. 즉 Application Layer에 CoAP, MQTT와 같은 데이터 송수신 Protocol이 포함된다.

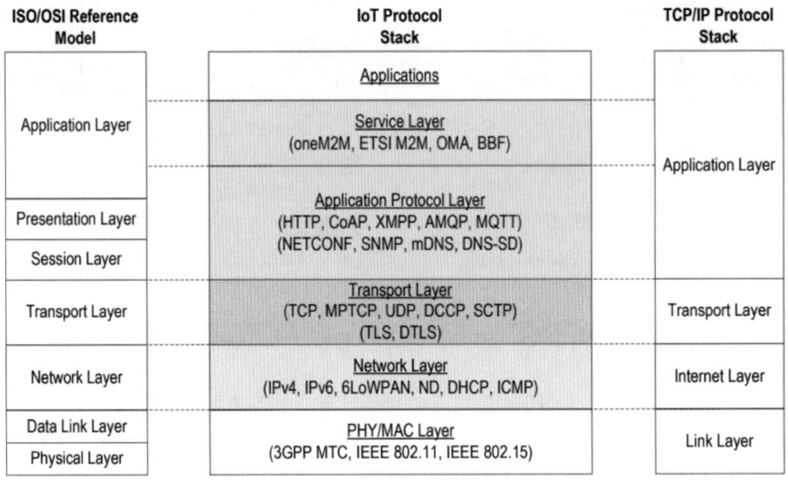

그림 2-6 OSI 7 Layer, IoT Protocol Layer, TCP/IP Model 비교

이렇게 7개 Layer를 4개로 줄인 이유는 통신처리에서 7 Layer 구조는 Layer가 많고, 복잡하기 때문에 간단한 처리를 위한 것이다. 이후, 2000년 대에 IETF는 IoT를 위하여 TCP/IP Model에서 몇 가지 기능을 단순화시킨 IoT Model(또는 Protocol)을 정의했다.

IETF의 IoT Model에 적용된 대표적인 기술은 Network(또는 Internet) Layer의 6LoWPAN(IPv6 over Low Power Wireless Personal Area Networks)과 Application Layer의 CoAP(Constrained Application Protocol), MQTT(Message Queue Telemetry Transport)가 있다.

IoT Model에서 6LoWPAN, CoAP 등의 기술이 적용된 이유는 IoT 특징인 리소스(특히 디바이스, 통신환경 등)가 충분하지 않기 때문에 이를 극복하기 위해 처리를 단순화시킨 것이다. 즉, IoT는 디바이스와 통신환경 등의 리소스가 매우 제한적이라는 가정에서 시작된다.

정보통신에서 '리소스'는 넓은 의미인데, 단말기 측면에서 리소스는 Computing Power, 메모리 용량, 배터리 소모량 등이고, 통신측면에서는 전송속도, 지연시간, 전송거리 등이 될 수 있다. IoT 디바이스 대표적인 특징은 Computing Power가 낮고, 적은 메모리 사용과 배터리 소모가 적어야 한다.

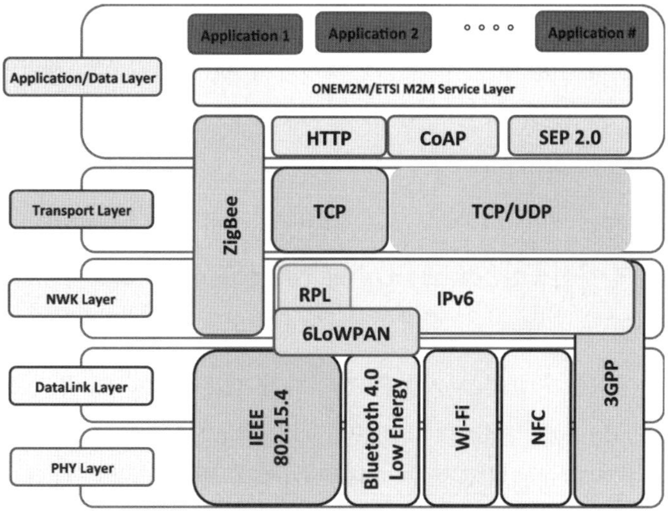

그림 2-7 IoT 서비스 제공을 위한 Protocol Layer 구성 예

IoT 서비스 제공을 위한 Protocol Stack 예를 보면, 전송계층(주로 무선통신)은 IEEE 802.15.4가 사용되고, Network Layer에는 6LoWPAN, Application Layer에는 CoAP이 사용될 수 있다.

IoT와 Web(TCP/IP Model 사용)에 적용되는 Protocol Stack의 연관관계를 보면, IoT는 기본적으로 Web에 적용된 Protocol을 간단히 처리하는 방향으로 정의되었다. 예를 들어 IoT에 사용되는 CoAP은 Web에 사용되는 HTTP(Hypertext Transfer Protocol)를 간단하게 처리하는 방법이다.

<u>일반적으로 Web이란 PC에서 브라우저를 통하여 인터넷에 있는 정보를 활용하는 환경이고, IoT란 리소스가 제한적인 디바이스와 통신환경을 활용하여 인터넷에 연동되는 구조이다.</u> IoT 디바이스 측면에서 볼 때, PC는 거의 무한대의 리소스를 가지고 있는 디바이스이다.

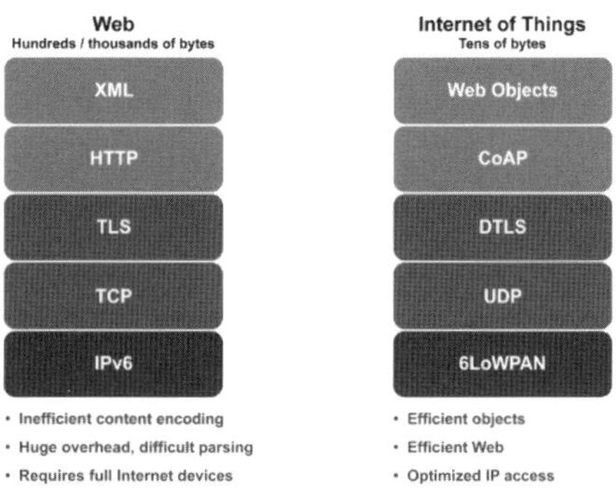

	IETF IoT Protocol Stack	*TCP/IP Protocol Stack*
Application Layer	IETF COAP	HTTP, FTP, DNS, SSH, SMTP, NTP, ...
Transport Layer	UDP	TCP, UDP
Network Layer	IPv6, IETF RPL	IPv4, IPv6
Adaption Layer	IETF 6LoWPAN	N/A
MAC Layer	IEEE 802.15.4 MAC	Network Access
Physical Layer	IEEE 802.15.4 PHY	

그림 2-8 Web과 IoT에 적용되는 Protocol Stack 비교

물론 이동통신으로 Web서비스를 받을 수 있는데, 대부분 유선인터넷과 서비스는 비슷하지만, 이동통신망은 유선망 대비 무선망을 사용하기 때문에 리소스 제약이 있어서, 일부 이동통신 사업자는 QUIC(Quick UDP Internet Connections), Wireless TCP 등과 같은 기술을 사용하여 통신 Overhead를 줄이고 있다.

IoT가 지향하는 목표는 저가 단말기, 저속 통신, 저렴한 요금, 단말기의 긴 배터리 수명 등이며, 이를 위하여 무선통신은 BLE, LoRa, NB-IoT 등이 많이 사용되고, 인터넷 통신은 6LoWPAN, CoAP 등과 같은 경량화된 Protocol이 사용된다.

이동통신의 경우, 3GPP가 대부분 기술을 정의하기 때문에 하나의 규격을 전세계에서 사용하므로 호환성이 좋다(예: 해외로밍). 하지만, IoT 서비스를 위한 무선통신 방식은 전세계적으로 하나의 규격으로 정해지지 않고, 다양하기 때문에 목적에 맞게 통신방식을 선택해야 한다.

IoT 서비스를 위한 무선통신 기술은 다수의 표준화 단체에서 정의하고 있으며, 대표적인 IoT 무선통신 기술은 3GPP에서 정의하는 셀룰라 통신(4G, 5G)의 NB-IoT, IEEE가 정의하는 Zigbee(IEEE 802.15.4 기반)와 Bluetooth/BLE, Wi-Fi, LoRa(Long Range), Sigfox 등이 있다.

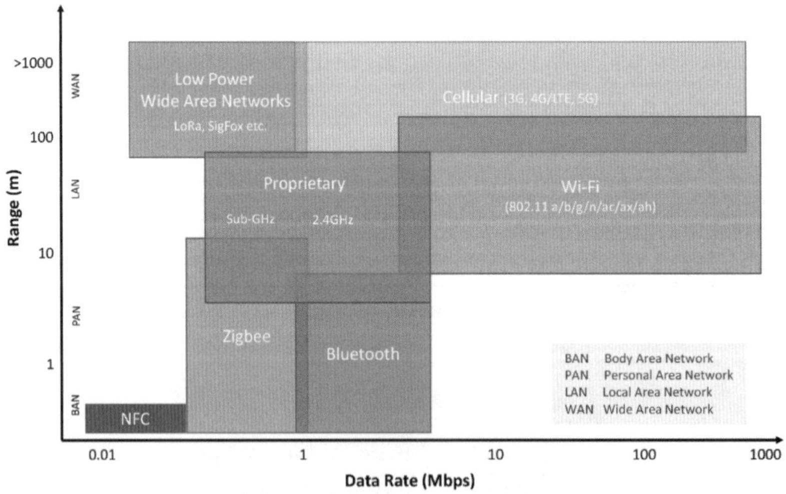

그림 2-9 IoT를 위한 무선통신

3GPP는 이동통신 규격을 정의하는 전세계 유일한 단체이며, 4G 이전의 이동통신 규격은 몇 개 표준화 단체에서 정의했으나 5G부터는 3GPP만 정의하고 있다. 따라서 이동통신은 하나의 기술 규격이 사용되므로 전세계적으로 호환된다.

3GPP의 유래는 이전 유럽의 이동통신 규격을 정의했던 ETSI가 유럽방식 이동통신을 전

세계로 확장하겠다는 의도로 3G 이동통신부터는 해외의 다른 표준화 단체와 함께 3GPP를 결성하면서 시작되었다.

이동통신의 경우, IoT 서비스 목적의 NB-IoT는 고속통신(예: 5G의 eMBB)과 달리 송수신되는 데이터의 전송속도가 낮고, 먼거리 전송이 가능하며, 전파가 건물 내부로 깊숙이 침투되는 특징이 있다.

또한 IoT에 사용되는 무선통신 기술을 정의하는 단체로 IEEE(Institute of Electrical and Electronics Engineers)가 있다. IEEE는 전기, 전자, 컴퓨터 관련 전문가 협회로서 관련된 ① 전기, 전자, 컴퓨터 등 기술규격 정의와 ② 학술논문을 주관한다. IEEE(발음은 아이 트리플 이)에서 정의한 IoT와 관련된 대표적인 무선통신 기술은 IEEE 802.15.4, Wi-Fi가 있다.

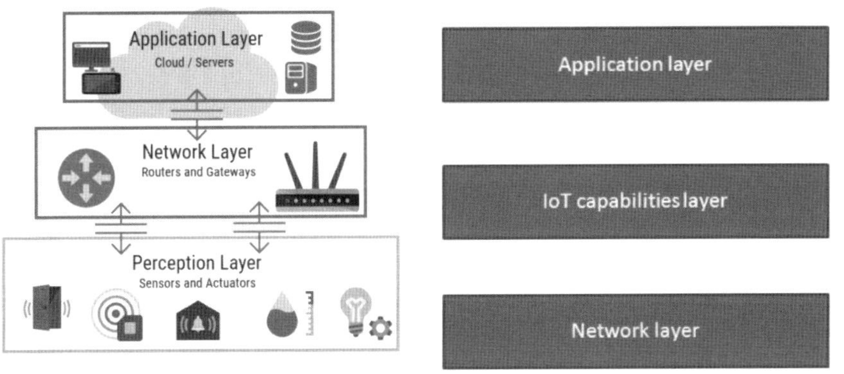

그림 2-10 IoT를 위하여 3개 Layer로 정의

ITU는 IoT 서비스를 위하여 4개의 Layer를 정의했는데, <u>일부 IoT와 관련된 회사나 단체는 IoT 목적으로 3개 Layer를 정의하는 경우도 있다. 예를 들면, 하위부터 Perception Layer, Network Layer, Application Layer로 정의될 수 있다.</u>

여기에서 ① Perception Layer는 Sensor, Actuator, 통신모듈 등이 내장된 IoT 디바이스를 의미하고, ② Network Layer는 통신을 담당하는 부분이며, ③ Application Layer는 IoT Platform을 기반으로 다양한 서비스가 제공되는 부분이다.

이와는 별도로 IoT Layer를 하위에서 상위로 Network Layer, IoT Capabilities Layer, Application Layer와 3개 Layer로 정의하기도 한다. 여기에서 IoT Capabilities Layer는 Cloud와 통신을 담당하는 부분이다.

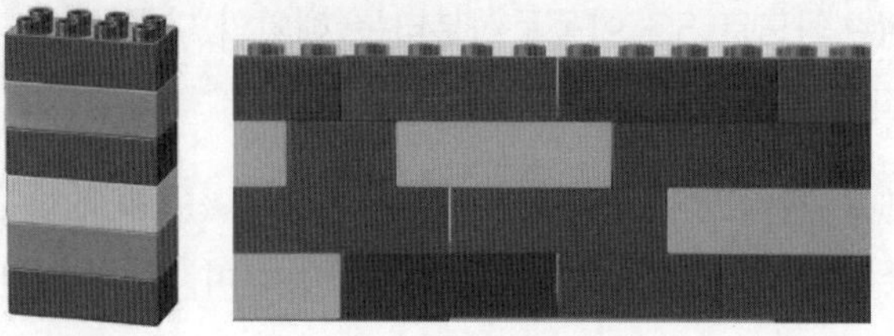

(a) Cellular 기반 IoT (b) WLAN, WPAN 등 기반 IoT

그림 2-11 Cellular 기반 IoT, Non-Cellular 기반 IoT 비유

IoT 서비스를 제공하기 위해서는 다수의 무선통신(주로, Physical/Data Link Layer)과 여러 개의 상위 Layer 기술 중에서 일부를 선택해야 한다. 따라서 IoT 기술 구현을 레고블럭(Lego Bricks)에 비유할 수 있는데, IoT 서비스는 여러 개의 레고블럭을 활용하여 원하는 서비스에 맞게 블럭을 조립하는 것이다.

반면, 이동통신 규격은 3GPP에서만 정의하기 때문에 3GPP에서 정의한 레고블럭만 사용하면 된다. 따라서 셀룰라(이동통신과 동일한 의미)를 활용한 IoT 기술은 레고블럭이 1차원적으로 배치될 수 있다.

요 약

기술요소

- IoT 기술요소는 크게 디바이스, Gateway, 무선통신, Cloud로 구분될 수 있다. 이러한 기술은 각 서비스 분야별로 많기 때문에서 서비스 목적에 맞게 일부 기술을 선정해야 한다.
- IoT 기술은 다양하기 때문에 많은 표준화 단체에서 해당 기술을 정의하고 있으며, 주요 단체를 보면 무선통신 기술은 IEEE, 3GPP가 있고, 인터넷 통신 Protocol은 IETF, 그리고 IoT Platform 기술은 oneM2M, OCF 등에서 정의한다.

2. 표준화

1) 개요

정보통신에서 기술표준이란 통신망에 연결되어 있는 각종 시스템이 다양한 형태의 서비스를 제공하거나 이용할 때, 관련된 통신 주체간 합의된 규약(Protocol)과 이러한 규약의 집합이다.

즉, 기술표준은 해당 서비스를 제공하기 위하여 기기간 호환성 유지, 공통의 H/W 사용, S/W 모듈 재사용을 통한 개발비 절감, 기술 파편화 방지, 규모의 경제로 더 큰 시장 형성 등을 통하여 정보의 생산과 이용을 효과적으로 이루어지게 하는 것이 목적이다. 따라서 IoT에서 기술 표준화는 서비스의 공통성, 호환성, 통일성을 위한 것이다.

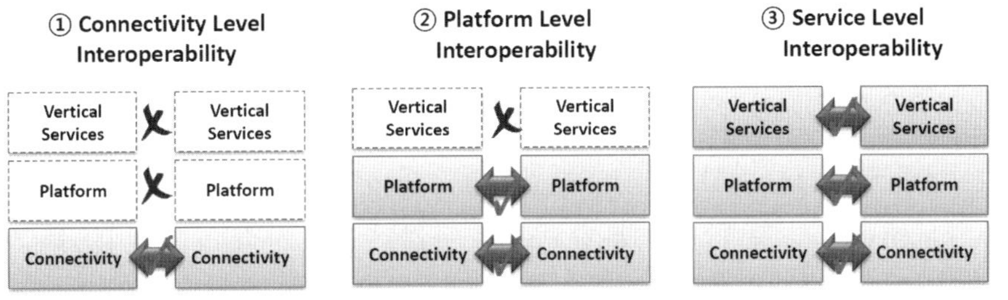

그림 2-12 IoT에서 기술 표준화 영역 (출처: ITU)

이러한 관점에서 IoT 기술 표준화는 디바이스, Gateway, Cloud 등 제조사나 서비스를 운용하는 회사에서 각각 다른 솔루션을 사용해도 일부 영역에서는 호환이 가능하여 디바이스와 장비 투자비, 망 운용비를 절감할 수 있다.

IoT 표준화 영역을 크게 Connectivity(통신), Platform(IoT Cloud), Vertical Services(개별 서비스)와 같이 개념적으로 나눌 수 있다. 최종 목표는 Service Level까지 호환이 가능한 것인데, IoT 서비스가 매우 다양하기 때문에 실질적으로는 쉽지 않다.

IoT에는 다수의 기술표준이 사용되므로 서비스 목적에 맞는 기술을 사용해야 한다. 따라서 IoT 사업을 진행하는 사람(또는 회사, 단체)은 다수의 기술에서 몇 개 기술을 선택해야 한다.

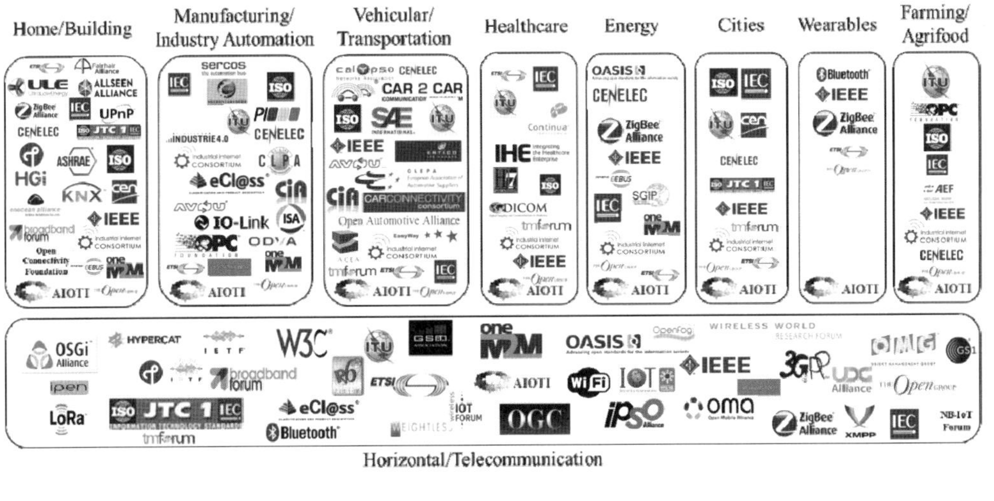

그림 2-13 IoT 표준화 단체 예(1) (출처: AIOTI)

IoT에는 다양한 기술이 사용되기 때문에 IoT와 관련된 표준화 단체는 많다. ITU는 IoT의 전반적인 기술사항을 관할하는데, ITU는 세부 기술은 정의하지 않고, 권고사항 정도의 High Level(예: 요구사항)만 배포하고, 나머지 세부사항은 관련된 표준화 단체에서 정의한다.

IoT 기술은 지역적, 국소적으로 원하는 방향이 다르기 때문에 큰 축에서 하나의 기술이 표준으로 정의되기 힘들다. 물론 무선통신 기술, CoAP 등 표준기술이 사용될 수 있지만, 이 외의 기술요소는 사용자가 원하는 목적에 맞게 기술을 선택해야 한다.

즉, IoT 서비스는 Smart Home, Smart Building, Smart Factory, Healthcare, Energy, Smart City 등 많기 때문에 공통의 규격(예: IEEE, IETF 표준기술)을 기반으로 부족한 부분은 서비스 별로 특정기술을 사용해야 한다.

각 국가의 지원을 받는 공식적인 IoT 표준화 단체는 ① 통신위주의 표준화 단체인 ITU(International Telecommunication Union), ② 다수의 정보기술 표준을 정의하는 ISO(International Organization for Standardization)와 IEC(International Electrotechnical Commission)가 있다.

ITU는 통신기술, ISO는 산업체에서 사용되는 다양한 기술, IEC는 전기전자 위주의 기술을 정의하는 표준화 단체이다. ISO와 IEC는 IoT 기술 규격을 공동으로 정의하고 있으며, 이를 위하여 2개 단체는 공동 기술위원회인 ISO/IEC JTC(Joint Technical Committee) 1을 운영하고 있다.

ITU와 ISO/IEC는 각 국가에서 인정하는 표준화 단체로 IoT 분야에서는 공식적인 표준화(De Jure Standard) 단체이다. 이러한 공식적인 국제 표준화 단체 이외에 oneM2M, OCF, IETF, 3GPP, IEEE, OMA 등에서 정의하는 기술규격을 사실상 표준(De Facto Standard)이라고 한다.

공식적인 표준화 단체는 각 국가가 인정하는 단체로 회의를 주도하는 사람은 각 국가의 정부기관이고, 사실상 표준 단체에 참석하는 사람은 해당 국가의 정부가 아닌 기업체(예:

삼성, LG, SKT) 사람이다.

De Jure Standard를 정의하는 단체인 ITU와 ISO/IEC는 이익을 추구하는 단체는 아니고, 인류의 공동 발전을 위해서 기술규격을 정의한다. 반면 De Facto Standard 단체는 각 회사의 이익 추구를 위하여 규격을 정의하기 때문에 이 단체가 정의한 규격을 산업체 표준(Industrial Standard)라고도 한다.

즉, De Facto Standard 정의에 참여하는 회사는 각 회사가 보유하고 있는 특허기술을 표준에 추가하거나, 표준으로 정의된 장비나 단말기 판매를 통한 수익 창출이 목표이기 때문에 사업적인 명분이 크다.

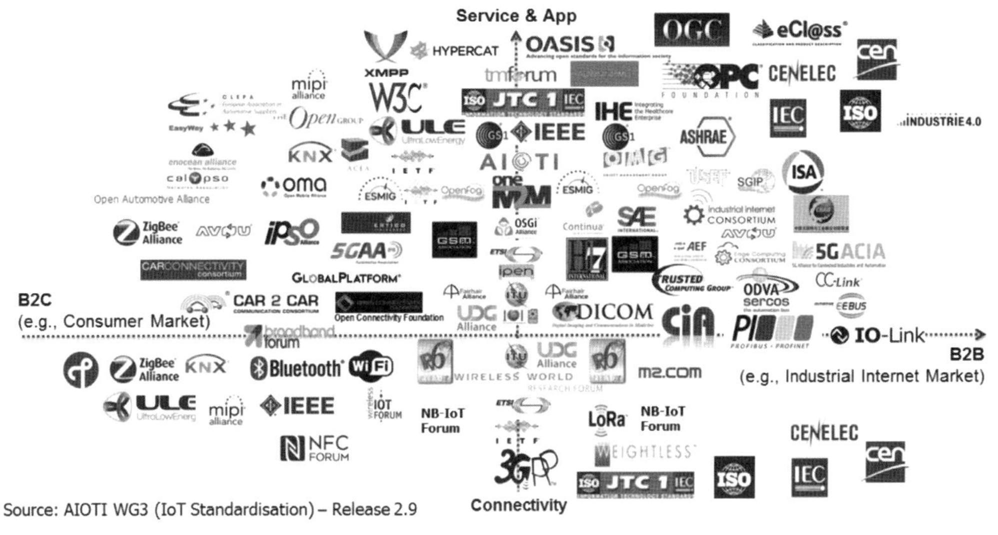

그림 2-14 IoT 표준화 단체 예(2) (출처: AIOTI)

유럽의 IoT 프로모션 협회인 AIOTI(Alliance for Internet of Things Innovation)는 IoT 표준화 단체 위주의 Ecosystem을 정의했는데, 가로축은 B2C와 B2B, 세로축은 Connectivity와 Service & App으로 분류했다. 이렇게 AIOTI에서 분석한 내용을 보면, IoT 기술 정의를 위하여 많은 표준화 단체가 관여된 것을 알 수 있다.

IoT 기술표준을 크게 Connectivity와 Platform으로 분류할 수 있는데, ① Connectivity는 무선통신 기술과 인터넷에서 전송 Protocol이 될 수 있고, ② Platform은 이러한 Connectivity를 기반으로 다양한 서비스가 제공되는 환경이다.

Connectivity 기술을 정의하는 대표적인 표준화 단체는 ① 무선통신 기술을 정의하는 IEEE, 3GPP와 ② 인터넷에서 전송 Protocol을 정의하는 IETF가 있다. Platform 기술을 정의하는 단체는 oneM2M, OCF 등이 있다.

그림 2-15 IoT Protocol Layer별 대표적인 표준화 단체

IoT Layer별 표준을 정의하는 대표적인 단체를 좀 더 세부적으로 보면, ① Physical/Data Link Layer는 IEEE와 3GPP, ② Network/Transport/Application Layer는 IETF, ③ 이러한 Layer를 기반으로 상위에 응용 서비스를 제공하기 위한 Platform인 oneM2M, OCF 등이 있다.

oneM2M과 OCF는 IoT Protocol Layer에서 Application Layer에 해당되며, ① oneM2M은 이동통신 사업자 주도로 기술이 정의되어 IoT 디바이스에서 수집된 정보관리나 서비스 제공을 위한 Cloud 개념이 강하고, ② OCF는 제조사(주로, 단말기) 위주로 기술이 정의되어 디바이스간 연동에 중점을 두고 있다.

이런 측면에서 볼 때, oneM2M은 서비스 제공을 위한 Platform으로 분류될 수 있고, OCF는 IoT 기기간 연동을 위한 Platform으로 볼 수 있다. OCF는 IoT 디바이스나 장치를 개발하는 제조사가 주도하기 때문에, 여기에 참여하는 회사는 제품 판매에 관심이 있다.

2) oneM2M

oneM2M은 ETSI에서 기존의 ETSI M2M 규격을 전세계로 확대하겠다는 의도로 다른 나라의 표준화 단체(SDO)와 협력해서 oneM2M 규격을 정의하면서 시작되었다. 당시, ETSI는 3G 이동통신 기반 M2M 규격을 단일화시켜서(즉, 전세계를 하나로) 향후 등장할 M2M 서비스를 효과적으로 제공하겠다는 의도로 oneM2M 기술 정의를 주도했다.

즉, ETSI는 기존 M2M 기술에 IoT 개념을 추가하여 전세계에 하나의(one) 기술 규격을 활용하겠다는 의도로 oneM2M을 추진했다. oneM2M은 IoT 표준을 정의하는 단체명이면서 기술이름이다.

ETSI는 유럽의 통신기술 표준을 정의하는 단체로서, 다른 나라의 SDO(Standards Development Organizations, 각 국가의 표준화 단체)인 atis(미국), TTA(한국), ARIB(일본), CCSA(중국), tsdsi(인도) 등과 협력하여 oneM2M 표준화 단체를 구성했다(2012년).

SDO는 해당 국가에서 ICT 기술표준을 담당하는 조직이며, 국내 SDO는 TTA(Telecommunications Technology Association)이다. oneM2M은 이동통신 규격을 정의하는 3GPP와 거의 동일한 해당 국가의 SDO와 협력하고 있다. 이러한 배경으로 oneM2M은 이동통신 사업자에게 필요한 기술이 많이 포함되어 있다.

ETSI는 유럽의 주요 국가가 회원으로 유럽지역의 통신표준을 정의하는 단체이다. ETSI는 2G(Generation) 이동통신인 GSM(Global System for Mobile Communications) 기술을 정의했으며, 3G를 포함하여 이후의 이동통신 기술규격은 ETSI 주도로 구성된 3GPP에서 담당하고 있다.

oneM2M의 정의는 "*The purpose and goal of oneM2M is to develop technical specifications which address the need for a common M2M Service Layer that can be readily embedded within various hardware and software, and relied upon to connect the myriad of devices in the field with M2M application servers worldwide*"이다.

oneM2M은 IETF의 IoT Protocol Layer에서 Application Layer에 해당되며, 다양하고 많은 IoT 디바이스 수용과 서비스 제공에 호환성을 위한 Platform이다. 국제 공식 표준화 단체인 ITU는 ETSI 주도의 oneM2M 기술을 ITU-T의 Y.4500 Series에 추가해서 oneM2M은 국제 공식 기술표준이 되었다.

초기 M2M이란 용어는 ETSI에서 시작되었는데, oneM2M(IoT와 동일한 의미) 기술은 M2M에서 발전된 것이다. ETSI와 3GPP는 IoT 용어를 사용하기도 하지만, IoT와 유사한 용어인 M2M, MTC(Machine Type Communication)를 사용하기도 한다.

oneM2M 협회(ETSI 주관으로 2012년에 시작)에서 정의한 oneM2M 기술규격은 IoT Platform으로 볼 수 있다. oneM2M 협회는 2015년에 1차 규격(oneM2M Release 1)을 배포한 이후, Release 2, 3, 4, 5 규격을 공개했고 지속적으로 보완하고 있다.

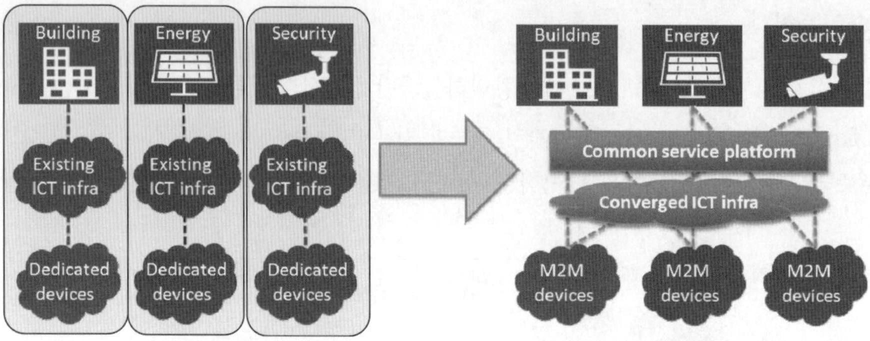

그림 2-16 ETSI M2M과 oneM2M 비교

oneM2M 목적은 다수의 IoT 디바이스가 연동되는 공통된 Platform을 정의하여 효과적으로 다양한 서비스를 제공하겠다는 의도에서 시작되었다. 즉, 기존 M2M 서비스를 제공하기 위해서는 서비스 별로 각각 처리되었는데(이러한 형태를 Silo구조라고 함), oneM2M은 다수의 디바이스를 동시에 수용하여 다양한 서비스를 제공하는 Platform이다.

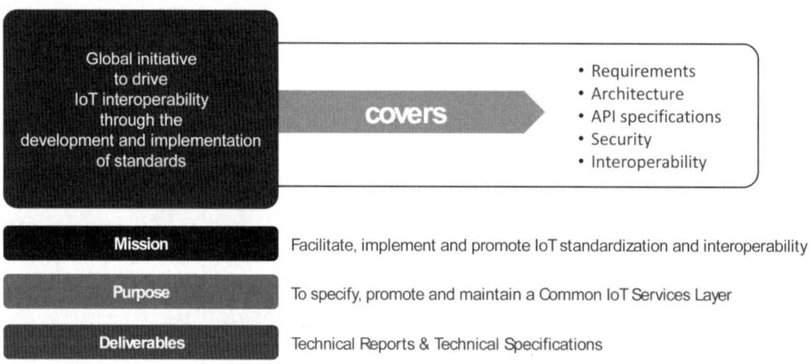

그림 2-17 oneM2M 개요 (출처: oneM2M)

oneM2M 기술은 통신사업자, IoT 서비스 제공자 주도로 기술이 정의되었기 때문에 IoT 디바이스가 연동되는 Cloud 기능을 강조하고 있다. 이러한 관점에서 oneM2M은 서비스 사업자의 Cloud 인프라와 리모트에 있는 장치(또는 디바이스)간 연결을 우선적으로 고려하고 있다.

oneM2M은 IETF에서 정의한 IoT Protocol Layer에서 Application Layer 기술이다. oneM2M이 추구하는 방향은 많은 IoT 디바이스 연동과 다양한 서비스를 하나의 oneM2M 규격으로 개발하여 상호간 호환성을 확보하기 위한 것이다.

즉, oneM2M 규격에서 Transport Layer 하위 단은 3GPP, IEEE, IETF 등에서 정의한

표준을 사용하고, oneM2M이 정의하는 주된 영역은 IoT Protocol Stack에서 Application Layer이다.

oneM2M의 Mission은 oneM2M 기술을 전세계로 확산시키는 것이고, Purpose(목적)는 Common IoT Service Layer를 정의하는 것이며, Deliverables(산출물)는 관련된 기술문서와 규격이다. oneM2M 기술규격은 크게 Requirement, Architecture, API, Security, Interoperability 등으로 구성된다.

oneM2M의 Layer는 하위부터 Network Services Layer, Common Services Layer, Application Layer로 구성된다. ① Network Services Layer는 유무선 통신을 담당하고, ② Common Services Layer는 다수의 서비스가 구현되는 Platform 영역이고, ③ Application Layer는 사용자가 직접 활용하는 서비스 영역이다.

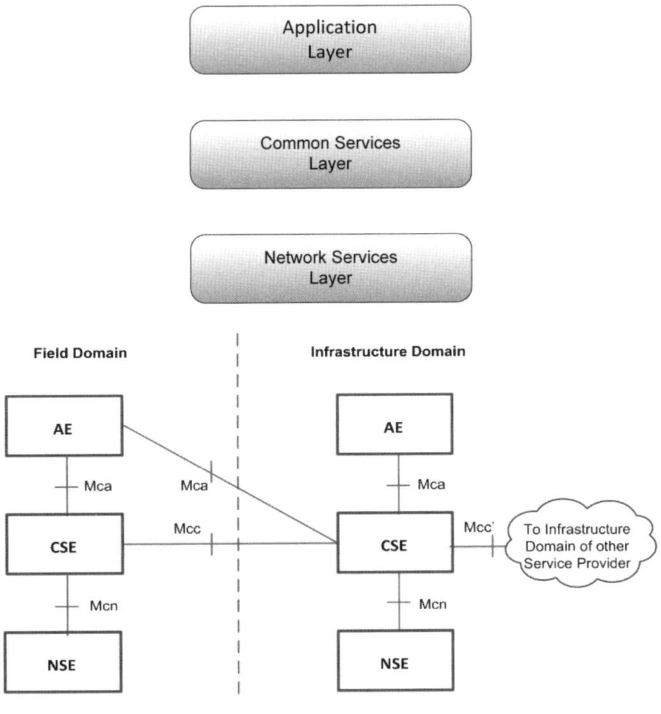

그림 2-18 oneM2M Protocol Layer, Functional Architecture

여기에서 Network Services Layer는 통신을 담당하는 계층으로 IETF에서 정의한 IoT 통신 Protocol을 정합하는 역할을 한다. 통신 Protocol을 정합한다는 의미는 하위 Layer의 통신용 API를 상위에서 적절히 사용한다는 의미이다.

IoT Protocol Stack에서 Application Layer를 ① Application Protocol Layer와 ②

Application Service Layer로 나눈다면, Network Services Layer는 Application Protocol Layer에 해당된다. oneM2M에서 정의한 (Common) Services Layer와 Application Layer는 IoT Protocol Layer에서 Application Service Layer에 해당된다.

oneM2M의 내부 구조는 크게 2개의 Domain(도메인)으로 분류되어 ① Field Domain(IoT Device 영역)과 ② Infrastructure Domain(Gateway, Server, Other Server 영역)으로 구분된다. 이들 Domian에는 AE(Application Entity), CSE(Common Services Entity), NSE(Network Services Entity)와 같은 'Entitiy'가 있다. 여기에서 Entity란 특정 기능을 수행하는 모듈(또는 단위)로 S/W나 H/W가 될 수 있다.

AE는 응용서비스를 제공하기 위한 요소이고, CSE는 서비스 제공을 위한 공통 기능을 담당하며, NSE는 하위 통신계층과 연동을 담당한다. 또한 oneM2M에는 각 Entitiy간 통신을 위하여 Mca, Mcc, Mcn과 같은 Reference Point(참조점)가 사용된다.

Reference Point는 S/W적인 통신을 위한 표준화된 API(Application Programming Interface)의 집합이며, ① Mca는 AE와 CSE간 통신, ② Mcc는 CSE와 CSE간 통신, ③ Mcn은 CSE와 NSE사이 통신을 위한 Reference Point이다.

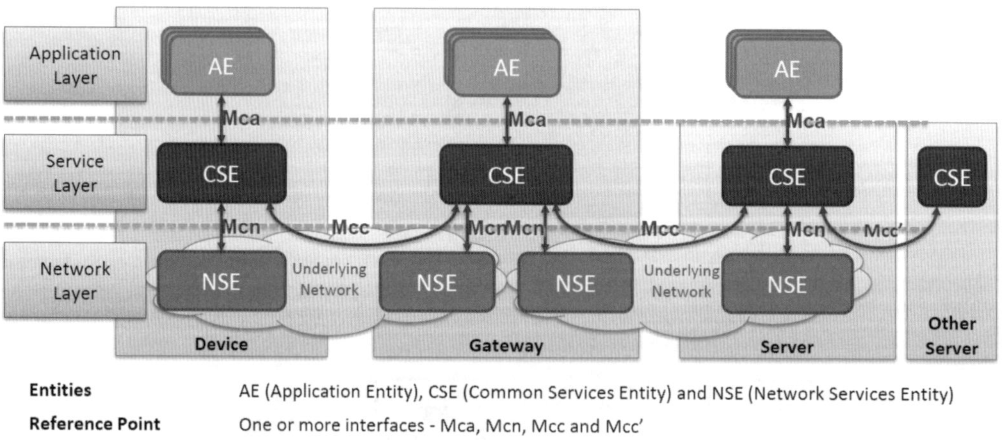

그림 2-19 Entity 위주의 oneM2M Functional Architecture

oneM2M 처리절차 예를 보면 Device, Gateway, Server에는 각각 AE, CSE, NSE가 있고 Device, Gateway, Server의 Application Layer와 Network Layer는 각각 동작되며, 이들간 연동은 oneM2M의 Service Layer에 있는 CSE로만 이루어진다.

이처럼 Device, Gateway, Server간 통신은 CSE로만 처리하는 이유는 하위 Layer인 통신계층과 상위 Layer인 응용서비스 계층을 최대한 분리하기 위한 것이다. 일종의 Abstraction(추상화) 역할을 한다.

AE와 CSE간 통신은 Mca Reference Point를 활용하는데, 여기에 송수신되는 데이터 포멧은 XML, JSON, Text 등이 사용되며, 이것은 기존의 Web 기술을 최대한 활용하기 위해서이다. 이러한 연장선상에서 oneM2M의 통신 Protocol도 HTTP, CoAP, MQTT, WebSocket 등이 사용된다.

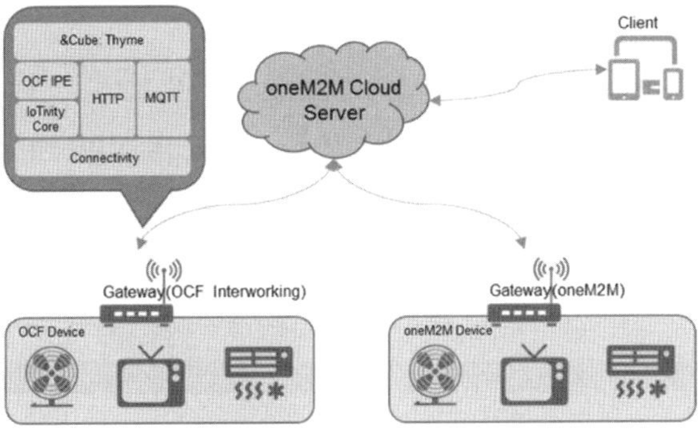

그림 2-20 oneM2M과 OCF 연동

oneM2M 주도로 oneM2M과 OCF의 연동을 위한 활동이 있다. 이때, 주된 기능은 oneM2M 이 주관하고 여기에 OCF가 연동되는 구조이다. 하지만, 이러한 활동은 제안정도 수준이며 실제로 적용되기까지는 시간이 필요하다.

이렇게 IoT Platform 기술인 oneM2M과 OCF가 있지만, 실질적으로 Amazon, Microsoft, Google 등과 같은 Cloud 사업자가 제공하는 IoT Platform의 시장 점유율이 높아지고 있다. Cloud 사업자가 구현한 기술은 oneM2M, OCF 기술을 준수하는 것은 아니고, 자체 규격으로 개발되었다.

3) OCF

OCF(Open Connectivity Foundation)는 oneM2M과 유사하게 IoT 서비스를 제공하기 위한 Platform이다. OCF는 이전에 있었던 다수의 표준화 단체가 합해져서 만들어졌으며, 통신사업자가 주도하는 oneM2M과는 달리, 주로 디바이스나 통신장비 제조사가 표준 정의를 주도하고 있다.

OPEN CONNECTIVITY FOUNDATION®

OCF가 만들어지기 이전에 삼성, Intel 등의 주도로 다수의 회사(예: Cisco, MediaTek 등)가 연합해서 ① IoT 기기 간 상호 호환성을 확보하기 위한 표준화된 통신체계, ② Platform 기반 서비스 제공을 목표로 IoT 표준화 단체인 OIC(Open Interconnect Consortium)를 만들었다(2014년).

OIC는 다시 UPnP(Universal Plug and Play)를 통합하여 단체 이름을 OCF로 변경했고(2016년 1월), 이후 OCF는 Qualcomm이 주도하는 AllSeen Alliance까지 통합했다(2016년 10월). 현재 OCF는 삼성, LG, Intel, Microsoft, Cisco, Qualcomm, Haier 등 주요 제조사를 포함하여 300 개 이상의 글로벌 회사와 기관이 참여하고 있다.

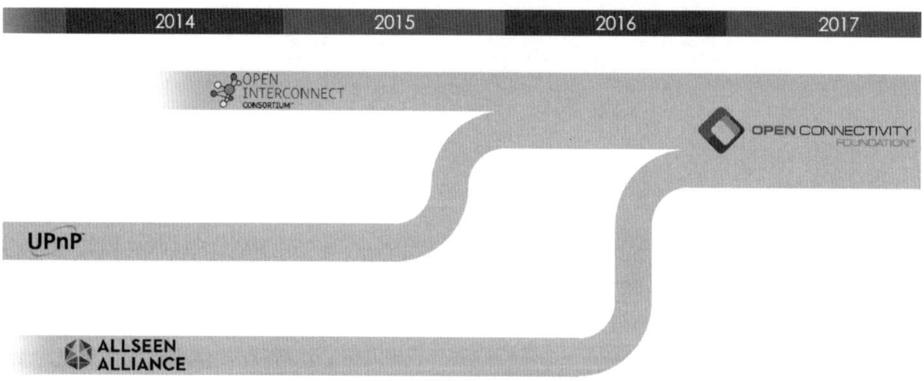

그림 2-21 OCF 표준화 단체 구성 과정

이처럼 OCF 기술은 제조사 주도로 정의되어 근거리에 있는 장치 간 연동을 우선적으로 고려했고, 추가적으로 Gateway를 통한 이기종 프로토콜 연동, 외부서버와 연결 등이 정의되어 있다. 주요 OCF 회원사는 많은 IoT 디바이스나 장치 판매를 통한 수익창출을 고려하고 있다. 반면 oneM2M은 서비스 제공을 통한 서비스 요금이 주된 사업모델이다.

OCF가 만들어진 배경은 IoT 사업에서 특정 통신사업자와 디바이스 제조사간 협력이 미진하여 호환에 문제가 있었다. 또한, 이 시기에 주요 IT 회사(Apple, Amazon, Google 등)가 자체 IoT Platform을 구축하는 상황이어서 저렴한 비용으로 호환성이 좋은 IoT 서비스를 제공하여 많은 디바이스를 판매하겠다는 목적으로 시작되었다.

OCF Conceptual Framework(일종의 Protocol Stack) 구조를 보면, 하위부터 상위로

Transports, Framework(또는 Core Framework), Profiles로 구성되어 있다. 이 중에서 Platform 역할을 하는 부분은 Framework이다.

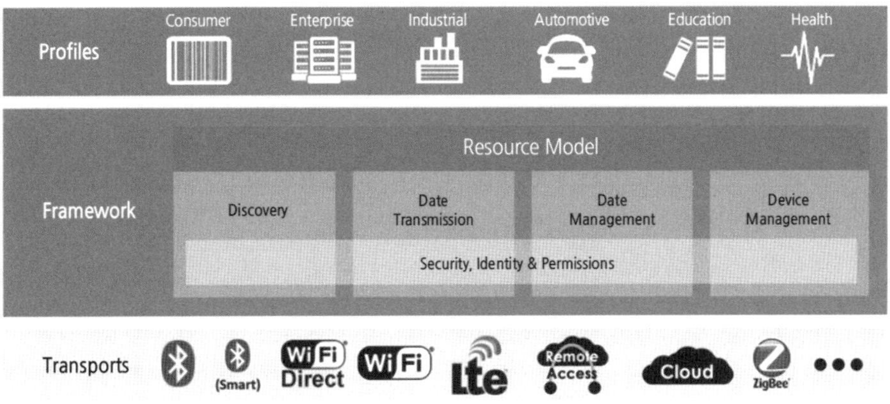

그림 2-22 OCF Conceptual Framework 구조

OCF Conceptual Framework에서 ① Transports는 유무선 통신을 정합하는 부분이고, ② Framework은 통신수단에 상관없이(즉, Independent) 하나의 통일된 Platform 역할을 하며, ③ Profiles는 Framework 상위에 구현되는 각각의 서비스(또는 Application)이다.

구조적인 측면에서 볼 때, OCF와 oneM2M은 유사하며 OCF의 Transports는 oneM2M의 Network Layer와 유사하다. OCF의 Framework은 oneM2M의 Service Layer와 비슷한 기능으로 핵심적인 역할을 한다. 하지만 OCF는 oneM2M 대비, 디바이스 관리를 위한 기술(Security, ID, Device Management 등)이 많이 포함되어있다.

OCF는 기술규격 정의와 동시에 제품 개발용 S/W를 공개한다. 즉, OCF에서 기술규격이 정의되면, 바로 오픈소스(Open Source)를 외부에 공개하여 기술을 확산시키겠다는 정책이다. OCF의 이러한 정책으로 OCF 기술은 다른 표준 기술보다 산업에 빨리 확산되고 있다.

만약 기술규격 정의 이후, 기술을 개발하는 회사는 이러한 규격을 기반으로 자체 S/W를 개발한다면, 개발기간과 범위 측면에서 부담이 있다. 하지만, OCF는 표준기술 규격과 함께 오픈소스를 공개하기 때문에 기술을 개발하는 회사에게는 매우 유리하다.

이러한 정책으로 OCF는 외부 개발자 참여를 유도하기 위해 오픈소스 프로젝트를 운영하는 비영리 재단인 'Linux Foundation'을 통하여 'IoTivity'라는 프로젝트를 운영하고 있다. 즉, IoTivity는 OCF에서 정의한 기술규격을 구현하는 S/W 툴로 볼 수 있다.

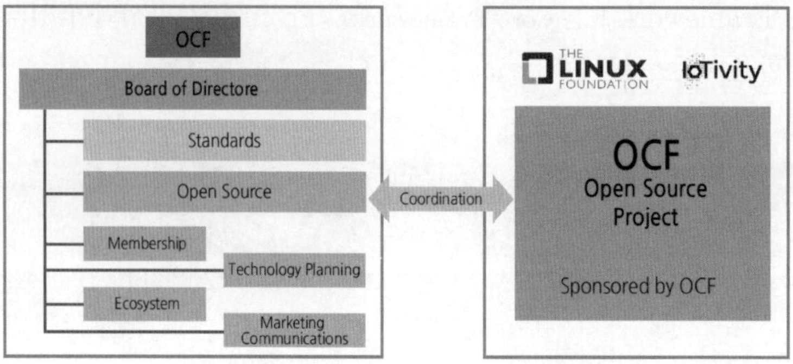

그림 2-23 OCF와 IoTivity 관계

IoTivity는 OCF와 독립적으로 운영되는 오픈소스 프로젝트이며, IoTivity를 채용하는 제품은 자연스럽게 OCF 표준을 준수하기 때문에 OCF 제품 간 연동이 가능하다. OCF는 회원제 표준단체이므로 OCF에 참여하기 위해선 회원가입이 필수지만, IoTivity는 순수 오픈소스 프로젝트로 OCF 회원에 가입하지 않아도 OCF 제품을 개발할 수 있다.

IoTivity

현재 IoTivity는 IoT 디바이스에 사용되는 OS인 Ubuntu, Android Things, FreeRTOS 등 다수의 플랫폼에서 동작되며, IoT 목적의 경량화된 H/W 플랫폼인 Rasberry Pi, Arduino 등에도 쉽게 탑재될 수 있다.

또한 OCF는 표준규격을 기반으로 개발된 제품에 대하여 인증(Certification) 프로그램을 운영하고 있다. OCF 제품 간 호환성 테스트(Plugfest)를 통하여 검증이 완료된 제품에 OCF 로고를 부착해주기 때문에 사용자는 OCF 인증제품을 쉽게 확인할 수 있다.

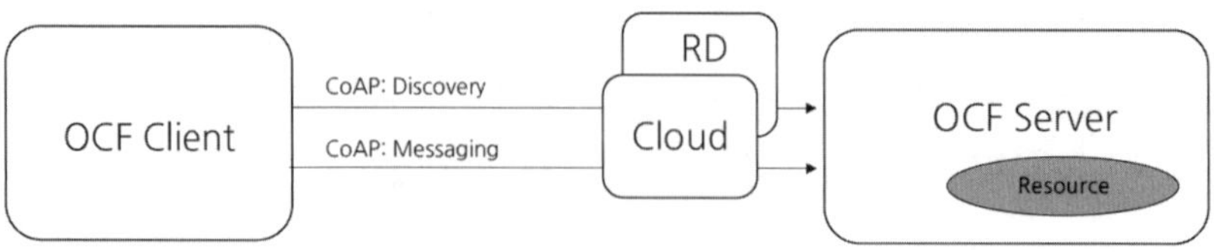

그림 2-24 OCF 서비스 제공 모델

OCF 서비스 제공 모델은 인터넷에서 가장 많이 사용되는 RESTful 구조이다. RESTful 방식은 'Client Server Modeling'을 기반으로 동작되며, Client Server Modeling은 정

보를 원하는 쪽(Client)이 정보를 제공해주는 쪽(Server)에 필요한 사항을 요청하는 구조이다.

예를 들면, IoT 스마트 전등(Light Bulb) 서비스에서Server에는 전등이 제공하는 서비스(ON, OFF, Color 변경 등) 리소스가 정의되어있고, Client(예: 스마트폰)는 원하는 서비스를 Server에 요청할 수 있다.

OCF는 노드간 메시지 송수신을 위하여 인터넷 전송 Protocol인 CoAP(Constrained Application Protocol)을 주로 사용하며, IoT 디바이스 추가/삭제와 디바이스 발견(또는 찾기)을 편리하게 하기 위해서 RD(Resource Directory) 기능을 제공한다. 이처럼, OCF 기술에는 디바이스 관리 기능이 많이 포함되어 있다.

4) ISO, IEC

ISO와 IEC는 각 국가의 정부가 인정하는 국제 공인 표준화 단체로, ISO(International Organization for Standardization)는 다수의 정보기술 표준을 정의하고, IEC(International Electrotechnical Commission)는 주로 전기, 전자 관련 기술표준을 정의한다.

ISO와 IEC는 IoT와 관련하여 초기에 각각 기술규격을 정의했으나, 1987년에 2개 단체가 협력하여 IoT를 포함한 일부 정보기술(Information Technology)을 같이 정의하기 위해 공동 기술위원회인 ISO/IEC JTC(Joint Technical Committee) 1을 운영하고 있다.

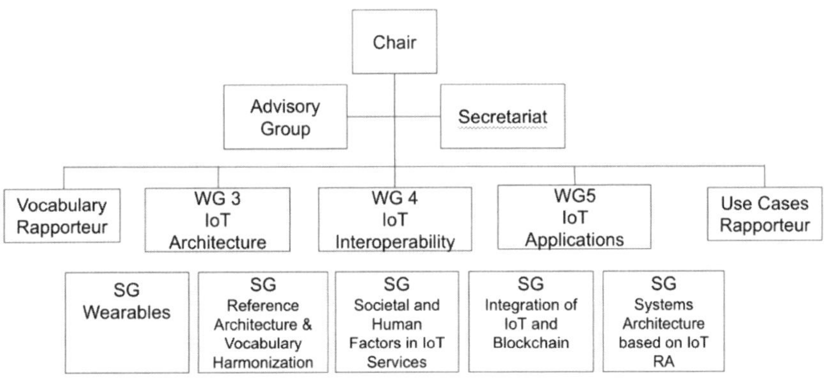

그림 2-25 ISO/IEC JTC 1/SC 41 조직 구성도

ISO/IEC JTC 1은 정보기술 표준화 위원회로서 다수의 관련 기술을 정의하고 있으며, ISO/IEC JTC 1 위원회의 하부조직인 SC(Subcommittee) 41(조직명칭: ISO/IEC JTC 1/SC 41)에서 "Internet of Things and Related Technologies"라는 명칭으로 IoT 기술을 정

의하고 있다.

ISO/IEC JTC 1/SC 41은 2016년에 구성되었으며, 이 위원회에는 몇 개의 WG(Working Group)이 있고, 이 WG에서 IoT Architecture, IoT Interoperability, IoT Applications 등을 정의하고 있다. ISO/IEC JTC 1에서 진행되는 표준화 관련 문서와 정보는 회원에게만 공개되어 폐쇄적으로 운영된다.

ISO/IEC JTC 1/SC 41에서 정의하는 IoT 기술표준은 크게 IoT Protocol Layer 구조(Architecture), 호환성(Interoperability), 응용(Applications)이다. 여기에서 정의하는 대표적인 IoT 기술인 Sensor Network Architecture를 보면, 하위 Layer부터 Sensing Domian, Network Domain, Service Domain으로 구성되어있다.

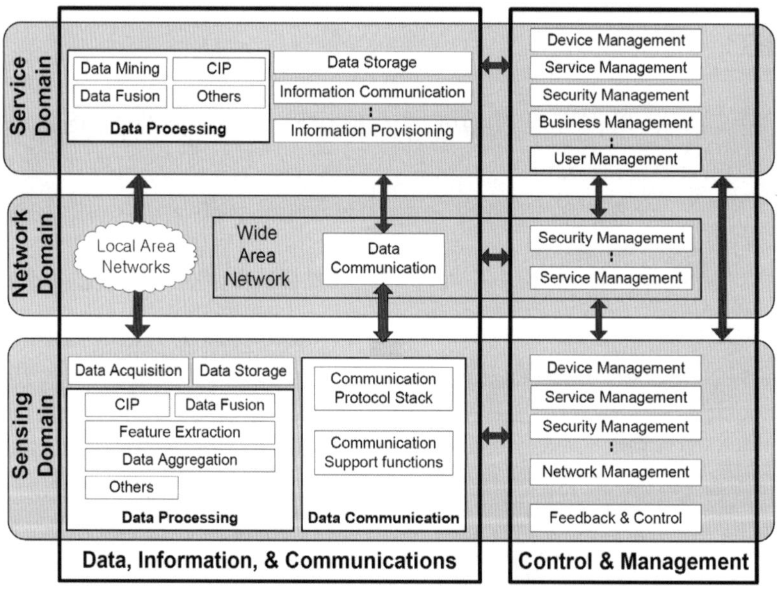

그림 2-26 ISO/IEC JTC 1/SC 41에서 정의한 Sensor Network Architecture

ISO/IEC JTC 1/SC 41에서 정의한 Sensor Netowrk Architecture는 수직적으로 ① IoT 데이터의 수집, 처리와 통신을 담당하는 'Data, Information, & Communication'과 ② 전체 Layer를 관리(보안, 디바이스 관리 등)하는 'Control & Management'가 있다.

Sensor Network Architecture의 수평 Domain에서 ① Sensing Domain은 IoT 디바이스 영역으로 디바이스가 센싱한 데이터 처리(Processing)와 통신을 담당한다. ② Network Domain은 유무선 통신을 담당하며, ③ Service Domain은 다양한 서비스를 제공하기 위한 Platform 역할을 한다.

ISO/IEC JTC 1/SC 41에서 정의하는 IoT 규격은 다른 표준화 단체인 ITU, oneM2M, OCF 등의 표준기술과 중복될 수 있다. 따라서 사용자는 해당 서비스에 맞는 기술규격을 선택해야 한다. 일반적으로 ISO/IEC JTC 1에서 정의하는 IoT 기술은 많이 상용화되지는 않았다.

5) IETF, W3C

(1) IETF

IETF(Internet Engineering Task Force)는 인터넷 기술규격을 정의하는 표준화 단체이다. IETF는 모든 사람에게 기술을 공개하는 Open Standard를 지향하며, 지금까지 많은 유무선 인터넷 기술 규격을 정의했다. IETF는 IoT 시장이 성장됨에 따라 기존 인터넷 기술에 리소스가 제한적인 IoT를 위하여 몇 가지 기술을 정의하고 있다.

IETF는 OSI 7 Layer를 기준으로 Layer 3 이상의 규격을 정의하는 단체이며, Layer 1과 Layer 2 기술을 정의하는 대표적인 단체는 IEEE, 3GPP이다. 또한 IETF는 다양한 무선 통신 방식(즉, L1과 L2)과 연동을 위하여 Layer 2와 Layer 3의 정합을 위한 표준 API도 정의한다.

IoT는 인터넷 망을 사용하기 때문에, 결국 IoT에 사용되는 인터넷 기술은 IETF에서 담당한다. IETF는 IoT를 위하여 기존 유무선 인터넷에 사용되는 TCP/IP Protocol Stack을 기반으로 IoT Protocol Stack을 정의했으며, 여기에는 6LoWAPN, CoAP 등이 포함되어 있다.

IETF에서 정의한 6LoWPAN은 IoT Protocol Stack 기준으로 Layer 3인 IP 계층에 해당되며, CoAP은 Layer 5인 Application Layer에 포함된다. 결국 IETF는 TCP/IP Protocol Stack에서 IoT를 위하여 기존 기술을 최대한 수용하면서 일부 메시지의 Header를 줄이고, 처리를 단순화시킨 6LoWAPN, CoAP 등을 정의했다.

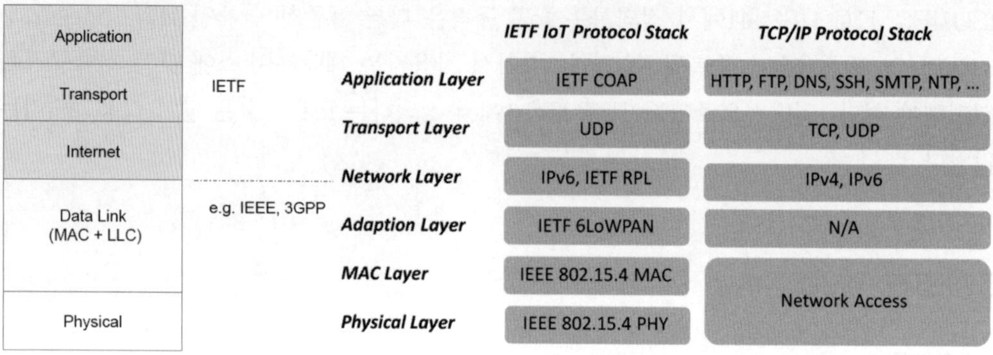

그림 2-27 IETF에서 정의하는 IoT 기술 영역, 항목

(2) W3C

W3C(World Wide Web Consortium)는 Web 기술을 정의하는 표준화 단체이다. W3C는 무선통신이나 인터넷에서 통신관련 기술은 정의하지 않고, 인터넷으로 송수신되는 데이터의 표현방법이나 처리절차 등을 정의한다.

Web이란 WWW(World Wide Web)의 줄임말로 인터넷에 연결된 컴퓨터를 통하여 사용자가 정보를 공유할 수 있는 환경이다. IETF는 IoT를 포함하여 유무선 인터넷에서 Layer 3 이상의 표준기술을 정의하고, W3C는 주로 Application Layer의 데이터 표현방법을 정의한다.

일반적으로 Web이란 PC 브라우저를 활용하여 인터넷에 있는 정보를 획득하는 환경을 의미한다. Web의 상대적인 반대 개념은 App(Application 줄임말)으로 App은 특정 목적을 위한 것으로 다른 App과 호환은 안된다.

W3C는 인터넷에 연결된 IoT 디바이스가 Web 기술을 이용해서 디바이스간 또는 디바이스와 Cloud간 접근하고 제어할 수 있도록 Framework 기술인 WoT(Web of Thing)를 정의했다. 결국 WoT는 기존 Web 환경에서 IoT 데이터를 쉽게 접근하고 사용하겠다는 목적이다.

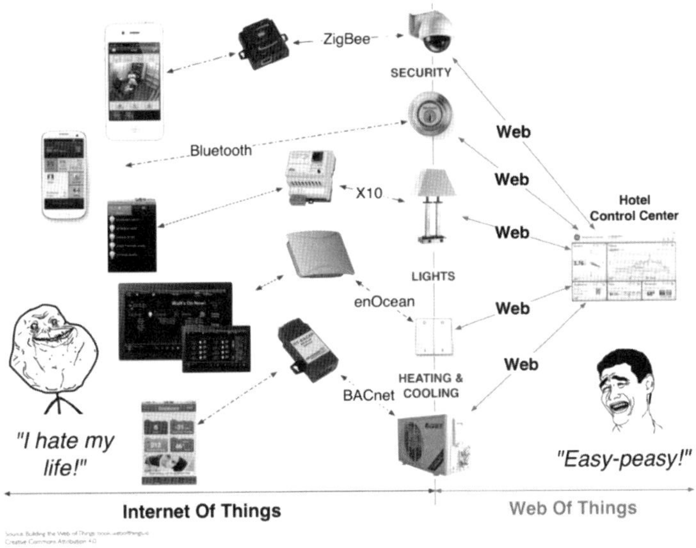

그림 2-28 W3C의 Web of Thing 개념

IoT 디바이스가 많이 보급되면서 사용자는 이미 익숙한 Web 환경에서 IoT 데이터 활용을 위한 것이다. WoT 기술은 W3C에서 정의하고 있지만, 이와 연계되어 국제 공식표준화 단체인 ITU에서도 관련 사항을 정의하고 있다.

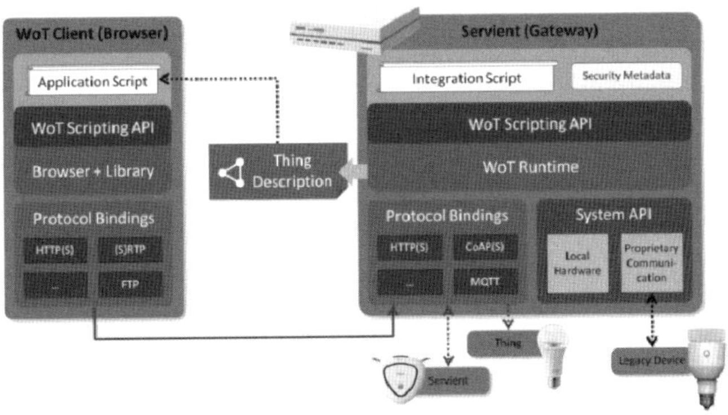

그림 2-29 W3C의 WoT 구조 (출처: W3C)

WoT는 oneM2M, OCF 등과 같은 IoT Platform 상위에서 동작되는 기술로 Metadata (메타 데이터)를 활용한 정보 표현방법이 주된 특징이다. W3C는 하위 Layer로부터 무선통신(예: 3GPP, IEEE), 인터넷 통신(IETF에서 정의), IoT Platform까지 모두 합해서 'Protocol Bindings'라고 정의했으며, 이 위에 WoT가 구현된다.

Metadata란 "자료 그 자체가 아닌, 자료의 속성을 표현하는 데이터"이며, 속성이란 데이터 구성정의나 데이터 분류 등이 해당된다. Metadata의 예를 보면, 도서관의 도서목록에서 Metadata는 책 자체가 아니라 책 제목, 저자, 서적 분류번호 등이다.

즉, Metadata는 책 자체가 아니라 책에 포함된 다양한 속성을 의미하며, 이런 의미에서 Metadata를 "어떤 데이터에 대한 데이터(즉, 속성 데이터)"라고도 한다. 따라서 WoT는 IoT 데이터를 기존의 Web 데이터와 호환성을 유지하기 위한 목적도 있다.

WoT에는 일종의 가벼운 엔진인 'WoT Runtime'을 기반으로 다수의 API인 'WoT Scripting API'가 있고, 상위에 'WoT Thing Description'이 동작된다. WoT는 결국 데이터 표현방법으로 IoT 디바이스가 수집한 정보를 사용자나 Cloud에서 하나의 포멧으로 정의하여 혼선을 방지하고 공통으로 사용하기 위한 목적이다.

6) 협의체

IoT 기술을 정의하는 표준화 단체는 많기 때문에 체계적으로 분류하기 쉽지 않다. 이중에서 IoT에 적용되는 통신기술을 정의하는 대표적인 단체는 IEEE, 3GPP, ETSI, IEEE, IETF 등이 있고, Platform을 정의하는 대표적인 단체는 oneM2M, OCF 등이 있다.

하지만, 이러한 표준화 단체(Standard Body)와 함께 다수의 협의체(Alliance나 Association)에서 기술표준 수준은 아니지만, 기술 권고안이나 참조모델 등을 정의하고 있다.

(1) GSMA

GSMA(GSM Association)는 이동통신을 확산시키겠다는 목적으로 설립된 Promotion 단체이다. 즉, GSMA는 표준화 단체는 아니지만, 3GPP와 협력하여 이동통신 신기술을 확산시키는 역할을 하고 있다.

GSMA는 초기 유럽식 2세대 이동통신인 GSM(Global System for Mobile Communications)을 확산시키기 위한 협의체(Association)로 시작되었다. 이후, 전세계적으로 3세대 이동통신부터 유럽방식이 주도권을 잡아서 GSMA는 현재까지도 이동통신을 확산시키기 위한 유일한 Promotion 단체이다.

GSMA는 IoT와 관련하여 기술표준을 정의하지는 않지만, 이동통신을 활용한 IoT 서비스를 제공하기 위한 몇 개의 Program이나 Guideline을 배포하고 있다. GSMA의 IoT Program은 "*The GSMA's Internet of Things Programme is an industry initiative designed to help mobile operators accelerate the delivery of compelling and secure IoT solutions that harness big data to deliver value to individuals and enterprises alike*"이다.

즉, GSMA의 IoT와 관련된 Program은 이동통신 사업자가 IoT 서비스를 원활하게 제공하도록 IoT 보안이나 Big Data 활용 등의 방안을 제시하고, 관련된 Ecosystem 협력을 유도하는 역할을 한다.

(2) AIOTI

AIOTI(Alliance for Internet of Things Innovation)는 유럽공동체(EU, European Union) 산하의 European Commission 주관으로 유럽지역의 IoT를 활성화시키겠다는 목적으로 설립된 협의체이다. AIOTI는 일부 IoT 기술규격 정의, 특정 서비스 제공 방안, 각 국가의 규제 내용, 권고안 등을 정의하고 있다.

AIOTI was initiated by the European Commission in 2015 to strengthen the dialogue and interaction among IoT players in Europe, to contribute to the creation of a dynamic European IoT ecosystem and speed up the take up of IoT.

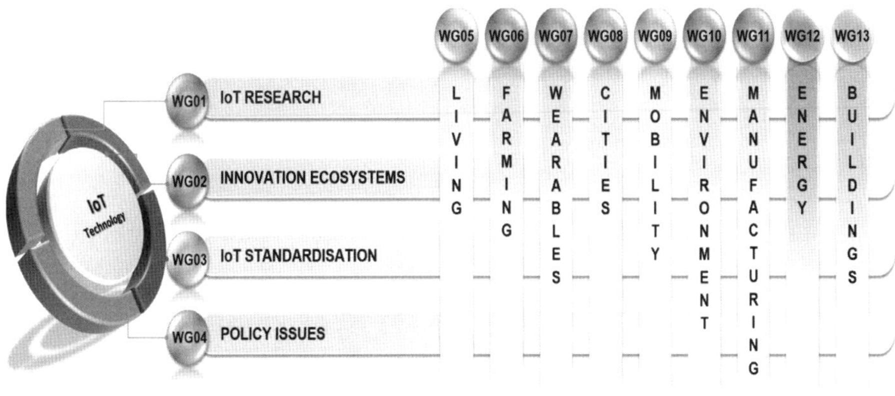

그림 2-30 AIOTI, Working Group 현황

AIOTI에서도 다수의 IoT 기술과 서비스를 정의하고 있는데, AIOTI의 방향은 기존에 있는 규격은 최대한 준수하고, 서비스를 제공하기 위하여 부족한 부분이나 유럽의 경쟁력 강화에 도움이 되는 특정 부분만 정의하고 있다.

AIOTI는 IoT Research, Innovation Systems, IoT Standardisation, Policy Issues와 같은 다수의 WG(Working Group)을 구성하여 공통기술, 서비스 시나리오, 응용서비스,

Guideline 등을 정의하고 있다.

요 약

표준화

- IoT 표준화는 국제 공식 표준화 기구인 ITU를 중심으로 많은 표준화 단체에서 해당되는 기술을 정의하고 있다.
- oneM2M은 ETSI 주도로 정의되고 있으며 다양하고 많은 IoT 디바이스를 수용할 수 있는 Platform이다. 또한 oneM2M은 하나의 Platform을 기반으로 다수의 서로 다른 종류의 서비스가 제공된다.
- OCF는 IT 기기 제조사 주도로 표준이 진행되고 있으며, 기술규격과 함께 디바이스를 개발할 수 있는 오픈소스를 공개하고 있다. 주요 OCF 멤버의 목적은 OCF 기술을 활용하여 많은 기기를 판매하는 것이다.
- ISO/IEC는 국제 공식 표준화 단체로써 다수의 IoT 기술 표준을 정의하고 있지만, 실제 상용화에는 많이 적용되지 않고 있다.
- IETF는 IoT를 위한 인터넷 통신 Protocol 등을 정의하고 있으며, W3C는 IoT 데이터의 표현방법에 대한 규격을 정의하고 있다.

3. Physical/Data Link Layer

1) 개요

Physical Layer는 바로 상위 Layer인 Data Link Layer에서 생성된 데이터를 유무선 통신으로 상대방에게 전달하는 역할을 한다. Data Link Layer는 MAC(Medium Access Control)과 LLC(Logical Link Control)로 구성되는데, MAC은 특정 ID를 사용하여 여러 개의 단말기가 공동으로 사용하는 매체를 제어하는 기술이고, LLC는 데이터 흐름제어, 오류발생시 대처 등을 담당한다.

정보통신에서 Layer별로 기능을 정의하는 이유는 ① 각 노드에서 처리하는 절차를 명확히 하고, ② 장비간 호환을 위한 것이다. Physical Layer를 'Layer 1(또는 L1)', Data Link Layer를 'Layer 2(또는 L2)'라고도 한다. 정보통신에서 노드란 통신을 담당하는 컴퓨터, 스위칭 장비, 라우터 등이 될 수 있다.

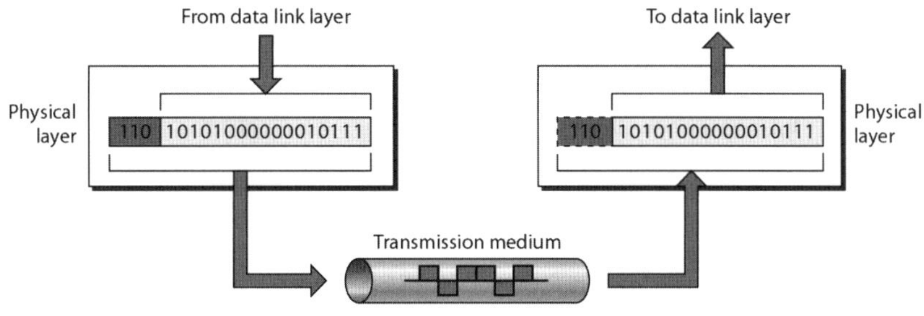

그림 2-31 Physical Layer 역할

통신에서 Physical Layer 와 Data Link Layer를 합해서 전송계층이라고도 하며, 유무선 통신이 이 계층(즉, L1과 L2)에 해당된다. 즉 Physical Layer, Data Link Layer는 5G 이동통신, Wi-Fi, Bluetooth/BLE, Zigbee, 이더넷 등과 같은 유무선 통신기술이다.

IoT에 가장 많이 사용되는 Physical Layer, Data Link Layer 기술은 서비스 요금이 없고, 디바이스에 적용되는 칩이 상대적으로 간단하고, 가격이 저렴한 Wi-Fi, Bluetooth/BLE, Zigbee, Z-Wave, Wi-Sun 등이다.

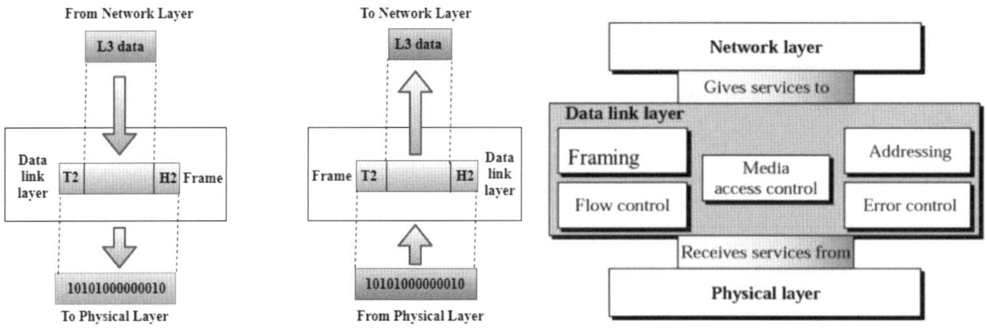

그림 2-32 Data Link Layer 역할

대부분 통신장비는 국제 표준기구인 ISO(International Organization for Standardization)에서 정의한 OSI(Open Systems Interconnection) 7 Layer 규격을 준수하여 H/W와 S/W가 개발된다.

OSI 7 Layer는 인터넷이 범용화되기 이전인 1980년대에 정의되어, 인터넷이 많이 사용되기 시작한 1990년대에 IETF는 인터넷을 위하여 OSI 7 Layer를 4개 Layer로 단순화시킨 TCP/IP Model(또는 TCP/IP Protocol Stack)을 정의했다.

TCP/IP Model은 기본적으로 OSI 7 Layer에서 Layer 5, 6, 7을 하나의 Layer인 Application Layer로 합한 것이다. IoT를 위한 Protocol Stack은 대부분 TCP/IP

Model을 근간으로 정의되었으며, ITU에서 정의한 IoT Reference Model도 궁극적으로 OSI 7 Layer와 TCP/IP Model을 참조했다.

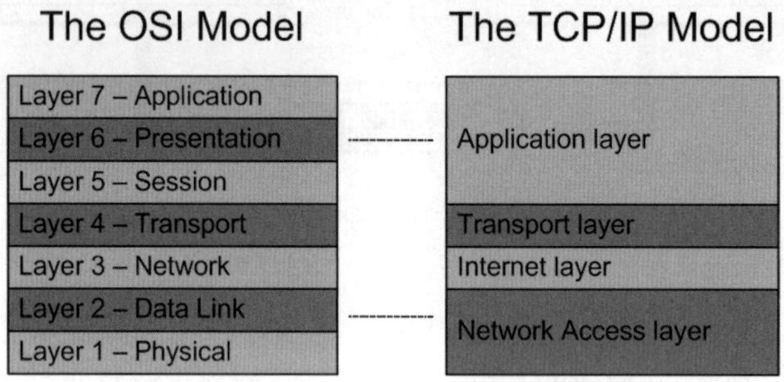

그림 2-33 OSI 7 Layer와 TCP/IP Model 비교

Physical Layer와 Data Link Layer는 유무선 통신기술이며, IoT 서비스를 위한 통신기술은 다양하기 때문에 서비스 제공자는 원하는 목적에 맞는 통신기술을 선정해야 한다. IoT 서비스를 위하여 통신기술은 주로 무선통신이 사용되지만 유선통신이 사용될 수 있다.

일반적으로 무선통신 기술은 ITU에 정의한 전파의 도달거리에 따라 분류된다. 예를 들면, 근거리 통신기술에는 Wi-Fi, Bluetooth 등이 있고, 먼거리 전송기술은 이동통신과 LPWAN(Low Power Wide Area Network) 등이 있다.

이동통신은 사업자가 해당 정부로부터 특정 주파수 대역을 할당받아 사용하여 체계적으로 전파가 관리되어 다른 무선통신 대비 전파혼신이 적다. 이동통신은 이동성 관리, QoS 제어 등으로 Protocol이 복잡하고, 고가의 코어망과 기지국을 설치해야 한다.

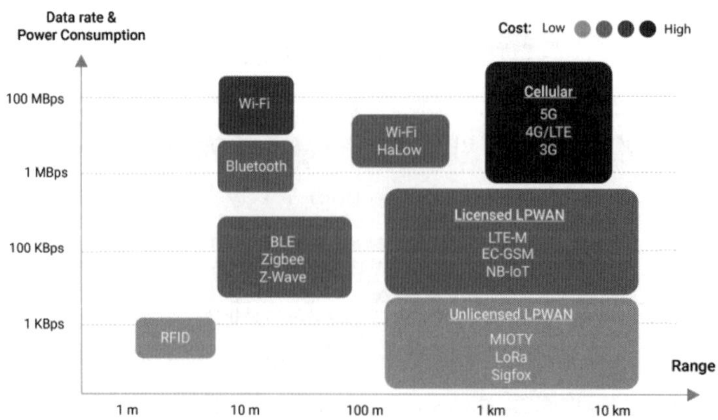

그림 2-34 IoT를 위한 무선통신 기술

이러한 이유로 이동통신망은 많은 통신장비 투자비와 망 운용비가 필요하고, 단말기 가격이 비싸며 사용자는 주기적으로 이동통신 사업자에게 요금을 지불해야 한다.

무선통신은 초기 설계단계부터 전송 가능한 거리를 설정하여 기술이 정의된다. 예를 들어, Wi-Fi는 최대 100m 정도로 기술이 정의되었는데, 먼거리 전송을 위해서는 Multiple Access, 오류 정정방법, 최대 출력 등을 다시 정의해야 한다. 따라서 IoT를 위한 무선통신 기술 선정은 초기 정해진 목적(일종의 철학)에 맞게 활용하는 것이 좋다.

하지만, 최근에는 Wi-Fi 기술에서 IoT 목적으로 처리를 단순화시켜 먼거리 전송도 가능하고, BLE(Bluetooth Low Energy)의 경우 Zigbee와 유사하게 Mesh Network 지원이 가능하여 기능적인 측면에서 무선통신 상호간 고유의 기능(또는 영역)을 침범하는 사례가 많아지고 있다.

Wi-Fi는 Star Network 구조로 다수의 단말기가 AP(Access Point)를 거쳐서 인터넷에 접속하기 위한 목적이고, Bluetooth는 Point-to-Point 통신으로 휴대폰에서 무선 이어폰을 사용하자는 취지에서 개발되었다.

Zigbee는 Mesh Network을 기본으로 어느 정도 거리가 떨어진 지점(예: 100m)에 위치한 다수의 리모트 장치를 제어(예: 전등 ON/OFF)하겠다는 목적으로 개발되었다.

각 무선통신에서 송수신되는 데이터 특성을 보면, Wi-Fi는 대용량 데이터 송수신, Bluetooth는 Audio/Speech와 같은 미디어, Zigbee는 제어를 목적으로 간단한 문자/숫자, RFID(Radio Frequency IDentification)는 단순한 ID를 전송하기 위한 것이다.

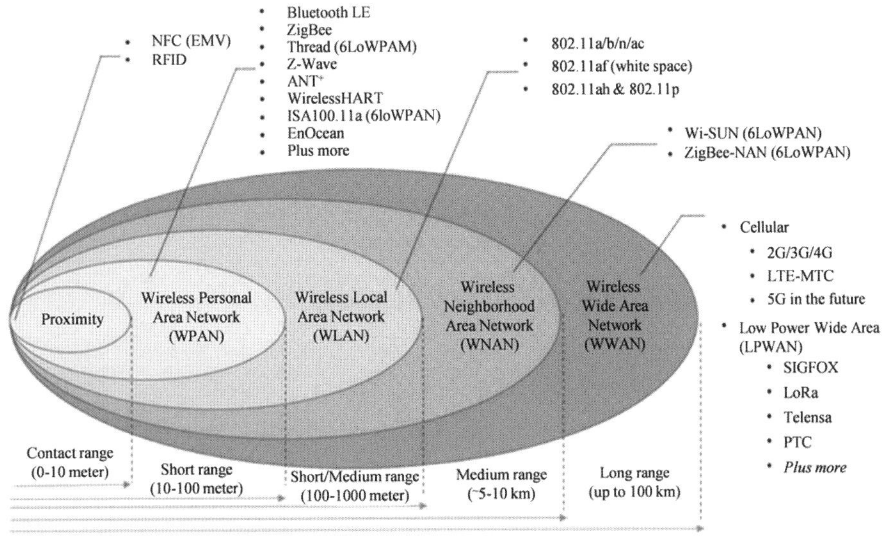

그림 2-35 전송거리 별 무선통신 기술 분류(ITU)

통신과 관련된 규격, 규제 등을 관할하는 국제 공식 표준화 기구인 ITU는 무선통신 기술을 전파가 도달할 수 있는 거리에 따라 Proximity, WPAN(Wireless Personal Area Network), WLAN(Wireless Local Area Network), WNAN(Wireless Neighborhood Area Network), WWAN(Wireless Wide Area Network) 등으로 구분했다.

WNAN은 WLAN보다 먼거리 전송이 가능한데, 대표적인 WNAN은 IEEE에서 정의한 IEEE 802.15.4g 기반의 Wi-SUN(Wireless Smart Utility Network)이 있다. Wi-SUN은 주로 가스, 전기, 상하수도의 사용량을 검침하여 Cloud로 전송하겠다는 목적으로 개발되었으며, WPAN이나 WLAN보다 멀리 전송된다.

Wi-SUN이 Zigbee보다 더 먼거리 전송이 가능한 이유는 사용하는 주파수 대역이 다르기 때문이다. Wi-SUN은 주로 900MHz 대역을 사용하고, Zigbee는 2.4GHz 대역을 사용한다. WWAN은 먼거리 통신이 가능한 셀룰라 통신과 같은 의미이며, 대표적인 예는 이동통신(예: 4G, 5G)과 LPWAN(예: LoRa, SigFox)이 있다.

일반적으로 전송거리가 멀고 고속통신이 가능한 무선통신은 디바이스에 적용되는 칩 가격이 비싸기 때문에 이것을 사용하는 디바이스 가격도 비싸다. 통신거리가 짧을수록 무선통신 기술에서 PHY, MAC 구조가 간단해지고, 상위에서 동작되는 통신 프로토콜도 단순하기 때문에 칩과 디바이스 가격이 저렴해진다.

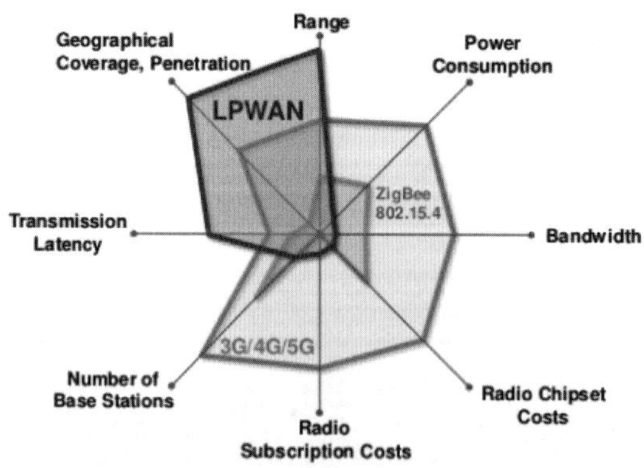

그림 2-36 셀룰라, LPWAN, Zigbee 특징 비교

셀룰라 통신(4G, 5G 등)은 면허대역을 사용하여 고속통신과 먼거리 전송을 추구하고, 다수의 기지국을 활용하여 주파수 재사용과 Handover가 가능하다. 따라서 셀룰라 통신을 처리하는 디바이스 칩의 복잡도가 높아져서 가격이 비싸고, 많은 통신장비가 사용되며 운용비용도 필요하다.

셀룰라(Cellular) 통신이란 이동통신을 의미하며, 용어의 유래는 하나의 기지국에서 전파가 도달할 수 있는 영역(즉, Coverage 또는 Cell)을 육각형(또는 벌집) 구조로 정의하면서 시작되었다. 셀룰라 통신은 인접한 기지국이 아닌 다른 기지국에서 같은 주파수를 사용하여(즉, 주파수 재사용) 주파수 사용효율을 높이고 있다.

LPWAN(Low Power Wide Area Network)은 IoT 목적으로 저속 데이터 송수신, 먼거리 통신을 목표로 개발되었다. 저속통신은 Protocol이 간단하기 때문에 칩과 단말기 가격이 저렴하다. LPWAN은 일반적으로 셀룰라 방식(셀구조, 주파수 재사용 등)으로 분류되며, 기술방식에 따라 Handover가 지원될 수도 있고, 안될 수도 있다.

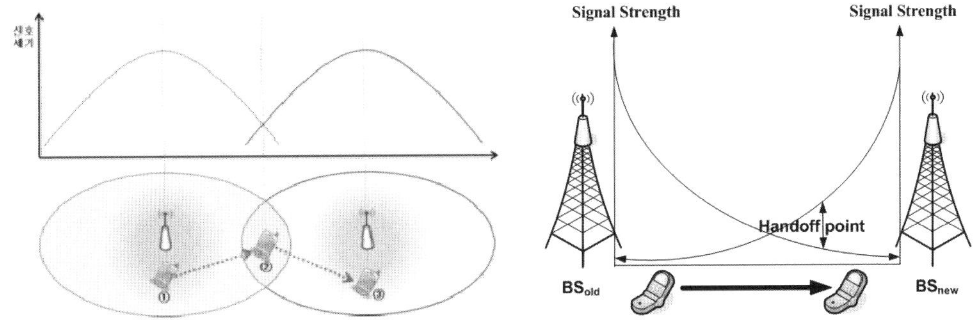

그림 2-37 Handover 절차

Handover(또는 Handoff)는 단말기가 데이터 송수신 중이나 대기상태에서 현재 서비스받고 있는 기지국의 전계강도가 약해져서 주변의 다른 기지국으로 연결을 바꾸는 절차이다. 이동통신은 주파수 사용 효율을 극대화하기 위하여 기지국은 다수의 셀(하나의 기지국이 커버하는 영역)로 구성되는데, 단말기가 이동 중일 때 서비스를 제공해주는 셀이 바뀌게 된다.

단말기는 하나의 기지국이 커버하는 영역에서 멀어질수록 수신 전계강도는 약해진다. 단말기가 셀 경계지역으로 이동할 경우, 인접한 셀(즉, 다른 기지국)의 전파강도가 강해지기 시작한다. 이러한 전파환경에서 서비스 받는 기지국을 바꾸는 것이 Handover이다.

또한 기지국은 전파 사용효율을 높이기 위하여 보통 3개의 섹터로 나눠지는데, 섹터간 이동도 Handover에 해당된다. Handover가 발생되는 조건은 ① 서비스를 제공받고 있는 기지국으로부터 단말기의 수신 전계강도가 약해지거나 ② 잡음이 많아서 신호품질이 좋지 않는 경우이다.

이동통신이 유선통신(예: 집전화)과 가장 큰 차이점은 이동성 관리(Mobility Management)이며, 이동성 관리에는 Handover, 로밍, 등록 등이 있으나, 기술구현 측면에서 Handover가 가장 복잡하다.

대부분 국가는 무선통신에서 주파수 사용목적에 따라 면허 주파수 대역(Licensed Spectrum), 공유 주파수 대역(Shared Spectrum), 비면허 주파수 대역(Unlicensed Spectrum)으로 나누어서 관리한다.

면허 주파수 대역은 해당 국가에서 특정회사나 단체에 주파수 대역을 지정해서 할당하는 것으로, 대표적인 면허 주파수 대역 사용자는 이동통신 사업자이다. 공유 주파수 대역은 시간과 장소에 따라 해당 주파수 대역을 사용하는 사용자가 바뀌는 방식으로 미국과 유럽에서 주로 사용한다.

비면허 주파수 대역은 해당 주파수 대역에서 특정 전파세기 이하로 송신하면 누구든지 사용할 수 있는 주파수이다. 우리가 무료로 사용하는 무선통신인 Wi-Fi, Bluetooth, Zigbee 등은 비면허 주파수 대역을 활용한다.

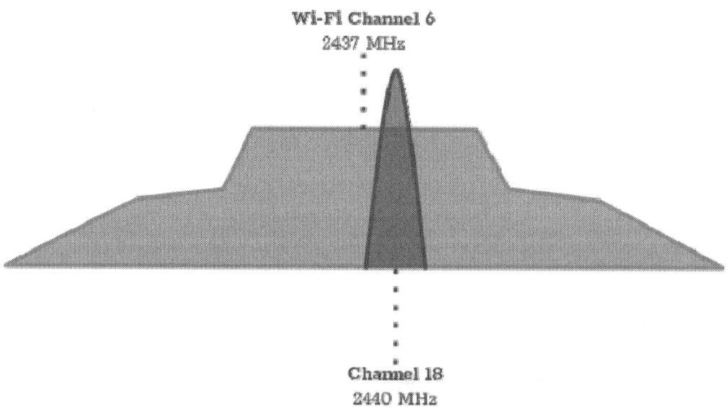

그림 2-38 Wi-Fi와 Zigbee 주파수 사용 예(비면허 주파수 대역)

비면허 대역은 해당 주파수 대역을 관리하는 사업자가 없기 때문에 사용자가 많아질 경우 데이터 송수신 속도가 낮아지고, 접속에 문제가 발생될 수 있다. 이러한 문제로 Smart Factory와 같이 통신품질에 민감한 서비스는 면허대역을 사용하는 이동통신 기술이 많이 사용된다.

비면허 주파수 대역인 2.4GHz대역에는 Wi-Fi, Bluetooth, Zigbee 등과 같은 다수의 무선통신이 동시에 같은 주파수 대역을 사용하기 때문에 'Coexistence'가 되고, 이러한 문제로 'Co-channel Interference'가 발생된다. 즉, 같은 주파수 대역에 서로 다른 무선 통신이 혼재되어 사용되므로 상호 전파간섭이 발생되어 신호품질이 떨어진다.

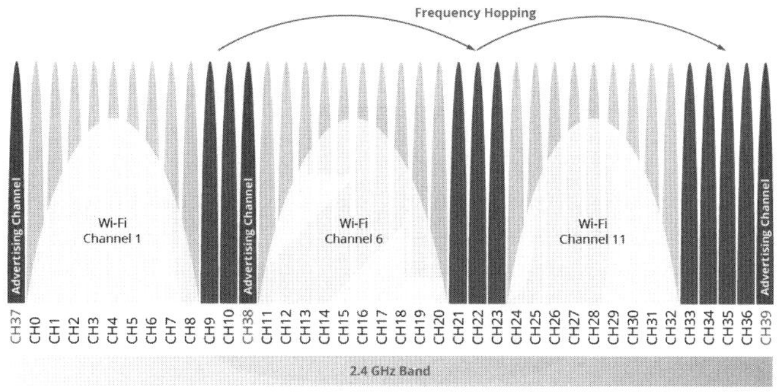

그림 2-39 Wi-Fi와 Bluetooth의 Coexistence 해결 방법

예를 들어, Bluetooth는 2.4GHz 대역의 비면허 주파수 대역을 사용하기 때문에 Wi-Fi와 Coexistence 문제가 발생된다. 이러한 문제를 어느 정도 해결하는 방법으로 Bluetooth가 전송을 원하는 주파수 대역(즉, 채널)의 전파세기를 미리 측정하여 전파세기가 강하면, 다른 채널로 옮기는 방법을 사용한다.

무선통신 기술 분류는 일반적으로 전파가 도달되는 거리 기준이지만, Zigbee와 Wi-Fi를 비교할 경우, 전송거리는 비슷하지만 송수신되는 데이터 속도는 차이가 있다. Zigbee는 제어목적(예: 전기검침이나 전등 ON/OFF)으로 저속통신이지만, Wi-Fi는 인터넷 접속을 위한 고속 데이터 전송이 특징이다.

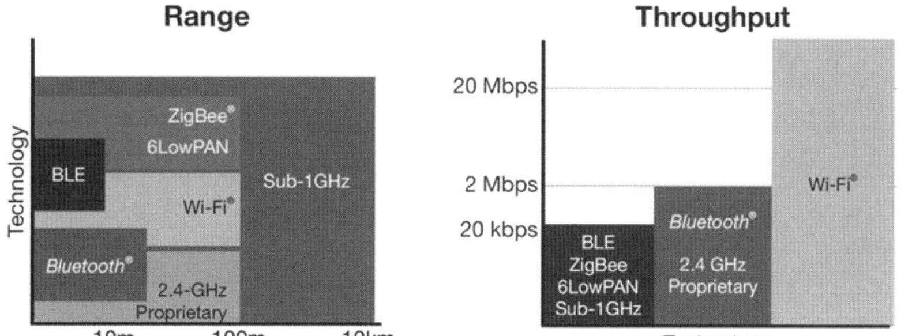

그림 2-40 WPAN과 WLAN의 전송거리, 전송속도 분류

이처럼, 무선 프로토콜은 설계단계부터 추구하는 방향이 정해져있는데, Zigbee는 적은 데이터 송수신과 Mesh Network을 활용한 먼거리 전송, Wi-Fi는 Star Network 구조로 상대적으로 짧은 거리(최대 100m)에서 많은 데이터 송수신이 목적이다.

Zigbee는 IEEE 802.15.4에 정의된 PHY(Physical Layer 또는 L1), MAC(Media Access Control 또는 L2)을 기반으로 상위에 Zigbee Protocol이 구현된 것이다. Wi-Fi는 유선인 터넷을 무선으로 하겠다는 목적으로 시작되었으며, IEEE 802.11에 기술이 정의되어 있다.

WPAN, WLAN, 이동통신 등은 고유의 Network Topology(디바이스간 또는 디바이스와 Gateway 간 연결방법)가 사용되는데, WPAN은 사용 목적에 따라서 Star, Tree, Mesh Network 구조가 될 수 있지만, WLAN과 이동통신은 기본적으로 Star Network이 사용된다.

Wi-Fi의 데이터 전송방식은 'Connection Oriented'만 사용하지만, Zigbee는 'Connectionless Oriented' 방식도 가능하다. 이러한 동작모드로 Wi-Fi는 Mesh Network 구현이 매우 복잡하지만, Zigbee는 쉽게 Mesh Network을 구성할 수 있다.

이동통신은 기본적으로 Star Network을 사용하고(규격에는 디바이스간 통신도 가능), 각 노드(또는 디바이스)를 제어하는 Hub(Controller 또는 기지국)끼리 연동되어 이동성(예: Handover)이 관리되는 구조이다. 또한 이동통신은 Network에서 모든 휴대폰을 제어하는 'Centralized Architecture'가 사용된다.

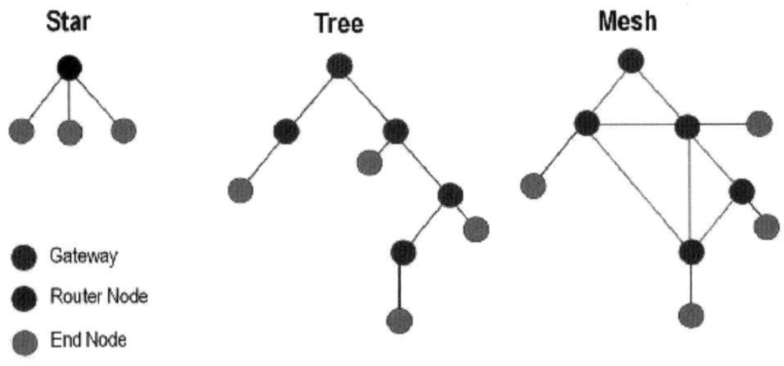

그림 2-41 Network Topology 종류

Star Network은 하나의 Controller(또는 Gateway, AP)가 모든 노드를 제어하는 구조이며, Tree Network은 나무가지처럼 Router Node가 주변 노드와 연결되고, 이 Router Node는 또 다른 Router Node와 연결되는 구조이다. Mesh Network은 그물(영어로 Mesh 또는 Net)처럼 임의의 형태로 노드 구성이 가능한 통신망이다.

WPAN은 일반적으로 Tree, Mesh Network Topology가 사용될 수 있는데, 대부분 Mesh Network을 사용하는 방향으로 기술이 개발되고 있다. Zigbee, Z-Wave, Thread 등은 초기부터 Mesh Network 구조로 개발되었으며, BLE는 나중에 Mesh Network이

규격에 추가되었다.

이렇게 Mesh Network이 많이 사용되는 이유는 상황에 따라 망을 유연하게 구성할 수 있기 때문이다. 즉, Mesh Network은 노드 추가, 삭제를 쉽게 할 수 있고, 특정 노드에 문제가 생길 경우 쉽게 대처할 수 있다.

하지만, Mesh Network은 다른 망 구조 대비, 구성이 복잡하고 노드에서 배터리 소모량이 상대적으로 많다. Tree Network은 매우 많은 노드(또는 디바이스)가 연결될 수 있지만, 하나의 노드에서 문제가 생기면 하위 노드가 통신이 안되는 단점이 있어서 많이 사용되지 않는다.

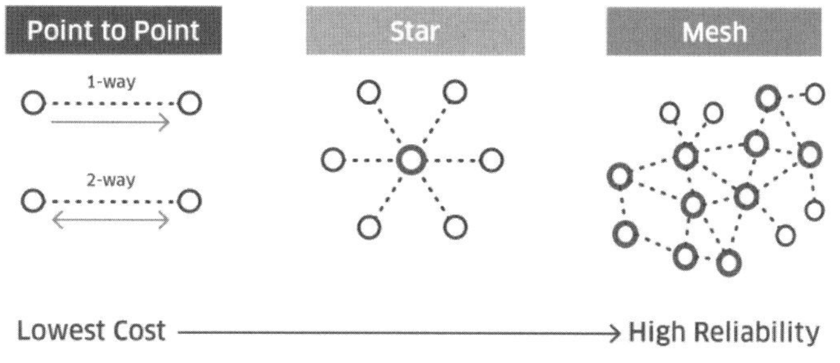

그림 2-42 망을 구성하기 위한 가격과 망 안정성 관계

이러한 특징으로 주요 WPAN 기술은 Mesh Network을 지원하고 있으며, 사용자는 Mesh Network에서 망 안정성, 노드 수, 디바이스 배터리 소모량 등을 고려해서 기술을 선택해야 한다.

망 구성에서 Point-to-Point와 Mesh Network의 구축비용을 보면, Point-to-Point 방식이 가장 저렴하고, Mesh Network 구축 비용이 가장 비싸다. 하지만, Mesh Network은 하나의 노드에서 문제가 생길 경우, 유연하게 망을 구성할 수 있어서 안정성이 높다.

IoT 서비스를 위한 무선통신 방식을 선정하기 위해서는 주파수 대역, 주파수 폭, 전파 전송거리, 단말기 소모전력, 노드 수 등이 고려되어야 한다. 일반적으로 많은 사람들이 사용하는 스마트폰으로 쉽게 IoT 서비스를 확인할 수 있는 방식이 유리하다.

현재 사용되고 있는 다수의 통신기술은 미국 국방성(DoD: Department of Defense) 주도로 군 사용 목적으로 개발되었다. 여기에는 인터넷 통신기술인 TCP/IP, 이동통신과 Wi-Fi 등에 사용되는 OFDMA(Orthogonal Frequency Division Multiple Access), 3G 이동통신에 사용된 CDMA(Code Division Multiple Access), Mesh Network 기술 등이 있다.

2) Cellular IoT

(1) 기술종류

셀룰라(Cellular) 통신은 다른 무선통신 대비 상대적으로 먼거리 전송(약 50Km), 다수의 기지국을 활용한 주파수 재사용, Handover 등이 가능한 방식이다. 일반적으로 셀룰라 통신은 3GPP에서 정의하는 4G, 5G 등의 이동통신을 의미하지만, 넓은 의미로는 LPWAN까지 포함된다.

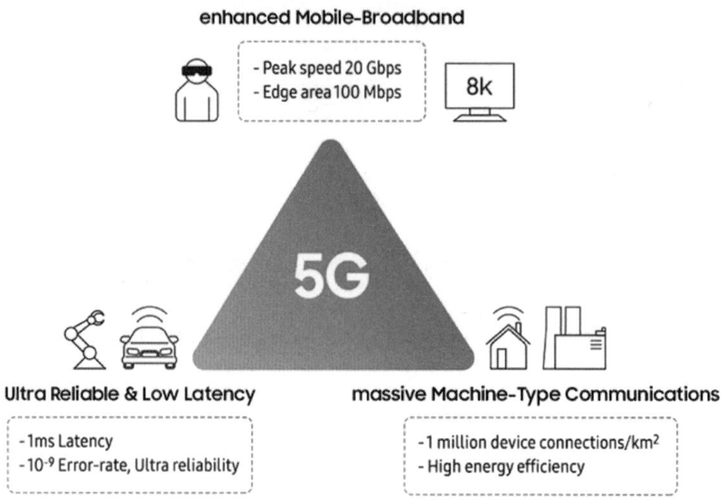

그림 2-43 5G 이동통신의 주요 3가지 특징

셀룰라 통신은 이동통신과 같은 의미이며, 기지국 전파가 도달되는 영역(이것을 셀 또는 커버리지라고 함)을 육각형으로 정의하여 주파수 재사용을 통한 전파사용 효율을 극대화하는 방식이다. 'Cellular' 용어는 단방향 신호전달 방식인 생물학적 세포(Cell)에 양방향 통신이 가능하다는 의미에서 유래되었다.

5G 이동통신의 주요 3가지 특징은 ① 초고속 통신(eMBB), ② 단위 면적당 매우 많은 IoT 디바이스 수용(mMTC), ③ 안정성과 저지연 통신(URLLC)이다. 이러한 3가지 특징은 5G망 내부에서 처리되는 절차가 각각 다르다.

이동통신 규격을 정의하는 3GPP는 4G부터 하나의 망에서 ① 초고속 데이터 통신과 ② IoT 기능(저속통신, 간단한 처리, 더 먼거리 전송 등)을 동시에 정의했는데, 이러한 2가지 기능은 서로 극단적인 특징(또는 QoS)을 가진 기술이다.

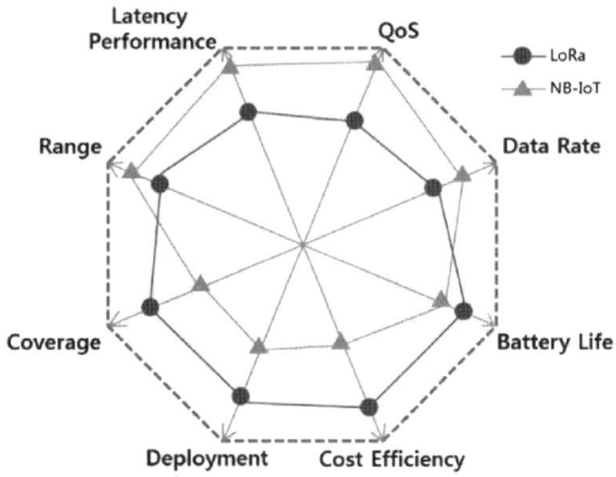

그림 2-44 NB-IoT와 LoRa 비교

3GPP에서 정의하는 대표적인 IoT 무선통신 기술은 NB-IoT(Narrow Band IoT)이며, 이 기술은 궁극적으로 3GPP에 참여하는 회사가 LPWAN(Low Power Wide Area Network) 관련 회사에 대응하기 위한 목적이다. 즉, NB-IoT와 LPWAN은 같은 시장을 놓고, 서로 다른 기술과 회사가 경쟁하는 구도이다.

NB-IoT 디바이스 칩을 만드는 회사는 Qualcomm, 삼성, MediaTek 등이 있지만, LPWAN 칩을 개발하는 회사는 Semtech, STMicroelectronics, TI, Microchip 등이다. 이처럼 NB-IoT와 LPWAN 칩 제조사는 다를 수 있다. NB-IoT는 4G나 5G 이동통신망에 구현되지만, LPWAN은 별도의 단독 무선 통신망이다.

LPWAN은 디바이스에서 소모되는 전력이 적으면서 먼거리 통신이 가능한 무선통신으로 LPN(Low Power Network)이라고도 한다. LPWAN은 이동통신 방식인 4G, 5G 등과 연동이 안되는 독립적인 IoT 무선 통신망이다.

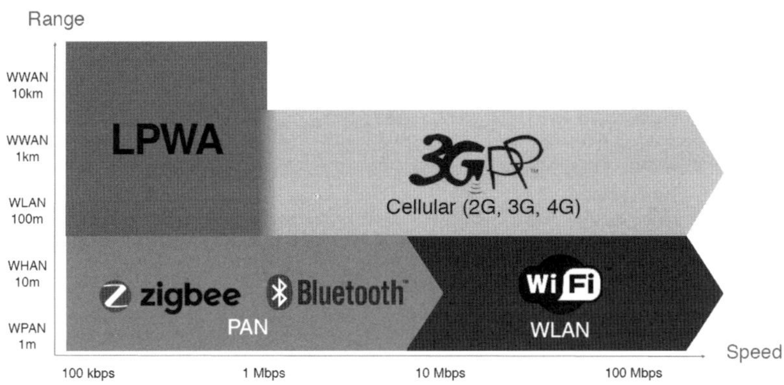

그림 2-45 LPWA, 셀룰라, WPAN, WLAN 비교

언급한 바와 같이, LPWAN 기술은 단말기 전력소모를 줄이고, 먼거리 전송이 목적이기 때문에 셀룰라와 비교시 전송속도는 매우 낮다. 대표적인 LPWAN 기술은 LoRa와 Sigfox이며, 이것은 표준화 단체에서 정의한 기술이 아니라 특정회사의 기술이다.

LoRa(Long Range)는 미국의 Semtech사에서 개발한 기술이며, Ecosystem을 확대하기 위하여 일종의 협의체인 'LoRa Alliance'가 있다. 이렇게 협의체를 운영하는 것은 특정회사(Semtech)가 기술개발을 주도하는 것이 아니라, 협의체에서 추진하고 있다는 의미를 부각시켜 기술을 확대하겠다는 의도이다.

Sigfox는 프랑스의 Sigfox사에서 개발한 기술로 플랫폼 사업을 지향하고 있다. Sigfox를 활용하는 모든 IoT 디바이스는 Sigfox 플랫폼을 활용해야 한다. 이러한 이유로 Sigfox는 유연한 플랫폼 구성은 어렵지만, 서비스 제공자 측면에서는 별도의 플랫폼 구축없이 쉽게 Sigfox 기술을 사용할 수 있다.

간단하게 보면, LoRa와 Sigfox는 1990년대 후반에 개발된 양방향 무선호출(Two Way Paging) 기술과 유사한 측면이 있다. 양방향 무선호출은 간단한 기술을 적용하여 디바이스에서 저전력 소모, 저속 데이터 송수신, 먼거리 통신 등이 특징이다.

한편, ITU(International Telecommunication Union)는 통신이 가능한 거리별로 무선통신 방식을 분류했는데, 전파 도달거리가 짧은 순으로 WPAN(Wireless Personal Area Network), WLAN(Wireless Local Area Network), WWAN(Wireless Wide Area Network) 등으로 구분했다.

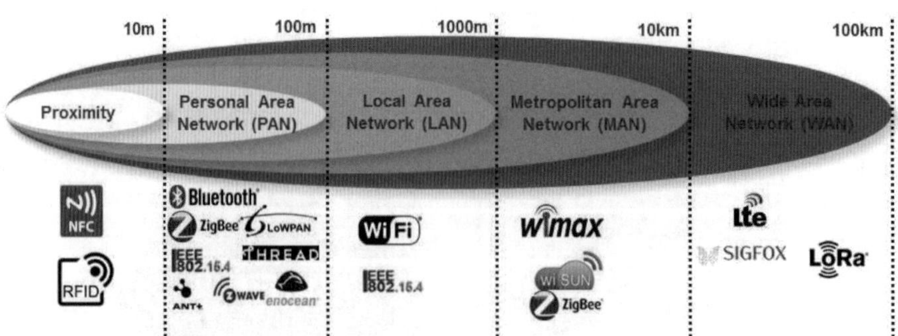

그림 2-46 전송거리 별 무선통신 기술 (출처: Imagination Technologies)

전송거리와 대표적인 무선통신 기술을 보면, WPAN은 Bluetooth, WLAN은 Wi-Fi, WWAN(셀룰라 통신)은 4G와 5G, LoRa, Sigfox가 있다. 다수의 IoT 서비스는 이러한 무선통신 기술 중에서 여러 개가 복합적으로(Heterogeneous Connectivity) 사용된다.

3GPP는 LPWAN에서 제공하는 IoT 서비스와 구분하기 위하여 셀룰라 IoT를 CIoT(Cellular Internet of Things)라고도 한다. 3GPP는 IoT 시장에서 LPWAN이 급성장됨에 따라 Cat-0, Cat-1을 정의했으나 원하는 수준(저가, 저전력 디바이스 등)이 안되어서, 3GPP Release 13에 Cat M1과 NB-IoT를 정의했다.

즉, 3GPP는 IoT 시장이 급격히 성장되고, LPWAN이 많이 사용되면서 LPWAN에 대응하기 위하여 LTE 통신부터 NB-IoT규격을 추가했다. LPWAN과 관련된 회사가 IoT 무선통신 시장을 확대하면서 3GPP 기술을 개발하는 회사의 경쟁력을 강화하기 위해서이다.

그림 2-47 IoT 관련 무선통신 방식별 적용 분야 예 (출처: Qorvo)

3GPP는 LTE 규격인 Release 8에서 LTE Cat-1을 정의했으나 IoT 디바이스의 배터리 소모 문제, 고가의 모뎀 등의 문제로 LTE Cat-1이 활성화되지 못했다. 이후, Release 13에 IoT 기술이 보완된 LTE Cat-M1과 LTE NB-IoT 기술을 추가했다.

Release 13 이전에도 LTE 망으로 IoT 디바이스 적용은 가능했지만, IoT가 추구하는 방향(저가 단말기, 저전력, 저렴한 요금 등)과는 거리가 멀었다. LTE Cat-M1과 NB-IoT가 기존 LTE 기반 IoT와 가장 큰 차이점은 사용하는 주파수 폭이 좁다는 점이다.

기존 LTE는 고속 데이터 통신 위주로 기술이 개발되었기 때문에 IoT가 추구하는 목적에 맞지 않았다. 따라서 3GPP는 Release 13부터 IoT가 추구하는 목적을 수용하는 방향으로 기술을 새롭게 정의했다. 3GPP는 IoT를 MTC(Machine Type Communication)로 명명하여 지속적으로 규격을 발전시키고 있다.

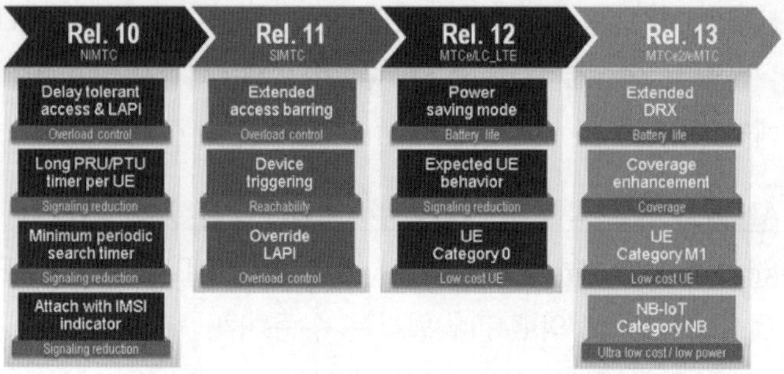

그림 2-48 LTE 규격에서 IoT 기능 추가 내역

이동통신 사업자 측면에서 IoT 서비스를 제공하기 위하여 새로운 통신망을 구축하는 것보다 기존 통신망(예: 4G, 5G)에 IoT 기능을 추가하는 것이 망구축과 운용에 유리하다. 따라서 대부분 이동통신 사업자는 별도의 LPWAN을 구축하지 않고 4G, 5G 망을 활용한 IoT 서비스를 제공하고 있다.

3GPP는 기존 LTE 규격에 IoT 서비스를 위하여 다음과 같은 주요 3가지 기능을 추가했다. ① 처리절차 단순화시켜 저가 단말기 구현, ② 디바이스 배터리 소모를 줄이기 위한 방안, ③ 기지국이 서비스하는 커버리지를 넓히는 방법이다.

3GPP에서 정의하는 Category는 기본적으로 전송속도의 차이를 의미한다. Release 13에 정의된 LTE eMTC Cat-M1(간단히, Cat-M1)에서 eMTC(enhanced MTC)는 이전 버전(Release)의 MTC 대비 개선되었다는 의미이고, Cat는 Category, M1은 Machine Type 1을 의미한다.

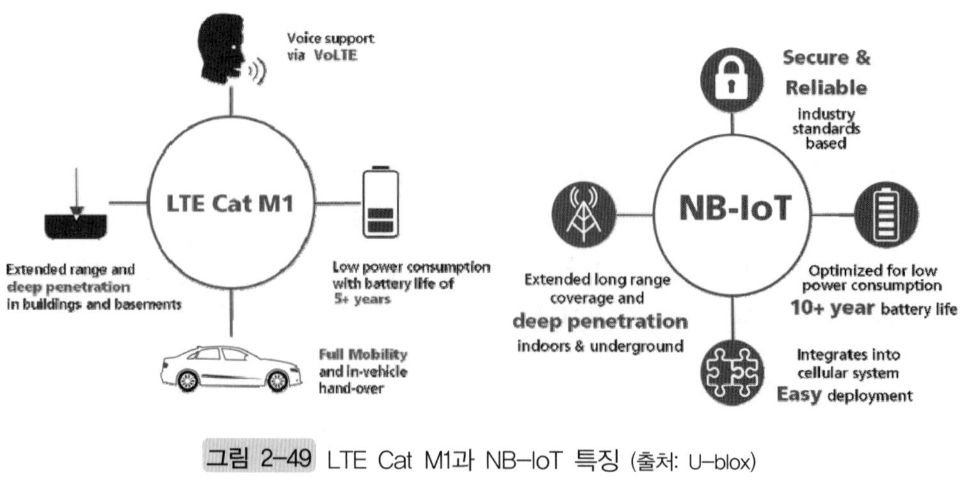

그림 2-49 LTE Cat M1과 NB-IoT 특징 (출처: U-blox)

3GPP에서 정의하는 MTC(Machine Type Communication)는 IoT와 같은 의미이다. 좀 더 세부적으로 볼 때, 3GPP에서 정의한 MTC는 기술적인 내용이 강하고, IoT는 서비스 측면이 강하다.

LTE Cat-M1은 주파수폭을 1.4MHz로 설정하여 최대 전송속도는 1Mbps까지 가능하며, LTE NB-IoT는 주파수 폭을 200KHz로 설정하여 전송속도는 최대 100Kbps이다. NB(Narrow Band)-IoT는 단어가 의미하듯이 주파수 폭을 좁게 설정하여 IoT 목적에 맞게 설계되었고, 심지어는 Handover도 지원되지 않는다.

LTE Cat-M1은 기존 LTE 주파수 대역을 사용하며, VoLTE(Voice over Long Term Evolution)를 활용하여 음성통화까지 가능하다. 하지만, LTE NB-IoT는 LTE 주파수 대역에서 완전히 독립된 단독 주파수(또는 채널)를 사용하여 IoT가 지향하는 목적을 충족시키고 있다.

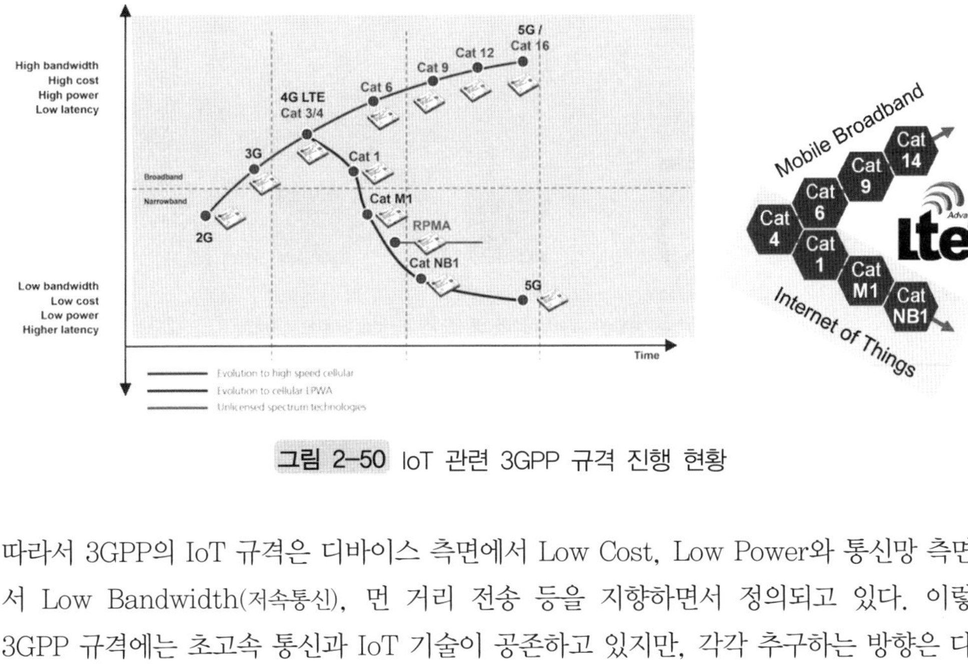

그림 2-50 IoT 관련 3GPP 규격 진행 현황

따라서 3GPP의 IoT 규격은 디바이스 측면에서 Low Cost, Low Power와 통신망 측면에서 Low Bandwidth(저속통신), 먼 거리 전송 등을 지향하면서 정의되고 있다. 이렇게 3GPP 규격에는 초고속 통신과 IoT 기술이 공존하고 있지만, 각각 추구하는 방향은 다르다.

LTE Cat-M1에서 사용되는 주파수 폭인 1.4MHz는 LTE의 Physical Layer의 최소 처리 단위로 기존 LTE장비에서 S/W적으로 구현할 수 있다. 즉, 기존 LTE 통신장비(EPC, eNB 등)에서 H/W 변경없이 S/W로 구현 가능하다. 하지만, IoT 디바이스에 적용되는 칩은 저전력 동작을 위하여 스마트폰 칩이 아닌 IoT 전용칩이 일반적으로 사용된다.

하지만, NB-IoT는 기존 LTE망에 H/W, S/W를 보완해야 되므로 Control Plane(제어신

호 처리)과 User Plane(IoT 데이터 처리) 동작이 새롭게 정의되었다. 따라서 NB-IoT는 기존 LTE망에 미치는 영향이 크기 때문에 이동통신 사업자는 주로 LTE Cat-M1을 상용화하고, NB-IoT 도입은 신중히 검토하고 있다.

NB-IoT에 사용되는 주파수 폭인 200KHz는 2G 이동통신인 GSM(Global System for Mobile Communications)에서 유래되었다. 즉, NB-IoT 채널폭은 200KHz로 이것은 이전 GSM 사업자가 GSM 주파수 대역에 NB-IoT를 쉽게 구현할 수 있도록 하기 위해서이다. 이 경우, GSM 주파수 대역에 NB-IoT 서비스만 제공하는 것을 'Stand Alone' 모드라고 한다.

(2) 단순한 처리

IoT 디바이스 측면에서 저가, 저전력 동작이 되어야 하는데, 이를 위하여 3GPP는 무선 Protocol 처리를 단순화시켰다. 단순한 처리를 위한 가장 좋은 방법은 저속으로 데이터를 송수신하는 것이다.

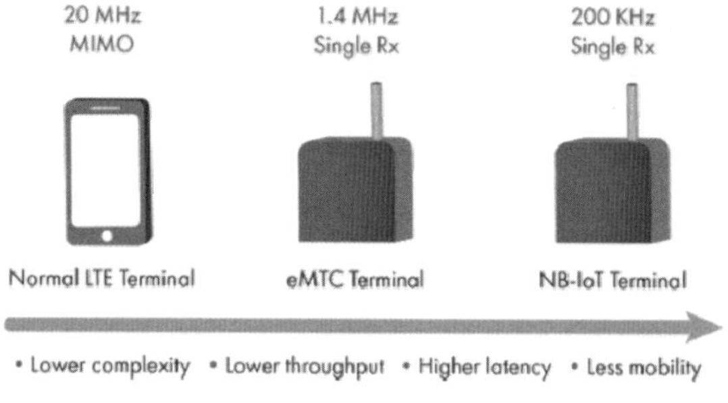

그림 2-51 LTE Cat-M1(eMTC), NB-IoT 단말기 특징 비교 (출처: Ofinno)

저속 데이터 송수신은 ① 간단한 변조방식, ② 단말기에서 저출력으로 전파 송출, ③ 단말기 모뎀과 RF 칩 동작 최소화로 전력소모를 줄이고, ④ 단말기 메모리 사용 최소화 등의 특징이 있다. 즉, 저속전송은 궁극적으로 무선통신 처리를 단순화시키는 역할을 한다.

LTE NB-IoT는 좁은 주파수 폭 사용, 안테나에 MIMO 미적용, Half Duplex(동시 송수신이 아님), 단말기 송신출력을 스마트폰(23dBm)보다 낮은 20dBm으로 송출하여 IoT가 추구하는 목적을 달성하고 있다.

LTE Cat M1의 주파수 폭은 1.4MHz이며, LTE NB-IoT의 사용 주파수 폭은 200KHz이다. 보통의 경우, LTE 주파수 폭은 10MHz 또는 20MHz를 사용하지만, LTE Cat M1과 LTE NB-IoT는 좁은 주파수폭을 사용하여 단말기 배터리 절약을 포함하여 IoT가 추구하는 목적을 달성하겠다는 의도이다.

	LTE Cat-1 (Rel-3)	eMTC Cat-M1 (Rel-13)	NB-IoT Cat-NB1 (Rel-13)
Peak data rate	Up to 10 Mbps	Up to Mbps²	〈 100 kbps
Bandwidth	Up to 20 MHz	1.4 MHz	200 kHz
Rx antenna	Dual Rx²	Single Rx	Single Rx
Duplex mode	Full duplex FDD/TDD	Full or Half duplex FDD/TDD	Half duplex FDD
Mobility	Full mobility	Limited-to-full mobility	Cell reselection only
Voice	VoLTE	VoLTE	No voice support
Transmit power	23 dBm	23, 20 dBm²	23, 20 dBm²

그림 2-52 LTE Cat-M1, NB-IoT 비교 (출처: Qualcomm)

IoT 데이터는 대부분 숫자나 문자 위주의 사이즈가 작다. 반면 5G 트래픽의 약 70%는 Video 데이터로써 IoT와 데이터 속성이 다르다. 즉, 5G는 기본적으로 고속통신 위주로 기술이 정의되었지만, 이와는 특성이 다른 IoT 목적(소량 데이터, 단말기 배터리 소모 절약, 간단한 단말기 구현 등)의 기술이 추가되었다.

(3) 단말기 배터리 소모 줄임

많은 IoT 디바이스는 전원이 없는 지역에 설치되기 때문에 배터리로 동작된다. 이를 위하여 IoT 디바이스는 저전력 동작이 필수이며, 길게는 3년 이상 배터리 교체없이 동작되어야 한다.

3GPP Release 13에는 IoT 디바이스의 가장 큰 특징인 전력소모를 줄이는 방법으로 eDRX(Extended Discontinuous Reception)와 PSM(Power Saving Mode)을 도입했다. 이 두 가지 기능은 4G/5G Cat-M1과 4G/5G NB-IoT에 적용되고 있다.

DRX(Discontinuous Reception)란 휴대폰이 기지국 정보를 계속(Continuous, 즉 쉬지 않고) 수신하는 것이 아니라, 드문드문 주기적으로 수신한다는 의미이다. DRX 주기에 기지국에서 단말기로 전송되는 정보는 크게 ① 단말기가 튜닝해야 할 주파수와 채널 정보, ② 등록이나 Handover 등을 위한 이동통신망 정보, ③ 전화를 받기 위한 paging 정보와 데이터

Push 등이 있다.

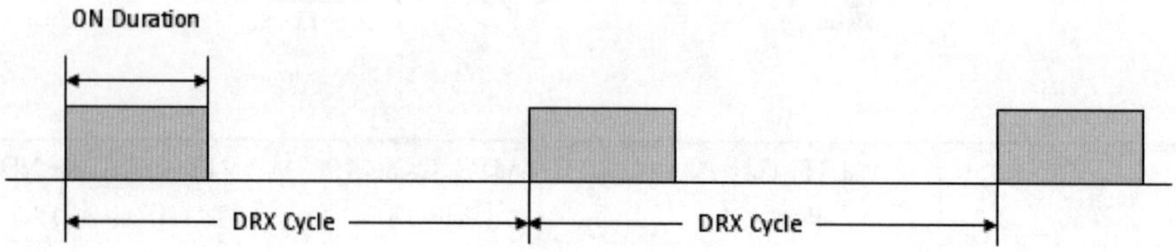

단말기가 ON Duration에서 Paging 정보를 수신할 때, 수신부(Rx)만 켜고 발신부(Tx)는 켜지 않는다. 이 경우 단말기가 자주 깨어나면, 수신부 H/W와 S/W가 동작되므로 배터리가 소모된다. 따라서 IoT 디바이스는 DRX Cycle 수신 주기를 길게 설정하여 배터리 소모를 줄인다.

단말기가 통신상태가 아닌 경우, 주기적으로 DRX 정보를 수신해야 하므로 사용자가 단말기를 사용하지 않는 기간(예: 야간)에도 이러한 동작은 계속된다. 결국 DRX 주기는 단말기 배터리 소모에 결정적인 영향을 미친다.

이동통신에서 'Paging'이란 기지국(또는 이동통신망)에서 단말기로 단방향 정보 전송을 의미한다. 단말기는 기지국에서 전송하는 모든 Paging 정보를 수신하고 해석하지만, 해당되는 정보만(예: IMSI가 맞을 때) 수신하고 다른 정보는 무시한다.

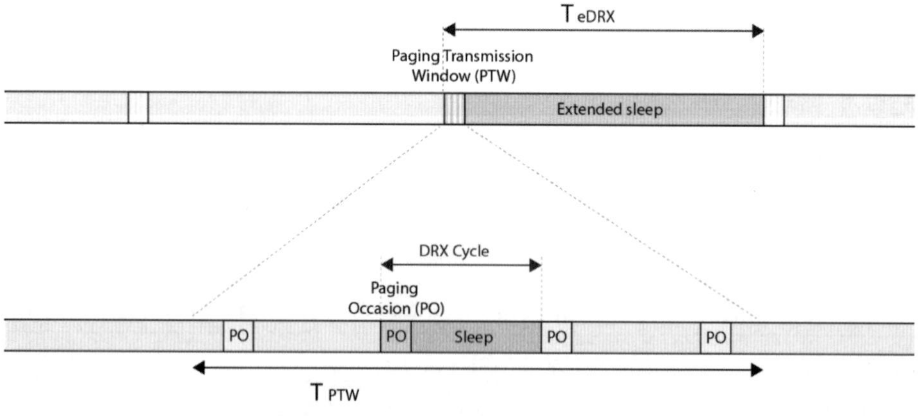

그림 2-53 DRX Cycle와 eDRX Cycle 비교

이동통신 단말기는 모든 H/W를 켜서 지속적으로 기지국과 정보교환을 하는 것은 아니고, 기지국과 사전에 약속된 시간적인 주기로 단말기 H/W를 켜서 정보를 수신한다. 물론 인터넷을 검색하거나 동영상을 볼 때는 단말기의 모든 H/W가 동작된다.

3GPP는 LTE Advanced부터 IoT 디바이스를 수용하기 위하여 eDRX(Extended Discontinuous Reception)를 도입했다. eDRX은 IoT 디바이스를 대상으로 DRX Cycle을 길게 설정하는 방식이다.

예를 들면, LTE 망에서 DRX 주기를 최대 2.56 초로 설정하면 빈번한 단말기 H/W 동작으로 전력소모가 많지만, eDRX는 최대 약 3시간(2621.44초)까지 DRX 주기를 길게 설정하여 전력소모를 획기적으로 줄인다.

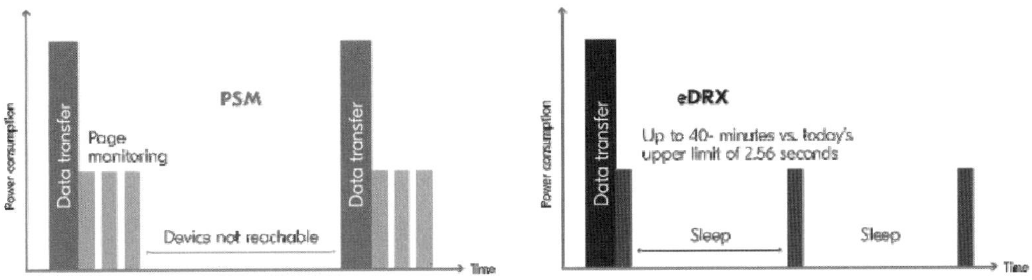

그림 2-54 4G/5G에서 PSM과 eDRX 개요

단말기는 Connected Mode(즉, 통신상태)에서 Control Plane과 Data Plane이 동시에 동작되는데, 사용자가 Data Plane을 사용하지 않을 경우에도 단말기는 지속적으로 Control Plane 정보를 Monitoring해야 한다. 이때, Data Plane으로 데이터 송수신이 없을 경우, Control Plane까지 OFF하는 것을 PSM(Power Saving Mode)이라고 한다.

하나의 DRX 주기에서 다음 DRX 사이는 단말기 배터리 소모를 줄이기 위하여 기본적인 동작 이외의 모든 H/W를 끄기 때문에 단말기 배터리를 절약할 수 있다.

(4) 커버리지 확대

전기 사용량 검침, 농장에 있는 센서 제어 등과 같은 IoT 서비스는 먼거리 전송이 필요하다. 따라서 LTE IoT 규격에는 먼거리 전송을 위해 몇 가지 기술이 적용되었다. 물론 이러한 기술은 5G에도 그대로 적용된다.

먼거리 전송을 위한 대표적인 기술은 동일한 데이터를 여러 번 전송하는 방법이다. 반복 전송은 데이터의 오류 발생확률을 줄이기 때문에 결국 먼거리까지 전송될 수 있다. 이렇게 같은 데이터를 반복해서 전송하는 방법을 'Time Diversity'(시간차를 두고 전송)라고 한다.

또한 변조방식에서 16 QAM(Quadrature amplitude modulation) 이상과 같은 High Order(한번 보낼 때 많은 정보 전송) 방식이 아닌, QPSK(Quadrature Phase Shift Keying)를 사용하면 오류 발생확률이 줄어든다. 결국 이러한 변조방식도 먼거리 전송에 기여하는 기술이다.

기지국은 IoT 디바이스를 대상으로 LTE Cat-M1, NB-IoT 주파수 대역에서 일반 LTE 단말기(예: 스마트폰)보다 더 강한 출력으로 전파를 송신하여 커버리지를 넓히는 방법을 사용한다. 전파 송신을 강하게 출력하면 전파가 멀리 갈 수 있다.

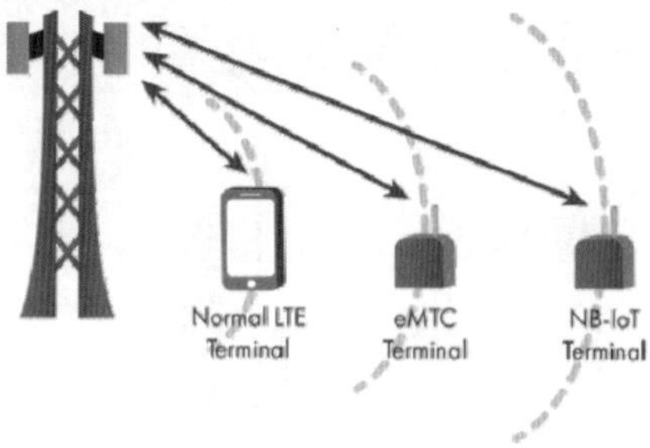

그림 2-55 LTE, eMTC, NB-IoT 별 신호도달 거리 (출처: Ofinno)

따라서 하나의 LTE 기지국을 기준으로 데이터를 수신할 수 있는 거리를 보면, 짧은 순서로 스마트폰, LTE Cat-M1, LTE NB-IoT 단말기 순이다. 즉, IoT 서비스 목적을 달성하기 위하여 IoT 규격에는 먼거리 전송이 가능한 몇 가지 기술이 적용된다.

(5) NB-IoT

NB-IoT는 기본적으로 4G/5G 망(통신장비, 주파수 등)을 그대로 사용하지만, 주파수 폭이 좁기 때문에 기지국에는 NB-IoT를 위하여 새로운 기능이 추가되어야 한다. 즉, 기지국에 추가적인 H/W와 S/W가 구현되어야 한다.

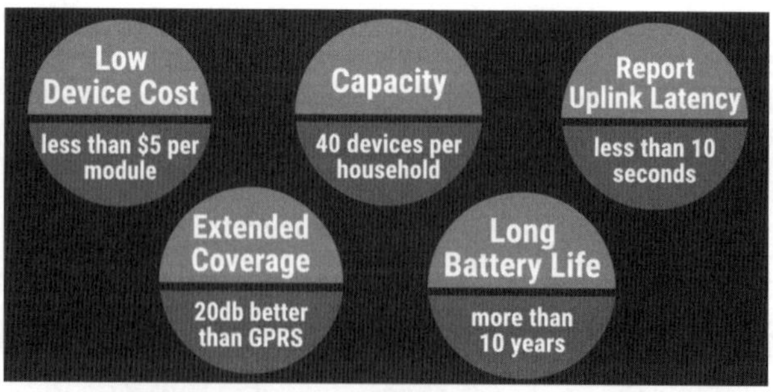

그림 2-56 LTE NB-IoT의 주요 특징

일반적으로 기존의 LTE 단말기로는 LTE NB-IoT 서비스를 제공받을 수 없고, 새로운 칩과 디바이스가 필요하다. LTE NB-IoT 서비스를 제공하기 위해서 이동통신 사업자는

LTE 주파수 대역에서 3가지 방법으로 NB-IoT 주파수를 할당해야 한다.

LTE NB-IoT를 위한 주파수 할당은 ① GSM(Global System for Mobile communications, 2세대 이동통신) 채널 주파수 폭인 200KHz를 GSM 채널에 할당하는 방법, ② 기존 LTE 주파수(일반적으로 10MHz나 20MHz로 운용) 중간에 200KHz를 넣는 In-Band 방식, ③ 그리고 LTE 주파수 대역간 간섭을 줄이기 위해 여유를 둔 Guard Band에 NB-IoT 채널을 할당할 수 있다.

NB-IoT를 기존 이동통신망에 구현할 경우, NB-IoT용 주파수 채널이 구현되어야 하므로 기존 통신장비에 영향을 미치게 된다. 즉, 기존 통신장비에 구현이 복잡해지고, 전파 운용에 영향을 미친다.

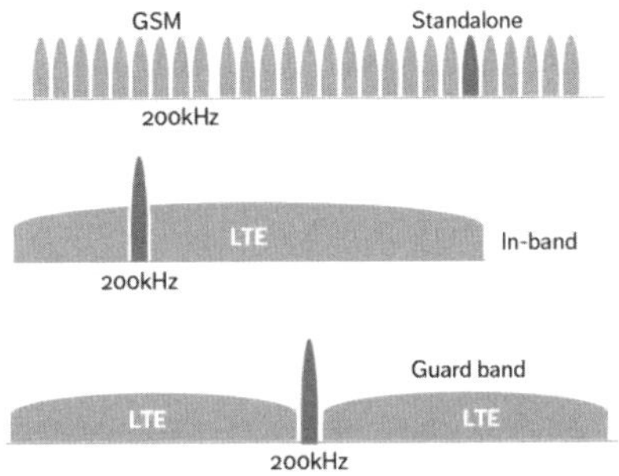

그림 2-57 NB-IoT 주파수 채널 구현방법

LTE NB-IoT 전파가 건물 내부로 침투가 잘 된다는 의미는 NB-IoT는 사업자가 허가받은 LTE 주파수 대역을 사용하지만 간단한 변조방법, 재전송, 고출력 송신 등을 사용하기 때문에 장애물에 대한 극복력이 강해서(오류발생을 줄여서) 전파가 건물내부로 깊숙히 전파(Propagation)된다.

3) LPWAN

(1) 개요

LPWAN(Low Power Wide Area Network)은 ① 단말기에서 저전력 소모, ② 저속으로 먼거리 통신이 주된 특징인 IoT 전용 무선통신이다. LPWAN 기술 개발 초기에는 서비스 요금을 없애기 위하여 비면허 대역을 기본적으로 사용했으나, 특정 국가는 사업자를 지정하여 면허대역을 사용하기도 한다.

일반적인 LPWAN 정의는 "*LPWAN is a type of wireless telecommunication wide area net-*

work designed to allow long-range communications at a low bit rate among things (connected objects), such as sensors operated on a battery"이다.

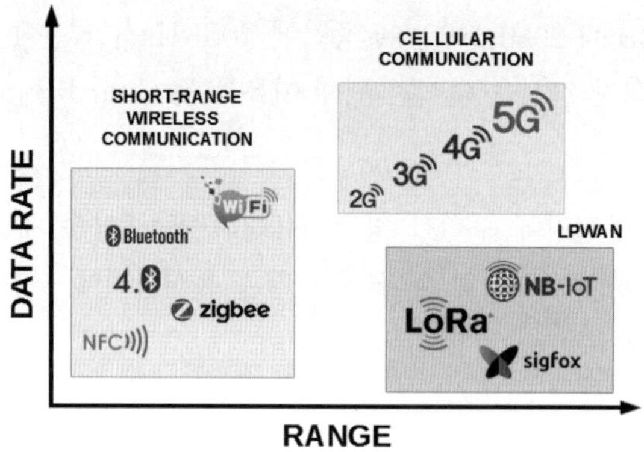

그림 2-58 무선통신을 전파 도달거리와 전송속도로 구분 (출처: Embien Technologies)

무선통신 기술을 전송거리로 구분할 때, 전파 도달거리가 짧은 기술은 Wi-Fi, Zigbee, Bluetooth 등이 있고, 먼거리 통신이 가능한 기술은 셀룰라 통신과 LPWAN이 있다. <u>먼거리 통신에서 전송속도로 분류할 때, 고속통신은 셀룰라 통신이 있고 저속통신은 LPWAN이 있다.</u>

기술적으로 LPWAN은 하나의 기지국이 커버하는 영역을 셀로 나누고, 인접셀은 다른 주파수를 사용할 수 있다. 이런 의미에서 LPWAN을 셀룰라 기술로 분류하기도 하지만, 많은 무선통신 전문가들은 LPWAN이 Handover가 지원되지 않고, 주파수 재사용 기능이 약해서 셀룰라가 아닌 별도기술(즉, LPWAN)로 분류한다.

이와는 별도로 4G나 5G의 IoT 목적인 NB-IoT를 LPWAN으로 분류하기도 한다. 이것은 LPWAN이 추구하는 방향이 저전력 동작(단말기), 저속으로 먼거리 통신이므로 NB-IoT가 이러한 방향에 맞기 때문이다. 또한 3GPP는 LPWAN을 이동통신과 구분하기 위하여 'non-3GPP Standard'라고도 한다

<u>초기 LPWAN은 비면허 대역에서 ① 하나의 기지국이 넓은 지역을 커버하여 전기, 가스, 상하수도 등과 같은 검침이 목적이고, ② 기술적으로는 Handover가 지원되지 않아 이동성이 보장되지 않으며, ③ 데이터 통신지연에 민감하지 않은 소량의 데이터 전송을 목적으로 개발되었다.</u>

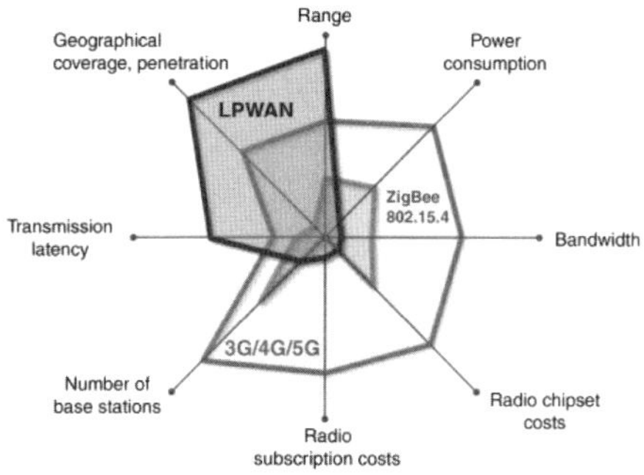

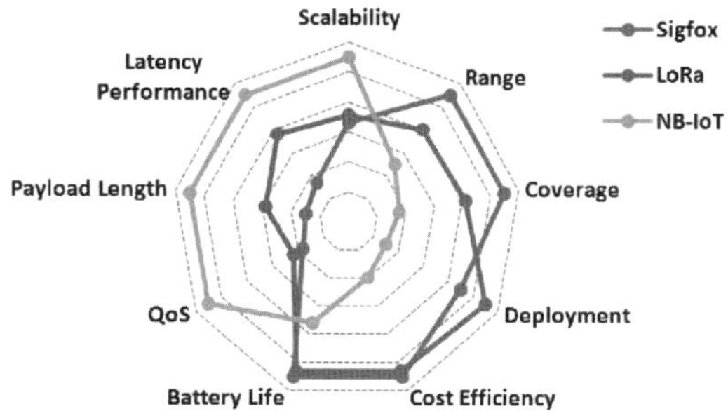

그림 2-59 LPWAN과 다른 무선통신 비교

즉, LPWAN은 셀룰라 통신(예: 4G, 5G)보다 더 먼거리 통신이 가능하고, 전파 침투율(Radio Peneration)은 좋지만, 통신지연(Latency)은 셀룰라 대비 좋지 않다. 먼거리 통신을 위해서 기술적으로는 ① 전파세기를 강하게 송출, ② 상대적으로 낮은 주파수 대역 사용, ③ 간단한 신호처리 등으로 구현된다.

일반적으로 LPWAN은 Wi-Fi나 Bluetooth 대비 훨씬 강하게 전파를 송출하며, 사용되는 주파수 대역은 상대적으로 낮은 1GHz 이하(즉, Sub 1GHz)를 사용하고, 간단한 신호처리로 먼거리 통신이 가능하다.

결국, 무선통신 기술에서 상대적으로 저주파 대역을 사용하고 저속으로 통신하면, 먼거리 전송이 가능하고 전파의 지형지물(건물포함) 침투성질이 강하게 된다.

전파의 침투성질이란 전파가 건물이나 복잡한 지형지물이 있는 환경에서 깊숙히 전달되는 특성을 의미한다. 전파 침투율을 좋게하기 위해서는 ① 저주파 대역 사용, ② 변조방식을 포함한 간단한 신호처리를 통한 저속통신으로 해결한다.

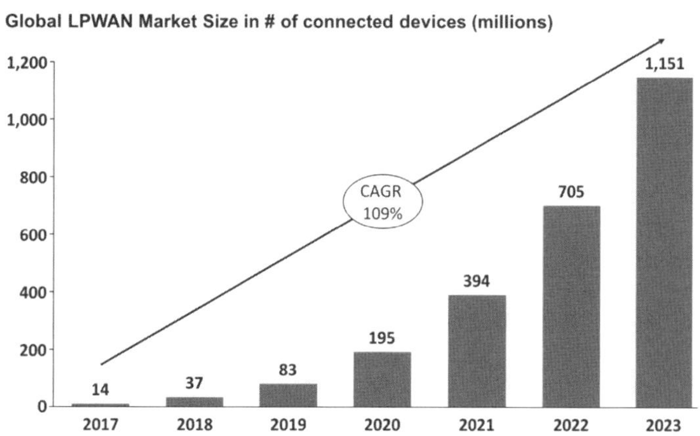

그림 2-60 LPWAN 시장 예측 (출처: IoT Analytics)

IoT Analytics사는 LPWAN 시장 예측 보고서에서 LPWAN 연간 성장율(CAGR)이 109%로써 매년 배 이상 성장될 것으로 예측했다. 이것은 IoT 시장이 성장하기 때문에 통신기술도 같이 성장되기 때문이다.

결국 LPWAN이 추구하는 방향은 0.3Kbps ~ 50Kbps 정도의 저속통신, 배터리로 최대 20년 동작되는 단말기, 10 km 이상 먼거리 통신, $10 이내의 저가 단말기 등이 목표이다.

반면 5G와 같은 셀룰라 통신은 기본적으로 고속통신을 추구하기 때문에 데이터 속도가 빠르고, 사용하는 주파수 폭이 넓으며, 이동성과 무선자원 관리를 위한 통신처리 절차가 복잡하다.

LPWAN을 셀룰라 IoT(예: 4G/5G의 Cat M1, NB-IoT)와 비교시 LPWAN은 Handover가 지원되지 않고, 전송속도가 매우 낮으며, 데이터 지연이 긴 편이다. 따라서 이동성이 보장되고 빠른 데이터 속도(LPWAN 대비)와 지연시간이 짧은 서비스에는 셀룰라 IoT를 사용해야 한다.

통신에서 이동성이란 디바이스가 지역을 이동하면서 연속적으로 서비스를 받는 것이며, Handover와 로밍 등으로 구현된다. 그리고 "통신 지연시간이 짧다"는 의미는 "반응시간이 빠르다"는 같은 뜻으로 즉각적인 반응을 의미한다.

무선통신 디바이스에서 기지국으로 데이터를 보낼 때, Random Access를 사용하는데, 이때 하나의 리소스(즉, 기지국)을 대상으로 다수의 디바이스가 연결을 요구할 때, 충돌이 발생될 수 있다. 이 경우, LoRa와 Sigfox는 처리를 단순화시키기 위해서 기지국에서 충돌이 발생하더라도, 다른 기지국에서 같은 신호 수신하는 방법으로 해결한다.

(2) LoRa

LoRa(Long Range)는 IoT 서비스를 위하여 디바이스에서 저전력 소모, 먼거리 통신 등이 목적인 LPWAN(Low Power Wide Area Network) 기술이다. LoRa는 용어가 의미하듯이 먼거리 통신이 주된 목적이며, 프랑스의 Cycleo사가 2009년에 기술을 개발했고, 이후 이 회사는 미국 Semtech사에 매각되었다(2012년).

결국, LoRa는 미국 Semtech사의 기술이며, 기술을 개방하기 위하여LoRa Alliance를 운영하고 있다. ① LoRa는 Semtech사의 IoT 무선통신용 Physical Layer이며, ② LoRaWAN은 LoRa Alliance에 정의한 용어로써 LoRa(즉, PHY)와 상위 MAC Layer를 합한 의미이다.

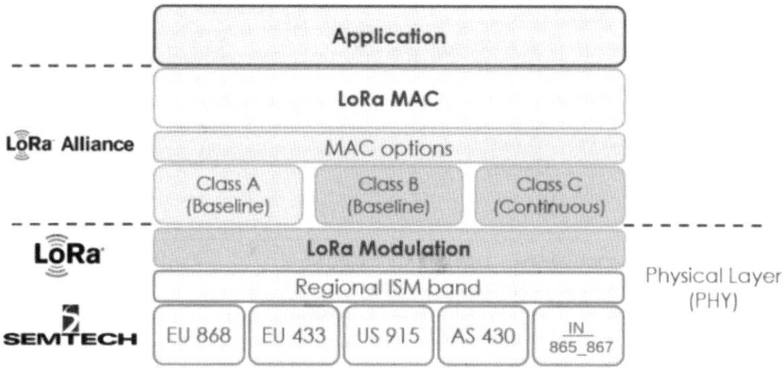

그림 2-61 LoRa Protocol Stack

따라서 LoRaWAN은 PHY(즉, LoRa)와 MAC으로 LoRa와 LoRaWAN의 용어는 다르다. 이런 맥락에서 서비스 제공을 위한 전체 기술이름은 LoRaWAN이지만, 간단히 부르기 위하여 LoRa라고 한다.

LoRa는 전송거리가 20Km 이상, 하나의 Gateway(또는 기지국)는 최대 1백만개 디바이스 수용, 디바이스는 배터리를 사용하여 저전력으로 10년 동작, 전송속도를 최대 50kbps로 정의하고 있다.

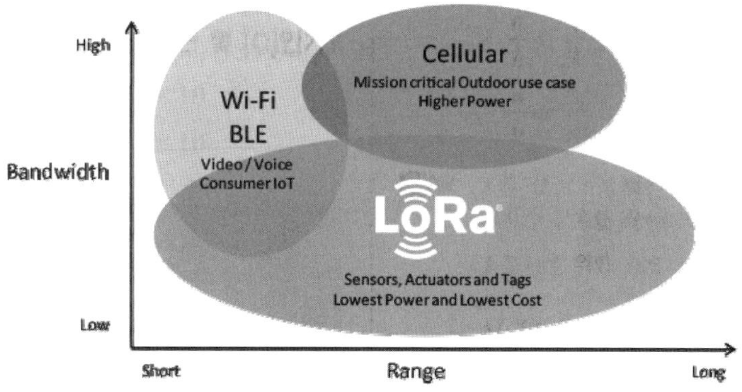

그림 2-62 LoRa와 다른 통신(Cellular, Wi-Fi, BLE) 비교(1)

또한 LoRa는 다수의 기지국을 사용하는 셀룰라 이동통신으로 분류될 수도 있다. 하지만 LoRa는 셀룰라보다 더 먼거리 전송을 목표로 하고 있다.

물론, 전송거리는 사용하는 주파수 대역이 결정적으로 영향을 미치는데, 국내의 경우 900MHz 대역을 사용하여 먼거리 통신을 구현한다. 일반적인 경우, 900MHz를 사용하는 LoRa는 LOS(Line Of Sight) 거리에서 50Km 이상 전송 가능한 것으로 알려져 있다.

LoRa는 많은 노드(또는 디바이스) 연결이 가능하여 향후 IoT가 성장될 것을 미리 대응하고, 자체적으로 AES128 암호 알고리듬을 사용하여 보안을 강화하고 있다. AES(Advanced Encryption Standard)는 암호화와 복호화에 같은 키가 사용되는 대칭 암호화 방식의 보안 기술이다.

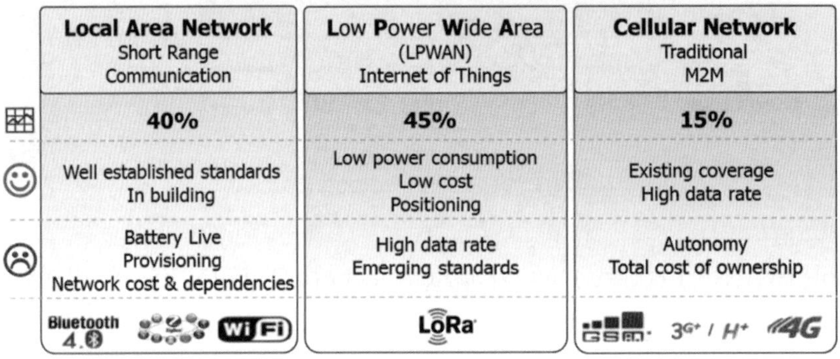

그림 2-63 LoRa와 다른 통신(Cellular, Wi-Fi, BLE) 비교(2)

LoRa 망의 기본 개념은 과거 양방향 무선호출 시스템과 유사하다. 전체적으로 보면, 이동성 관리 기능이 약하기 때문에 망 구성이 복잡하지 않다. 무선호출(일명, 삐삐)은 1990년대 많이 사용된 방식으로 상대방에게 단방향으로 간단한 전화번호나 메시지를 보내는 서비스이다. 이후, 단방향 무선호출에서 양방향 기능을 추가하여 서비스를 제공했다.

LoRa 시스템은 다수의 End Nodes(즉, 디바이스)가 Gateway에 접속된다. 이 Gateway(일종의 기지국)는 많은 LoRa 디바이스와 연동되며 인터넷 접속을 위해 유선통신이나 5G 무선모듈이 같이 구현된다.

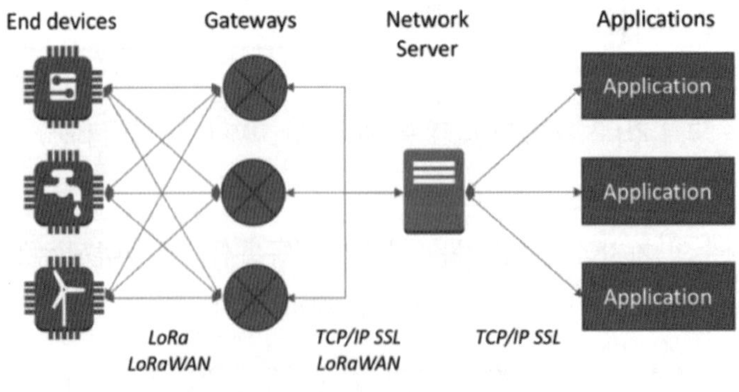

그림 2-64 LoRa Network 구조

이렇게 많은 LoRa 디바이스가 Gateway를 통하여 인터넷에 연결되면, 모든 디바이스 정보는 LoRa Platform인 Network Server로 연동되고, Network Server에서 다양한 서비스(Application)가 제공된다.

LoRa Gateway는 기능적인 측면에서 이동통신 기지국과 유사하며, 전파환경을 좋게 하기 위하여 높은 건물이나 별도의 송신탑에 설치된다. Gateway가 높은 곳에 설치되면 LoRa 디바이스와 전파환경이 LOS(Line Of Sight)가 되기 때문에 주변환경에 따른 전파감쇄를 줄일 수 있다.

LOS란 전파 송신측과 수신측 사이에 물리적인 장애물이 없는 환경으로 전파감쇄가 상대적으로 적다. 만약, 전파 경로상에 건물이나 나무와 같은 장애물이 있을 경우, 전파는 이 장애물 때문에 반사, 회절, 굴절 등이 발생되어 수신측에 도달되는 전파의 품질은 좋지 않다.

그림 2-65 LoRa Gateway

LoRa 망은 국가로부터 주파수를 할당받아 운용하는 면허 사업자도 있지만, 비면허 주파수 대역에서 특정 전파세기 이하로 송출하여 서비스하는 회사도 있다. 이렇게 사업자를 활용하지 않고, 자체적으로 LoRa 망을 운영하는 경우도 있는데, 이런 사업자를 '자가망 사업자'라고 한다.

자가망이란 통신사업자를 활용하지 않고, 해당 회사가 직접 통신망을 구축하고 운용하는 형태의 통신망이다. 선박, 중장비, 철강회사 등과 같이 큰 공장을 가진 회사는 LoRa 자가망을 활용할 수 있다.

그림 2-66 LoRa 디바이스 칩, 모듈, 개발보드

LoRa를 개발한 Semtech사의 사업모델은 칩 판매이기 때문에 LoRa망을 운용하는 사업자는 Semtech과 협력없이 임의로 LoRa 시스템을 구성할 수 있다. 하지만, Sigfox사의 사업모델은 칩 판매가 아닌 Platform 사업이다.

또한 Semtech사는 LoRa를 확산시키기 위하여 칩 개발에 필요한 기술을 다른 칩회사에 공개하기 때문에 다수의 회사에서 LoRa칩을 개발하고 있다.

(3) Sigfox

Sigfox는 LPWAN 기술이며, 동시에 LPWAN을 운용하는 사업자(즉, 회사)이다. Sigfox는 다음과 같이 Mission을 정의하고 있다. *Global network operator founded in 2009 that builds wireless networks to connect low-power objects such as electricity meters and smart-watches, which need to be continuously on and emitting small amounts of data.*

Sigfox망 구조는 LoRa와 유사하게 디바이스, Gateway, Cloud로 구성된다. Sigfox 기술은 디바이스에서 센싱한 정보를 Cloud로 전송하는 기능만 가능하며, Cloud에서 디바이스로 데이터를 보낼 수 없다.

그림 2-67 Sigfox Network 구조

만약, Cloud에서 디바이스로 데이터를 전송하려면, 디바이스에서 데이터 전송을 시작(Initiate)하고, 이후 세션이 형성되면 Cloud에서 디바이스로 데이터를 보낼 수 있다. 이것은 최대한 처리동작을 단순화시켜 IoT 목적을 충실히 달성하기 위한 것이다.

Sigfox 기술을 사용하는 모든 디바이스는 Sigfox사 Platform을 사용해야 한다. 이런 관점에서 볼 때, Sigfox사의 사업모델은 Sigfox Platform을 활용한 수수료 수입이 목적인 서비스업이다.

이렇게 Platform 사업이 주된 방향이기 때문에 전세계 모든 Sigfox 단말기는 로밍이 가능하다. 로밍이란 가입한 지역의 서비스를 이동한 지역에서도 동일하게 서비스를 제공받는 것이다. 따라서 한국의 Sigfox 단말기를 프랑스로 이동해도 그대로 사용할 수 있다.

Sigfox사는 디바이스 칩을 개발하지 않고, 칩회사인 STMicroelectronics, Silicon Labs, Microchip, TI(Texas Instruments) 등에서 Sigfox 칩을 개발한다. 이 경우, 기술은 Sigfox사가 개발했지만, Sigfox의 주된 수익모델이 Platform 사업이기 때문에 칩회사와 협력하고 있다.

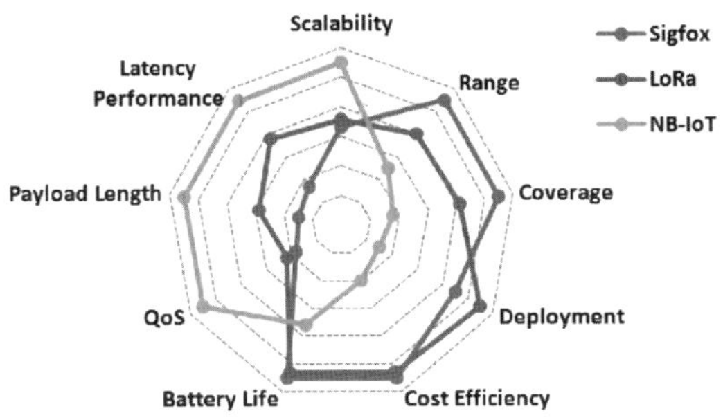

그림 2-68 Sigfox와 LoRa 비교

전체적으로 볼 때, Sigfox와 LoRa는 특징이 유사하다. 하지만 몇 가지 세부기능을 비교해 보면, Sigfox가 LoRa 대비 더 먼거리 전송이 가능하고, 지연시간은 더 짧다. 이것은 Sigfox 무선통신 기술이 LoRa보다 더 간단하기 때문이다.

같은 조건일 때, 무선통신 기술이 간단하면 상대적으로 오류 발생확률이 낮아서 먼거리 전송이 가능하다. 심지어 Sigfox Protocol은 Connection을 위한 Signaling(제어신호)없이 바로 데이터(즉, User Data)를 전송하는 방법을 사용한다. 만약, Signaling을 보낼 때는 데이터에 몇 가지 Signaling을 포함시킨다.

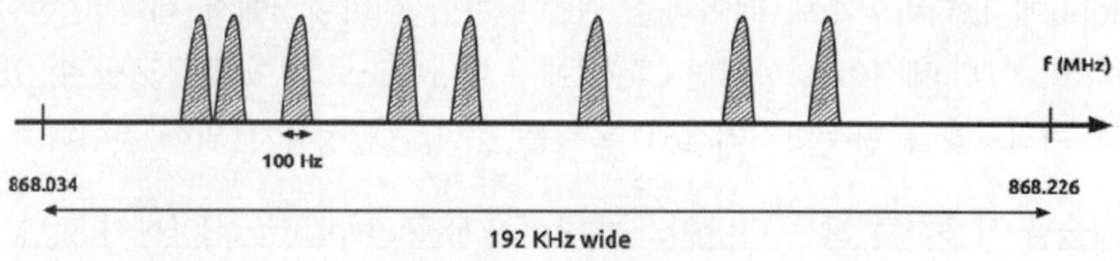

그림 2-69 Sigfox UNB

Sigfox는 주로 900MHz 주파수 대역에서 100Hz 채널폭을 사용하기 때문에 Physical Layer 측면에서 채널폭이 매우 좁아서 UNB(Ultra-Narrow Band)라고도 한다. 반면 LoRa는 채널폭을 125Hz에서 500KHz까지 가변적으로 사용할 수 있다.

따라서 Sigfox는 LPWAN의 본질적인 목적에만 충실하게 설계되어 아주 좁은 채널폭(UNB)을 사용하여 전송속도는 최대 100bps, 전송거리는 약 50Km를 목표로 한다.

또한 디바이스에서 Gateway(또는 기지국)로 데이터를 보낼 때, 타겟(Target) Gateway가 데이터를 수신하지 못하면, 주변의 다른 Gateway가 데이터를 받아서 처리한다. 디바이스에서 Gateway로 데이터를 보낼 때 Random Access를 사용하기 때문에, 이 과정에서 디바이스가 타겟 Gateway와 연결이 안될 수 있기 때문이다.

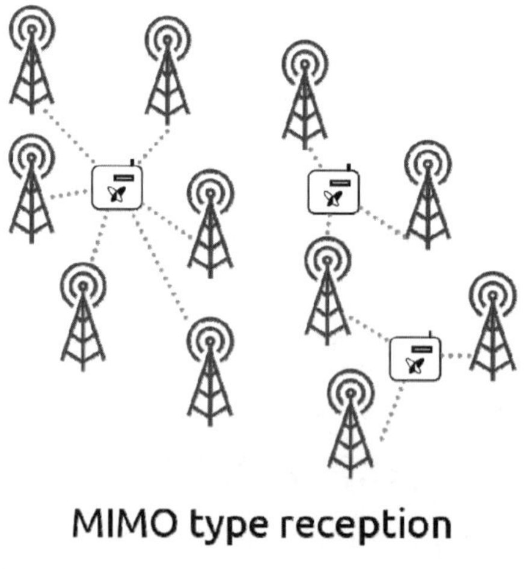

그림 2-70 다수의 기지국에서 Sigfox 디바이스 데이터 수신

이렇게 여러개의 Gateway에서 Sigfox 디바이스의 데이터를 수신할 경우, 일종의 'Spatial Diversity'가 되어서 Gateway에서 디바이스의 데이터 수신율이 증가된다. Spatial Diversity란 동일한 신호를 공간적으로 다른 경로(또는 공간)로 보내면, 수신율이 증가되는 효과이다.

4) IEEE 802.15.4

(1) 개요

IEEE(Institute of Electrical and Electronics Engineers)는 설립 초기 전기전자공학 기술(주로 논문)을 공유하여 관련된 기술을 발전시키고 확산시키겠다는 의도로 미국에서 시작되었다. 이후 IEEE(발음, 아이 트리플 이)는 미국 위주에서 전세계로 확대되어 전기, 전자, 컴퓨터 등의 기술 표준화와 신기술 확산을 주도하는 단체가 되었다.

IEEE는 전기, 전자, 컴퓨터 관련 전문가로 구성된 조직으로 크게 ① 인류의 생활수준 향상을 위한 기술표준(주로, 전기 전자 분야) 정의와 ② 전기, 전자, 컴퓨터 등 연구논문을 주관하는 단체이다.

IEEE is the world's largest technical professional organization dedicated to advancing technology for the benefit of humanity.

특히, IEEE에 논문이 개제되면 해당 분야의 연구내용을 전세계로부터 인정받기 때문에 높은 학술적 업적으로 평가된다. 국내외에서 박사학위(주로 전기, 전자, 컴퓨터)를 취득하기 위해서는 일반적으로 IEEE에 논문이 개제되어야 한다.

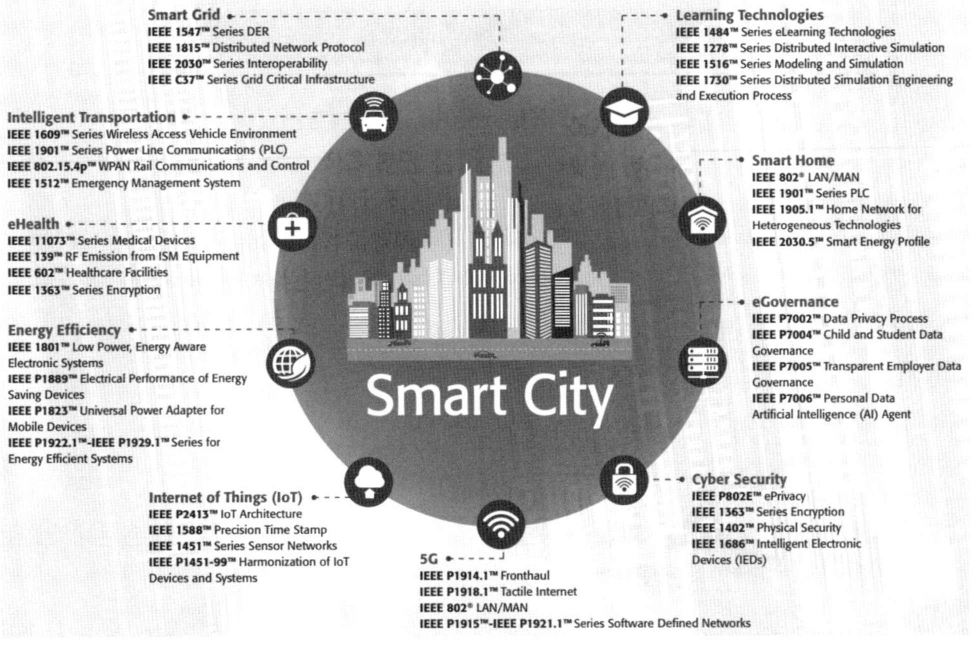

그림 2-71 IEEE에서 정의하는 Smart City 관련 표준기술

예를 들면, IEEE에서 정의하는 Smart City 기술표준 항목은 Smart Grid, Intelligent Transportation, eHealth, Energy Efficiency, Learning Technologies, Smart Home, eGoverance, Cyber Security, 5G에서 일부기술 등 다수가 있다.

IEEE의 초기 목적은 신기술과 학술적인 연구성과를 공유하기 위한 것이였지만, 현재 IEEE의 가장 큰 역할은 인류의 편리한 생활을 위한 전기, 전자, 컴퓨터, 인터넷, 정보기술 등 기술표준 정의이다.

IEEE 조직은 방대하며, 내부적으로 기술표준 정의는 SA(Standards Association) 그룹에서 담당한다. SA 그룹에서 정의하는 기술표준 분야는 무선통신, 전력, 우주공학, 핵, 나노기술, 헬스케어, 안테나, 전파, S/W 기술 등 다양하다.

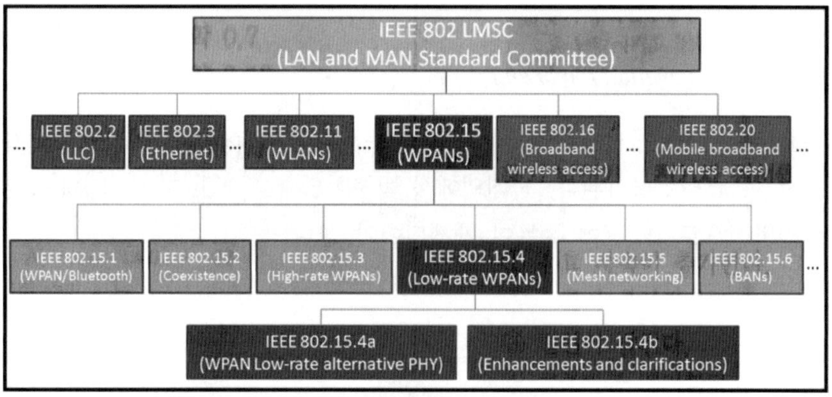

그림 2-72 IEEE 802 Series 표준과 IEEE 802.15 하부 그룹

IEEE SA 그룹에서 IoT를 위한 유무선 통신기술은 주로 IEEE 802 위원회에서 담당한다. IEEE 802 위원회를 LMSC(LAN and MAN Standard Committee)라고도 하며, 세부적으로 Ethernet, WLAN(Wireless Local Area Network), WPAN(Wireless Personal Area Network) 등의 표준을 정의한다.

IEEE 802의 하부조직으로 WAPN 기술을 정의하는 IEEE 802.15가 있고, WPAN기술 중에서 Low Rate(저속통신) 통신규격을 정의하는 위원회가 IEEE 802.15.4이다. IEEE 802.15.4 무선통신 규격은 10m 이내에서 수십 Kbps 정도의 낮은 데이터 속도와 단말기의 저전력 동작이 목적인 WAPN 기술이다.

IEEE 802.15와 IEEE 802.15.4는 WPAN 기술 이름이기도 하지만, 표준을 정의하는 단체이름이기도 하다. 따라서 이 용어의 의미는 문맥에서 파악해야 한다.

그림 2-73 IEEE 802.15.4를 차량의 Main Frame에 비유

IEEE 802.15.4 기술은 차량의 Main Frame에 비유될 수 있는데, IEEE 802.15.4 기술 자체로는 완전한 통신이 안되기 때문에 차량의 Main Frame과 같은 역할을 한다. 즉, Main Frame을 기반으로 사용자가 원하는 기능을 추가해야만 완전한 차량(즉, 통신기능)이 된다.

따라서, IEEE 802.15.4에는 통신을 위한 공통된 Frame만 정의되어 있고, 외형적인 구성(상위 Protocol Layer)에 따라 Zigbee가 되거나 Wi-SUN, Thread 등이 될 수 있다. 즉, Zigbee, Wi-SUN, Thread 등은 IEEE 802.15.4를 기반으로 동작되는 무선통신 기술이다.

이렇게 통신을 위하여 공통된 Frame만 정의하는 것은 디바이스 칩 개발을 단순화시켜서 원가를 절감하기 위해서이다. 즉, 동일한 디바이스 칩을 사용하고, 목적에 따라 해당되는 상위 Protocol을 S/W로 구현하면 된다. 대부분 무선통신 기술은 Gateway나 기지국 장비보다 절대적으로 수량이 많은 단말기 기술 구현에 중점을 두고 개발된다.

IEEE 802.15.4는 무선통신에서 Layer 1(PHY)과 Layer 2(MAC) 기술규격이며, 나머지 상위 Protocol은 여러 개(Zigbee, Wi-SUN, Thread 등)가 있기 때문에 사용자는 목적에 맞게 상위 Protocol을 사용해야 한다.

IEEE 802.15 그룹은 WPAN 기술 규격을 정의하는데, 이 중에서 IEEE 802.15.1은 Bluetooth 규격이고, IEEE 802.15.4는 IoT 목적의 WPAN 무선통신 규격이다.

Bluetooth는 초기 스웨덴의 Ericsson사에서 개발이 시작되었으나 이후 전세계로 확장하겠다는 목적으로 Bluetooth PHY/MAC을 IEEE 규격으로 정의했고, Bluetooth 규격을 정의하는 Bluetooth SIG(Special Interest Group)와 IEEE가 협력해서 규격을 개선하고 있다.

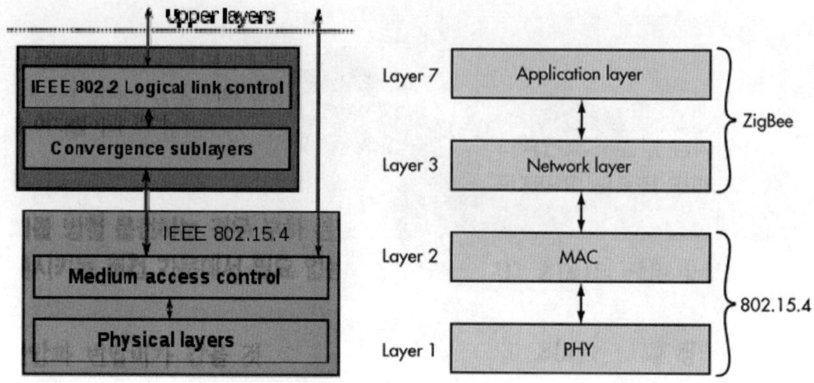

그림 2-74 IEEE 802.15.4와 Zigbee 관계

언급한 바와 같이 해당 무선통신 기술은 개발 초기에 원하는 목적(또는 응용기능, 서비스)을 설정하여 Protocol이 설계된다. 예를 들면 Zigbee는 무선으로 수백 미터 이내에 있는 전등 ON/OFF, Bluetooth는 휴대폰에서 무선 이어폰 사용, Wi-Fi는 무선 인터넷 접속이 주된 목적이다.

하지만, 초기 Protocol을 설계할 때 정의된 목적이 있지만, 이후 새로운 기술이 추가되거나 변경되어 원래의 목적과 다른 방향으로 발전하기도 한다. 예를 들면, Wi-Fi의 경우 새로운 주파수에 많은 안테나(MIMO)를 사용하여 전송속도를 더 높이기도 하지만, 처리절차를 단순화시켜 IoT 목적으로 먼거리 통신기술도 있다.

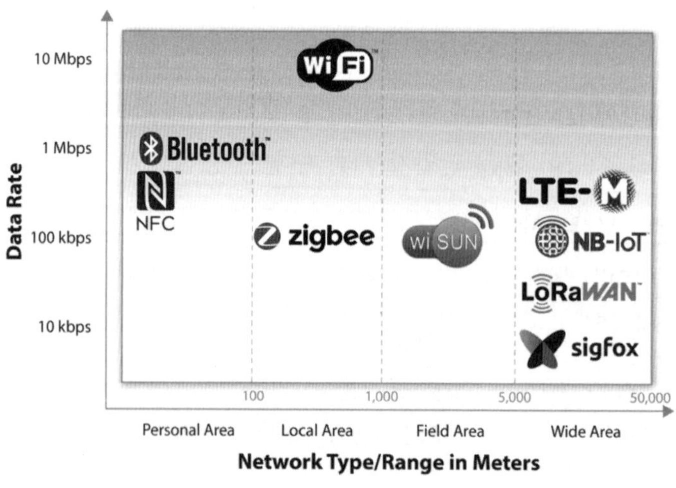

그림 2-75 무선통신 방식별 전송거리, 속도 비교

무선통신 방식별 전파 도달거리와 전송속도를 비교해 보면, IEEE 802.15.4는 10kbps 정도로 최대 1Km까지 전송, Bluetooth는 평균 500kbps로 최대 100m까지 전송, Wi-Fi는 10Mbps 속도로 100m까지 전송 가능하다. 이러한 전송거리와 속도는 해당 규격이 개선되면서 변경이 되기도 한다.

무선통신 방식 구분을 보면(ITU에서 정의), 가장 먼 거리 전송기술은 셀룰라 통신(5G, LoRa 등)이고, 그 다음 먼거리 통신 기준으로 WLAN, WPAN 등의 순이다.

WPAN 기술인 IEEE 802.15.4를 기준으로 보면, Wi-SUN이 Zigbee보다 먼 거리 전송이 가능한데, 기본적인 차이는 사용하는 주파수 대역이다. Wi-SUN은 주로 900MHz 대역을 사용하고, Zigbee는 2.4GHz를 사용한다.

Wi-Fi, Bluetooth, IEEE 802.15.4 등의 주파수 대역은 대부분 비면허 대역(Unlicensed Spectrum)을 사용하는데, 대표적인 비면허 대역은 ISM(Industrial, Scientific, Medical) 밴드로 산업용, 과학용, 의학용으로 할당되었으며, 이 대역에서는 누구든지 특정 전파세기 이하로 송출하면 사용할 수 있다.

비면허 대역(또는 밴드)이란 국가로부터 허가없이 누구든지 사용할 수 있는 주파수 대역이고, 이의 상대적인 반대 개념은 면허 대역으로 이동통신 사업자와 같이 특정 주파수 대역을 독점으로 사용하는 경우이다.

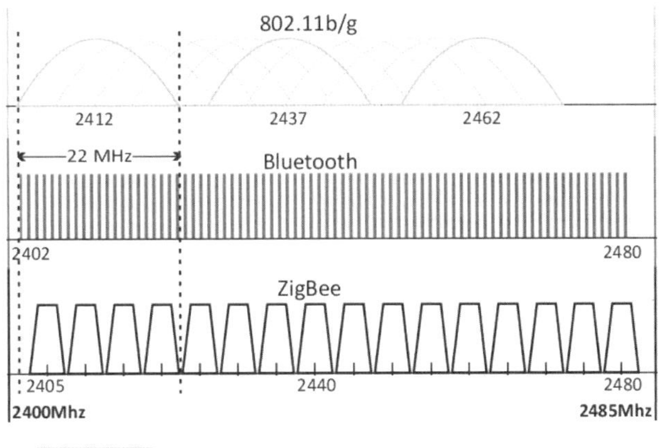

그림 2-76 Wi-Fi, Bluetooth, Zigbee 사용 주파수 예

Bluetooth, IEEE 802.15.4 등은 주로 2.4GHz 대역을 사용하지만, 일부 국가는 800MHz~900MHz 대역을 사용하기도 한다. Wi-Fi의 경우, 사용자가 지속적으로 증가하여 2.4GHz 대역에 트래픽이 많아짐에 따라 2.4GHz 이외에 5GHz, 60GHz 등도 사용된다.

이러한 비면허 대역에는 불특정 다수가 사용하기 때문에 특정 주파수 대역에 사용자가 몰려서 혼잡이 발생되며, 결국 통신품질이 낮아진다. 따라서 ISM 밴드를 사용하는 무선통신 기술은 혼잡제어(Congestion Control) 기능이 포함되어 있어서 트래픽이 많은 주파수 대역을 회피하는 기술이 사용된다.

휴대폰의 경우, 같은 주파수 대역을 사용하는 Wi-Fi와 Bluetooth가 동시에 사용될 수 있으므로 상호 주파수 간격을 멀리하여 혼신을 방지하는 Co-existence 회피기술이 사용된다.

(2) Zigbee

Zigbee는 저속통신, 단말기에서 저전력 소모 등이 특징인 무선통신 기술로, 주된 응용 분야는 원격으로 전원 ON/OFF, 검침(전기, 가스 등)과 같은 리모트 제어이다. 1998년부터 무선으로 저가, 저전력 소모 단말기를 활용한 리모트 제어 니즈가 발생되어 IEEE는 Zigbee 기술을 정의하기 시작했고, 2003년에 Zigbee 1차 규격을 완료했다.

Zigbee 용어의 유래는 'zig-zag'(지그재그)와 'bee'(벌)를 합한 것으로 벌은 꿀이 있는 새로운 꽃을 발견하면, 벌집 근처에서 지그재그(한자 '之'(갈지) 형태로 좌우로 이동하는 것)로 날아다니면서 다른 벌에게 꽃의 방향을 알려주는 것에서 시작되었다.

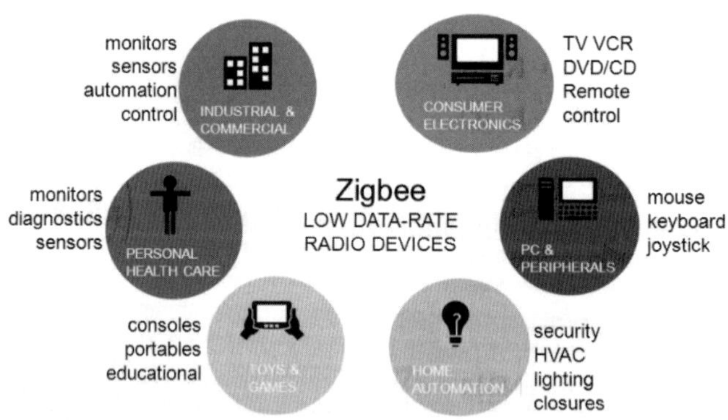

그림 2-77 Zigbee 응용 분야

이처럼 Zigbee 용어는 벌이 꽃의 위치를 정확히 알려주듯이 무선으로 원하는 지역의 위치와 방향을 알아서 제어하겠다는 의도에서 시작되었다. 또한 벌은 새로운 꿀이 있는 꽃의 위치를 알려주기 때문에 Zigbee 기술을 새로운 분야로 확대시키겠다는 의도도 포함되어 있다.

Zigbee는 다수의 무선통신이 공동으로 사용하는 2.4GHz 비면허 대역을 주로 사용하며,

최대 전송속도는 250kbps이다. Zigbee는 Wi-Fi보다 전송속도는 매우 낮지만, 단말기가 절전상태에서 활성화 상태까지 10ms 이내로 Wi-Fi보다 빠르다.

따라서 Zigbee단말기는 저전력으로 동작되면서 주기적 또는 간헐적(특정 조건이 되었을 때 데이터 발신)으로 데이터를 송수신할 때 적합하다. Zigbee의 몇 가지 특징은 디바이스 소모 전력가 100mW 이하, 최대 통신거리는 약 100m, 사용하는 주요 주파수 대역은 2.4GHz(16채널), 915MHz(10채널), 868MHz(1채널) 등이다.

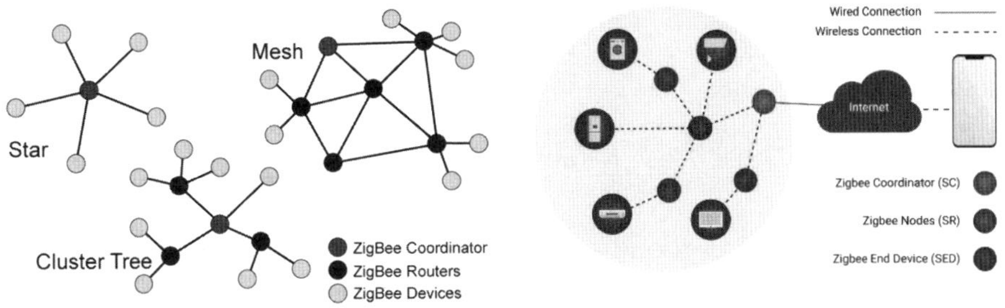

그림 2-78 Zigbee Network Topology

Zigbee는 저속(또는 이와 연계된 의미로 단말기에서 저전력 소모) WPAN 기술인 IEEE 802.15.4(즉, PHY/MAC)를 기반으로 상위에 Zigbee Protocol이 구현되며, Network Topology(디바이스간 통신 연결 방법)는 Star, Tree, Mesh Network가 가능하다.

실제로 Zigbee Network Topology에서 가장 많이 사용되는 구조는 Mesh Network이며, 초기 Zigbee 설계단계부터 Mesh Network이 정의되었으며 현재까지도 이 구조가 가장 많이 사용된다. Mesh Network은 S/W적으로 망을 쉽게 구성할 수 있어서 노드 추가, 삭제가 편리하여 안정적인 망 운용이 가능하다.

Star Network은 중앙노드(또는 Gateway)를 중심으로 주변 노드가 불빛 형태로 연결되며, Mesh Network은 그물 형태로 노드가 연결되어 임의의 망을 구성할 수 있다. Tree Network은 중심 노드를 기준으로 Tree(즉, 나뭇가지) 형태로 통신망이 구성되기 때문에, 연속적으로 데이터가 Relay되어 먼거리 통신이 가능하다.

Zigbee의 Mesh Network Topology는 Wi-Fi나 Bluetooth가 수용할 수 있는 노드 수보다 비교가 안될 정도로 훨씬 많다. 하지만, 최근에는 Bluetooth/BLE도 Mesh Network을 정의하여 대규모 노드 수용이 가능하여 Zigbee의 경쟁기술이 되었다.

시간이 지남에 따라, 다수의 무선통신 기술은 서로 경쟁하면서 고유의 목적에서 벗어나 시장이 요구하는 방향으로 새로운 기술이 도입되는 추세이다. 대표적인 예는 Zigbee 영역을 침범하는 BLE Mesh와 Wi-Fi HaLow가 있다.

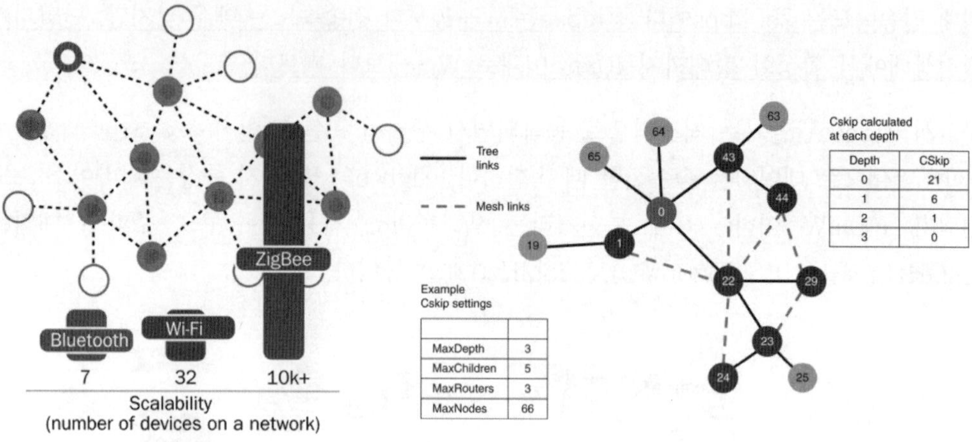

그림 2-79 Zigbee Mesh Network 구성을 위한 Neighbor Table 관리

이와 같이 초기 목적에서 벗어나 다른 기술영역으로 진입하는 것은 ① 해당 기술의 시장이 커지고 있고, ② 칩이나 디바이스를 만드는 회사가 다르기 때문이다. 예를 들어, Zigbee 칩 회사와 BLE 칩회사는 서로 다른회사에서 개발할 수 있어서 경쟁관계가 된다.

무선통신 칩시장을 전체적인 볼 때, 휴대폰에 들어가는 Wi-Fi나 Bluetooth가 향후 많은 시장을 차지할 것으로 전망된다. Wi-Fi나 Bluetooth를 사용하는 IoT 디바이스는 Cloud를 통하지 않고, 휴대폰 앱으로 정보를 쉽게 확인할 수 있기 때문이다.

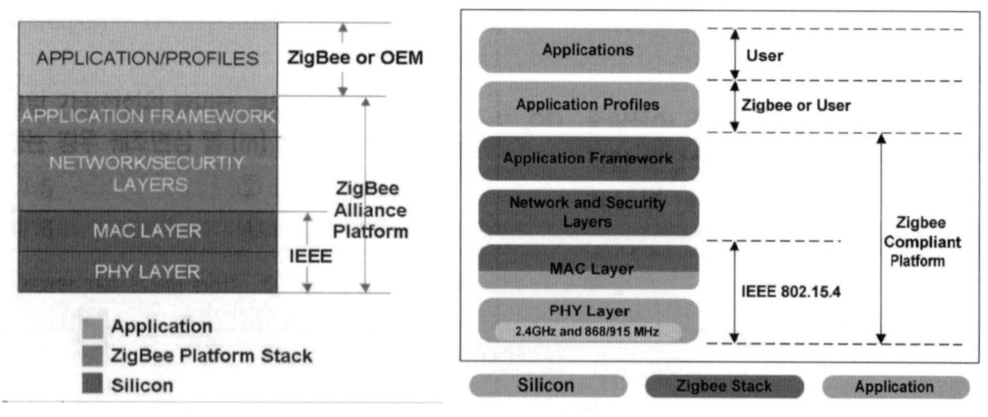

그림 2-80 Zigbee Protocol Stack 구현

Zigbee 표준을 정의하는 단체인 'Zigbee Alliance'는 PHY/MAC 기술로 IEEE 802.15.4를 사용하고, 상위단(즉, Layer 3이상)에는 Zigbee Protocol을 사용하도록 정의했다. Zigbee는 기본적으로 IP망이 아닌 단독망을 사용하기 때문에 Zigbee 노드에서 인터넷 연동은 안된다.

따라서 Zigbee Alliance는 인터넷 연결을 위해서 외부망에 연동되는 별도의 노드인 'Zigbee Coordinator'를 정의하여, 이 노드가 Zigbee망과 외부 인터넷을 연결해 준다. 즉, Zigbee 각 노드는 직접 인터넷 연동이 안되고, 항상 Gateway(Zigbee Coordinator)를 거쳐서 인터넷에 연동된다.

(3) Wi-SUN

Wi-SUN(Wireless Smart Utility Network)은 가스, 상수도, 전기 등 검침을 목적으로 개발된 무선통신 기술이다. Wi-SUN은 Zigbee(2004년에 개발)의 전송거리 문제를 해결하기 위하여 2012년부터 개발되었다.

즉, Wi-SUN은 Zigbee와 유사한 목적으로 사용되지만, Zigbee보다 먼거리 통신을 목적으로 개발되었다. Wi-SUN은 먼거리 전송을 위해 900MHz 대역을 우선적으로 사용한다. Wi-SUN이 사용하는 주파수 대역은 기존 Zigbee의 2.4GHz보다 상대적인 저주파 대역이기 때문에 먼거리 전송이 가능하다.

Wi-SUN은 Utility를 위한 무선통신 방식으로, Utility란 도시에서 가스, 상수도, 전기, 쓰레기 처리, 가로등, 교통 신호등 등 사람의 생활을 편리하게 해주는 도시 기반시설이다. 즉, Wi-SUN은 이러한 Utility를 무선통신으로 연결하여 효과적으로 관리하겠다는 목적이다.

전파는 물리법칙이 적용되는 분야로 전파(Radio)가 공기 중에 전파(Propagation)되면서 공기, 물분자, 산소분자 등에 부딪히면서 산란, 반사, 굴절, 회절 등으로 송신측에서 거리가 멀어짐에 따라 전파세기가 약해진다.

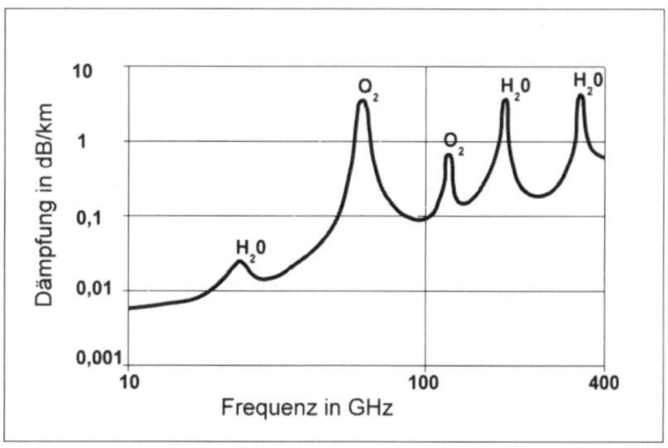

그림 2-81 주파수 대역별 전파감쇄

전파는 주파수가 높을수록(즉, 파장이 짧아져서) 감쇄가 심해지는데, 이러한 이유로 높은 주파수 대역은 먼거리 전송이 어렵다. 따라서 먼거리 전송을 위해서는 상대적으로 낮은 주파수 대역을 사용해야 한다.

단말기에 포함되는 RF 칩 측면에서 보면, 2.4GHz 대역이 900MHz보다 칩의 집적도를 높일 수 있어서 칩의 크기는 작다. 결국, 주파수가 높을수록 칩은 작고, 전력소모가 적어서 소형 디바이스를 개발할 수 있다. 하지만, 2.4GHz가 900MHz보다 RF 칩이나 부품에서도 신호감쇄가 많아서 부품에서 발생되는 신호손실 계산을 정확하게 해야 한다.

따라서 Wi-SUN이 사용하는 주파수 대역은 Zigbee와 다르기 때문에 Zigbee보다 먼거리 전송이 가능하다. 이외에도 Wi-SUN은 먼거리 전송을 위하여 몇 가지 추가적인 기술이 사용된다.

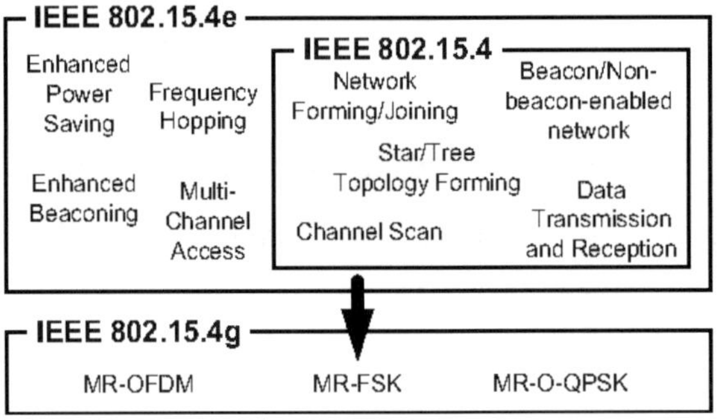

그림 2-82 IEEE 802.15.4와 IEEE 802.15.4g 비교

Wi-SUN 기술은 기존 IEEE 802.15.4 규격이 보완된 IEEE 802.15.4g를 사용하는데, 가장 큰 특징은 변조방식이다. 즉, Wi-SUN은 Zigbee보다 더 간단한 변조방식을 사용하여 상대적으로 먼거리 전송을 구현한다(물론 주파수 대역 차이도 있지만).

정확한 산출은 어렵지만, 일반적으로 Zigbee는 100m, Wi-SUN은 1Km까지 전송 가능한 것으로 알려져 있다. Wi-SUN에 적용된 대표적인 기술은 IEEE 802.15.4g 와 IETF에서 정의한 몇 가지 기술이 사용된다.

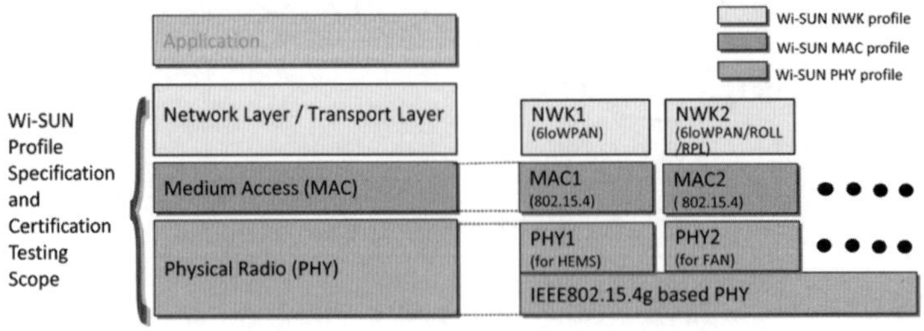

또한 Wi-SUN은 많은 IoT 디바이스 수용을 위하여 기본적으로 IPv6가 사용되며, Zigbee보다 늦게 개발되어서 Zigbee보다 Latency는 짧다(즉, 반응속도가 빠르다). Wi-SUN의 주된 응용분야는 'Smart Utility Network'이므로, 이것은 결국 Smart City를 위한 무선통신 기술로 볼 수 있다.

(4) Thread

Thread는 IEEE 802.15.4를 기반으로 Smart Home, Smart Building 등을 위한 목적으로 개발된 WPAN 기술이다(2014년에 개발). Thread는 주로 Smart Home을 위한 기술로써 대부분 국가는 2.4GHz 대역의 ISM 밴드를 사용하며, IP 기반 6LoWPAN과 Mesh Network이 지원된다.

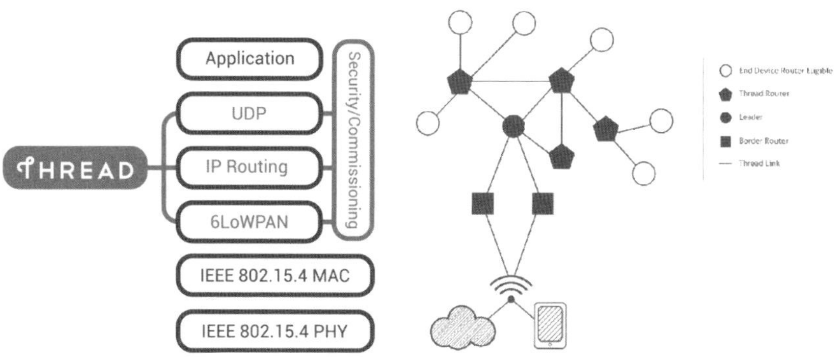

그림 2-83 Thread Protocol Stack, Network Topology

Thread 기술 표준화를 담당하는 단체인 'Thread Group'은 Thread를 "A Low Power, Secure and Internet Based Mesh Networking Technology for IoT Products"라고 정의했다. 이처럼 Thread를 다른 경쟁기술과 비교할 때, 강조되는 사항은 Mesh Network와 보안기능이다.

또한 Thread 기술정의를 주도하는 Google 담당자는 Thread의 특징을 "Thread는 가정에서 Wi-Fi, Bluetooth, Zigbee 등과 비교시, 전자기기간 연결이 쉽고 보안이 강하며 디바이스는 저전력으로 동작된다"고 언급했다.

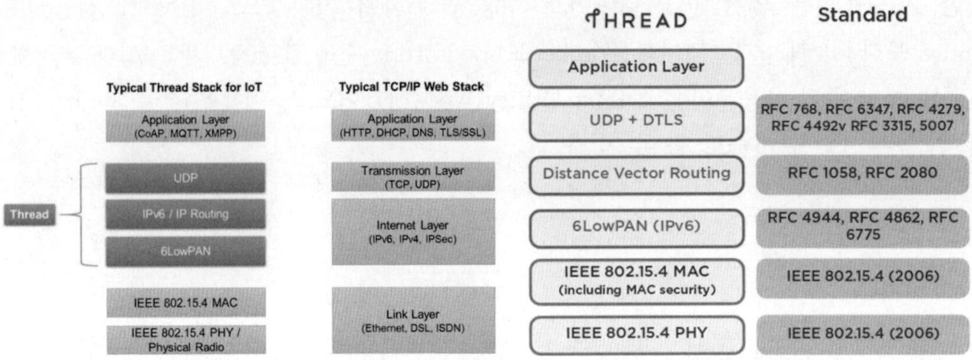

그림 2-84 Thread에서 Layer별로 적용된 기술

Thread 기술은 IEEE, IETF 표준규격 기반으로 정의되었으며(즉, 기존 기술의 조합), 가장 큰 경쟁기술은 Zigbee이다. Thread는 Google 주도로 기술이 개발되고 있으나, 다른 WPAN 기술과 비교시 시장 점유율은 높지 않다.

Thread는 기본 동작모드로 Mesh Network을 사용하기 때문에 노드가 추가(Add)되거나 제거(Remove)될 때, 자동으로 망이 구성되는 'Self-Heal' 기능이 있고, 디바이스 인증과 통신구간에서 암호화를 통하여 보안기능을 강화하고 있다.

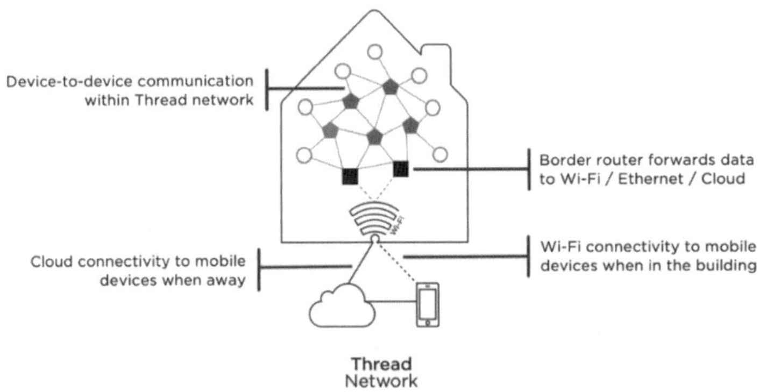

그림 2-85 가정에서 Thread 망 구성 방법

가정에서 Thread 망 구성을 보면, 가정 내 기기(또는 노드)는 Thread Protocol로 연동되고, 외부망과 접속은 'Border Router'(또는 Gateway)를 통해서 연동된다. Border Router는 일반적으로 Thread와 Wi-Fi 기능을 모두 가지고 있다.

또한 사용자는 가정에서 스마트폰의 Wi-Fi를 활용하여 Border Router에 접속하여 직접 Thread 디바이스를 제어하거나 상태를 파악할 수 있다. 만약, 사용자가 외부에 있을 때는 스마트폰으로 Cloud에 접속하여 가정의 Thread 디바이스를 관리할 수 있다.

Thread는 가정에서 많은 디바이스를 수용하고 네트워크 사용 효율을 증대시키기 위하여 Mesh Network를 사용한다. Thread의 구성요소는 Sleepy End Devices, Router Eligible End Devices, Routers, Border Routers가 있다.

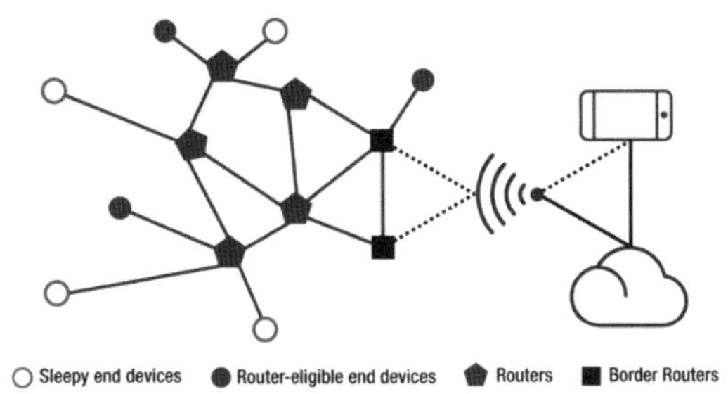

그림 2-86 Thread Network Topology

① Sleepy End Devices는 리더가 지정한 부모 노드를 통해서만 통신이 되며, 일반적으로 배터리로 동작되는 노드이며, ② Router Eligible End Devices는 Mesh Network에서 특정 노드에서 장애 발생시 Router로 전환이 가능한 노드이다.

③ Routers는 Thread 내에서 패킷을 라우팅하고 네트워크에 연결된 새로운 노드가 참여하는 것을 허용하는 역할을 하고, ④ Border Routers는 다른 네트워크와 연동되는 노드이다.

Thread는 Google, ARM 등이 주도하고 있으며, 주된 제품으로는 Google Nest와 ARM Mbed를 활용하는 제품이 있다.

5) Bluetooth

(1) 배경, 시장

Bluetooth는 근거리(10m 이내) 무선통신을 목표로 스웨덴의 통신장비 제조사인 Ericsson에서 개발이 시작되었다(1994년). 1994년 당시 Ericsson은 통신장비뿐만 아니라 무선통신 단말기(휴대폰, 무전기 등)를 제조하고 있어서 무선통신 디바이스간 근거리 통신을 활용한 다양한 기능(예: 무선 이어폰)이 필요했던 시기였다.

2000년 이후, Ericsson은 휴대폰 사업을 일본 SONY사에 매각한 후, 이동전화 단말기 사업은 포기하고, 통신장비(주로 이동통신) 사업 위주로 개편했다. 이러한 배경으로 현재 Ericsson은 Nokia, Huawei, 삼성 등과 함께 주요 이동통신 장비 제조사가 되었다.

Ericsson은 1999년에 다수의 회사와 함께 Bluetooth 표준화 단체인 Bluetooth SIG(Special Interest Group)를 구성하여, 기존에 개발된 Bluetooth 기술을 공개하고, 많은 회사를 참여시켜 차세대 Bluetooth 기술표준을 주도했다.

Bluetooth 명칭은 Bluetooth SIG 멤버였던 Intel의 엔지니어인 Jim Kardach(짐 카다크)가 작명한 것으로, Jim Kardach는 스웨덴 소설가의 역사소설 책에서 10세기 덴마크 왕으로서 스칸디나비아 반도를 통일한 Harald Gormsen(하랄드 고름손)에서 힌트를 얻었다.

당시, Jim Kardach는 Frans G. Bengtsson의 역사 소설인 “The Long Ships”를 읽고 있었는데, 이 책 내용은 바이킹과 Harald Gormsen 왕에 대한 이야기였다. 당시, Harald Gormsen은 바이킹의 왕이었고, 스칸디나비아 반도의 끝에 있는 노르웨이까지 통일했다.

당시, Harald Gormsen의 이름이 Harald “Blåtand” Gormsen으로 불려졌는데, Blåtand(블라톤)은 실제 이름이 아니고, Nick Name(별명)이었다. 10세기에는 비슷한 왕 이름이 많아서 주로 Nick Name을 사용했다고 한다.

당시 덴마크어로 Blåtand의 뜻은 Bluetooth였다. Harald “Blåtand” Gormsen의 치아는 좋지 않아서 부분별로 검은색, 회색, 파란색이 있어서 별명이 Blåtand이었다고 한다.

따라서 Jim Kardach는 Blåtand에서 힌트를 얻어 새로운 무선통신 기술이름을 ‘Bluetooth’로 명명했다. Jim Kardach가 Bluetooth로 작명한 의도는 Harald “Blåtand” Gormsen이 북유럽 왕국을 건설한 것처럼, Bluetooth로 근거리 무선통신을 통일하겠다는 의미가 있다.

Harald “Blåtand” Gormsen이 블루베리를 좋아해서 치아색깔이 파란색으로 변해서 Bluetooth로 정했다는 속설이 있다. 하지만, 블루베리의 원산지는 북아메리카이며, 10세기에 블루베리가 북유럽까지 전파되지 않았고, 북유럽은 추워서 블루베리가 자라기는 힘든 자연환경이다.

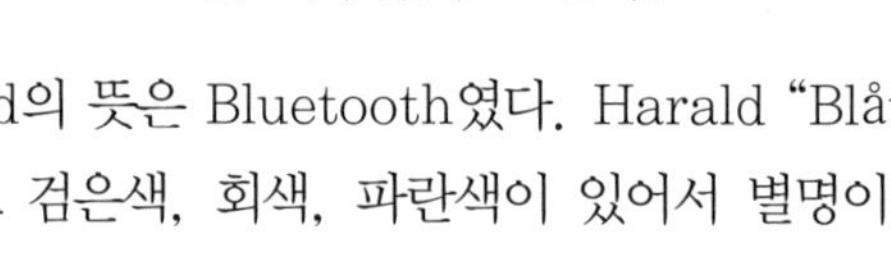

그림 2-87 Bluetooth 로고

Bluetooth 로고는 룬문자(Runic Alphabet)에서 유래되었는데, 룬문자는 고어로써 게르만

민족이 라틴문자를 받아들이기 전에 사용했던 표음문자였다. Harald Blåtand에서 첫 단어인 'H'와 'B'에 해당되는 룬 문자는 ᚼ와 ᛒ이다. 따라서 Bluetooth 로고는 룬문자의 'H'와 'B'가 합성된 것이다.

Bluetooth SIG는 Bluetooth(BLE 포함) 응용분야를 Audio Streaming, Data Transfer, Location Services, Device Networks와 같이 크게 4가지로 구분했다. Bluetooth 시작은 Audio Streaming이었지만, 차츰 응용분야가 확대되고 있다.

그림 2-88 Bluetooth(BLE 포함) 응용분야 (출처: Bluetooth SIG)

Audio Streaming은 Bluetooth 디바이스간 Audio(음향)를 스트리밍하는 것으로 대표적인 예는 휴대폰과 무선이어폰, 휴대폰과 Smart Speaker간 Audio 스트리밍이다. 여기에서 Audio란 고품질 음향을 의미하며, 음성통화에 사용되는 Speech(또는 Voice)와는 다르다.

Audio는 귀를 모델링하여 노래파일인 MP4와 같은 고품질의 음향이고, Speech는 사람의 목구멍을 모델링하여 압축률이 높으며 낮은 전송속도의 음성통신에 사용된다.

Data Transfer는 Wearable Device와 휴대폰간 간단한 데이터 교환, Location Services는 Bluetooth 5.1에 도입된 측위기술을 활용한 서비스, Device Networks은 Bluetooth 5.0에 도입된 Mesh Network을 활용한 대규모 디바이스를 연결하는 기능이다.

Bluetooth SIG에서 발표한 보고서에 따르면, Bluetooth 디바이스 판매는 연간 8%로 꾸준히 증가되고 있어서, 47억개(2021년) 디바이스에서 54억개(2023년) 디바이스로 증가될 것이라고 밝혔다.

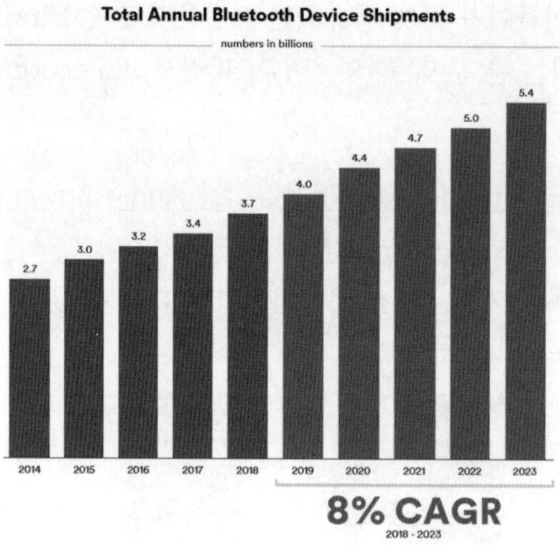

그림 2-89 Bluetooth 시장 예측 (출처: Bluetooth SIG)

(2) Bleutooth/BLE 주요기술

Bluetooth는 WPAN(Wireless Personal Area Network) 기술의 한 종류로 Centralized Network(이동통신 기지국이나 Wi-Fi AP에서 많은 디바이스를 관리하는 형태)이 아닌 디바이스간 Point-to-Point로 연결되는 Distributed Network 구조이다.

무선통신 기술은 초기 설계시 목적이 정해져있는데, Bluetooth는 근거리 디바이스간 통신, Wi-Fi는 AP를 사용하여 다수의 디바이스에서 인터넷 접속, 5G 이동통신은 수십 Km까지 먼거리 통신과 단말기는 기지국을 이동하면서 연속적인 통신을 목표로 개발되었다.

Bluetooth Network은 통신을 관할하는 중앙노드(예: AP)없이 각 디바이스는 Master(Central) 또는 Slave(Peripheral)로 역할이 정의되어 동작된다. Bluetooth 표준에는 Network Topology로 P2P(Point to Point), Star Network, Mesh Network이 정의되어 있으나 P2P가 가장 많이 사용된다.

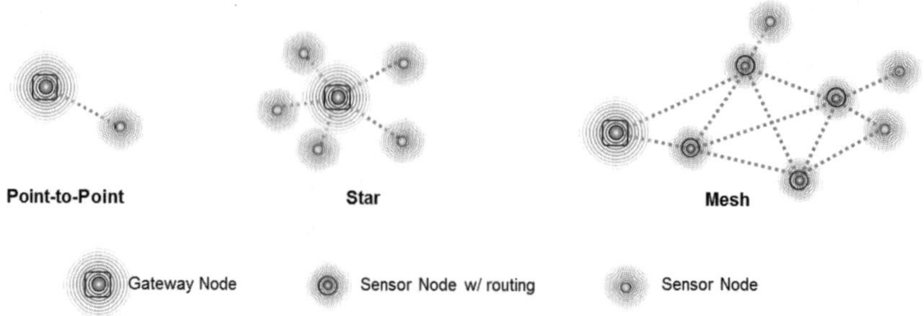

그림 2-90 Bluetooth Network Topology

Bluetooth는 1999년부터 지속적으로 성능이 개선되고 기능이 추가되어 고속전송, 전송거리 증대와 같은 기능 개선과 저전력 기술인 BLE(Bluetooth Low Energy), Bluetooth Mesh, 측위기술 등이 추가되었다. Bluetooth 4.0 이상의 규격은 이전 Bluetooth (Bluetooth Classic이라고 함)와 BLE가 모두 포함된 기술이다.

BLE는 Bluetooth Classic과는 다른 무선통신으로 BLE Beacon, Wearable Device 등 저전력 장치에 적용하기 위하여 개발되었다. BLE는 2001년에 Nokia 주도로 개발된 저전력 무선통신 기술인 'Wibree'이며, 2010년에 Bluetooth SIG에 제안되어 명칭변경 (WiBree à BLE)과 함께 2013년에 Bluetooth 규격에 포함되었다.

Bluetooth와 BLE는 서로 다른 통신방식이지만, BLE는 Bluetooth의 Physical Layer, Link Layer, Control Plane 등을 공동으로 사용하여 상호 연관성을 높였다. 즉, 하나의 칩으로 Bluetooth와 BLE를 같이 구현할 수 있다. 이러한 배경에서 일반적으로 Bluetooth라고 하면, BLE가 포함된다.

스마트폰에 적용되는 Bluetooth 칩은 보통 1개의 칩으로 Bluetooth(또는 Bluetooth Classic)와 BLE가 함께 구현된다. Wearable Device나 BLE Beacon에 적용되는 Bluetooth칩은 저전력, 소형화 목적으로 BLE 기능만 있다.

Bluetooth 5.1 규격은 Bluetooth Classic과 BLE를 구분하지 않고, 하나의 Bluetooth 규격에 통합되었으며, IoT 디바이스에 적용하기 위하여 기존 대비 먼거리 전송, Advertising Channel 용량 증대, 측위기술 등이 특징이다.

Bluetooth SIG는 Bluetooth 5.1에 전파의 발사, 도달각도를 이용한 측위기술인 'Direction Finding'을 도입했다. 전파의 각도를 이용한 측위는 기존 Bluetooth가 사용한 전파세기를 활용한 방식보다 측위 정밀도가 높다.

Bluetooth Protocol 구조는 크게 Controller(Bluetooth Classic, BLE, AMP(Alternate MAC/PHY))와 Host로 구성된다. Controller는 PHY, MAC에 해당되는 부분이고, Host는 디바이스간 통신을 위한 다수의 Protocol이 정의된 부분이다.

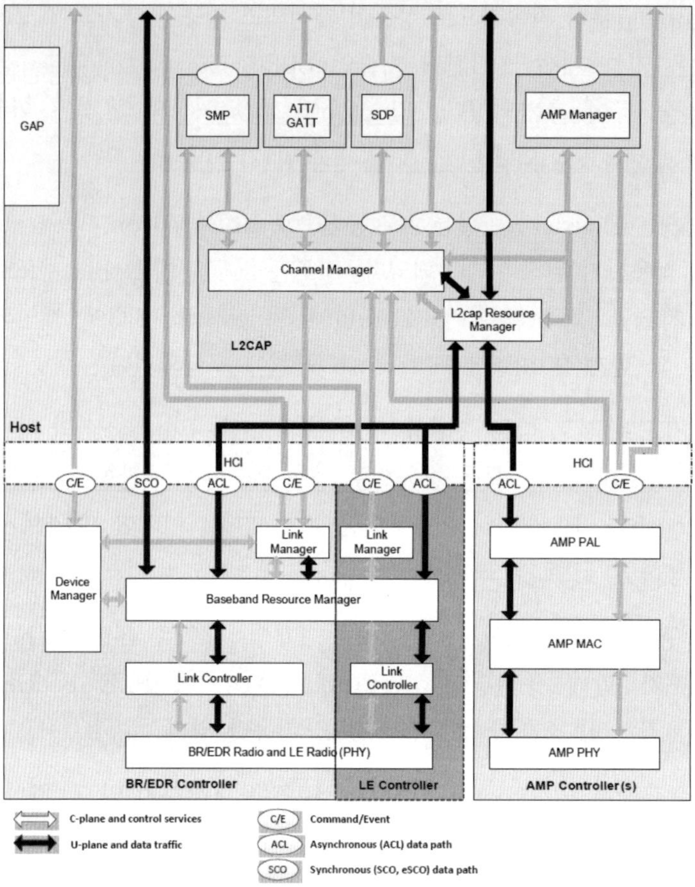

그림 2-91 Bluetooth 5.1 Protocol Architecture

(3) BLE Beacon

BLE Beacon은 BLE의 Advertising Channel(방송채널)에 특정 정보가 포함된 메시지를 단방향으로 송신하는 장치이다. 이 메시지를 수신할 수 있는 스마트폰 앱은 BLE Beacon 정보를 해석한 다음, 해당되는 내용(예: 오프라인 매장의 할인 정보)을 스마트폰 화면에 표시한다.

Beacon이란 "등대의 불빛"이란 뜻으로 등대 불빛은 전구에서 발생된 빛이 단방향으로 퍼져나가기 때문에 단방향 통신을 의미하기도 한다. BLE는 기본적으로 Bluetooth와 다른 기술이므로 BLE Beacon을 위해서 저가의 BLE 전용(Bluetooth Classic 기능 없는 것) 칩이 많이 사용된다.

BLE 무선채널은 Bluetooth와 공유하며 Frequency Hopping을 활용하여 혼잡제어(Congestion Control)를 한다. 즉, BLE는 공유 주파수 대역(예: 2.4GHz)에서 전송하고자

하는 정보가 있으면, 해당 채널이 비어있는지를 검색한(Check) 다음, 비어있을 때 데이터를 전송한다.

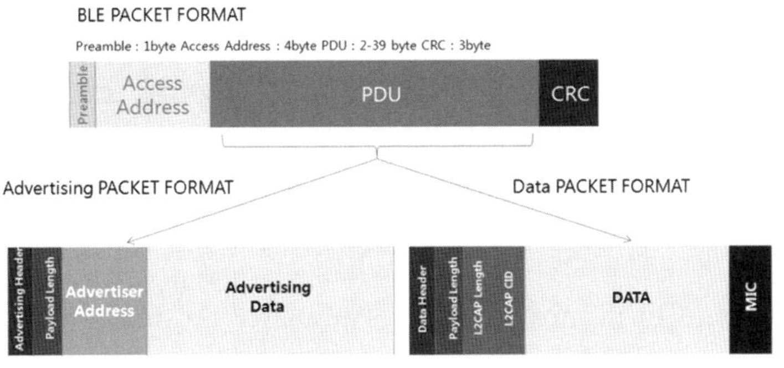

그림 2-92 BLE Packet Format

BLE로 Packet을 보내는 채널은 ① 'Advertising Channel'과 ② 'Data Channel'이 있으며, BLE Beacon은 단방향 통신인 Advertising Channel만 사용한다. BLE Beacon 장치는 주로 휴대폰으로 단방향(즉, 방송) 메시지를 보낸다.

Apple은 2013년에 BLE Beacon을 활용한 서비스인 iBeacon을 발표했고, Google은 브라우저에서 BLE Beacon 신호인식과 몇 가지 기능을 추가한 Eddystone 규격을 발표했다. iBeacon과 Eddystone은 표준단체에서 정의한 규격이 아니고, Apple과 Google의 자체 기술이다.

BLE Beacon을 활용한 서비스는 ① 별도의 하드웨어(BLE Beacon)가 필요하고, ② 주기적으로 BLE Beacon 배터리 교체와 ③ 매장에 BLE Beacon설치비용이 요구된다. 하지만, O2O(Online to Offline) 서비스를 위해서 BLE Beacon 방식은 다른 기술 대비, 상대적으로 Infra 구축비용이 저렴하다.

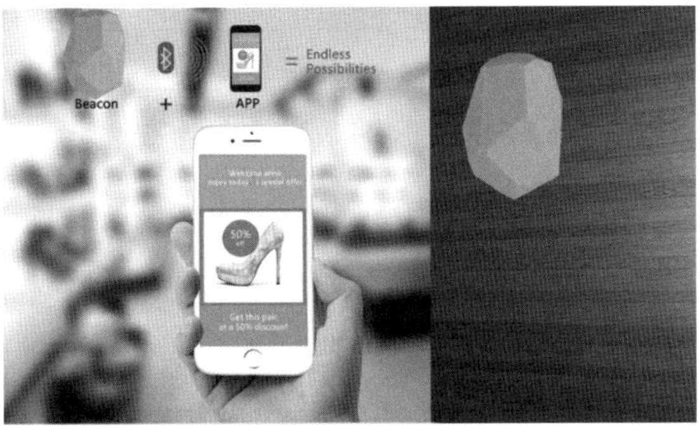

그림 2-93 BLE Beacon 예

적은 면적의 매장에 O2O 서비스 제공과 방문 고객 데이터 확보를 위해서는 몇 개의 BLE Beacon만 설치하면 된다. 하지만, 대형 매장을 다수 가진 제휴사 매장에 BLE Beacon 설치와 데이터 수집이 필요할 경우, BLE Beacon은 신호도달 거리가 짧아서 많은 BLE Beacon을 설치해야 하므로 구축비용 이슈가 있다.

많은 BLE Beacon을 효과적인 관리하기 위하여 BLE Beacon에 양방향으로 대용량 통신이 가능한 Wi-Fi를 추가하여 Wi-Fi로 BLE Beacon의 정보를 변경한다. 이 경우, BLE Beacon에는 BLE와 Wi-Fi가 함께 구현되어야 하므로 Beacon 가격이 상승하고, 별도의 Wi-Fi 망을 구축해야 한다.

또한 BLE Beacon은 Firmware Upgrade, Parameter Setting(송출전력 크기, 할인내역, 할인가격 등) 등의 S/W 변경이 요구될 수 있다. 기존 BLE Beacon의 S/W 변경은 관리자가 각 BLE Beacon에 근접해서 앱이나 유선으로 연결해서 S/W를 변경해야 하지만, Bluetooth Mesh를 사용할 경우 Cloud나 앱에서 S/W 변경사항을 입력하면, 모든 BLE Beacon S/W를 쉽게 변경할 수 있다.

(4) Bluetooth Mesh

Bluetooth SIG(Special Interest Group)는 BLE 기반으로 Mesh Network을 구현하기 위해 Mesh Profile, Mesh Device Properties, Mesh Model Specification 등의 규격을 Bluetooth 5.0에 추가했다.

Bluetooth Mesh는 Bluetooth 4.0 이후 규격에 적용 가능하며(즉, S/W 업그레이드로), 기존의 Point-to-Point 통신과는 달리 다수의 통신노드가 임의로 연결되는 구조로써 공장 자동화, 자산 추적, 물류센터 등에 사용된다.

Bluetooth Mesh Profile은 Bluetooth 규격의 근간인 'Core Specification'을 사용하면서 Upper Layer에 Mesh Network을 위한 별도의 처리 절차이다.

Mesh Network이란 Network에 연결된 다수의 노드가 Network Hub(예: Wi-Fi AP)에 연결되지 않아도 서로 통신이 가능한 Network을 의미한다. Mesh Network이 특정 Hub에 연결되지 않고도 통신이 가능한 이유는 네트워크에 참여한 노드가 그물망 형태로 서로 연결되어 정보를 주고받기 때문이다.

Mesh Network을 사용하는 이유는 ① 적은 투자비로 넓은 영역에 서비스 제공, ② 디바이스의 저전력 동작으로 오랜 기간 사용, ③ 새로운 디바이스를 쉽게 연결할 수 있는 확장성, 그리고 ④ 스마트폰 앱으로 다수의 디바이스 제어 등 이다.

Mesh Network은 BLE 이외에 Wi-Fi, Zigbee 등의 무선통신 기술로도 구현될 수 있지만, 대부분의 스마트폰은 Bluetooth(BLE 포함) 기능이 있어서 앱으로 Mesh Network 노드 제어가 가능한 Bluetooth Mesh가 다른 기술 대비 장점이 있다.

칩 회사인 Broadcom, Qualcomm, TI, Nordic Semiconductor, Silicon Labs 등은 ① Bluetooth Mesh가 가능한 칩, ② Mesh Profile이 포함된 Protocol Stack, ③ 서비스 개발을 위한 SDK 등을 배포하고 있어서 쉽게 Mesh Network을 개발할 수 있다.

또한 Silvair, Wirepas사 등은 타사 BLE 칩을 기반으로 Bluetooth Mesh를 S/W로 구현하여 Mesh 기반 BLE Beacon, 실내측위 기술 등의 S/W 솔루션을 제공하고 있다. 이처럼 Bluetooth Mesh와 관련된 다수의 솔루션 업체가 기술을 제공하고 있어서, Bluetooth Mesh를 활용한 서비스가 확대될 것으로 예상된다.

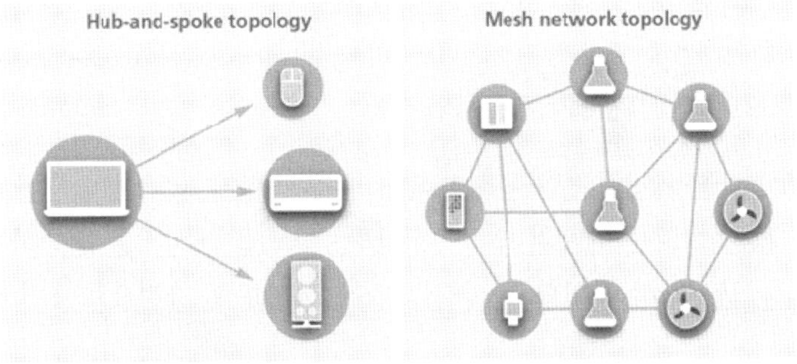

(a) Star Network (b) Mesh Network

그림 2-94 Star Network, Mesh Network 비교

Mesh Network은 일반적으로 인터넷과 연결되는 Gateway 노드를 중심으로 다수의 노드(인증된 디바이스를 노드라고 함)가 임의로 Network을 구성할 수 있고, 기기들이 서로 연결되어 정보를 주고받기 때문에 Centralized Network 대비 Network 구축이 용이하다.

하지만 Mesh Network구조는 ① 연결된 노드가 Network에서 빠지거나 ② 새로운 노드가 Network에 추가되는 경우와 ③ 통신을 연결하는 Relay 노드에 문제가 있는 경우, 망 운용 측면에서 다소 복잡하다. 이러한 사유로 Mesh Network은 구축비용이 저렴하지만, Network 관리에 다양한 경우가 많아서 그동안 활성화에 어려움이 있었다.

Bluetooth SIG는 기존 Mesh Network 구성과 운영의 문제점이 보완된 Bluetooth Mesh 규격을 정의하여 다양한 분야에 Mesh Network 적용 가능성을 제시했다.

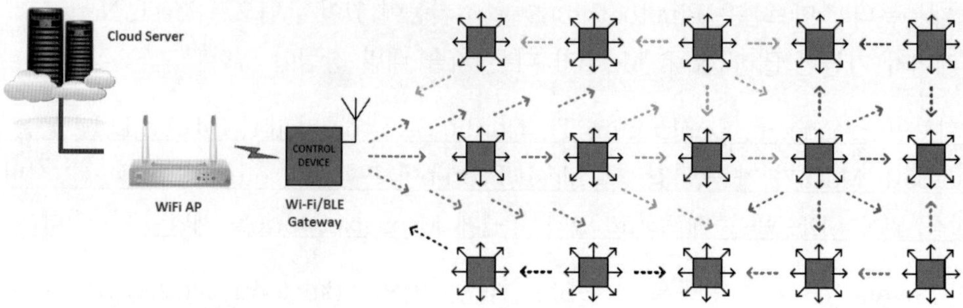

그림 2-95 Bluetooth Mesh Network 관리 방법

Bluetooth Mesh의 노드 관리방법은 일반적으로 Wi-Fi와 BLE가 함께 구현된 Gateway가 전체 노드와 정보를 교환하고, Wi-Fi AP를 통하여 Cloud와 연동된다. 모든 노드에서 송수신되는 정보(예: 검침 데이터), 노드의 S/W Upgrade, Parameter Setting 등은 Cloud의 대쉬보드나 연계된 앱에서 관리된다.

Mesh Network은 Flooding 기법을 사용하여 Network에 노드를 연결하거나 연결된 노드를 관리한다. Flooding은 하나의 노드에서 모든 노드로 메시지를 전송하는 방법으로 이 메시지를 받은 노드는 다시 동일한 메시지를 다른 노드로 순차적으로 전송하는 방법이다.

Flooding을 통하여 디바이스가 Network에 추가(Join)되는 경우는 충분한 수신 전계강도, 허가된 UUID(Universally Unique IDentifier), 보안을 위한 Key 등의 조건이 맞을 때 가능하다. Bluetooth Mesh 규격은 하나의 Mesh Network에 최대 32,000개 노드를 수용한다.

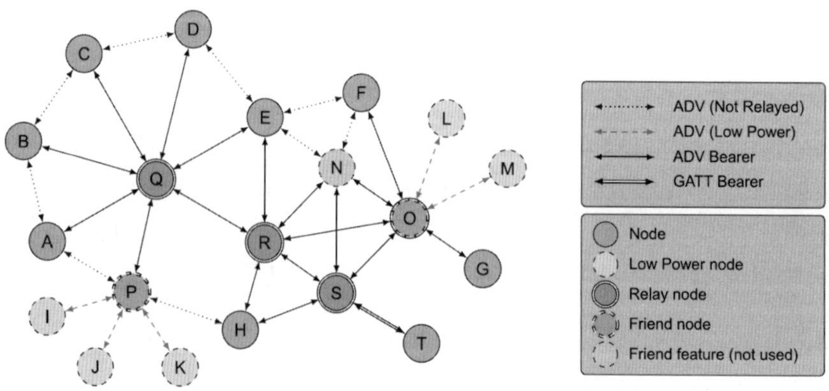

그림 2-96 Bluetooth Mesh에서 노드 종류

Bluetooth Mesh 노드 종류는 Low Power Node, Relay Node, Friend Node 등으로 구분된다. 노드는 Provisioning(인증 처리를 거쳐서 Network에 Join하는 과정) 절차가 완료된 디바이스를 의미한다.

Low Power Node는 초 저전력이 요구되는 노드(예: 하루에 1번 온도를 재는 센서)로써 항상 Friend Node와 연동된다. Friend Node는 Low Power Node를 저전력 동작을 도와주기 위한 노드로 Low Power Node로 전달되는 메시지를 보관했다가 한꺼번에 Low Power Node로 전송한다.

Relay Node는 Flooding에서 메시지를 Relay(받은 메시지를 그대로 다른 노드로 전송)하는 노드이다. Relay Node는 이전 노드에서 받은 메시지의 내용에서 몇 개의 Hop(노드와 노드 사이)까지 Relay해야 할 지는 파악한 뒤, 메시지를 전송한다.

Bluetooth SIG는 Bluetooth Mesh에서 Hop 수를 최대 127개로 정의하여 대규모 Mesh Network 구성을 제한하고 있다. 이것은 노드가 매우 많아질 경우, 관리가 복잡하기 때문이다.

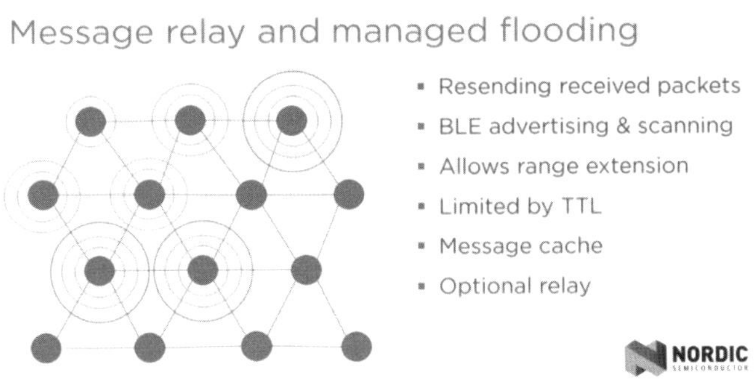

그림 2-97 Managed Flood Message (출처: Nordic Semiconductor)

Bluetooth Mesh 규격에는 Flooding을 효과적으로 처리하기 위하여 'Managed Flood Message' 기법을 사용한다. Managed Flood Message에는 메시지가 전달되는 Hop 수 제한, 잦은 Flooding을 방지하기 위하여 노드에서 Message Cache, Flooding 절차에서 Relay Node만 Flooding에 관여하는 방법 등이 있다.

Managed Flood Message에는 최대 Hop 수가 정의되어 있어서, 하나의 노드에서 다른 노드로 전송할 때, Hop Count 값에서 '1'을 빼고 전송한다. Hop Count=0인 경우는 더 이상 Flooding을 하지 않는다. 이와 함께, Flood Message를 받은 노드는 어느 기간(예: 1분) 저장했다가 다른 노드로 메시지를 전송하여 다수의 동일한 메시지가 수신되면 1개의 메시지로 처리한다.

Flooding을 효과적으로 처리하기 위하여 Flooding Message 전달은 일종의 Tree Network 구조로 Relay Node가 담당한다. 즉, Relay Node들이 순차적으로 주변 Node에 메시지를 전달하는 단순한 방법이 사용된다.

Network에서 Relay Node가 빠질 경우, 주변 Node에서 Heartbeat Message(주기적으로 노드가 정상 동작 중인지를 확인)를 체크해서 노드가 Network에서 빠지면, 인접한 다른 노드를 Relay Node로 할당된다.

Bluetooth Mesh를 위한 Protocol Stack은 하위 Layer로부터 BLE, Bearer Layer, Network Layer, Transport Layer, Access Layer, Foundation Models, Models로 구성된다. Bluetooth Mesh Protocol Stack은 기존 BLE Physical Layer와 Link Layer가 사용되지만, 별도의 Mesh Protocol Stack이 사용된다.

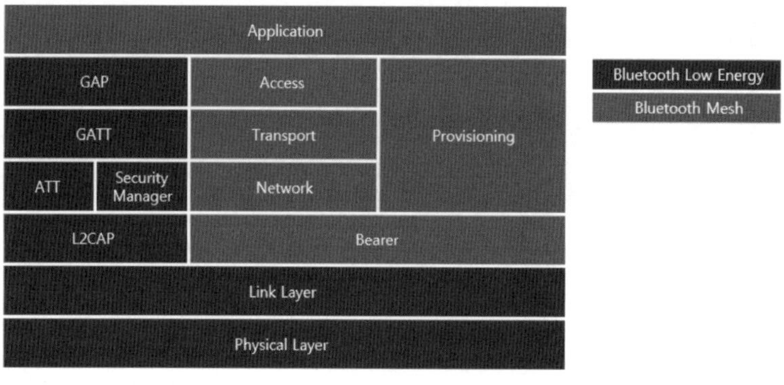

그림 2-98 Bluetooth Mesh Protocol Stack

Bearer Layer는 기존 BLE Message의 PDU(Packet Data Unit)를 받아서 Bluetooth Mesh Message 규격에 맞게 분류하는 역할을 한다.

Network Layer는 Mesh Profile에 정의된 메시지 종류에 따라서 Node Addressing, Transport Layer는 상위 Layer에서 처리를 위한 Message Segmentation과 Reassembly 역할(Lower Transport Layer)과 메시지의 암호화/복호화/인증(Upper Transport Layer) 등의 기능을 한다.

Models는 각 영역별 Application이며, 예를 들어 전등 ON/OFF, 온도측정을 위한 응용분야별 세부 처리가 정의되며, Foundation Models은 해당 Models에 맞게 메시지를 재정의하는 역할을 한다.

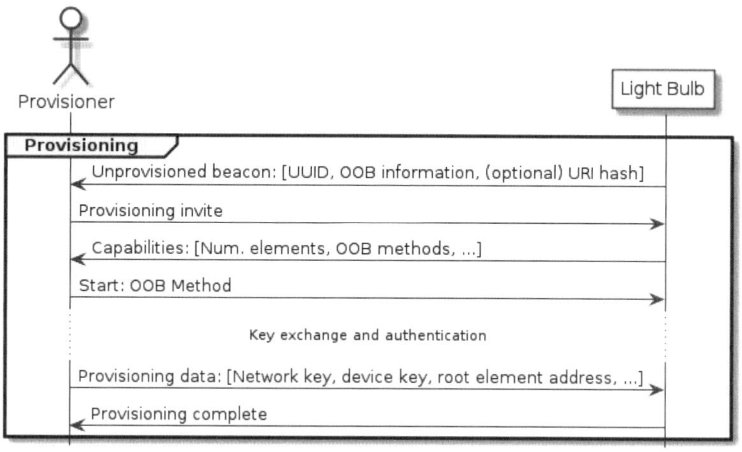

그림 2-99 Provisioning 절차

Provisioning은 Unprovisioned Device(Network에 등록이 안된 디바이스)를 인증 등의 처리를 거쳐서 Network의 노드로 추가하는 절차이다. 예를 들어, 전구(Light Bulb)가 Provisioning으로 Mesh Network에 추가하는 절차는 다음과 같다.

① 전구에서 UUID, OOB(Out of Band) 등의 정보를 Provisioner로 전송, ② Provisioner에서 Provisioning Invite, ③ 전구에서 Capability 전송, ④ Provisioner에서 OOB Method 수행, ⑤ 인증처리, ⑥ Provisioning 절차 완료이다.

Bluetooth Mesh는 고유의 Distributed Network 특징으로 다른 방식(예: Wi-Fi)보다 저렴한 비용으로 빌딩 자동화, BLE Beacon 관리, 전등관리, 물류창고나 오프라인 매장에서 자산관리 등에 적용될 수 있다.

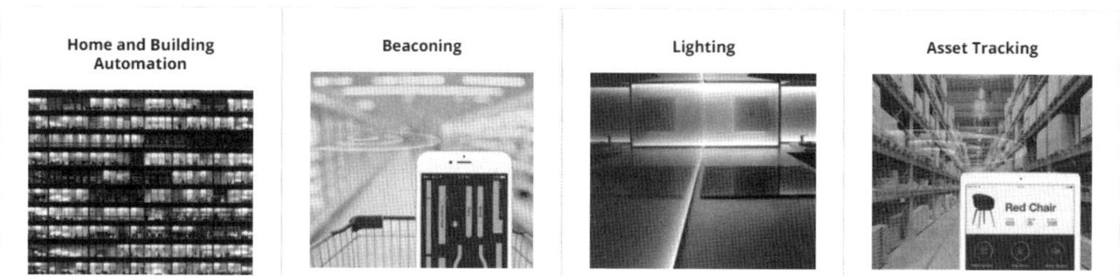

그림 2-100 Bluetooth Mesh 적용 분야

Zigbee, Z-Wave 등의 기술로 Mesh Network 기반 서비스를 제공할 수 있지만, Zigbee와 Z-Wave는 대부분 스마트폰에 구현되어있지 않아서 앱으로 Mesh Network 제어가 용이하지 않다. 하지만, 대부분 스마트폰은 BLE 기능을 가지고 있어서 앱으로 Bluetooth Mesh 노드를 직접 제어할 수 있다.

Bluetooth Mesh는 유동적으로 Network(예: 노드 이동)을 구성할 수 있어서 움직이는 사물에도 노드를 할당할 수 있다. 대규모 물류센터에서 상품을 싣고 이동하는 차량이나 로봇 Tracking에 Bluetooth Mesh 기술이 사용될 수 있다.

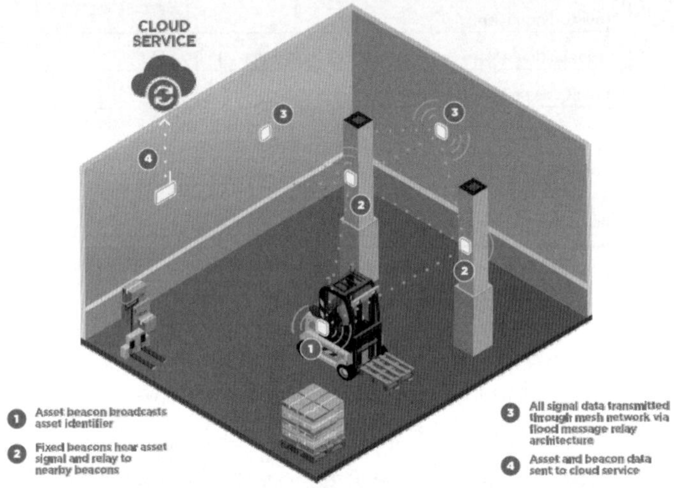

그림 2-101 Bluetooth Mesh를 활용한 물류센터 관리

물류창고에서 Bluetooth Mesh 활용은 ① 이동형 노드가 설치된 차량은 지속적으로 ID를 Broadcasting하여 주변 노드에 알려주고, ② 고정형 노드는 이동형 노드의 신호를 수신하여 Gateway 노드로 전송하고, ③ Gateway 노드는 Cloud로 해당 정보를 전송하여 Cloud에서 노드관리와 물류상황이 파악된다.

따라서 Bluetooth Mesh는 임의의 형태로 Network이 구성될 수 있어서 다수의 제품이 불규칙적으로 이동하는 대형 물류센터에 사용될 수 있다. 이때 Bluetooth Mesh는 다른 통신 방식 대비 저렴하게 Network을 구축할 수 있다.

다수의 전등이 있는 공간(사무실, 가정 등)이나 가로등에 Bluetooth Mesh를 적용하여 전등을 관리할 수 있다. 사용자는 스마트폰 앱으로 원하는 구역이나 특정 전등을 선택적으로 ON/OFF할 수도 있다.

Philips사는 IoT(Internet of Things) 모듈이 적용된 전구인 'Hue'를 판매하고 있으며, Hue에 BLE 기능을 추가하여 Bluetooth Mesh로 전등을 제어할 수 있다. 이 경우, 기존의 전기 배전반이나 전기시설 변경 없이 전구에 BLE만 추가하여 전체 전등을 관리할 수 있다.

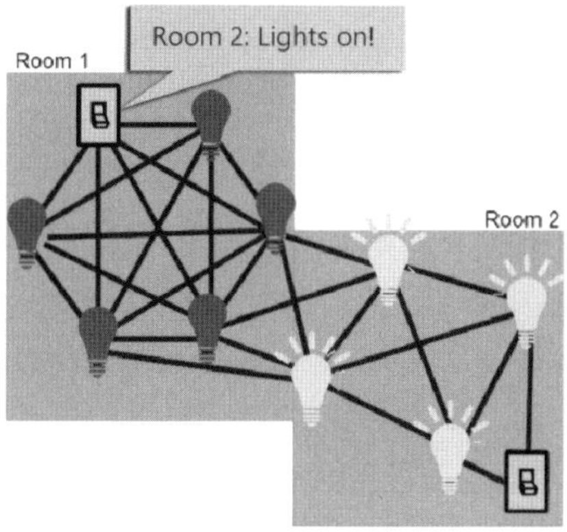

그림 2-102 Bluetooth Mesh를 활용한 전등 관리

(5) 측위기술

Bluetooth SIG는 Bluetooth 5.1에 BLE(Bluetooth Low Energy)를 활용한 측위기술인 'Direction Finding'을 추가했다. 측위란 대상 단말기가 있는 지점에서 위치(위도, 경도, 고도 등)를 파악하는 방법이다. Bluetooth Direction Finding은 대부분 실내 위치파악(측위)에 중점을 두고 있다.

스마트폰에서 GPS 기반 위치 측위 정확도는 5m 이상의 오차가 있고(외부 Open Space 기준), 이동통신망을 사용하는 실내측위 정확도는 오차가 100m 이상으로 크다. 반면 BLE Beacon을 활용한 실내측위 기술은 이동통신망 방식보다 정확한 측위(실내, 약 10m)가 가능하다.

기존 BLE를 활용한 측위는 3개 이상의 BLE Beacon에서 송출하는 신호의 전파세기를 기준으로 3각 측량법을 사용하는데, 측위 정확도는 높지 않다. 하지만, Bluetooth 5.1 이상의 규격에는 전파의 각도(Angle)을 활용한 측위기술을 사용하여 정확도가 개선되었다.

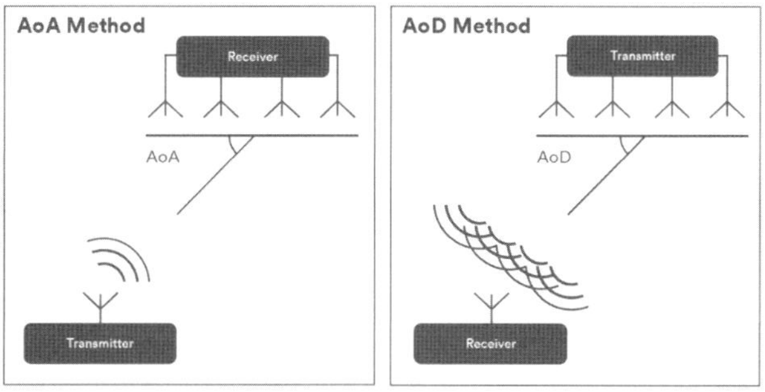

그림 2-103 Bluetooth SIG에서 정의한 AoA, AoD 개요

Bluetooth 5.1에는 BLE 전파의 도달과 송신각도를 활용한 AoA(Angle of Arrival)와 AoD(Angle of Departure)를 활용한 측위기술이 지원된다. 전파의 각도를 활용하기 때문에 송수신 단말기에는 다수의 안테나(즉, Array Antenna)가 있어야 한다.

AoA는 하나의 송신측 안테나를 사용하고, 수신측은 다수의 안테나를 사용하는 방식이다. 즉, BLE Beacon은 하나의 안테나로 신호를 보내면, 다수의 안테나가 있는 BLE 디바이스(스마트폰도 해당)에서 전파의 수신각도를 측정하여 현재 위치를 파악한다.

AoD는 BLE Beacon이 다수의 안테나를 사용하고, BLE 디바이스는 하나의 안테나를 사용하는 방식이다. 이렇게 AoA와 AoD는 구현방식이 다르기 때문에 서비스를 제공하는 환경에 따라 적합한 기술을 선택해야 한다.

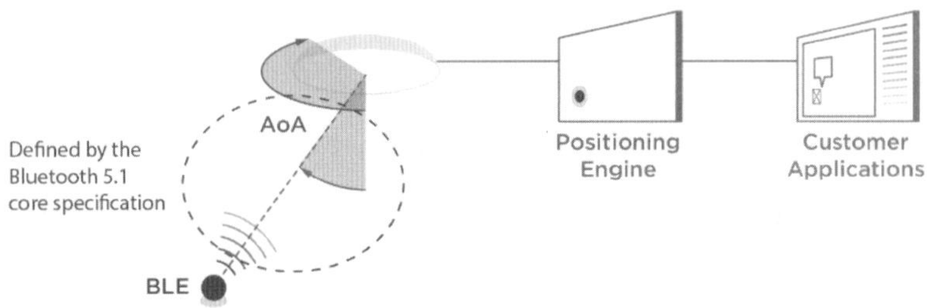

그림 2-104 AoA 기준의 시스템 구성도

AoA를 기반으로 측위서비스를 제공할 경우, BLE Beacon과 디바이스 이외에 측위 알고리듬이 동작되는 'Positioning Engine'과 사용자가 원하는 서비스를 제공해 주는 'Customer Applications'가 필요하다.

즉, 측위 서버인 Positioning Engine에서 해당 디바이스의 위치가 파악되면, Customer Applications 서버는 해당 디바이스에 적절한 서비스(매장의 쿠폰전송, 실내 네비게이션 등)를 제공해준다.

Bluetooth 규격에는 Direction Finding을 위하여 CTE(Constant Tone Extension) 메시지를 정의했으며, 이 메시지는 측위에 사용된다. CTE는 기존 메시지 포멧을 최대한 변경하지 않고, 기존 메시지 뒤쪽에 있다.

실내측위 기술에는 WiFi, 자구 자계장, BLE 전계강도, 모션센서, 카메라와 모션센서 등 다수가 있지만, 대부분의 기술은 투자대비 수익문제, 장치 구축비용, 측위 정확도 등 여러 가지 문제로 범용화되지 않고 있다.

하지만 다수의 보고서에 따르면, Bluetooth Direction Finding기술은 저렴한 가격에 실내측위 기술을 구현할 수 있다고 평가했다. 이것은 저렴한 측위용 BLE Beacon을 사용하고, 스마트폰에 탑재된 BLE를 활용하면 상대적으로 저렴한 가격에 서비스를 제공할 수 있다.

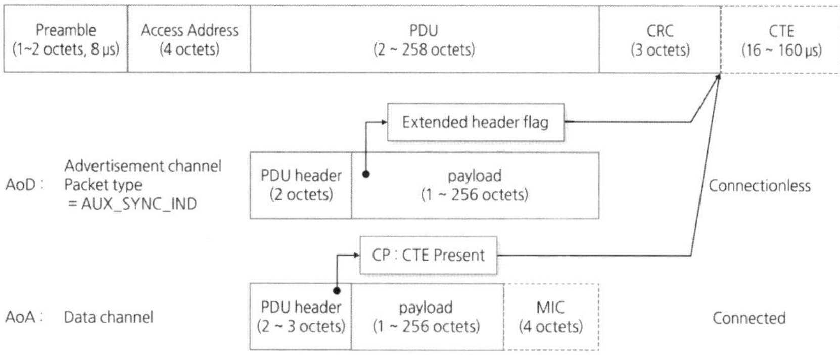

그림 2-105 Direction Finding을 위한 CTE 메시지 포멧

6) Wi-Fi

(1) 개요

Wi-Fi(Wireless Fidelity)는 다수의 디바이스가 하나의 AP(Access Point)를 통하여 인터넷에 연결되는 WLAN(Wireless Local Area Network) 기술이다. WLAN이란 좁은 장소(예: 가정, 사무실)에서 무선으로 인터넷에 연결하는 표준기술 이름이고, WLAN의 대표적인 기술이 Wi-Fi이다.

Wi-Fi 시작은 1971년 미국 하와이에서 사용된 무선통신인 ALOHAnet이다. ALOHAnet은 ALOHA Protocol을 사용하여 하와이 여러 섬을 무선으로 연결하는 통신망이었다. 이후, ALOHAnet과 ALOHA Protocol은 유선 인터넷 기술인 Ethernet(이더넷)의 시작이 되었다. 이렇게 유선 인터넷 기술인 Ethernet을 무선으로 연결하는 기술이 Wi-Fi(즉, 무선 Ethernet)이다.

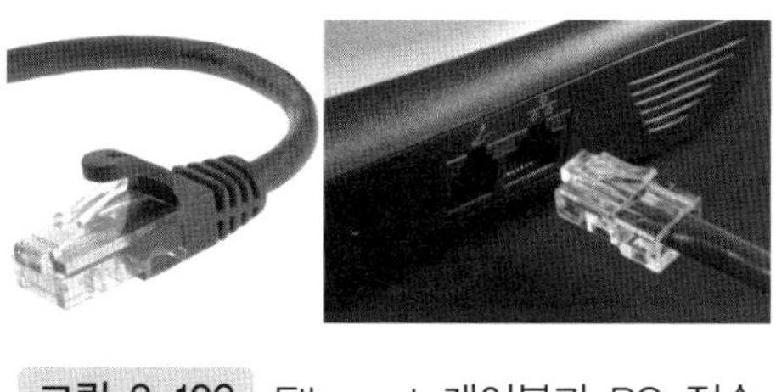

그림 2-106 Ethernet 케이블과 PC 접속

이러한 배경으로 Wi-Fi는 다수의 디바이스가 Wi-Fi 무선기술로 하나의 AP에 접속되어 인터넷에 연결되는 것이 목적이다. 이후 Wi-Fi 진영은 ① 고속 무선통신인 UWB(Ultra-WideBand)에 대응하기 위하여 초고속 통신이 추가되었고, ② Zigbee와 Bluetooth에 대응하기 위하여 저속통신과 단말기에서 저전력 동작과 정의되고 있다.

미국 FCC(Federal Communications Commission, 미국 통신위원회)는 1985년에 Wi-Fi를 확대하기 위하여 비면허 주파수 대역(Unlicensed Spectrum)을 선정했다. 이 대역에는 누구든지 특정 전파세기 이하로 Wi-Fi 전파를 송출할 수 있었다.

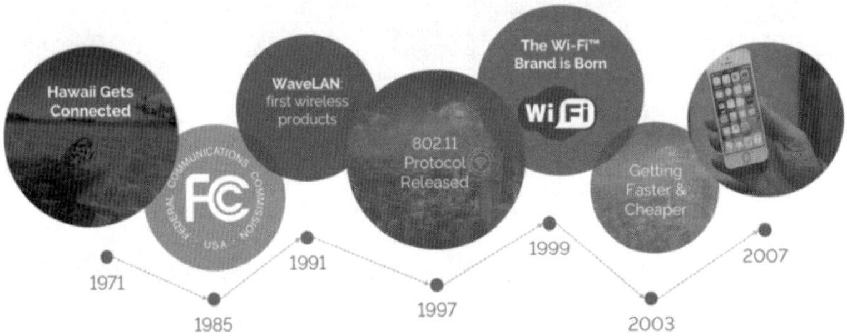

그림 2-107 Wi-Fi 기술 역사

Wi-Fi가 IEEE 802.11 규격으로 확정되기 이전인, 1991년에 미국 통신회사인 AT&T와 오프라인 매장 결제 솔루션 회사인NCR이 공동으로 매장 계산원이 사용하도록 비면허 대역을 활용한 무선통신 제품인 WaveLAN을 개발하여 사용했었다. 이후 이 기술을 기반으로 호주의 John O'Sullivan과 그의 동료들은 비면허 대역에서 같은 주파수 대역 사용시 충돌을 회피하는 기술 등을 추가했다.

이렇게 개선된 기술을 기반으로 IEEE는 2.4GHz 대역 위주로 IEEE 802.11 규격을 정의했다(1997년). 1999년에는 Apple사가 자사 노트북인 iBooks에 Wi-Fi 외장형 모뎀을 꽂을 수 있는 Slot을 추가하면서 Wi-Fi가 전세계적으로 확산되는 계기가 되었다.

(2) 기술

Wi-Fi Network Topology는 'Star' 형태로 구성된다. 초기 Wi-Fi가 지향하는 목표는 하나의 AP를 중심으로 여러 대의 디바이스가 무선으로 인터넷에 연결하자는 것에서 시작되었기 때문이다. 이 AP는 다수의 Wi-Fi 디바이스와 연동되고, 인터넷 망과 연결은 유선망(즉, Ethernet)이나 5G 이동통신을 사용한다.

Wi-Fi 기술과 관련된 단체는 IEEE와 Wi-Fi Alliance가 있는데, ① IEEE는 Wi-Fi 기술을 정의하는 표준화 단체로 Physical Layer와 MAC Layer를 정의하고, ② Wi-Fi Alliance는 주로 Wi-Fi 장치간 호환성 시험을 담당한다.

Wi-Fi는 Wi-Fi Alliance의 브랜드 이름이며, Wi-Fi 제품을 판매하기 위해서는 Wi-Fi Alliance에서 정의하는 시험방법으로 지정된 시험소에서 인증(Certification)을 받아야 한다. Wi-Fi Alliance의 주된 미션은 호환성 시험이지만, Wi-Fi를 Promotion하는 역할도 한다.

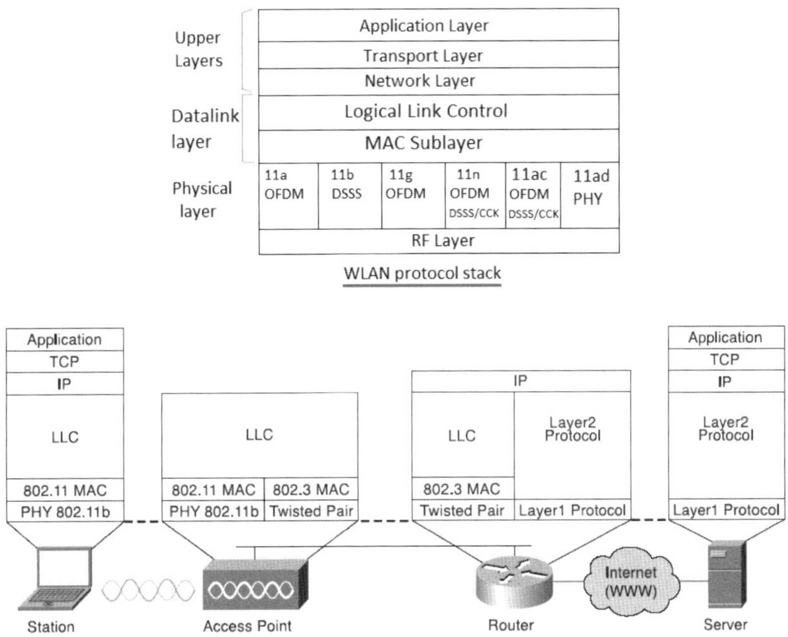

그림 2-108 Wi-Fi Protocol Stack

Wi-Fi Protocol Stack은 IEEE에서 정의하는 L1, L2를 기반으로 상위에 인터넷 접속을 위한 Protocol이 구현되는데, 대부분 IETF 규격을 준수한다. Wi-Fi 칩은 PC나 휴대폰에 주로 적용되는데, 해당 OS(Windows 또는 Android)에서 L3 이상 Protocol이 S/W로 지원된다.

Wi-Fi의 주된 Network Topology는 Star 구조로 AP(또는 Gateway, Router)를 중심으로 다수의 디바이스(또는 노드)가 연결되는 구조이며, 디바이스 상호간 연결은 없다.

일반적으로 Wi-Fi AP는 ① 다수의 Wi-Fi 단말기와 통신하는 Wi-Fi 기능과 ② 유선 인터넷망 접속을 위한 유선모뎀을 모두 가지고 있다. 이러한 Wi-Fi 형태는 Network 구조상 모든 리소스를 AP에서 관리하는 'Centralized Network'이다.

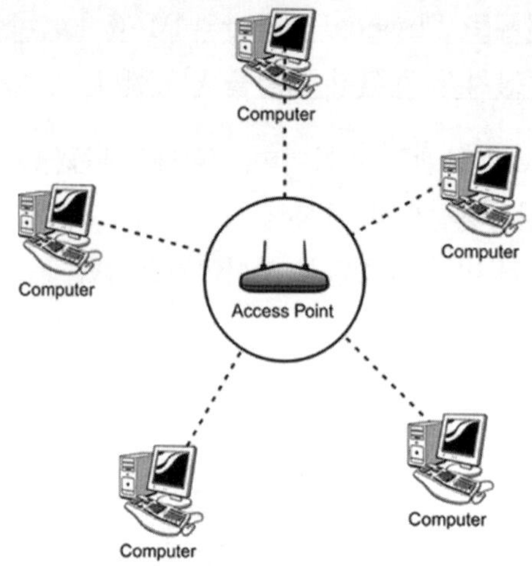

그림 2-109 Wi-Fi Star Network Topology

Wi-Fi는 기본적인 구조로 고정된 단말기를 생각하여 기술이 정의되었기 때문에, 단말기가 이동시 인접한 AP와 Handover는 안되며, 서비스를 받고 있는 해당 AP의 전파가 도달되는 않는 위치에서는 AP와 단말기가 통신할 수 없다.

Wi-Fi 기술은 IEEE에서 정의하며, 지속적으로 기술을 보완하여 IEEE 802.11b/a/g/n, IEEE 802.11ac, IEEE 802.11ax(또는 Wi-Fi 6) 등과 같은 기술로 발전되고 있다. 이렇게 기술이 발전되는 이유는 Wi-Fi 디바이스 수가 많아지고, 사용자는 비디오와 같은 데이터양이 많은 서비스를 원하기 때문이다.

IEEE Standard	802.11a	802.11b	802.11g	802.11n	802.11ac	802.11ax
Year Released	1999	1999	2003	2009	2014	2019
Frequency	5Ghz	2.4GHz	2.4GHz	2.4Ghz & 5GHz	2.4Ghz & 5GHz	2.4Ghz & 5GHz
Maximum Data Rate	54Mbps	11Mbps	54Mbps	600Mbps	1.3Gbps	10-12Gbps

그림 2-110 IEEE 802.11 기술 종류

Wi-Fi는 기본적으로 비면허 대역을 사용하며, 초기에는 2.4GHz를 사용하다가 이 대역에 트래픽이 많아짐에 따라 5GHz 대역을 추가로 사용하고 있다. 이와는 별도로 일부 국가는 Wi-Fi 고속통신을 위해서 3.6GHz나 60GHz 대역을 사용하기도 한다.

Wi-Fi는 셀룰라와 유사하게 주된 표준방향성은 고속통신이며, 이를 위하여 초기 IEEE 802.11a/b에서 IEEE 802.11g/n/ac/ax 등으로 발전되고 있다.

한편, Wi-Fi를 전파 도달거리에 따라서 세부 규격을 분류하기도 하는데, 가장 먼거리 전송이 가능한 기술부터 802.11af, 802.11ah, 802.11b/g/n, 802.11ad로 구분될 수도 있다. 802.11af, 802.11ah는 IoT 디바이스를 위한 목적으로 먼거리 전송이 가능하다. 이것이 사용하는 주파수 대역이 2.4GHz나 5GHz가 아닌, TV 주파수 대역이나 900MHz 대역을 사용한다.

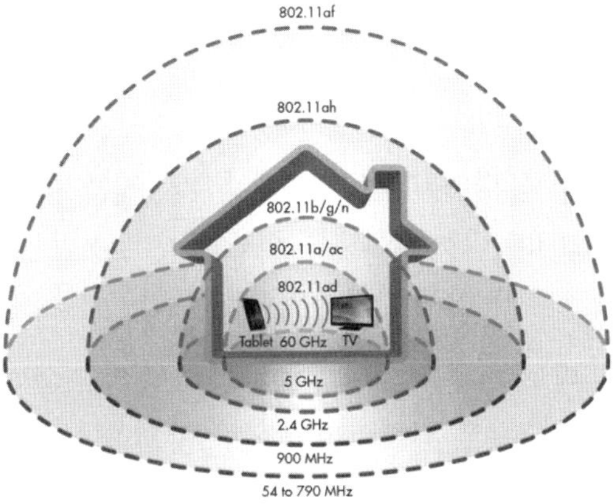

그림 2-111 전송거리별 Wi-Fi 기술 분류

초기 Wi-Fi 기술은 단순히 무선으로 인터넷 접속이 목적이었는데, 응용 분야가 늘어나면서 초고속 전송, IoT 목적, 차량간 통신 목적 등으로 기술이 분리되어 정의되고 있다. 하지만 IoT 목적으로 정의된 Wi-Fi 기술(예: 802.11af, 802.11ah)은 많이 사용되지 않는다.

전파는 주파수가 높을수록 감쇄가 심해지기 때문에 먼거리 전송을 위해서는 상대적으로 낮은 주파수 대역을 사용한다. 예를 들어 900MHz 대역을 사용하는 802.11ah는 먼거리 전송이 가능하고, 2.4GHz나 5G 대역을 사용하는 Wi-Fi 6는 가정의 거실과 같이 짧은 거리에서 사용된다.

일반적으로 주파수 대역이 높을수록 주파수 여유가 많기 때문에 통신에 필요한 주파수 폭을 넓게 설정하여 고속통신 목적으로 사용한다. 고속통신이 목적인 802.11ac, Wi-Fi 6 등은 5GHz 대역에서 넓은 주파수 대역을 사용한다.

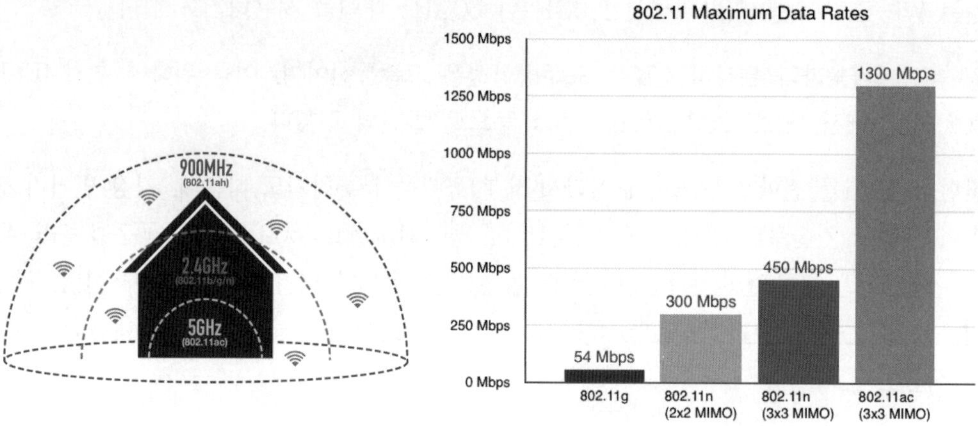

그림 2-112 Wi-Fi 전송거리, 전송속도 별 분류

이 중에서 IEEE 802.11ad는 WiGig 기술을 사용하는 것으로 60GHz 대역으로 짧은 거리에서 초고속 통신을 목적으로 정의되고 있다. 대표적인 예는 가정에서 PC에 있는 4K 동영상을 무선으로(즉, 802.11ad로) TV로 보내는 경우이다. 하지만, 802.11ad는 주파수가 너무 높아서(즉, 전파감쇄가 심해서) 신호전달에 어려움이 있어서 많이 사용되지 않는다.

이렇게 가정에서 고속 비디오 전송을 위한 무선통신 기술은 광대역 주파수 대역을 사용하는 UWB(Ultra-wideband)나 높은 주파수 영역에서 많은 안테나를 사용하는 Amimon사 등의 기술이 있다. 따라서 Wi-Fi 진영에서는 이러한 경쟁기술에 대응하기 위하여 802.11ad를 정의하고 있다.

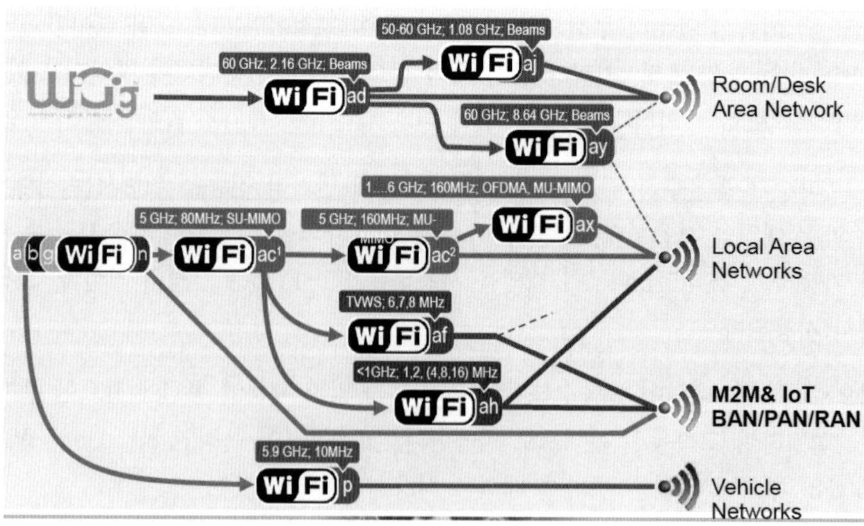

그림 2-113 Wi-Fi 세부 기술별 적용 분야 예 (출처: R&S)

Wi-Fi 규격에서 짧은 거리에서 비디오 전송을 위한 초고속 전송은 60GHz를 사용하는 기술인 802.11ad는 802.11ay로 발전되고 있다. 802.11ad와 802.11ay는 가정에서 STB(Set Top Box)나 휴대폰에서 TV로 4K 이상의 비디오 전송에 사용된다.

이것은 60GHz(감쇄가 매우 심한 대역)를 사용하기 때문에 LOS(Line Of Sight) 환경이 되어야 하고, 일반적으로 송수신에 여러 개의 안테나가 있는 MIMO(Multiple Input Multiple Output)가 사용된다. LOS 환경이란 전파 송수신 양단간에 장애물이 없는 물리적 공간이다.

Wi-Fi Alliance는 Wi-Fi 규격인 IEEE 802.11ax의 명칭을 'Wi-Fi 6'로 정했다(2018년). 이렇게 기술버전을 숫자로 바꾼 배경에 대하여 Wi-Fi Alliance 담당자는 "사용자가 최신 Wi-Fi 기술을 제공하는 기기를 쉽게 식별할 수 있도록 단순하게 세대 이름(숫자로 표시)을 도입했다"라고 밝혔다.

따라서 이전 버전인 IEEE 802.11a는 'Wi-Fi 1', IEEE 802.11b는 'Wi-Fi 2', IEEE 802.11g는 'Wi-Fi 3', IEEE 802.11n은 'Wi-Fi 4', IEEE 802.11ac는 'Wi-Fi 5', IEEE 802.11ax는 'Wi-Fi 6'으로 재정리했다.

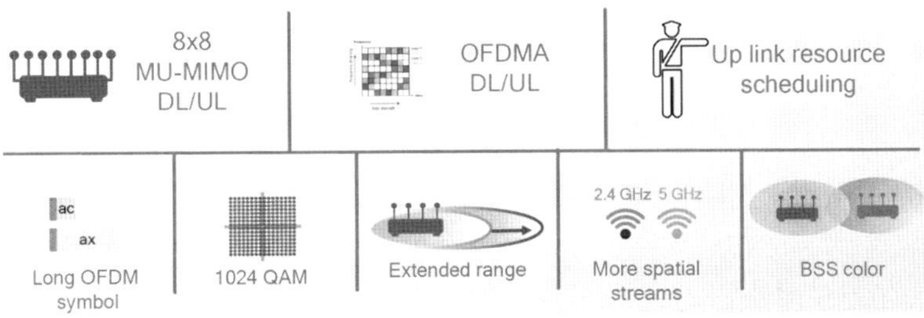

그림 2-114 Wi-Fi 6 주요 기술 특징 (출처: Qualcomm)

Wi-Fi 6는 기본적으로 전송속도를 높이기 위한 방안으로 기술이 정의되었으며, 이를 위하여 OFDMA(Orthogonal Frequency Division Multiple Access), MIMO(Multiple-Input Multiple-Output), 1024 QAM(Quadrature Amplitude Modulation), More Spatial Streams 등의 기술이 사용된다.

Wi-Fi 6의 주요기술 중에는 OFDMA(Orthogonal Frequency Division Multiple Access)가 있는데, Wi-Fi 5까지는 OFDM(Orthogonal Frequency Division Multiplexing)이 사용되었다. OFDMA는 하나의 패킷에 여러 명의 데이터를 전송하는 방식이고, OFDM은 하나의 패킷에 하나의 사용자 데이터를 보내는 방식이다.

따라서 OFDM는 사용자 패킷이 순차적으로 전송되기 때문에 다음 패킷을 받을 때까지 시간이 걸리지만, OFDMA는 하나의 패킷에 다수의 사용자 데이터 전송이 가능하므로 상대적으로 빠른 전송이 가능하다.

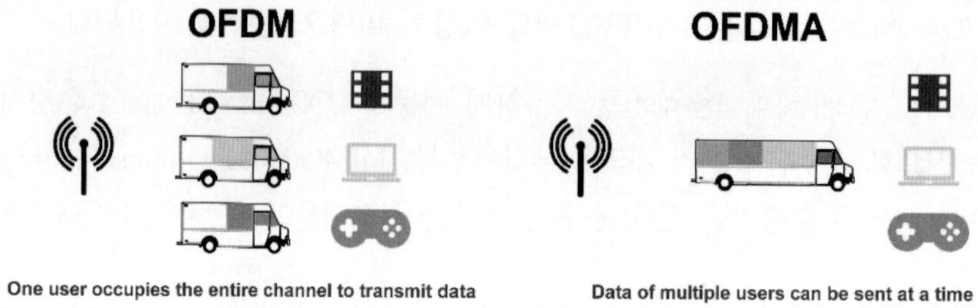

그림 2-115 Wi-Fi 6에 적용된 OFDMA

이러한 원리로 WiFi 6는 WiFi 5대비 전송속도도 빠르고, 원하는 데이터를 조기에 수신할 수 있어서 디바이스 배터리 절약에도 도움이 된다. 즉, OFDMA는 데이터 지연을 짧게 하는 'Low Latency' 기능을 한다.

또한 여러 개의 안테나를 사용하여 데이터를 송수신하는 MIMO(Multiple Input Multiple Output), High Order 변조인 1024 QAM(Quadrature Amplitude Modulation), 2개의 주파수 대역에 동시에 데이터를 전송하는 Spatial Diversity 등을 통하여 전송속도를 높인다.

7) Z-Wave, PLC, NFC

IoT 목적의 기타 무선통신 기술로는 Z-Wave(900MHz, 주로 가정에서 사용), PLC(가정이나 사무실에서 전력선을 활용한 통신), NFC(근거리 통신), Amazon Sidewalk(Smart Home을 위한 Amazon 자체 통신방식) 등이 있다.

(1) Z-Wave

Z-Wave는 1999년 덴마크의 'Zensys'사가 개발한 기술로 주로 Smart Home을 위한 무선통신 기술이다. Zensys사는 Z-Wave 기술을 전세계로 확장하겠다는 의도로 'Z-Wave Alliance'를 구성했다(2005년). 이후 Zensys사는 미국 칩 회사인 Sigma Designs사에 인수되었다(2008년). Sigma Designs사는 다시 미국의 Silicon Labs사에 인수되어(2018년), 현재 Z-Wave 칩은 Silicon Labs에서 개발되고 있다.

Z-Wave는 Zigbee와 기능이 유사한데, Zigbee는 IEEE에서 정의한 표준기술로 다수의 칩회사에서 개발하기 때문에 호환에 문제가 있을 수 있지만, Z-Wave 칩은 미국 Sigma Designs사에서 독점 공급하기 때문에 디바이스간 호환이 안되는 문제는 거의 없다.

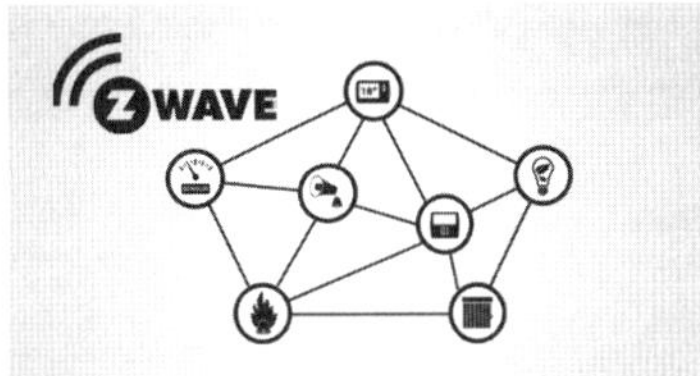

Z-Wave는 초기 가정용 전자기기를 무선으로 연결하는 Home Automation 목적으로 개발되었으며, 이때 고려된 기술은 ① Wi-Fi, Bluetooth 등이 많이 사용하는 2.4GHz 대역이 아닌, 900MHz 대역 사용과 ② 유연한 망 구성을 위하여 Mesh Network를 활용하는 것이었다.

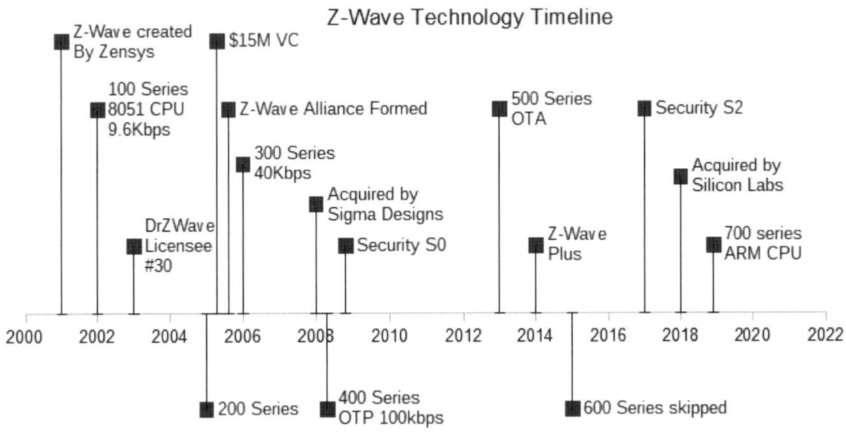

그림 2-116 Z-Wave 기술 역사

즉, Z-Wave 기술은 900MHz 대역 주파수를 사용하기 때문에 2.4GHz를 사용하는 Zigbee, Wi-Fi, Bluetooth 대비, Congestion이 적고 전파 특성상 공간 침투력이 좋아서 가정내 좁은 공간에서 전파 수신율이 좋다.

가정은 다수의 작은 방으로 구성되어 구조가 복잡하다. 이러한 환경에서 전파의 대부분은 LOS(Line Of Sight, 직접 전파수신)가 아닌 다수의 반사파가 활용된다. 전파 측면에서 900MHz 대역이 2.4GHz보다 좁은 공간으로 전파 송수신이 잘 된다.

한편, 900MHz와 2.4GHz를 칩 개발측면에서 볼 때, 2.4GHz 대역이 칩의 집적도를 높일 수 있어서 칩의 크기는 작다. 칩 측면에서 주파수가 높으면 소형의 칩을 구현할 수 있고, 이것은 결국 전력소모량이 적고, 작은 크기의 디바이스를 개발할 수 있다.

Smart Home Standard	Range	Data rate	Max no. of devices	Hub needed?
Z-WAVE	30 m (100 ft)	9.6 - 100 kbps	232	Yes
ZigBee	10 m (35 ft)	20 - 250 kbps	65.000	Yes

또한 Z-Wave의 최대 전송속도는 100Kbps로 경쟁 무선통신 대비 상대적인 저속이다. 결국, 900MHz 대역 사용과 저속통신으로 구조가 복잡한 가정 환경에 적합하도록 설계되었다. 전송속도가 낮으면 오류 발생확률이 낮아져서 복잡한 환경에서 전파침투율이 높아진다.

이렇게 먼거리 전송이 가능한 이유는 ① 900MHz 대역 사용과 ② 간단한 변조방식을 사용하기 때문이다. 무선통신에서 주파수가 상대적으로 낮으면 공간에서 전파감쇄가 적어서 먼거리 전송이 가능하고, 추가적으로 간단한 변조방식을 사용할 경우, 더 먼거리 전송이 가능하다.

하지만, Z-Wave를 경쟁기술인 Zigbee와 비교할 경우, Z-Wave는 Zigbee 대비 전송속도가 낮고, 지원하는 Mesh Network에서 노드 수(Z-Wave는 최대 232개)가 적다. 결국, Z-Wave는 Wi-SUN과 마찬가지로 Zigbee에 대응하기 위한 목적인데 Z-Wave는 주로 가정, Wi-SUN은 검침 목적으로 야외에 많이 사용된다.

Z-Wave의 Mesh Network에서 최대 노드수를 232개로 제한한 이유는 가정에서 232개 전자장치면 충분하다고 생각했기 때문이다. 또한 Z-Wave Alliance는 기존 Z-Wave에서 디바이스 배터리 수명을 늘이고, 더 먼거리 전송, 노이즈에 대한 극복력을 강화시켜 안정적인 통신이 가능한 'Z-Wave Plus'를 출시한 바 있다.

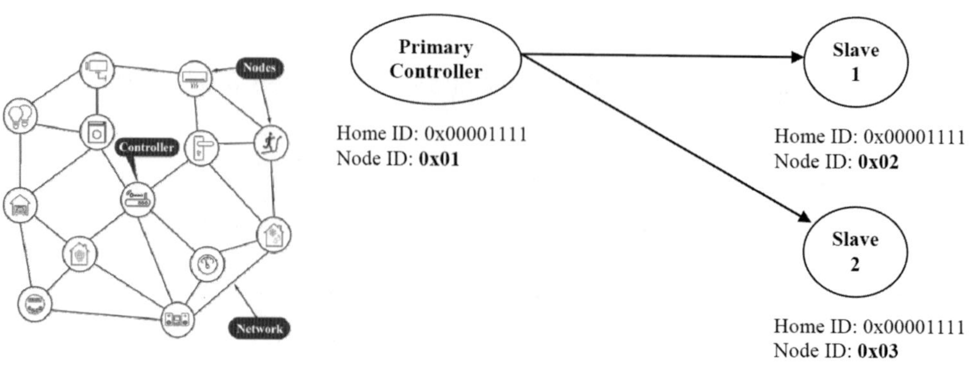

그림 2-117 Z-Wave Network Topology

Z-Wave는 Mesh Network을 기본으로 외부망과 연동은 일종의 Gateway인 'Controller'를 통하여 이루어진다. 외부 IP망과 연결되는 Primary Controller가 주변의 노드(Slave Node)를 관리하는 구조이다.

Z-Wave는 경쟁기술인 Zigbee, BLE 대비 시장 점유율이 높지 않다. Zigbee와 BLE는 공개된 기술을 기반으로 다수의 회사에서 경쟁적으로 칩을 개발하기 때문에 칩 기능이 좋아지고 가격이 저렴하기 때문이다.

하지만, Z-Wave는 여전히 미국의 Home에서 많이 사용되고 있는데, Z-Wave는 900MHz 사용, 저속통신 등으로 Home Automation에 최적화되어 있기 때문이다. 최근에는 Z-Wave가 현관 열쇠 제어, 가정의 침입 센서 관리와 같이 가정의 보안분야에 많이 사용되고 있다

(2) PLC

PLC(Power Line Communication, 전력선통신)란 가정이나 사무실에 설치되어 있는 전력선에 전송대상 데이터를 보내는 기술이다. 이때, PLC는 전력송신에 사용되는 주파수(예: 60Hz)보다 더 높은 주파수 대역으로 데이터를 보낸다.

전력선은 전화선과 마찬가지로 대부분 구리선을 사용하고 전력선의 굵기는 전화선의 약 10배 정도로 전력선이 통신용으로도 충분히 사용가능하다는 아이디어에서 시작되었다.

하지만, PLC는 주변 잡음(Noise, 노이즈)에 영향을 많이 많고, 잦은 접속 단절 등 기술적인 문제가 있어서, 그동안 주목을 받지 못했다. 하지만 1990년대부터 여러 가지 기술을 적용하여 노이즈 문제를 줄이고, 접속단절 현상을 어느 정도 해결하는 기술이 적용되어 상용수준이 되었다.

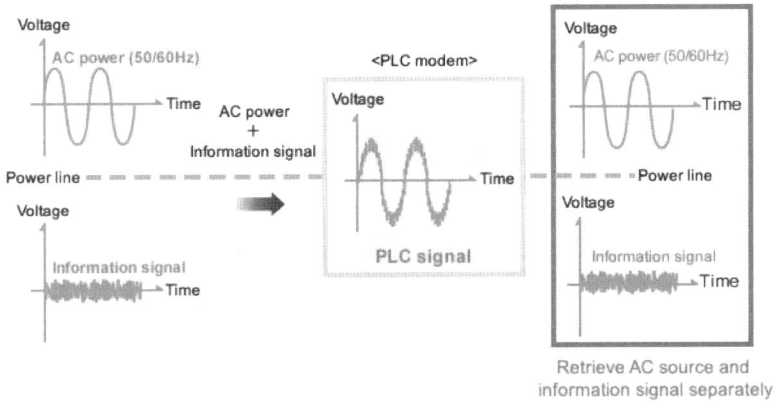

그림 2-118 PLC 원리 (출처: Renesas)

결국, PLC는 통신망을 형성하여 데이터를 송수신하기 위한 목적이다. 가정을 기준으로 보면, 유선인터넷과 Wi-Fi AP를 합한 기능과 유사하다. 즉, 가정의 여러 가지 전자기기를 서로 통신망으로 연결할 수 있고, 외부 인터넷과 연동도 가능하다.

PLC는 기존 전력선을 그대로 사용하고, 신호 수신부는 고주파 필터를 사용하여 전력선에서 해당 신호를 분리하여 원하는 데이터를 수신한다. PLC의 가장 큰 특징은 가정이나 사무실에서 기존에 설치된 전력선을 이용하여 모든 장소에서 네크워크 연결이 가능한 점이다.

가정에 사용되는 전력선은 일반적으로 50~60Hz의 교류전기가 흐르는 전력선(구리 전기선)인데, 이 전력선에 상대적으로 고주파인 수kHz ~ 수십MHz의 신호를 전력선에 함께 보내는 방식이다.

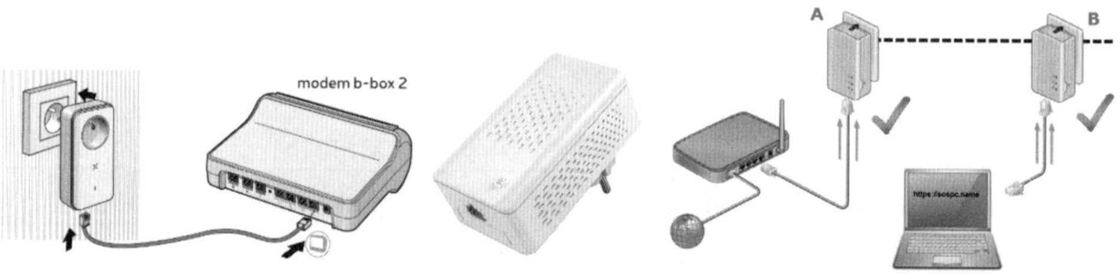

그림 2-119 PLC 모뎀, 사용방법

PLC 응용사례를 보면, 가정용 전기 콘센트에 PLC 모뎀을 꽂으면 통신이 가능한데, 이 모뎀에 PC를 연결하여 인터넷 정보를 검색하거나 Wi-Fi AP를 접속하여 다수의 기기가 Wi-Fi로 연결될 수 있다. Wi-Fi AP를 적용하는 사례는 현재 우리가 많이 사용하는 유선 인터넷에 Wi-Fi AP를 연결하는 것과 같다.

PLC의 장점은 ① 기존에 설치된 가정용, 사무실용 전력선을 통신선로로 사용할 수 있고, ② 모뎀 가격이 저렴하고 간단하게 송수신 장치를 개발할 수 있다.

즉, PLC는 기존에 설치된 전원 콘센트에 PLC 모뎀을 설치하여 통신할 수 있고, 별도의 통신망을 구축할 필요가 없다. PLC 모뎀은 가격이 저렴하지만, 주변 부품을 추가로 구성해야 하는데, 시장이 커질 경우 이러한 부품 가격은 내려가지만, 시장이 적을 경우 주변 부품이 비쌀 수 있다.

구분	주파수대역	속도	서비스	
협대역 전력선 통신	9kHz - 450kHz	1Mbps이하	옥내 옥외	제어, 음성 원격검침,배전자동화
광대역 전력선 통신	1.7MHz - 30MHz	10Mbps이상	옥내 옥외	데이터 네트워크 가입자 네트워크

PLC 기술은 ITU와 IEEE 등에서 표준을 정의하고 있으며, 기술은 크게 상대적으로 저주파 대역을 사용하는 협대역(속도가 낮다와 같은 뜻) PLC와 고주파 대역을 사용하는 광대역(즉, 속도가 높다) PLC로 구분된다.

전력선은 60Hz 주파수에 적합하게 제작된 선로이기 때문에 전력선에 고주파 대역으로 신호를 보내면, 빠른 속도로 데이터를 보낼 수 있지만, 신호감쇄가 심해져서 전송거리는 짧아진다. 반면, 저주파 대역으로 신호를 보내면, 전송거리는 멀어지지만 데이터 전송속도는 낮다.

협대역(Narrowband) PLC는 9kHz ~ 450kHz대역을 사용하여 수 kbps급의 낮은 데이터 속도로 간단한 데이터 송수신, 음성통신이 가능하다. 광대역(Broadband) PLC는 1.7MHz ~ 30MHz 대역을 사용하여 수 Mbps에서 100Mbps까지 전송이 가능하여 고품질 음성, 대량의 데이터, 멀티미디어를 송수신할 수 있다.

대부분의 국가는 단순한 검침목적으로 협대역 PLC를 추진하고 있지만, 국내는 한국전력을 중심으로 광대역 PLC를 적극 추진한 바 있다. 하지만, 여전히 광대역 PLC는 잡음문제로 인하여 고속 데이터 송수신에 어려움이 많다.

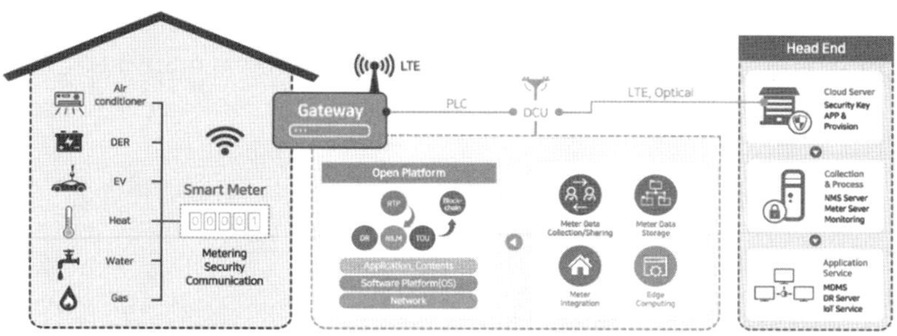

그림 2-120 PLC를 활용한 검침 시스템 구성 (출처: Gelix)

PLC를 활용한 검침서비스 제공 사례를 보면, 가정에서 PLC 모뎀을 다수의 전자기기(에어컨, 난방장치, 수도검침기, 가스 검침기 등)에 부착하여 전기 사용량을 검침할 수 있다. 이렇게 수집된 데이터는 Gateway(즉, DCU)를 통하여 관리 서버에 연동된다.

PLC를 이용한 서비스는 Smart Home, 원격검침, 광대역 통신 등이 가능하지만, ① PLC 자체가 잡음에 민감하여 오류가 많이 발생되고, ② 유사 통신기술(예: Zigbee, Z-Wave) 칩이 저렴하게 판매되어 시장 확산에 어려움이 있다.

즉, PLC 기술 자체가 특정환경에서 주변 잡음의 영향을 많이 받아서 신호전달에 어려움이 있다. 또한 가정에서 PLC의 역할을 할 수 있는 무선통신 칩 가격이 저렴해져서 PLC보다 더 저렴하게 네트워크를 구성할 수 있다.

PLC 장치의 경우, 모뎀 자체보다는 110V나 220V의 입력을 받아서 동작되기 때문에 용량이 큰 Power Regulator 칩이 필요하고, 강한 출력으로 신호를 송출함으로써 고효율의 Power Amp 칩도 필요하다. 따라서 이러한 부품의 영향으로 결국 PLC 장치의 가격 상승 요인이 된다.

특히, PLC는 그동안 문제였던 잡음에 대한 대처가 어느 정도 개선은 되었지만, 여전히 잡음에 대한 대응 문제가 해결되지 않아서 통신과정에서 접속단절이나 신호감쇄로 먼거리 전송의 어려움 등 문제가 있다.

(3) NFC

NFC(Near Field Communication)는 13.56MHz 주파수를 사용하는 무선통신 기술로, 송수신측이 아주 가까운 거리(예: 10Cm 이하)에 있는 근접 무선통신 기술이다. 결국, NFC는 용어가 의미하듯이 단순한 무선통신 기술이며, 보안장치와 연동이 되어야 다양한 서비스가 제공되는 기술이다.

NFC는 RFID(Radio Frequency IDentification)에서 파생된 기술로 RFID 기술의 하나로 볼 수 있지만, RFID보다 개선된 기술이다. NFC에서 근접 무선통신을 담당하는 NFC 모뎀을 'NFC Controller'라고도 한다.

NFC와 RFID를 비교해 보면, RFID는 3개의 주파수 대역을 사용(예: 먼거리 통신은 900MHz)할 수 있지만, NFC는 13.56MHz만 사용한다. 또한 RFID는 Reader기와 Tag가 따로 구성되지만, NFC 장치는 일반적으로 Reader기와 Tag 기능을 모두 가지고 있다.

RFID는 무선으로 ID(즉, 식별자)를 송수신하는 기술이고, NFC는 ID 송수신을 포함하여 데이터 전송이 가능한 무선통신 기술이다. 또한 NFC는 기기 간 통신을 위한 준비시간이 0.1초 이내로 매우 짧고, 안정적인 통신 연결로 즉각적인 반응이 필요한 서비스(예: 교통카드, 출입관리)에 사용된다.

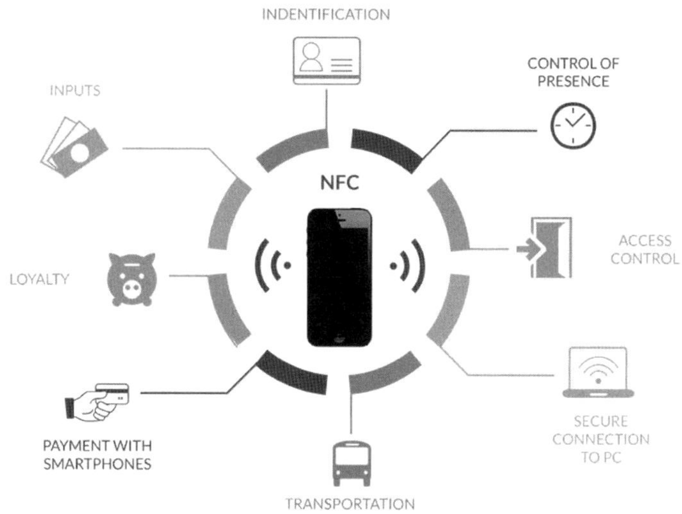

그림 2-121 NFC를 활용한 응용 예 (출처: Nuoplanet)

NFC를 활용한 응용분야는 건물 출입시 인증, 결제, 교통카드, PC와 보안연결 등 매우 다양하며, 대부분 휴대폰에는 NFC 기능이 있어서 편리하게 사용할 수 있다. NFC 자체는 근접 통신방식이며, 보안장치인 SE(Secure Element)와 연계되어야만 서비스를 제공할 수 있다. 즉, NFC는 통신만 담당하고, 다른 보안요소와 합해져서 사용된다.

SE는 H/W 기반 보안장치로써 일반적으로 휴대용 디바이스에 탑재되는 소형의 부품이다. SE는 UICC(스마트 카드), MicroSD 카드, TEE(Trusted Execution Environment) 등이 될 수 있다.

보안 부분을 H/W로 분리하면, 보안강도가 S/W 대비 월등이 높아진다. 이것은 보안의 기본 원리로써 보안기능을 처리하는 부분을 분리하면, 외부 공격에 강해진다. 군대에서 암호를 처리하는 부서는 별도의 건물에 있는 것과 비슷한 원리이다.

TEE는 ARM사의 CPU에 있는 TrustZone을 활용하는 것으로 칩 내부적으로 보안을 처리하는 부분이 H/W적으로 분리되어 있다. TEE는 스마트폰이나 IoT의 보안목적으로 많이 사용되는데, TrustZone은 CPU내에 있기 때문에 서비스 개발이 쉬운 장점이 있다.

일반적으로 NFC라고 하면 NFC 모뎀칩, SE, 안테나 등을 합한 의미이며, 휴대폰인 경우 내부에 NFC 모뎀칩과 SE가 구현되고, 휴대폰 케이스 뒤쪽에 13.56MHz 안테나가 구성된다. NFC가 사용하는 주파수 대역은 매우 낮아서 안테나 크기가 크다.

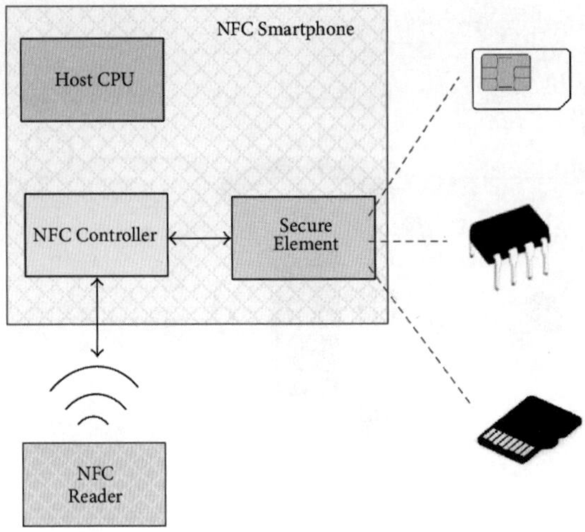

그림 2-122 휴대폰에서 NFC 구현 방법

모뎀(Modem)은 통신신호를 처리하는 부분으로 일반적으로 Baseband 처리부만 의미한다. 모뎀은 빠른 처리가 요구되므로 주로 칩으로 구현되며, 외부의 RF칩와 연동된다. 하지만, 대부분의 간단한 통신방식(예: WPAN)은 모뎀과 RF 기능이 하나의 칩(1-chip)으로 구현된다.

NFC를 휴대폰에 구현하기 위해서는 통신을 담당하는 NFC 칩(또는 NFC Controller)과 SE가 필요하다. 또한 NFC Protocol을 처리하는 부분은 휴대폰 AP(Application Processor)칩의 OS 상위단에 S/W로 구현된다.

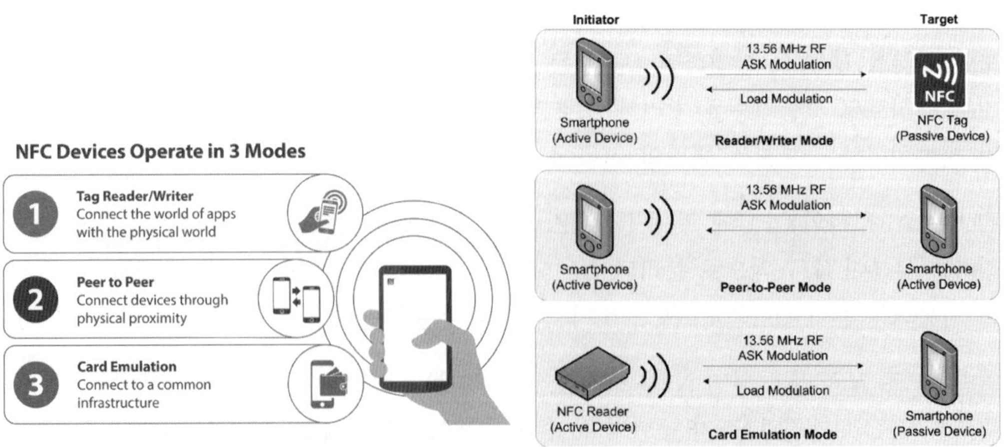

그림 2-123 NFC 동작모드 (출처: Midwest POS Solutions.)

NFC 동작모드는 ① Tag Mode(또는 Read/Write Mode), ② Peer to Peer Communication, ③ Card Emulation과 같이 3개가 있으며, 휴대폰의 경우 3가지 모드가 모두 지원된다. 이러한 3가지 모드에 각각 동작되는 Protocol Stack은 다르기 때문에 사용자는 S/W적으로 동작모드를 설정해야 한다.

스마트폰 OS인 Android와 iOS에는 NFC Protocol Stack이 구현되어 있고, 관련된 API가 공개되어 있어서 3rd Party는 원하는 서비스를 쉽게 개발할 수 있다.

Tag Mode는 전원이 공급되지 않는 Tag 기능을 하며, 이때 전원은 Reader기가 송출하는 전자기장을 활용한다. Peer to Peer Communication는 송수신 디바이스가 모두 Reader 기능을 하여 간단한 데이터 통신이 가능하다. Card Emulation는 주로 신용카드 정보를 NFC Reader기로 송출하는 역할을 한다.

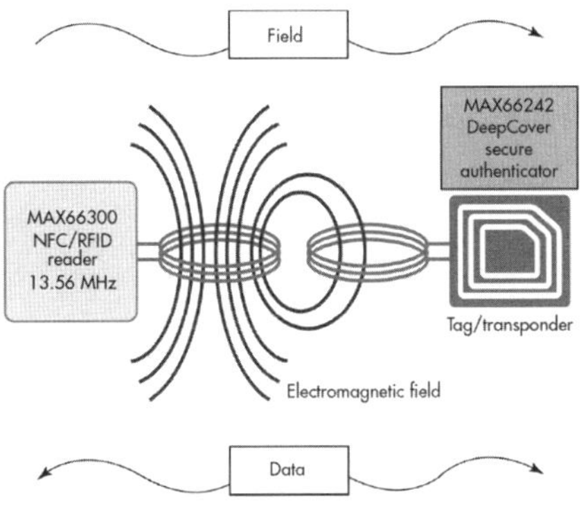

그림 2-124 NFC Reader기와 Tag간 통신방식 (출처: Electronic Design)

NFC 장치가 Tag Mode로 동작시, Tag는 전원이 없기 때문에 NFC Reader기(대부분 휴대폰)가 Tag로 전자장을 송출하고, Tag 안테나는 이 전자장을 수신하여 내부적으로 유도전류(즉, 전원역할)를 생성시켜 Tag칩에 저장된 정보를 다시 안테나로 송출하는 기능이다.

국내의 교통카드(버스, 지하철)도 NFC 또는 RFID이며, 교통카드는 Tag모드로 동작되며, 교통카드 Reader기가 카드(즉, Tag)쪽으로 전자장을 발생시키면, Tag는 이 전자장을 전기로 변환하여 내부 정보를 Reader기로 다시 송출한다.

Card Emulation Mode는 NFC 구성요소(모뎀칩, SE, 안테나)에서 신용카드 정보가 저장된 SE의 내용을 정해진 데이터 포멧으로 NFC(이때는 근접통신)를 활용하여 전송하는 기능이다. 대표적인 예는 휴대폰에 신용카드 정보가 저장되어있고, 이 정보를 매장의 결제기로 전송하는 기능이다.

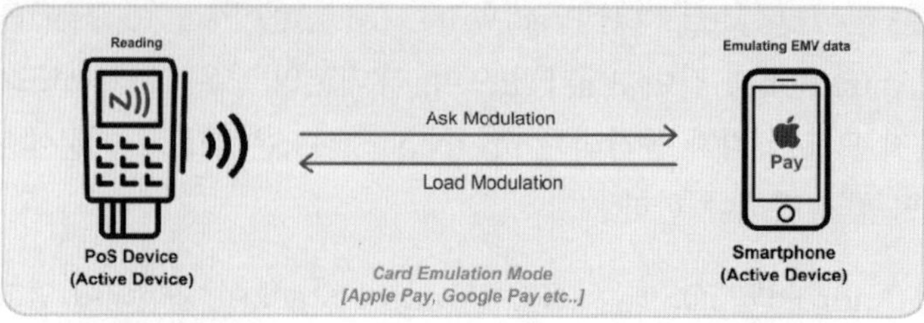

그림 2-125 NFC의 Card Emulation Mode (출처: Medium)

대부분 신용카드 데이터 포멧은 EMV(Europay, Mastercard, Visa) 규격을 준수한다. EMV는 신용카드 회사인 Europay, Mastercard, Visa가 공동으로 정의한 신용카드를 위한 기술규격이다. 따라서 Card Emulation Mode는 EMV 규격으로 데이터를 전송하는 모드이다.

최근에는 많은 사용자가 휴대폰을 활용하여 오프라인 결제를 하기 때문에 휴대폰을 플라스틱 신용카드 대용으로 사용하고 있다. 하지만, 삼성페이나 LG 페이와 같이 일부 휴대폰에서 사용하는 결제 방식은 NFC의 Card Emulation Mode도 지원되지만, 이전 마그네틱 카드 정보를 마그네틱 신호로 결제기에 송출하는 구조이다.

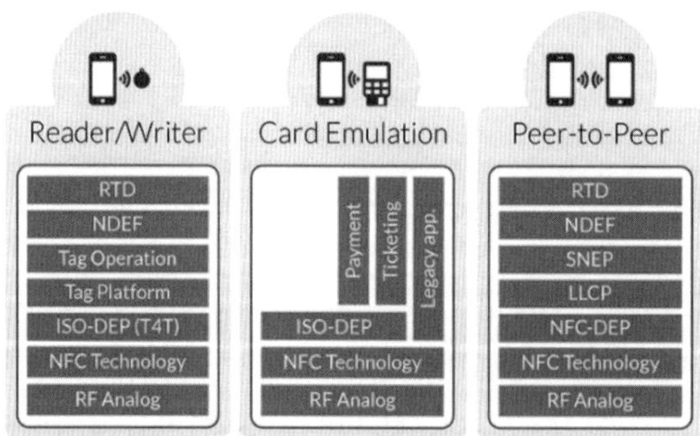

그림 2-126 NFC 각 동작모드의 Protocol Stack (출처: Comprion)

이와 같이 NFC가 지원하는 3가지 모드는 각각 기능이 달라서 적용되는 Protocol Stack도 다르다. 대표적인 예는 Tag(또는 Reader/Writer) Mode와 Peer to Peer Communication에 사용되는 NDEF(NFC Data Exchange Format)이다.

NDEF는 간단한 변조방식인 ASK(Amplitude Shift Keying)를 사용하여 최대 전송속도는 424Kbps이며, 송수신되는 메시지 포멧도 단순하다. 이것은 아주 근접한 거리(즉, 10Cm 이내)에서 통신을 위하여 기술을 단순화시켰다.

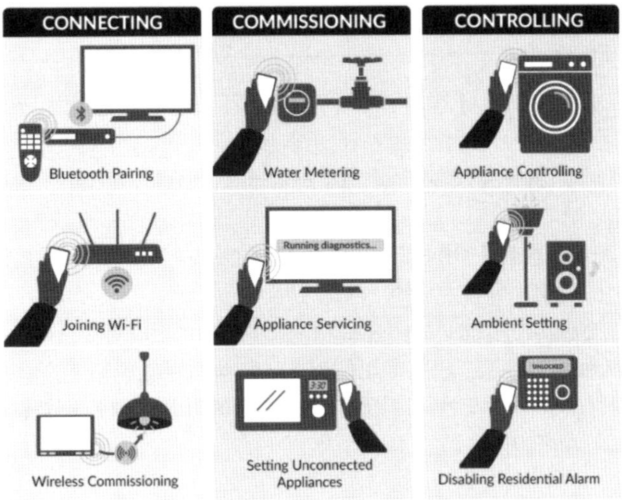

그림 2-127 NFC를 IoT로 활용 (출처: NXP)

NFC를 활용한 서비스는 대부분 보안기능을 활용하는 것으로, 결국은 SE가 핵심이다. NFC 칩을 개발하는 NXP사는 NFC를 IoT에 적용한 예로 Connecting, Commisioning, Controlling과 같이 3가지로 구분했다.

Connecting은 NFC 보안기능 중에 인증을 활용하는 것으로 무선통신의 경우 사전에 인증을 마친 디바이스를 다시 자동으로 연결할 때 사용한다. 예를 들면, Bluetooth Pairing에서 별도의 절차없이 사전에 인증이 완료된 NFC 디바이스를 접촉하면 Pairing이 완료된다.

Commisioning은 허가된 NFC 디바이스를 전자장치에 접촉할 경우, 사전에 설정된 값으로 전자장치가 동작하는 것으로, 예를 들면 검침기의 정보를 읽거나 전자레인지를 동작시키는 방법이다.

Controlling은 NFC 디바이스에서 사전에 설정된 값으로 전자기기를 제어하는 기능으로, 예를 들어 NFC 디바이스에는 사전에 세탁기의 세탁방법이 저장되어있고, 이 NFC 디바이스를 세탁기에 접촉하면 NFC 디바이스에 설정된 방법으로 세탁할 수 있다.

요약

Physical/Data Link Layer

- 대부분 통신시스템은 ISO 에서 정의한 OSI 7 Layer와 IETF에서 정의한 Protocol Stack을 준수하여 개발된다.
- Physical/Data Link Layer는 유무선 통신에 해당되며, 대표적인 기술은 Bluetooth, WiFi, 5G 이동통신이 있다.
- 먼거리 통신이 가능한 방식은 이동통신과 LPWAN이 있으며, 이 중에서 안정적인 통신이 가능한 5G의 NB-IoT 기술이 차츰 주목을 받고 있다.
- IEEE 802.15.4는 IoT를 위한 WPAN 기술로 Physical Layer와 MAC Layer만 정의되어 있으며, Zigbee와 Wi-SUN 등이 IEEE 802.15.4를 기반으로 동작된다.
- IoT 목적으로 가장 많이 사용되는 무선통신 기술은 디바이스 가격이 저렴하고, 서비스 요금이 없는 Bluetooth와 Wi-Fi이다.

4. Network/Transport Layer

1) 개요

OSI 7 Layer에서 Network Layer의 역할은 데이터를 목적지까지 빠르고, 안전하게 전달하는 라우팅이 주된 기능이다. 인터넷은 'Packet Switched Network'으로 전송 대상 데이터가 여러 개의 패킷으로 나뉘어져 각 패킷은 다른 노드(또는 경로)를 거쳐서 목적지에 도달되는데, 이 과정에서 Network Layer는 각 패킷의 최적 경로를 설정해 주는 역할을 한다.

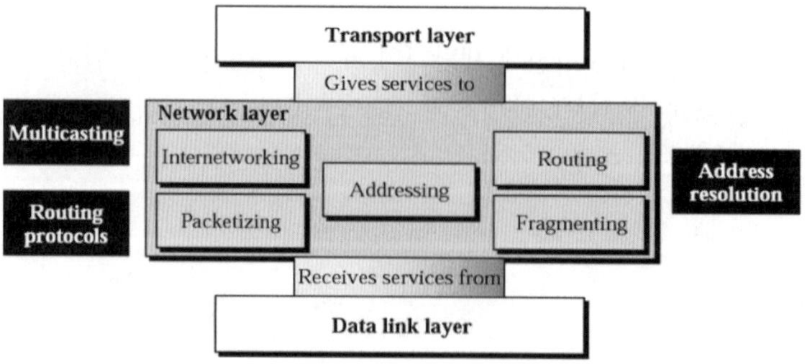

그림 2-128 Network Layer 기능

즉, Network Layer의 주된 역할은 인터넷 망에서 패킷을 발신지 주소로부터 목적지 주소까지 최적의 전달 경로를 설정하는 역할을 한다. 이때 각 노드에서 사용되는 주소(Address)는 IP이며, 각 노드는 고유의 IP로 구분된다.

Network Layer에서 처리되는 기능은 Routing, Interworking, Packetizing, Addressing, Fragmenting 등이 있으나, 주된 기능은 목적지 IP 주소까지 패킷 Routing이며, 이런 의미에서 Network Layer를 IP Layer라고도 한다.

초기 Network Layer는 리소스가 풍부한 유선망을 대상으로 정의되었기 때문에 IETF는 리소스가 제한적인 IoT 환경을 위하여 6LoWPAN(IPv6 over Low Power Wireless Personal Area Networks)을 정의했다.

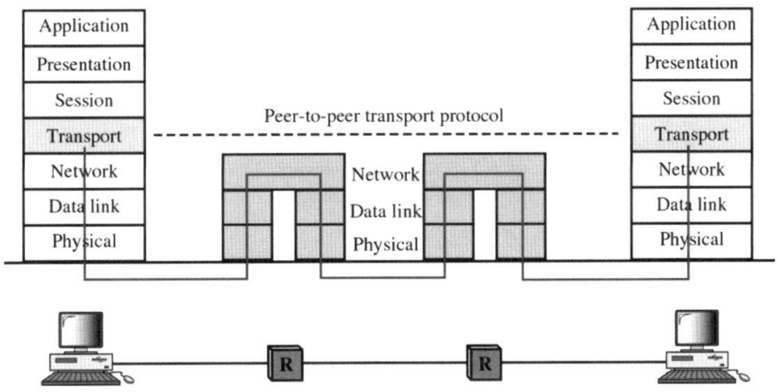

그림 2-129 Transport Layer 기능

Transport Layer는 데이터 통신 경로상에서 통신망 노드와 상관없이 End-to-End 통신을 담당한다. Network Layer와 유사할 수 있는데, Network Layer는 노드간 통신을 담당하고, Transport Layer는 송수신 양단간 통신을 담당한다.

좀 더 세부적으로 보면, Transport Layer는 End-to-End Delivery, 신뢰성 있는 데이터 전송을 위해 흐름제어, 오류제어, 혼잡제어 등의 추가 기능도 담당한다.

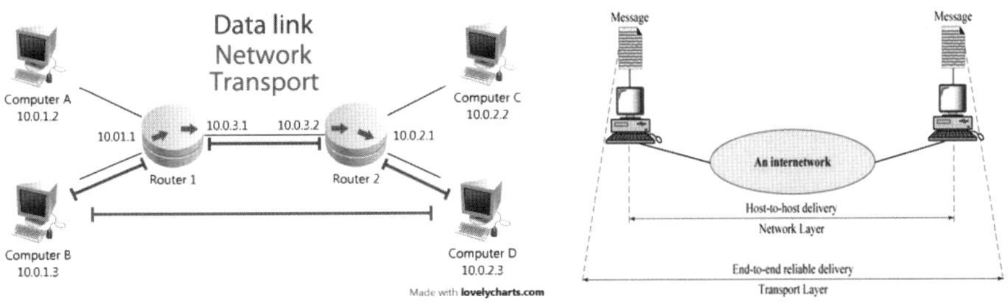

그림 2-130 Network Layer와 Transport Layer 기능 비교

Transport Layer의 대표적인 Protocol은 ① Connection Oriented인 TCP(Transmission Control Protocol)와 ② Connectionless Oriented인 UDP(User Datagram Protocol)가 있다.

Connection Oriented란 통신 과정에서 오류가 발생되었을 때 재전송을 요구하는 방식이고, Connectionless Oriented란 송신측에서 수신측으로 일방적으로 데이터를 보내고, 오류 발생시 수신측은 데이터 재전송을 요구하지 않고 자체적으로 오류를 정정하는 방식이다.

일반적으로 Connectionless Oriented 방식은 송신측에서 메시지 뒷부분에 어느 정도 오류를 정정할 수 있는 오류정정 기법인 FEC(Forward Error Correction)가 많이 사용된다. 수신측은 메시지 뒷부분의 FEC를 확인하여 원래 내용에서 오류가 발생된 부분을 정정한다.

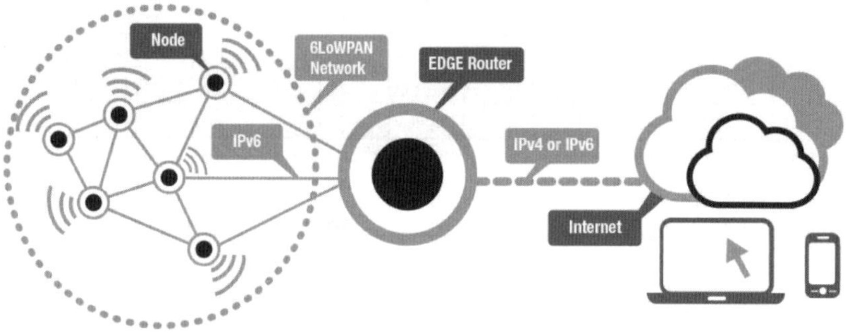

그림 2-131 6LoWPAN과 인터넷 연동방법

IETF내의 CORE(Constrained RESTful Environments) 그룹은 리소스가 제한적인 IoT망에 적합한 전송 Protocol인 6LoWPAN을 정의했다. 6LoWPAN은 IPv6를 기반으로 주로 WPAN(즉, IoT 환경)에서 인터넷 계층의 데이터 송수신을 담당하는 Protocol이다.

또한 IETF는 Application Layer에 있는 CoAP(Constrained Application Protocol) 표준에 노드 간 전송되는 데이터의 기밀성(Confidentiality), 무결성(Integrity)과 같은 보안 서비스를 위하여 UDP 기반 TLS(Transport Layer Security, RFC5246) 방식인 DTLS(Datagram Transport Layer Security) 사용을 권고하고 있다.

DTLS를 적용하면 통신 양단 간 인증, 데이터 기밀성과 무결성 서비스를 제공할 수 있고, 지속적인 전송 공격에 대응할 수 있다.

2) 6LoWPAN

6LoWPAN은 IPv6를 활용하여 IoT 무선통신(주로 WPAN)인 L1, L2 상위에서 동작되는 경량화된 Network Layer Protocol이다(IETF에서 2005년에 정의).

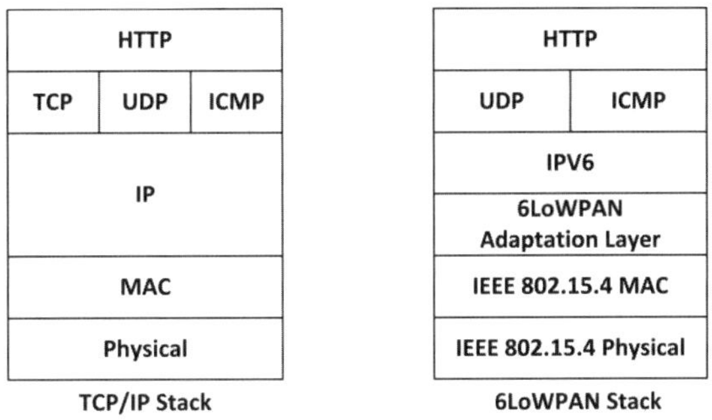

그림 2-132 TCP/IP Protocol Stack과 6LoWPAN 위주의 IoT Protocol Stack 비교

용어 측면에서 6LoWPAN은 IPv6와 LoWPAN(Low Power Wireless Personal Area Network)이 합쳐진 뜻으로, IPv6를 수용하고 WPAN 기반의 IoT 환경(주로 저전력 디바이스)에 적용된다는 의미이다.

IoT는 기본적으로 통신환경이 열악하고, 기능이(메모리, 전송속도, 배터리 등) 제한적인 디바이스를 활용하는 서비스이다. "통신환경이 열악하다"는 뜻은 적은 데이터 송수신, 통신채널의 안정성이 낮은 환경을 의미한다.

초기 6LoWPAN은 WPAN 기술인 IEEE 802.15.4(L1/L2 기술)를 기반으로 정의되었으나, 이후 IoT 목적의 다른 무선통신(Bluetooth, Wi-Fi, LoRa 등)에도 적용되고 있다. Network Layer에서 6LoWPAN이 적용된 Layer를 'Adaption Layer'라고도 한다.

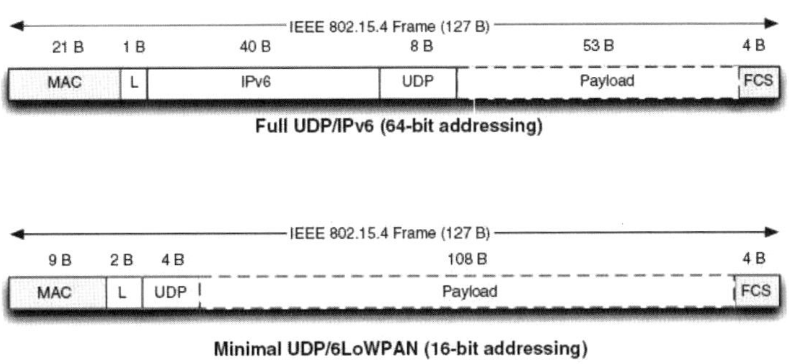

그림 2-133 UDP/IPv6와 UDP/6LoWPAN 패킷 비교

IETF에서 6LoWPAN을 정의하게 된 배경은 IoT 목적으로 기존 Network Layer(즉, IP 계층)에 사용되는 패킷의 Overhead(특히, 각 Layer의 Header 부분)가 크고, 처리절차가 복잡하기 때문이다.

6LoWPAN 구조는 기존 IPv6를 사용하고 UDP Header를 압축시켜 간략화한 것이다. IEEE 802.15.4를 기반으로 6LoWPAN에 사용되는 Payload(실제 송수신 데이터) 크기는 기존 IPv6/UDP 대비 약 1/2이다.

즉 IoT 목적으로 같은 데이터를 보낼 때, 6LoWPAN은 기존 대비 데이터 크기를 반(1/2)으로 보낼 수 있어서 적은 데이터로 송수신하는 환경에 적합하다. 일반적으로 IoT 환경은 통신속도가 20~250kbps 정도, 단말기는 적은 크기의 메모리와 낮은 Computing Power가 사용된다.

유선 인터넷에 6LoWPAN이 거의 사용되지 않는 이유는 User Data의 크기가 워낙 크기 때문에 간단한 통신 Protocol을 사용해도 전송효율을 증대시키는 것은 큰 의미가 없기 때문이다. 예를 들어, YouTube와 같은 비디오 트래픽에서 비디오 데이터가 99% 이상이고, 통신 Protocol이 차지하는 비중은 1% 미만이다.

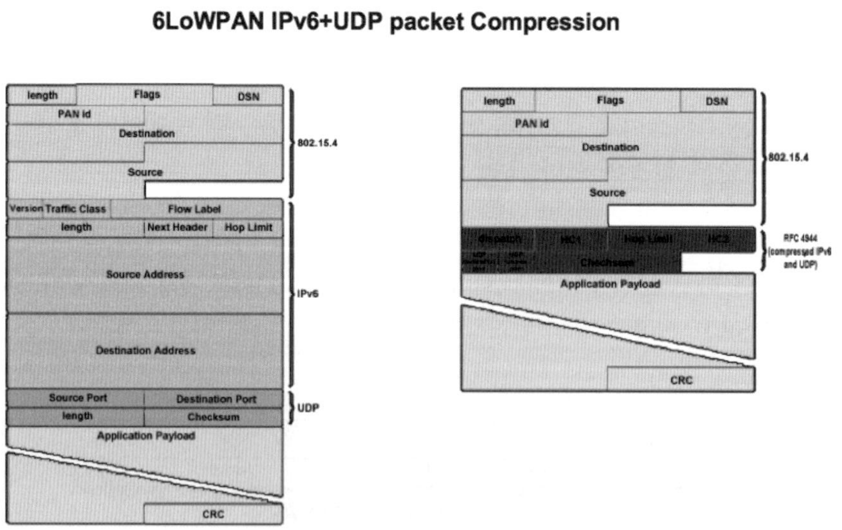

그림 2-134 UDP/6LoWPAN 패킷 예

IoT에서 기본적인 인터넷 주소 체계로 IPv6를 사용하는 이유는 향후 적용될 매우 많은 IoT 디바이스를 수용하기 위해서이다. IPv6는 IPv4 대비 주소 수(즉, 단말기 구분자)가 비교가 안될 정도로 많다.

유사한 의미로 3GPP는 5G망에서 단위 면적당 대규모 IoT 디바이스를 수용하기 위하여 mMTC(Massive Machine Type Communication)라는 이름으로 표준을 정의하고 있다. mMTC에서 'Massive' 의미는 "매우 많다"는 뜻으로 매우 많은 IoT 디바이스를 수용하겠다는 의미이다.

6LoWPAN을 활용한 Protocol Stack 예를 보면, 기존 TCP/IP Stack에서 IoT를 목적으로 PHY/MAC은 IEEE 802.15.4(초기에는 Zigbee 사용)를 사용하고, 기존 IP Layer는 IPv6와 6LoWPAN이 분리된 구조가 사용된다.

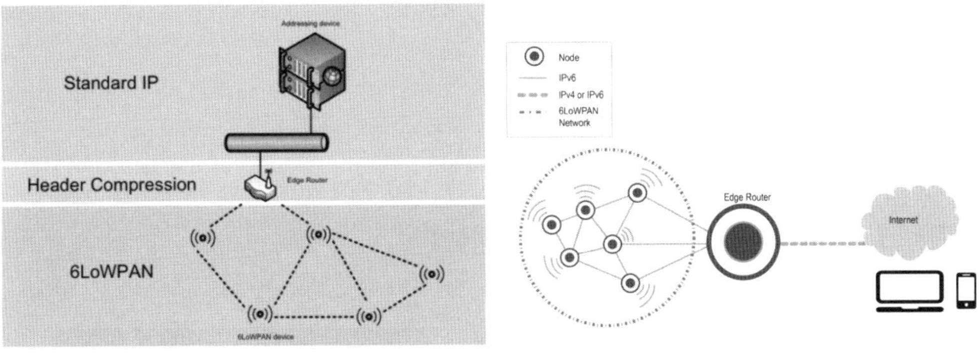

그림 2-135 6LoWPAN 지원 디바이스 연결

6LoWPAN을 지원하는 디바이스와 외부 인터넷 망 연동을 보면, IoT 디바이스간 또는 IoT 디바이스와 Edge Router(또는 Gateway)간 연동은 IPv6를 사용하는 6LoWPAN으로 연동되고, Edge Router 이후(즉, 인터넷 망)는 IPv4나 IPv6가 사용된다.

<u>이렇게 외부망 연동을 일반 IP망(주로 IPv4)으로 연결하는 것은 기존 인터넷을 그대로 활용하겠다는 의도이고, IoT 망에서 6LoWPAN을 사용하는 것은 리소스가 제한적인 많은 IoT 디바이스를 수용하기 위한 것이다.</u>

6LoWPAN과 인터넷 망 연결은 Edge Router가 담당하며, Edge Router의 주된 역할은 인터넷 망에서 6LoWPAN 디바이스와 패킷의 Header Compression 기능이다. 물론 반대로 6LoWPAN에서 인터넷 망으로 정보를 보내기 위해서는 IPv6에 맞게 Header 포멧을 조정해야 한다.

6LoWPAN을 위한 Host(서버), Gateway, Sensor Host(IoT 디바이스)의 Protocol Stack을 보면, 서버와 IoT 디바이스에서 IPv6 상위 단은 동일하고, Gateway는 IPv6까지만 구현된다. 즉, Gateway는 IP Layer의 상위 데이터는 가공하지 않고, 전달하는 역할만 수행하며, 6LoWPAN Protocol은 Gateway와 IoT 디바이스 사이에서 동작된다.

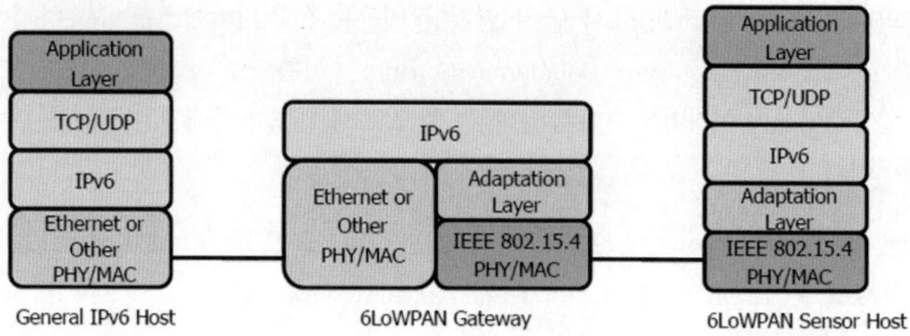

그림 2-136 6LoWPAN을 위한 Host, Gateway, Sensor Host의 Protocol Stack

3) DTLS, TLS

DTLS(Datagram Transport Layer Security)는 UDP 상위, TLS(Transport Layer Security)는 TCP 상위에 적용되는 보안처리 Layer이다. 이 계층은 Transport Layer에 포함되기도 하고, 별도의 Security Layer로 분리하기도 한다.

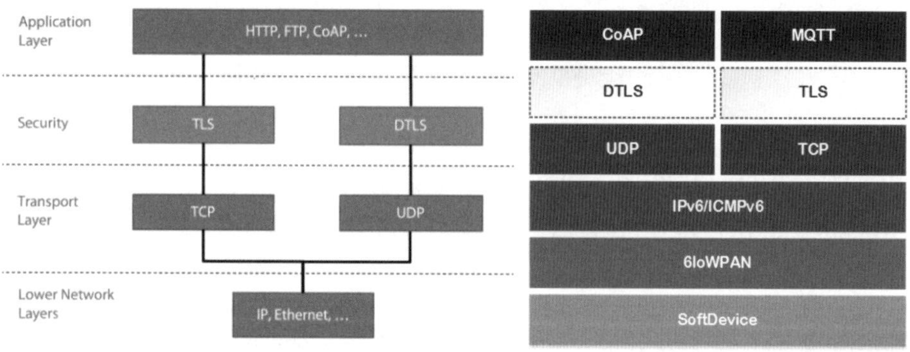

그림 2-137 DTLS, TLS 적용 영역

인터넷 기술규격을 정의하는 IETF(Internet Engineering Task Force)는 CoAP(Constrained Application Protocol) 사용시 보안을 위하여 DTLS 사용을 권고하고 있다. DTLS를 적용하면, 통신 주 체간 인증, 데이터 기밀성, 무결성 서비스 등을 제공할 수 있고, 재전송 공격에 대응할 수 있다.

DTLS는 Application Layer의 CoAP을 위한 보안기능이고, TLS는 MQTT를 위한 보안기능이다. DTLS와 TLS의 기능은 유사하지만, 하위단 전송 Protocol이 Connection Oriented(즉, TCP)와 Connectionless Oriented(즉, UDP)에 따라 처리절차가 다르기 때문에 분리되었다.

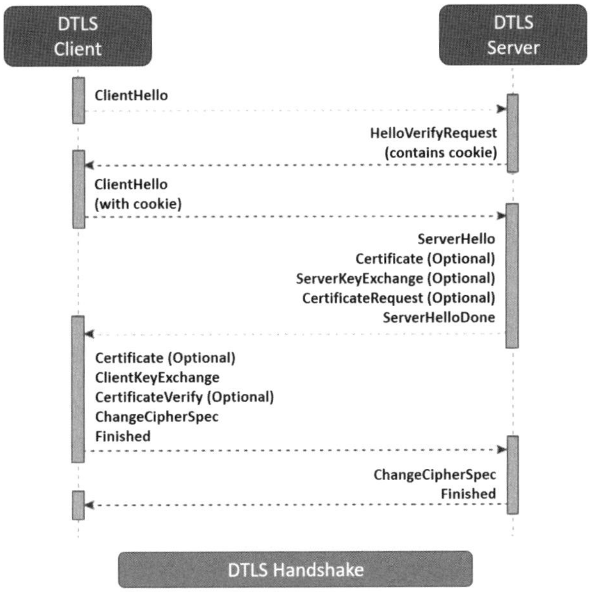

그림 2-138 DTLS 처리 절차 예 (출처: O'Reilly Media)

DTLS의 가장 큰 역할은 통신구간 암호화로써 상위 CoAP 메시지를 암호화하여 통신채널에서 정보탈취를 방지하는 것이다. 이때 DTLS는 IoT 디바이스와 보안서버간 End-to-End 통신이 이루어진다.

전체적인 처리 절차 예를 보면, DTLS Client(즉, IoT 디바이스)에서 보안 설정을 위해서 DTLS Server(Cloud에서 보안을 담당하는 Entity) 연결을 요청하면, Server는 인증서를 Client로 전송한다. 이후, Server와 Client는 Client Key를 활용하여 상호간 인증을 완료한 다음, 통신구간 암호화(ChangeCipherSpec)가 시작된다.

요약

Network/Transport Layer

- Network Layer는 패킷망에서 노드간 데이터 전송을 담당하고, Transport Layer는 송수신 양단간 데이터 전송을 담당한다.
- 6LoWPAN은 Network Layer의 통신 Protocol이며, IoT 데이터 송수신을 위하여 기존 IP 통신에서 Overhead를 줄이고 간단한 처리로 동작된다.
- 6LoWPAN은 주로 IoT 디바이스와 Gateway 사이에 사용되는 통신방식이며, IoT 디바이스는 Gateway를 통하여 인터넷에 연동된다.
- DTLS와 TLS는 통신보안을 위한 Protocol이며, DTLS는 UDP 상위, TLS는 TCP 상위에서 동작된다.

5. Application Layer

1) 개요

ISO에서 정의한 OSI 7 Layer는 인터넷이 활성화되기 이전인 1980년대 초에 정의되어, 인터넷이 많이 사용되기 시작한 1990년대부터 OSI 7 Layer가 목적에 맞지 않았다. 따라서 IETF는 인터넷에 적합한 TCP/IP Model(또는 TCP/IP Protocol Stack)을 다시 정의했다.

TCP/IP Model은 OSI 7 Layer에서 단순한 처리를 위해서 Layer 5, 6, 7이 하나의 'Application Layer'로 정의된 것이다. 이렇게 시작된 TCP/IP Model(5개 Layer 사용)은 큰 틀에서 IoT Protocol Stack에도 적용되고 있다. IoT Protocol Stack은 인터넷 망을 기본으로 사용하기 때문에 IETF에서 규격을 정의한다.

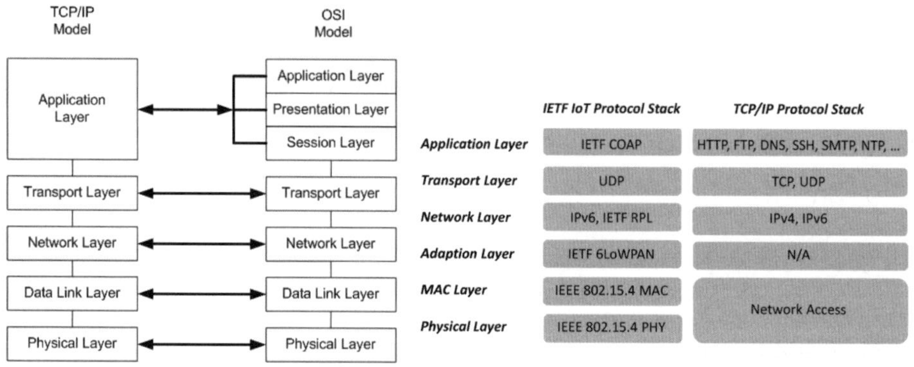

그림 2-139 OSI 7 Layer, TCP/IP Model, IETF IoT Stack 비교

IoT Protocol Stack의 Application Layer에서 IoT 통신을 위한 기술은 CoAP(Constrained Application Protocol)과 MQTT(Message Queuing Telemetry Transport)가 있다. CoAP(코압)과 MQTT는 IoT 디바이스와 Gateway간 데이터(주로 메시지) 송수신 Protocol이다.

CoAP은 IETF에서 정의한 IoT 목적의 데이터 전송 Protocol이고, MQTT는 메시지 송수신 Protocol로써 초기 IBM 주도로 기술이 정의되었으나 최종적으로 ISO/IEC 규격에 포함되었다. 여기서 메시지란 특정 데이터 포멧(예: ASCII)을 의미한다.

CoAP 용어에서 'Constrained' 의미는 "리소스가 제한적인" 뜻으로 IoT 환경을 의미한다. IoT 서비스 제공을 위한 Constrained 조건은 주로 ① 통신환경과 ② 디바이스이다. Constrained 용어를 디바이스 측면에서 보면, 낮은 Computing Power, 저전력 동작,

제한적 메모리 등 이다.

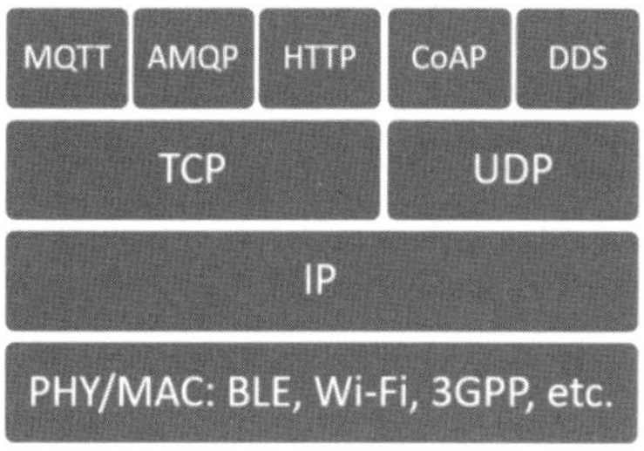

	MQTT	CoAP
BASE PROTOCOL	TCP	UDP
COMMUNICATIONNODE	M:N	1:1
POWER CONSUMPTION	HIGHIER than CoAP	LOWER than MQTT
ENCRYPTION	TCP based SSL	DTLS
ETC	Pub/Sub Model	Req/Resp Model Support RESTful

그림 2-140 CoAP과 MQTT 비교

CoAP과 MQTT는 HTTP(HyperText Transfer Protocol)와 같은 계층으로써 End-to-End 데이터 송수신을 담당하는 Protocol이다. HTTP는 유무선 환경에서 리소스가 풍부한 PC나 Mobile 디바이스에서 인터넷에 접속하기 위한 Protocol이다.

HTTP는 Overhead(특히, 메시지 크기)가 크기 때문에 IoT에 적용하기에는 효율이 떨어진다. 따라서 HTTP를 그대로 IoT 환경에서 사용하는 것보다는 간단한 구조의 전송 Protocol인 CoAP과 MQTT가 IoT에 많이 사용된다. 물론 HTTP도 기존 Web 솔루션과 호환이 잘 되기 때문에 IoT 환경에도 사용된다.

CoAP은 UDP 상위, MQTT는 TCP 상위에서 동작된다. CoAP는 1:1 통신이지만, MQTT는 M:N 통신으로 다수의 디바이스와 다수의 Broker가 동시에 연결될 수 있다. 이처럼 CoAP과 MQTT는 기술적인 차이가 있기 때문에 사용자는 서비스 목적에 맞게 기술을 선택해야 한다.

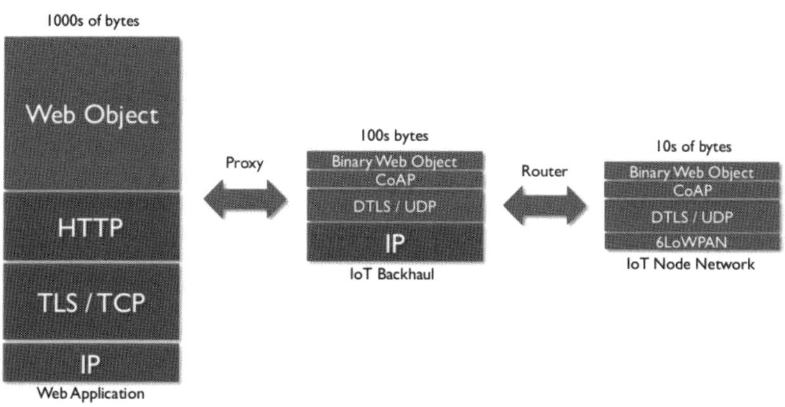

그림 2-141 Web과 IoT 환경에서 데이터 크기 비교 (출처: ARM)

IP 상위단 기준으로 Web과 IoT 데이터 크기를 비교해 보면, Web의 데이터 크기를 1000 Bytes라고 가정하면, IoT 디바이스가 처리하는 데이터 크기는 10 Bytes이다. 이처럼 IoT에 적용되는 대부분의 기술은 송수신 데이터 크기를 줄여서 통신한다.

여기에서 Web Application은 HTTP와 HTML을 사용하는 환경이고, IoT Backhaul은 IoT Gateway, IoT Node Network은 IoT 디바이스이다. IoT 디바이스가 처리하는 데이터 크기가 10Bytes라고 가정하면, IoT Gateway는 Web과 Protocol연동을 위하여 추가 Overhead가 필요하여 100Bytes를 처리한다.

이렇게 IoT 전용 Protocol인 CoAP과 MQTT가 많이 사용되는 이유는 IoT 시장이 지속적으로 성장되고 있고, 여기에 적합한 통신 Protocol이 요구되기 때문이다. 실제로 CoAP과 MQTT는 인터넷을 활용하는 풍부한 리소스를 가진 디바이스(예: PC, 휴대폰)부터 리소스가 제한적인 IoT 디바이스까지 적용될 수 있다.

Web이란 기본적으로 HTTP와 HTML을 사용하는 컴퓨팅 환경이다. 쉽게 생각하면 인터넷 서비스를 위하여 PC 브라우저를 사용하는 환경이다. 하지만 리소스가 제한적인 IoT 환경에는 기존의 Web 기술(특히, HTTP 통신)이 맞지 않아서 IoT 목적에 맞는 새로운 통신 기술(즉, CoAP나 MQTT)이 필요하다.

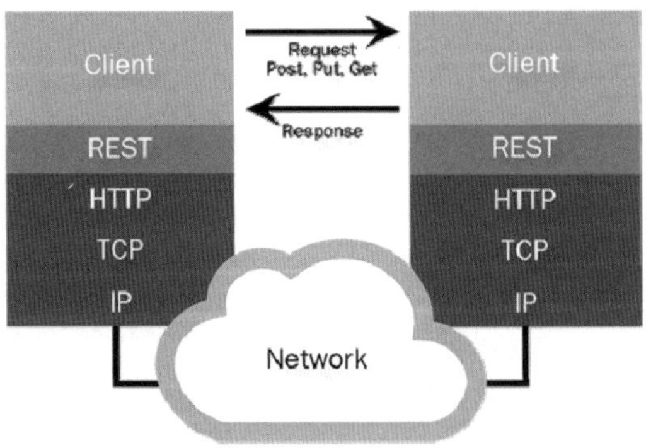

그림 2-142 HTTP 기반 Web 통신 환경

HTTP는 이미 알려진 소스(IP 주소나 URL)에 데이터를 요청하는 단순한 Request/Response 통신모델로써, ① 무선통신 환경이 고려되지 않아서 QoS 관리기능이 약하고, ② 통신품질이 균일하지 않는 무선망에서 전송 신뢰도가 낮으며, ③ Polling 방식으로 디바이스의 배터리 소모가 많은 단점이 있다.

반면, IoT 데이터 송수신 Protocol은 ① 주기적, 비주기적 통신, ② N:1 메시지 전송 기능, ③ 실시간 이벤트 기반 통신, ④ 작은 크기의 데이터를 자주 송신, ⑤ 불안정한 통신망에서도 메시지 전송 보장 등의 특징이 있다.

Eclipse Foundation의 설문조사 결과, 가장 많이 사용되는 IoT 통신 Protocol 순서로 HTTP, MQTT, Websockets이라고 발표했다. 물론, IoT는 다양하기 때문에 통신 Protocol의 시장 점유율을 예측하는 것을 쉽지 않지만, 쉽게 구현할 수 있고 기존 솔루션과 연동이 쉬운 HTTP도 IoT에 많이 사용되고 있다.

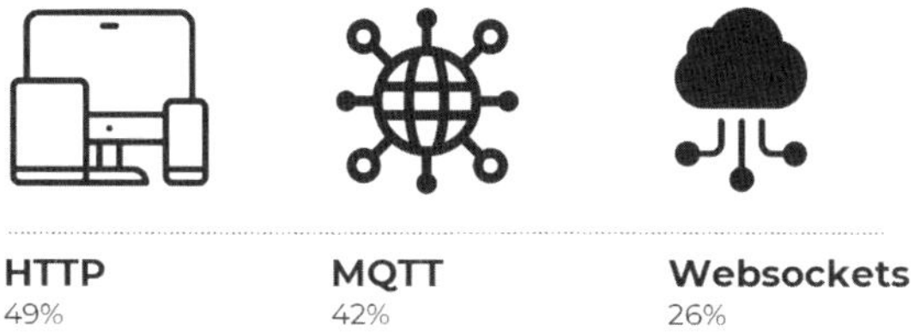

그림 2-143 IoT용 통신 Protocol 설문조사 (출처: Eclipse Foundation)

또한 IETF에서 정의한 IoT Protocol Stack에서 Application Layer에는 IoT 통신 Protocol인 CoAP과 MQTT가 있지만 oneM2M, OCF, AWS IoT, Azure IoT, Google Cloud IoT와 같은 IoT Platform도 Application Layer에 해당된다.

2) CoAP

CoAP(Constrained Application Protocol)은 인터넷 기술을 정의하는 표준화 단체인 IETF(Internet Engineering Task Force)에서 정의한 IoT 디바이스간, IoT 디바이스와 Gateway간 통신을 위한 Protocol이다. IETF에서 CoAP을 정의했기 때문에 CoAP은 기본적으로 IP망에서만 동작되고, RESTful 구조를 따른다.

IETF는 CoAP을 "A specialized web transfer protocol for use with constrained nodes and constrained networks in the Internet of Things"라고 정의했다. 따라서 이 정의에는 CoAP이 기존 Web Protocol(즉, HTTP)과 쉽게 변환되거나 연동이 된다는 의미가 포함되어있다.

IoT 디바이스와 Gateway간 통신을 위하여 Web에 사용되는 HTTP(Hypertext Transfer Protocol)를 사용할 경우, 송수신되는 데이터양도 많고, 통신품질이 좋지 않을 경우 전송에 어려움이 있다. 따라서 IETF는 IoT 통신환경을 고려하여 경량화된 Protocol인 CoAP을 정의했다.

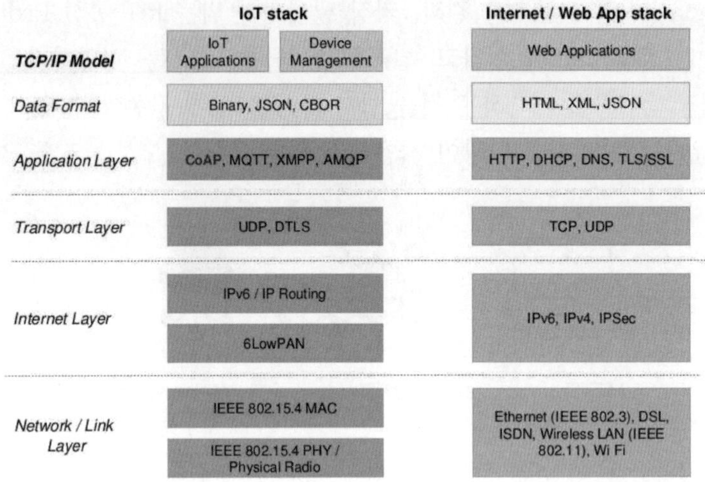

그림 2-144 IoT Stack과 Web(TCP/IP) Stack 비교

Web에 사용되는 HTTP 동작을 보면, 사용자가 원하는 정보가 있으면 해당 서버에 정보를 요청(Request)하고, 서버는 사용자의 요청정보에 대하여 응답(Response)하는 연속적인 동작으로 처리된다. 이러한 방식을 'Client Server Modeling'이라고 한다.

HTTP 예를 보면, PC의 Microsoft Outlook으로 이메일을 확인할 때, PC의 Outlook Client는 정해진 메일 서버에 데이터를 요청(Request)하고, Outlook Client가 데이터를 받으면 보기 쉽게 정리해서 사용자에게 해당 정보를 보여준다.

통신 Protocol, 단말기 S/W Stack 등에서 '경량화', '가볍다'의 뜻은 해당 기능을 처리하는 S/W 크기가 상대적으로 적다는 의미이며, 이 의미를 확대 해석하면 처리되는 데이터 크기가 작고, 통신을 위한 데이터 송수신 절차도 간단하다는 뜻이다.

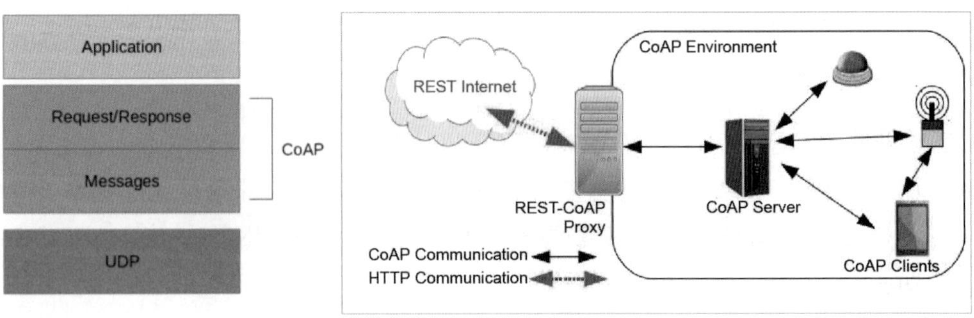

그림 2-145 CoAP과 인터넷 연결방법

CoAP은 Connectionless Oriented Protocol인 UDP 상위에서 동작된다. CoAP이 Connection Oriented Protocol인 TCP를 사용하지 않는 이유는 데이터 송수신 절차를 간단히 하기 위해서이다. TCP는 데이터를 보낸 다음, 상대방 응답(Ack)이 필요한 Protocol이며, UDP는 수신측에서 응답을 하지 않는 방식이다.

CoAP을 지원하는 IoT 디바이스는 인터넷에 연동되기 때문에 Web API가 사용된다. 대부분 Web API는 REST(REpresentational State Transfer) 구조로 구현되기 때문에 CoAP Proxy 서버도 RESTful 구조가 사용된다.

REST를 간단히 보면 HTTP, HTML 구조를 사용하는 시스템이며, RESTful이란 'REST 답게'의 뜻으로 최소한 REST 구조를 준수하여 Web에 연동된다는 뜻이다. RESTful의 몇 가지 특징은 Resource 위치(URI로 구분), 명령어(GET, PUT 등), 정보 표시방법(예: HTML) 등이 Web 표준으로 처리된다.

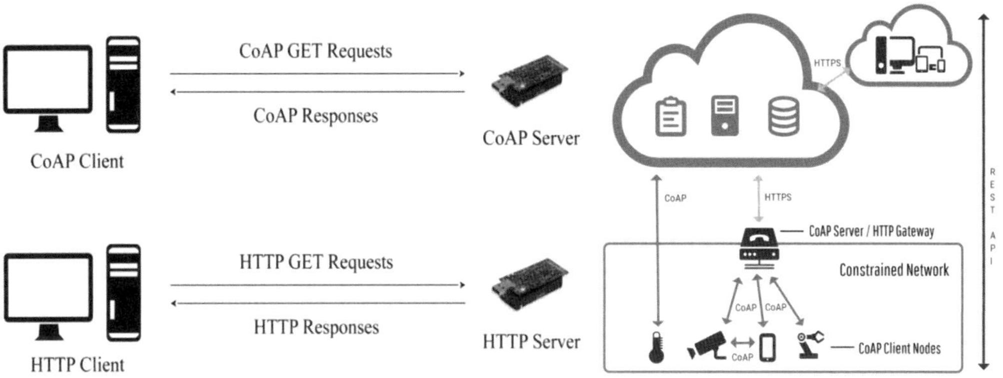

그림 2-146 CoAP, HTTP 처리 절차 비교

CoAP을 사용하는 IoT 디바이스(또는 CoAP Client)는 CoAP 서버와 연동되며, 이 서버는 Proxy 서버(CoAP → REST로 변경)를 거쳐서 인터넷에 연결된다. 이러한 동작으로 CoAP은 기존 HTTP와 쉽게 연동되거나 변환된다.

CoAP 동작 절차는 Request와 Response의 연속으로 이루어지는데, CoAP 디바이스가 서버에 요청할 정보가 있으면, 서버에 해당 정보를 Request하고, 서버는 요청사항에 맞게 응답(Response)하는 절차이다.

이렇게 Request와 Response의 연속 동작으로 통신하는 방식은 인터넷이 활성화되기 시작한 시점에 정의된 Client Server Modeling이다. Client Server Modeling은 Client가 주도적으로 원하는 데이터를 Server에 요청하는 방법이다.

	CoAP	HTTP
Transport	UDP	TCP
Message confirmation	Opitional-confirmable, non-confirmable	All messages acknowledged
Message order	Not ordered	Ordered
Requests/responses	Asynchronous	Uses established connection
Encoding	Can be binary	Plain text (usually)

그림 2-147 CoAP과 HTTP 비교

CoAP과 HTTP를 비교해보면, 가장 큰 차이점은 메시지 표현 방법으로 HTTP는 기본적으로 HTML을 사용하지만, CoAP은 Binary를 사용한다. 또한 HTTP는 응답이 요구되는 시나리오(즉, TCP)를 사용하지만, CoAP의 기본 동작은 응답이 필요없는 방식(즉, UDP)이다.

메시지 표현 방법인 HTML(Hypertext Markup Language)은 Markup Language로써 PC나 휴대폰에 Web Page를 표시하는 방법으로 데이터가 많고 Overhead도 크다. 반면, CoAP은 작은 IoT 데이터(예: 검침이나 전등 ON/OFF)를 Binary 형태로 전송하기 때문에 데이터 크기가 매우 적다.

또한 CoAP은 메시지 전송방법으로 응답이 요구되지 않는 UDP를 기본으로 사용하는데, 이것은 대부분 IoT 데이터가 Critical하지 않기 때문에 응답이 없는 통신방법이 사용된다.

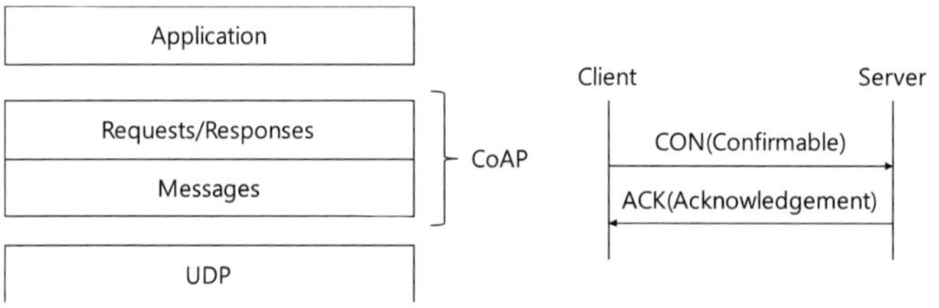

그림 2-148 CoAP 처리 절차

대부분 IoT 데이터는 주기적 전송 위주로 UDP가 많이 사용되는데, 만약 전달이 안될 경우 같은 데이터를 여러 번 보내는 방법이 사용된다. 같은 데이터를 여러 번 보내면, 'Time Diversity' 효과로 수신율이 높아진다. 물론 CoAP은 응답이 요구되는 TCP 전송도 옵션으로 지원된다.

CoAP을 사용한 전등 ON/OFF 예를 보면, CoAP Client가 전등 ON을 요청(Request)하면 전등에 연결된 CoAP Server는 전등을 ON하고, 이의 결과를 CoAP Client에 전송한다. Client Server Modeling에서 정보를 요청한 쪽이 Client가 되고, 응답하는 쪽이 Server

가 된다. 따라서 IoT 서비스에서 IoT 디바이스는 경우에 따라서 Server가 될 수 있다.

3) MQTT

MQTT(Message Queuing Telemetry Transport)는 TCP/IP 상위 Protocol로써 통신품질이 좋지 않는 채널(주로, 무선), 데이터의 지연과 손실이 있는 환경(즉, IoT)에서 사용되는 경량화된 메시지 송수신 Protocol이다.

MQTT는 1999년에 IBM사와 Eurotech사가 공동으로 개발한 Protocol로 2013년에 OASIS(Organization for the Advancement of Structured Information Standards)에 MQTT 기술을 기증하면서 OASIS 표준으로 정의되었다(2014년). 이후 MQTT 기술은 OASIS보다 규모가 더 큰 국제 공식 표준화 단체인 ISO/IEC JTC1(Joint Technical Committee 1)의 표준에 포함되었다.

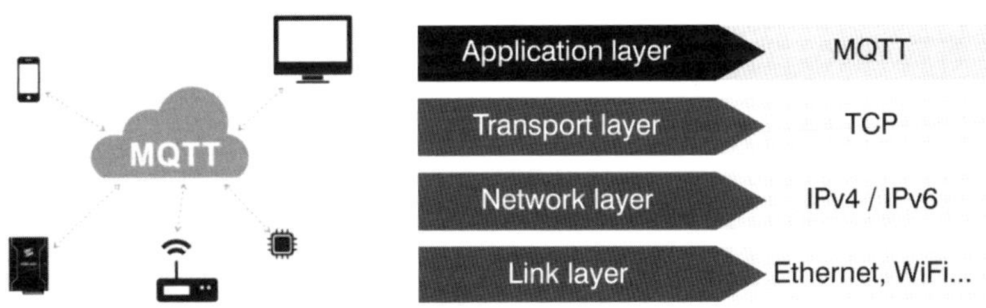

그림 2-149 MQTT 개요

OASIS는 1993년에 설립된 표준화 단체로서 보안, IoT, 에너지, 콘텐츠, Big Data, Cloud Computing, Emergency Management 등의 기술규격을 정의한다. ISO/IEC JTC1은 다수의 정보통신 기술을 정의하는 ISO(International Organization for Standardization)와 주로 전기, 전자와 관련된 기술표준을 정의하는 IEC(International Electrotechnical Commission)가 공동으로 구성한 표준화 위원회이다.

IBM은 1990년대에 정유회사 시설관리를 위한 IT 기술을 개발했는데, 정유시설 관리를 위해서 정유장치와 위성간 통신 목적으로 MQTT를 개발했다. 즉, 지상에서 위성으로 데이터를 전송하기 위한 것으로, 이 통신채널은 열악하기 때문에 최대한 간단한 통신기술이 필요했었다.

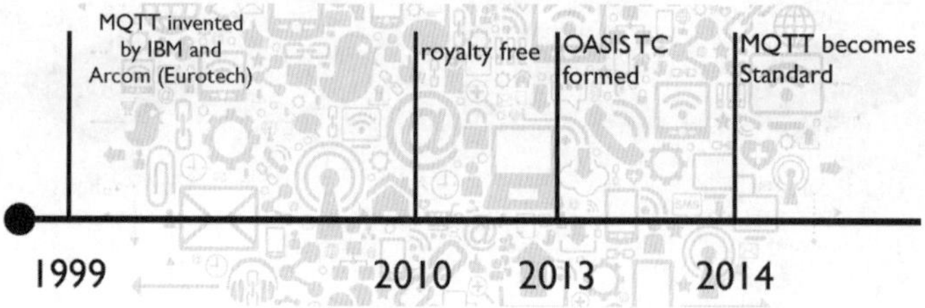

그림 2-150 MQTT 역사

MQTT는 용어가 의미하듯이 Telemetry(검침)를 위한 단순한 메시지 송수신 방법으로 기존 HTTP보다 처리절차가 훨씬 간단하다. 예를 들면, 가정용 전기나 가스 검침정보를 전달하기 위해서는 검침기와 서버간 간단한 메시지만 송수신하면 된다.

이런 의미에서 MQTT를 'Mobile Messaging Protocol'이라고도 한다. 즉, MQTT는 우리가 휴대폰에서 사용하는 SMS(Short Message Service)와 유사하게 IoT 데이터를 송수신하는 간단한 통신 Protocol이다.

MQTT에서 'Queuing'의 의미는 IoT 디바이스가 보낸 메시지는 1차로 MQTT Broker에 Queuing(즉, 저장)되었다가 다시 목적지로 전달된다는 뜻이다. 반면, CoAP은 Client에서 Server로 직접 데이터가 전송된다.

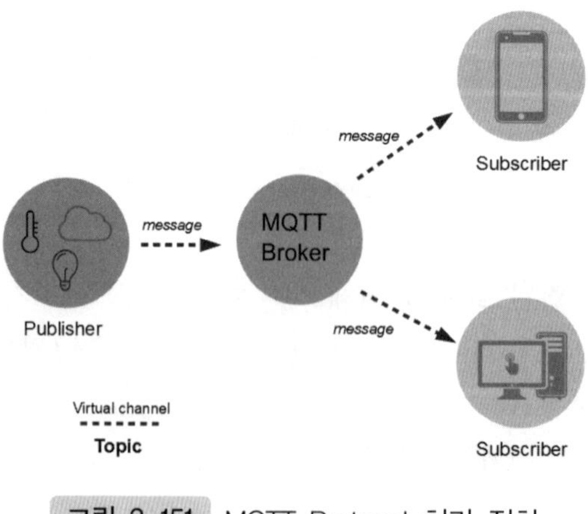

그림 2-151 MQTT Protocol 처리 절차

MQTT Protocol은 ① 모든 디바이스가 MQTT Broker에 접속되어야 하고, ② 이후 MQTT Broker가 다른 노드로 중계하며, ③ 모든 노드는 2개의 명령어(Publisher 또는 Subscriber)로 처리된다. MQTT에서 메시지를 보내는 송신노드를 'Publisher'라고 하고, MQTT Broker로부터 메시지를 받는 수신노드를 'Subscriber'라고 한다.

즉, MQTT는 이동통신에 사용되는 SMS(Short Message Service)와 유사한데, SMS는 디바이스간 통신이 아니라, 송신자가 메시지를 보내면 SMS 메시지를 중계하는 Message Center에 임시로 저장되었다가 수신자에게 전달된다.

SMS는 기본적으로 'Store and Forward'로 동작되는데, Store and Forward는 통신망에 있는 SMS Message Center를 중심으로 SMS 발신자의 메시지는 Message Center에 저장(Store)되었다가 수신자가 받을 상황이 되었을 때, 해당 메시지가 수신자에게 전달(Forward)되는 절차이다.

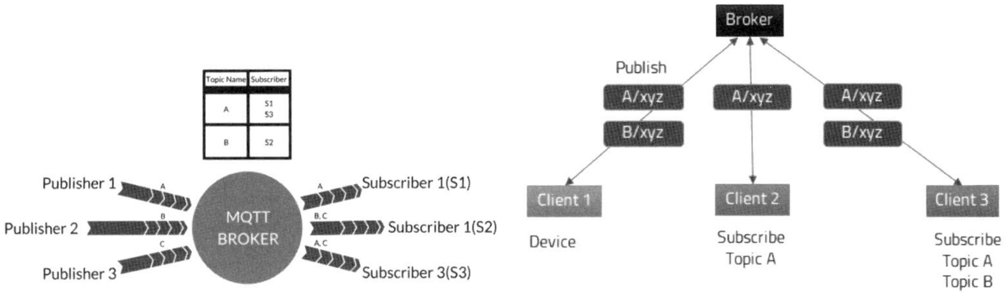

그림 2-152 MQTT Publisher, Subscriber 처리 방법

MQTT는 SMS와 유사하게 ① MQTT Publisher(메시지 전송을 원하는 IoT 디바이스)는 센싱한 데이터가 특정 조건이 되었을 때, MQTT Broker로 메시지를 보내고, ② MQTT Broker는 수신 디바이스가 받을 준비가 되었을 때, 해당 메시지를 Subscriber에게 보낸다.

이때 메시지 형태는 Tree 구조로 다수의 세부(또는 하부) 데이터가 생성될 수 있다. 예를 들면, 가정용 냉장고의 경우 냉장고 온도, 내용물 등의 순서로 메시지 집합을 만들 수 있다. 이렇게 연관성이 있는 정보단위를 'Topic'이라고 한다.

MQTT가 중계장치(MQTT Broker)를 사용하는 이유는 ① IoT 디바이스가 단순히 Broker에게만 메시지를 전송하기 때문에 디바이스에서 처리절차가 간단하고, ② 하나의 Broker에서 많은 MQTT 디바이스를 수용하기 위해서이다.

MQTT Publisher는 메시지 전송시 Topic과 함께 상대방 ID를 전송하는데, 이것은 메시지를 수신하는 대상을 정의하기 위해서이다. MQTT에서 End-to-End 메시지 전송 대상은 MQTT 디바이스와 MQTT Broker이다.

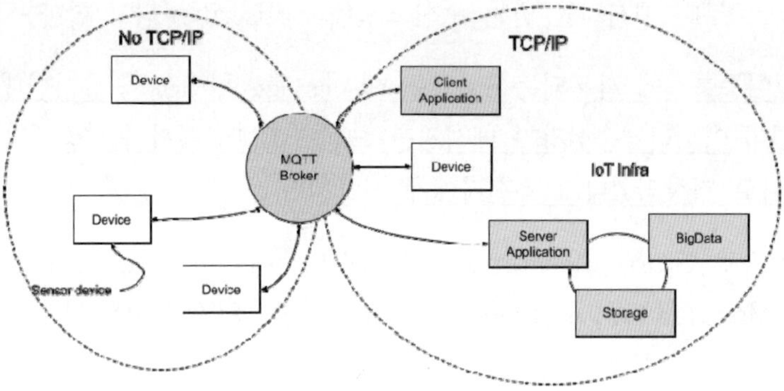

그림 2-153 MQTT 디바이스의 TCP/IP망 연동

MQTT 디바이스는 Protocol Overhead를 줄이기 위해 기본 동작모드로 TCP/IP를 사용하지 않을 수도 있다. 즉, MQTT는 메시지 전송에만 중점을 두기 때문에 MQTT 디바이스 측면에서는 TCP/IP가 무거운 Protocol이기 때문이다.

MQTT에서 외부 IP망과 연동은 MQTT Broker가 담당하며, Broker에는 MQTT Protocol과 TCP/IP가 모두 구현된다. 이것은 통신과정에서 MQTT 디바이스 동작을 최대한 줄이고, Broker에 복잡한 기능을 부여하여 Broker가 추가 절차나 외부망 연동을 담당한다.

MQTT는 리소스가 제한적인 IoT 디바이스, 저속의 불안정한 통신망에 적합한 통신 Protocol이며, mbed의 "mbed MQTT Library", Arduino의 "Arduino Client for MQTT" 등과 같이 다수의 IoT Device Platform에 사용할 수 있도록 라이브러리가 공개되어 있다. 따라서 MQTT 디바이스 개발환경이 잘 구축되어 있다.

Action	HTTP	MQTT
Get single piece of data	302 bytes	69 bytes (〈4 times)
Send single piece of data	320 bytes	47 bytes (〈6 times)
Get 100 pieces of data	12600 bytes	2445 bytes (〈5 times)
Send 100 pieces of data	14100 bytes	2126 bytes (〈6 times)

그림 2-154 HTTP와 MQTT 데이터 크기 비교 (출처: IBM)

MQTT는 HTTP 대비 송수신되는 데이터 크기가 평균 1/5 수준으로 적은 편이다. 이렇게 MQTT는 간단한 절차, 적은 크기의 데이터 송수신, 개방형 구조 등의 이유로 IoT 디바이스 전송 Protocol로 가장 많이 사용되는 것으로 알려져 있다.

또한 MQTT 협회는 MQTT 홈 페이지와 Eclipse(Project명: Eclipse Paho)에 MQTT Protocol 기술문서와 구현을 위한 소스코드를 공개하여 기술확산을 추구하고 있다.

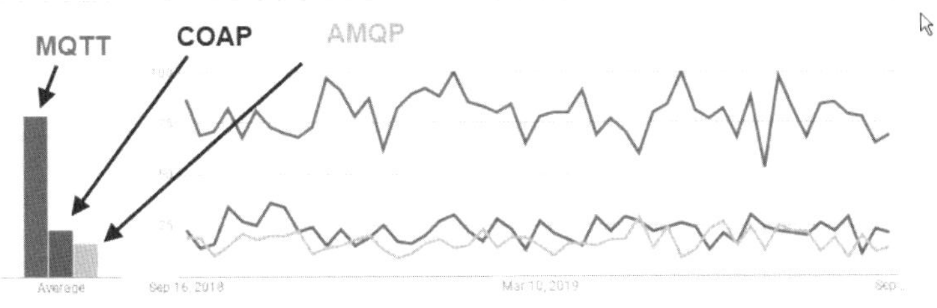

Google Trends MQTT,COAP and AMQP

그림 2-155 IoT 전송 Protocol 관련, Google Trends 결과

IoT 서비스는 다양하고 많아서 IoT 전송 Protocol의 시장 점유율을 파악하기 어려운데, Google의 검색 질의어 통계를 보여주는 'Google Trends' 결과를 보면, MQTT가 다른 방식 대비 월등히 많은 검색결과가 나와서 MQTT의 시장 점유율이 가장 높음을 추정할 수 있다.

여기에서 AMQP(Advanced Message Queuing Protocol)는 TCP/IP를 기본 동작모드로 사용하고, Broker가 사용되지 않는 Point-to-Point 통신방식이다.

요 약

Application Layer

- IoT Protocol Stack에서 Application Layer는 IoT Platform(또는 Cloud)을 포함하여 IoT 통신 Protocol인 CoAP과 MQTT 등이 있다.
- CoAP은 IETF에서 정의한 IoT 통신 Protocol로써 기존의 HTTP를 경량화시킨 방식이다. 따라서 CoAP은 IoT 디바이스 생성한 데이터를 쉽게 Web과 연동시킬 수 있다.
- MQTT는 IoT 데이터 송수신을 위한 통신 Protocol로써 IoT 통신에서 가장 많이 사용되는 기술로 알려져 있다. 통신방식이 간단하고, 다수의 IoT 디바이스와 다수의 Broker가 연동되는 구조이다.

6. IoT Cloud Platform

1) 개요

Cloud Computing 서비스란 서버, 저장공간, 데이터베이스, 네트워킹, 유틸리티 S/W, 분석 툴 등의 컴퓨팅 기능을 인터넷 통하여 사용자에게 제공되는 환경이다. 이러한 컴퓨팅 서비스를 제공하는 회사를 Cloud 서비스 사업자(또는 Cloud 공급자)라고 하며, Cloud 사업자는 일반적으로 가정의 수도나 전기요금이 청구되는 방식으로 Cloud 사용량에 따라 주기적으로 사용자에게 서비스 요금을 청구한다.

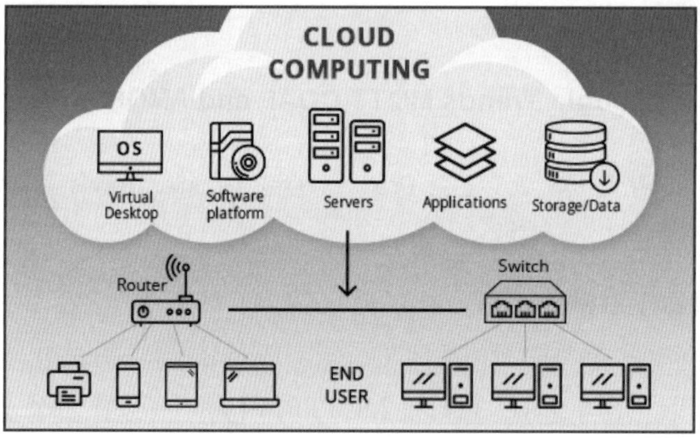

그림 2-156 Cloud 서비스 개념도

Cloud Computing은 1965년에 컴퓨터 과학자인 John McCarthy(존 매카시)가 하나의 컴퓨터를 여러 사람이 공유하여 동시에 작업하면, 비싼 메인 프레임을 대체할 수 있다는 주장에서 시작되었다. 이때, 네트워크 구조 그림에서 Cloud에 해당되는 부분을 솜사탕처럼 생긴 구름을 사용하면서 Cloud가 유래되었다.

또한 Cloud는 '구름'이란 뜻으로 구름은 저 멀리 있기 때문에 우리에게 필요한 Computing 환경을 인터넷으로 연결하여 저 멀리 있는 자원을 사용한다는 의미도 있다. Cloud의 상대적인 반대 개념은 'Standalone'으로 볼 수 있으며, Standalone은 나에게 필요한 모든 Computing 환경이 나의 컴퓨터에서 실행된다는 의미이다.

Cloud 서비스를 활용하면 장비 투자비용, 처리속도, 확장성, 안정성 등의 측면에서 장점이 있다. 비용의 경우, Standalone 형태의 서버를 직접 설치하면 공간, 전력, 냉각시스템, 각종 S/W 툴 등 추가작업이나 비용이 필요한데, Cloud를 활용하면 상대적으로 저렴한 가격에 컴퓨팅 서비스를 제공받을 수 있다.

전세계적으로 주요 IoT Cloud 사업자는 Amazon(Cloud 서비스 이름이 AWS), Microsoft(Azure), Google(Google Cloud Platform) 등이 있고, Cloud 시장의 성장속도는 매우 빠르다. <u>이러한 IoT Cloud Platform 사업자는 IoT 뿐만 아니라 범용 Cloud 서비스를 제공하고 있다.</u> Amazon의 경우, 매출은 온라인 쇼핑몰이 월등히 높지만, 수익은 Cloud 사업이 훨씬 많다.

최근, 유무선 통신 환경이 좋아지고, 스마트 디바이스의 활성화로 Cloud 서비스 니즈가 증가되고 있다. 만약 Cloud를 사용하지 않으면 Standalone 컴퓨터에 모든 데이타가 저장되고, 프로그램이 실행되기 때문에 최근 IT 트렌드인 복잡하고 많은 기능이 요구되는 서비스 제공에서 불리하다.

스마트폰으로 Cloud 서비스를 활용하면, 스마트폰에서 온라인으로 메일 보내기, 문서 편집, 영화나 TV 보기, 음악 듣기, 게임 플레이, 사진과 파일 저장 등의 기능이나 서비스를 활용할 수 있다.

이외에도 Cloud 서비스를 통하여 할 수 있는 작업은 앱 만들기, 데이터 저장, 백업과 복구, 웹 사이트나 블로그 호스트, 오디오나 비디오 스트리밍, 주문형 S/W 제공, 데이터 패턴 분석을 통한 트래픽 예측 등이 있다.

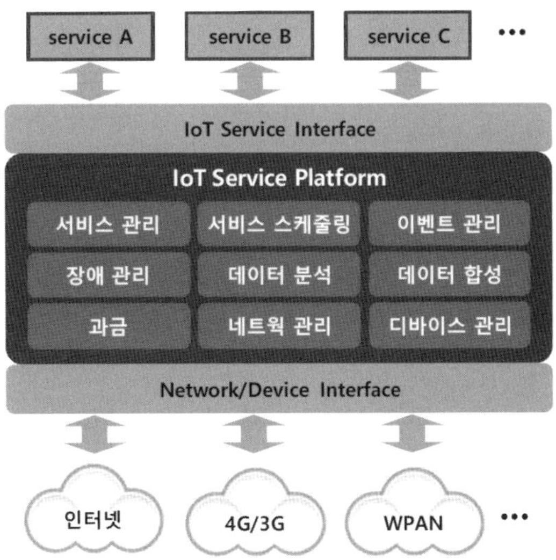

그림 2-157 IoT Platform 기능

IoT Cloud Platform(또는 IoT Platform)은 많은 IoT 디바이스로부터 데이터를 수집하여 분류하고 처리한 다음, 가치있는 정보로 가공하여 ① 사용자에게 서비스 제공, ② 원격으로 디바이스 관리, ③ 제 3자에게 정보제공 등을 한다. IoT Cloud Platform에는 많은 데이터가 처리되고, 복잡한 비즈니스 로직이 구현된다.

IoT 서비스를 위한 Platform은 ① 서비스를 제공하는 회사나 개인이 Cloud를 구축하거나, ② IoT Cloud 사업자의 Platform을 활용할 수 있다. 일반적으로 소규모 IoT 서비스를 제공하는 회사는 장비 설치와 운용의 리스크를 줄이고, 유연한 확장을 위하여 Cloud 사업자의 IoT Cloud Platform을 이용한다.

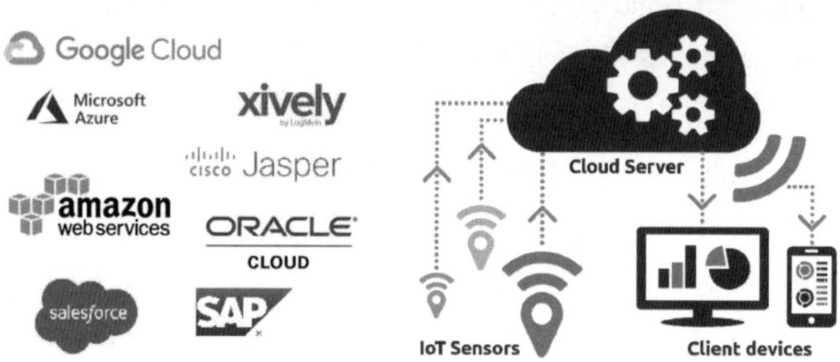

그림 2-158 주요 IoT Cloud Platform 사업자, 서비스 방법

IoT Cloud Platform을 개발하는 KAA사는 IoT Cloud Platform을 다음과 같이 정의했다. "An IoT platform is a multi-layer technology that enables straightforward provisioning, management, and automation of connected devices within the Internet of Things universe. It basically connects your hardware, however diverse, to the cloud by using flexible connectivity options, enterprise-grade security mechanisms, and broad data processing powers".

결국, IoT Cloud Platform은 ① 다양한 종류의 많은 IoT 디바이스를 수용해야 하고, ② 사용자가 원하는 각각의 서비스를 공통의 Platform에서 제공하는 컴퓨팅 환경이다. 즉, IoT Cloud Platform은 하나의 통합된 환경에서 다양한 IoT 서비스를 효과적으로 제공하는 것이 목표이다.

IoT 전문가는 "IoT Cloud Platform을 모든 IoT 시스템을 연결하는 지원 S/W이다"라고 정의하기도 한다. 이 경우, IoT Platform은 ① 센서나 디바이스 등 하드웨어 연결, ② 서로 다른 통신 Protocol 처리, ③ 보안 기능 제공, ④ 데이터 분석, ⑤ 다른 Web과 연동 등의 기능을 한다.

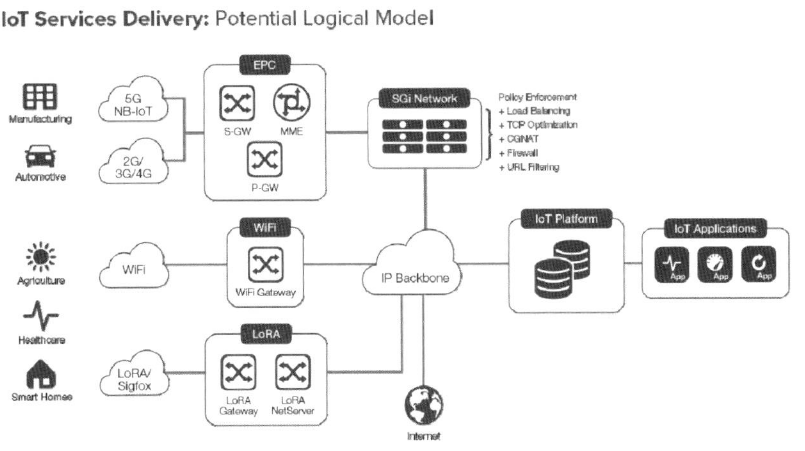

그림 2-159 IoT 디바이스와 IoT Cloud Platform 구성 예

IoT Cloud Platform에서 제공되는 서비스 절차는 IoT 디바이스가 센싱한 정보를 Cloud Platform으로 전송하고, Cloud Platform은 데이터를 분석, 가공하여 사용자 원하는 서비스를 휴대폰이나 PC로 제공하는 것이다.

이와는 별도로 IoT Analytics사는 IoT Cloud Platform 기능을 Connectivity, Device Management, Cloud Backend, Application Enablement, Advanced Analytics와 같이 5개로 분류하기도 했다.

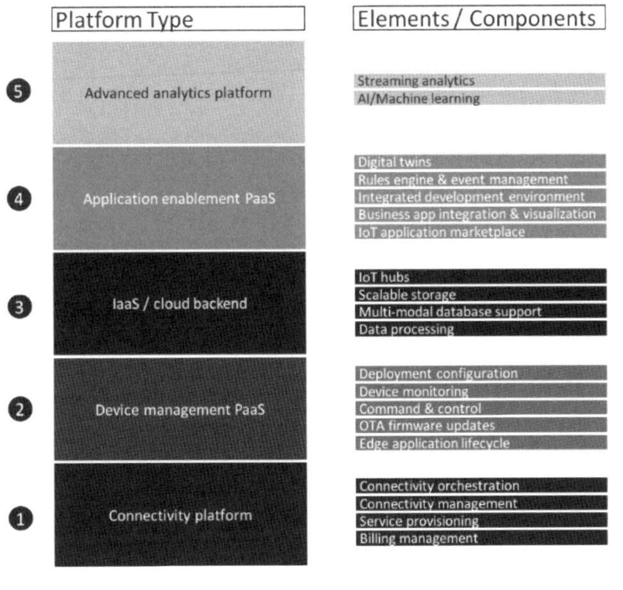

그림 2-160 IoT Cloud Platform 기능 예 (출처: IoT Analytics)

여기에서 ① Connectivity는 IoT Cloud Platform과 IoT 디바이스간 연결 관리, ② Device Management는 디바이스 등록, 추가, 삭제 등을 담당하고, ③ Cloud Backend는 다양한 비즈니스 로직(즉, 서비스 시나리오) 처리, ④ Application Enablement는 서비스 개발을 쉽게 하기 위한 다수의 API이며, ⑤ Advanced Analytics는 많은 IoT 디바이스로부터 수집되는 Big Data를 분석하는 기능이다.

Cloud 사업은 규모의 경제로 Amazon, Microsoft, Google 등과 같은 대형 Cloud 사업자가 경쟁력을 가지고 있다. 최근에는 IoT 서비스를 제공하기 위한 Platform은 서비스 제공자가 직접 구축하는 것보다는 Cloud 사업자가 제공하는 Platform을 활용하는 추세이다.

IoT 서비스를 제공하기 위한 Platform 구성에서 서버는 일반적으로 Front End와 Back End 서버로 구분되어 개발된다. Front End의 주된 역할은 사용자가 앱이나 웹으로 보는 UX(User eXperience)이며, Back End 서버는 서비스가 제공되는 비즈니스 로직이다.

그림 2-161 Front End, Back End 서버 기능

따라서, Front End 서버에는 화면에 정보를 표시하기 위한 언어(예: JavaScript, HTML)가 사용되고, Back End 서버에는 비즈니스 로직이 구현되는 알고리듬 개발과 관련된 언어(예: Phython, PHP)가 사용된다. 뜨개질(Knitting)을 예로 들면, Front End 서버에는 전면에 보이는 쪽으로 사용에 편리하도록 보기좋고 깨끗하게 개발이 되어야 하고, Back End 서버에는 복잡한 서비스 로직이 구현된다.

2) AWS

전세계 최대 온라인 쇼핑몰 사업자인 Amazon은 Cloud 서비스 사업인 AWS(Amazon Web Services)를 운영하고 있다. Cloud 서비스를 활용하고자 하는 회사나 개인은 수수료를 지불하고 AWS에서 제공하는 Computing 환경을 사용할 수 있다.

Amazon은 AWS를 운영하여 많은 이익을 창출하고 있으며, Cloud 사업자로서 전세계 선두권이다. AWS의 유래는 Amazon 쇼핑몰 서버가 가장 많이 사용될 때(예: Black Friday와 연말 쇼핑 시즌)를 대비하여 충분한 서버를 구축했는데, 다른 날에는 서버 사용량이 줄어들어서 이때 Computing 환경인 Cloud 서비스를 제 3자에게 제공하면서 시작되었다.

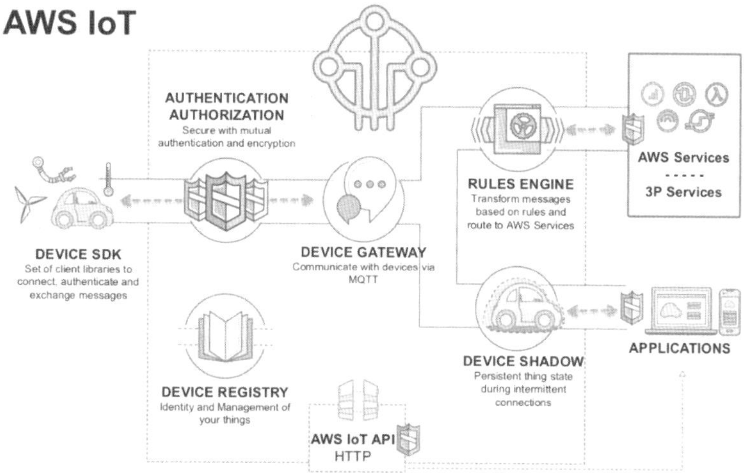

그림 2-162 AWS IoT 구성요소

Amazon에서 제공하는 AWS IoT는 IoT Platform으로써 많은 IoT 디바이스를 쉽고, 안전하게 연결하여 관리하는 환경을 제공한다. 실시간으로 IoT 디바이스로부터 관련된 데이터 수집이 가능하고, 사용자가 원하는 항목에 대하여 데이터도 분석해 준다.

AWS IoT에서 디바이스 연결절차를 보면, 먼저 AWS IoT는 IoT 단말기에 대한 인증과정을 수행하고, 이후 'Device Gateway' 서버가 서비스 목적에 맞게 IoT 디바이스와 AWS IoT에서 해당되는 요소(예: Device Shadow)와 연결해준다.

'Rule Engine'은 해당 IoT 디바이스의 정보를 받아서 비즈니스 로직(즉, 서비스 시나리오)에 따라 AWS IoT에서 처리할지, 외부 3rd Party에 전송할지를 결정하는 역할을 한다. Rule Engine에서 동작되는 비즈니스 로직 예를 보면, IoT 디바이스에 버튼이 2개 있을 경우, 첫번째 버튼은 거실 전등 ON/OFF, 두번째 버튼은 주방 전등 ON/OFF와 같이 사용자가 원하는 기능을 정의할 수 있다.

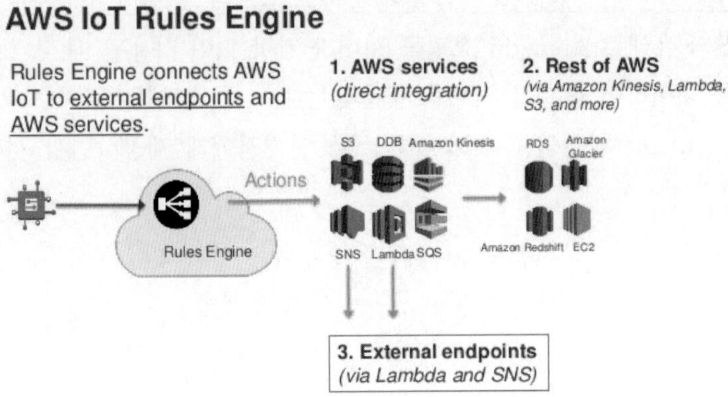

그림 2-163 AWS IoT Rule Engine

AWS IoT에서 'Device Shadow'는 디바이스의 현재 상태를 실시간으로 저장하여 사용자가 쉽게 확인할 수 있는 기능으로 JSON(JavaScript Object Notation) 문서로 구성된다. JSON은 JavaScript에서 확장된 것으로 간단한 형태인 텍스트 기반 데이터 포맷이다.

Device Shadow는 AWS IoT에 연결된 디바이스마다 각각 다른 Shadow를 유지할 수 있고, Device Shadow 서버는 MQTT(Message Queuing Telemetry Transport) 또는 HTTP를 통해서 디바이스 상태(즉, Shadow)를 가져오고 설정할 수 있다.

일반적으로 Device Shadow란 Cloud 서버에서 해당되는 디바이스의 현재 상태를 그대로 보유(또는 저장)하는 것을 의미한다. 따라서, Cloud에서 저 멀리 있는 디바이스의 상태 확인과 제어를 위하여 Computing 환경이 가지고 있는 동일 이미지(일종의 디지털 쌍둥이)이다.

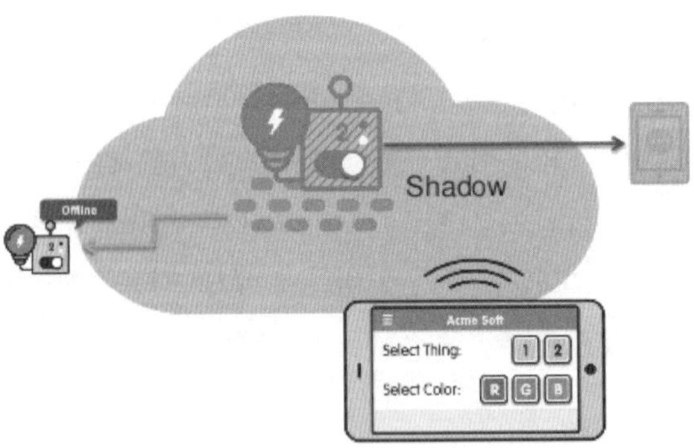

그림 2-164 Device Shadow 예

MQTT는 IBM이 개발하여 국제표준이 된 IoT 전송 Protocol이다. 일반적으로 IoT를 위한 통신방식은 기존 통신 Protocol에서 데이터 크기를 줄이고, 절차를 단순화시킨 것이다. 인터넷 계층에 사용되는 대표적인 IoT 통신 Protocol은 MQTT와 CoAP(Constrained Application Protocol)이 있다.

사용자는 Device Shadow에 업데이트된 상태 정보를 게시할 수 있고, 디바이스와 연결시 상태를 Cloud와 동기시킬 수 있다. 또한 IoT 디바이스에는 특정 애플리케이션이나 다른 디바이스가 사용할 수 있도록 Shadow에 현재 상태를 표시할 수 있다.

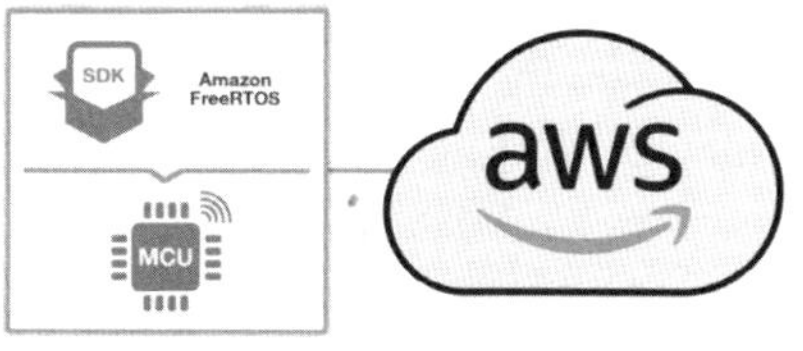

그림 2-165 FreeRTOS와 AWS IoT 서버 연동

AWS IoT와 연동되는 IoT 디바이스 OS는 오픈소스 기반의 RTOS(Real Time OS)인 'FreeRTOS'가 많이 사용된다. 유사한 IoT 디바이스 OS로는 ARM사의 Mbed 등이 있지만, 라이센스 문제로 Amazon은 FreeRTOS 사용을 권장하고 있다.

Amazon은 AWS IoT에 연동되는 디바이스 OS인 FreeRTOS를 확산시키기 위하여 Intel, NXP, TI 등 칩 업체와 협력하고 있으며, FreeRTOS를 활용하여 IoT 디바이스를 쉽게 개발할 수 있도록 개발환경도 제공해 준다.

또한 AWS IoT에는 IoT Device의 FOTA(Firmware Over-The-Air)를 지원하여 매번 오프라인으로 디바이스 Firmware를 업데이트해야 하는 불편을 없앴다. FOTA는 리모트에서 디바이스 Firmware를 업데이트하는 기능이다. 일반적으로 이 절차는 보안이 중요하기 때문에 디바이스와 서버간 인증절차(예: 상호간 적합한 상대인가 확인)가 필요하다.

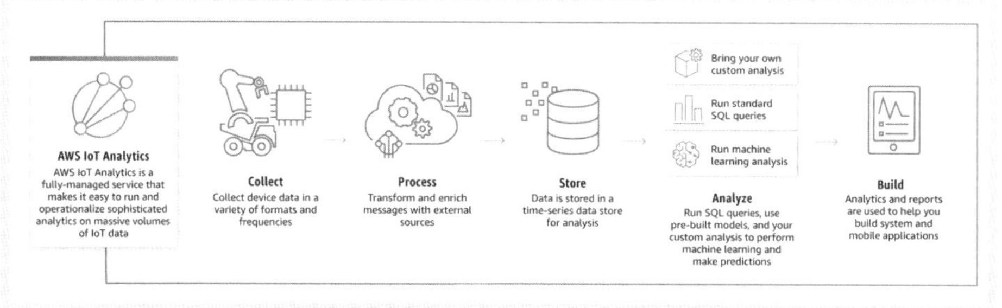

그림 2-166 AWS IoT Analytics 기능

AWS IoT에는 AWS IoT Analytics 기능이 있어서 디바이스로부터 수집되는 데이터를 분석해 준다. 즉, 선택적으로 Big Data 분석을 통하여 사용자가 원하는 기능을 제공해 준다. 이 외에도 AWS IoT는 AWS IoT Device Management(디바이스 관리, 모니터링 등), AWS IoT Device Defender(보안채널) 등의 기능도 지원한다.

3) Azure

Azure(에저)는 Microsoft에서 제공하는 Cloud 서비스이며, Microsoft는 Azure를 기반으로 IoT 서비스를 제공하고 있다. Azure IoT Platform은 크게 Things, Insights, Actions와 같이 3개 부분으로 구성된다.

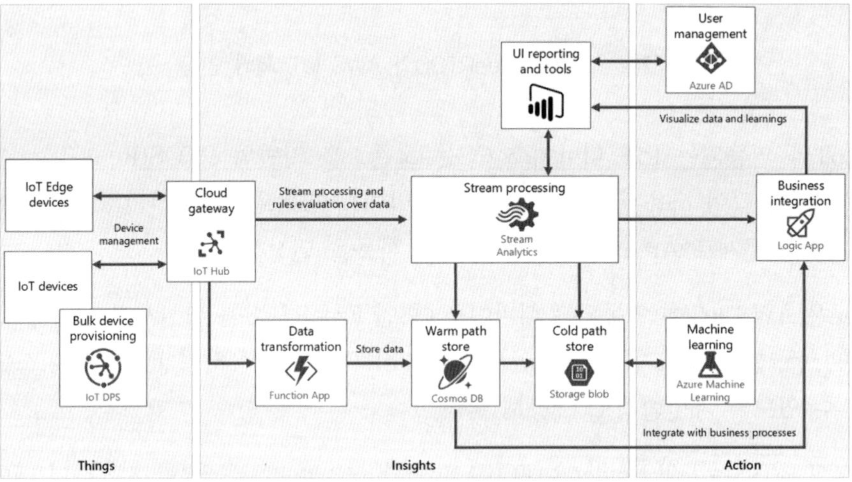

그림 2-167 Azure IoT Reference Architecture

여기에서 ① Things는 IoT 디바이스나 IoT Edge 디바이스에서 Azure IoT Platform에 연동되는 부분이며, ② Insights는 Things로부터 수집된 정보를 분석하는 역할을 하며, ③ Actions는 해당 비즈니스 로직에 따라 서비스를 제공하는 부분이다.

Azure IoT Platform은 Big Data 분석 기능이 강한데, IoT 서비스에서 실시간 처리가 필요한 서비스는 'Warm Path Store'에서 처리되고, 실시간 처리가 필요없는 서비스는 'Cold Path Store'에서 동작된다.

Azure IoT Platform의 특징 중에 하나는 'IoT Edge Devices'를 사용하는 것으로 IoT Edge Devices는 일종의 Edge Computing 기술로 IoT 디바이스가 Cloud에 연동되기 전에 별도로 데이터가 처리되는 Cloud 요소이다.

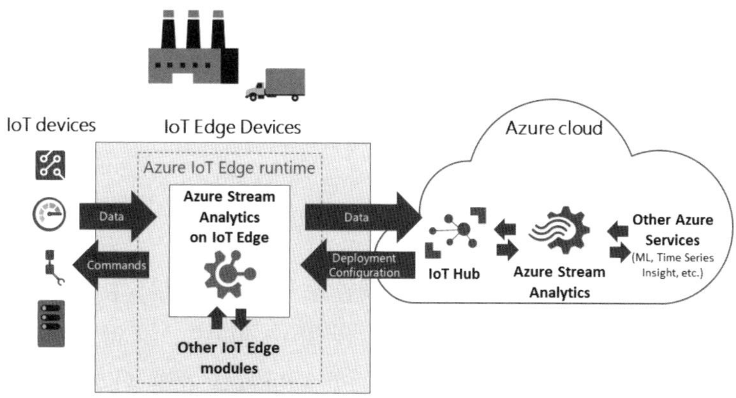

그림 2-168 Azure IoT Edge Runtime 구조

IoT Edge Devices에는 'Azure IoT Edge Runtime'이 동작되는데, 이것은 IoT 디바이스가 수집한 데이터나 제어명령 중에서 간단한 처리가 여기에서 이루어진다. 즉, Azure Cloud까지 정보가 전송되지 않고, IoT 전등제어 등과 같이 간단한 기능이 처리될 수 있다.

일반적으로 ① 많은 컴퓨팅 자원과 Database가 필요한 Big Data 분석이나 ② 특정 칩(예: DNN 알고리듬 처리)에서 동작되는 AI 기술은 IoT Edge Devices에서 처리되지 않고, Computing Power가 더 좋은 Azure Cloud가 담당한다.

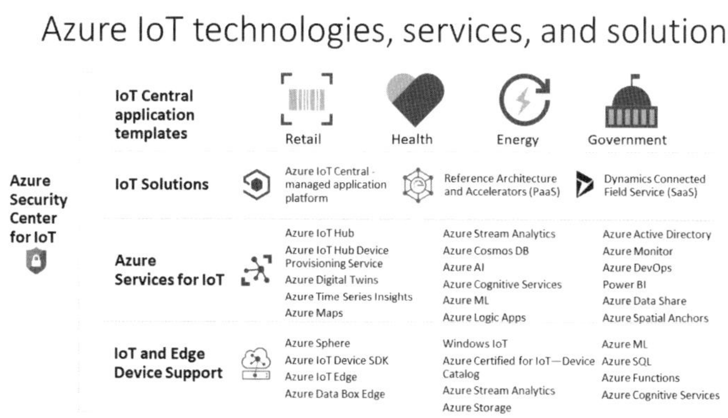

그림 2-169 Azure IoT Platform 주요 기능

Azure IoT Platform에서 제공되는 응용분야는 크게 IoT Central, IoT Solutions, Azure Services for IoT, IoT and Edge Device Support와 같이 4개로 분류되어 서비스가 제공한다. 이와 함께 이러한 4개 서비스에 대하여 전체 보안을 담당하는 Azure

Security Center for IoT가 있다.

① IoT Central은 소매(Retail), 헬스, 에너지, 정부기관(Government)과 같이 특정 목적에 맞게 모든 솔루션을 제공하는 SaaS(Software as a Service)이며, ② IoT Solutions는 서비스 제공을 위한 개발이나 설정환경을 사용자에게 제공하여 사용자가 임의로 서비스 환경을 구성할 수 있는 PaaS(Platform as a Service)이다.

③ Azure Services for IoT는 IoT 서비스 제공을 위하여 특별히 정해진 절차가 없는 환경으로 사용자는 서비스 목적에 맞게 기술을 개발할 수 있으며, ④ IoT and Edge Device Support는 Azure IoT Plaform에 연동 가능한 디바이스 개발 환경이다.

4) Google Cloud Platform

Google Cloud Platform(또는 GCP)은 Google에서 제공하는 Cloud 서비스이며, Google은 IoT 서비스를 위하여 Google Cloud Platform에서 동작되는 'Google Cloud IoT'를 운용하고 있다. Google Cloud IoT에서 IoT를 위하여 핵심적인 역할을 하는 부분은 'Cloud IoT Core'이다.

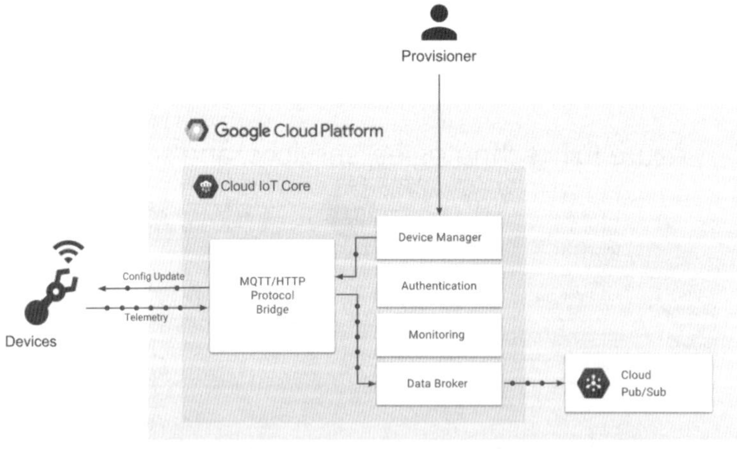

그림 2-170 Google Cloud IoT Core 구조

Cloud IoT Core는 크게 ① IoT 디바이스와 통신하는 부분인 MQTT/HTTP Protocol Bridge와 ② 인증, 모니터링, 다른 Cloud와 연동, 디바이스를 관리하는 Device Manager로 구성된다. Cloud IoT Core를 Google Cloud Platform의 다른 서비스와 함께 사용할 수 있는데, 예를 들면 실시간으로 IoT 데이터를 수집, 처리, 분석, 시각화할

수 있다.

Google Cloud IoT에는 'Google BigQuery'를 활용하여 실시간으로 Big Data 분석이 가능하며, 'Cloud Machine Learning Engine'을 활용하여 데이터 학습도 가능하다. 또한 운영자가 쉽게 IoT 서비스를 확인할 수 있도록 잘 정리된 대시보드를 제공해 준다.

또한 Google이 강점을 가지고 있는 것은 Google 지도를 활용하는 것인데, IoT 서비스를 위하여 실시간으로 디바이스 처음 위치, 이동한 위치, 이동 빈도를 지도에 표시할 수 있다. 이렇게 Google 지도를 활용하는 것은 IoT 디바이스가 실내에 있거나 멀리 떨어진 지역에 있어도 디바이스 위치나 이동을 표시해 줄 수 있다.

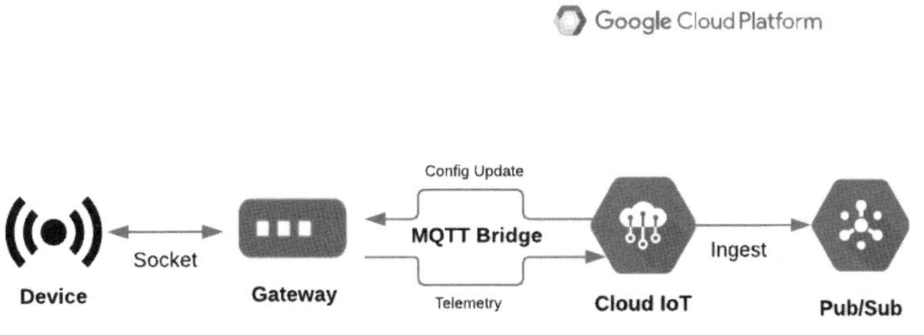

그림 2-171 Google Cloud IoT에서 데이터 처리 절차

또한 Google은 Google Cloud IoT에서 IoT 디바이스와 MQTT Bridge간 전송 Protocol은 MQTT를 권고하고 있다. 또한 IoT Device Management를 위하여 Google은 다수의

요약

IoT Cloud Platform

- 주요 Cloud Platform 사업자는 Amazon(AWS), Microsoft(Azure), Google(Google Cloud Platform)이 있으며, 이 회사는 범용 Cloud 서비스뿐만 아니라 IoT Cloud Platform을 활용한 서비스도 제공하고 있다.
- IoT Cloud Platform은 다양한 IoT 디바이스를 수용하고, 개별 서비스 제공을 위한 비지니스 로직이 동작된다.
- IoT 서비스는 여러 종류의 기술이 복합되어 제공되기 때문에 원하는 서비스 제공을 위하여 Standalone 형태의 Computing 환경을 구성하는 것보다 IoT Cloud Platform을 활용하는 것이 유리하다.

7. IoT 디바이스

1) 개요

IoT 디바이스는 IoT 서비스를 제공하기 위하여 사물에 부착되거나 사물에 구현된 장치로써 내부적으로 Sensor, Actuator, 무선통신 모듈 등이 있다. 일반적인 IoT 디바이스는 사물에 Sensor와 무선통신 모듈이 내장된 일체형이 많다.

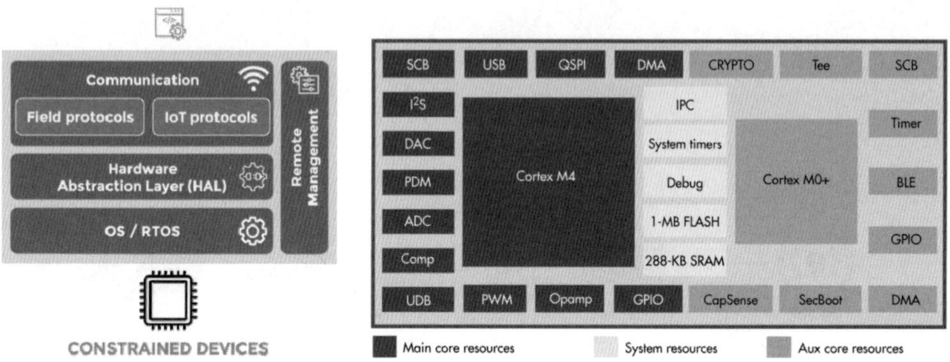

그림 2-172 IoT 디바이스 Protocol Stack, H/W 모듈 예 (출처: Eclipse Foundation)

IoT 디바이스에 적용되는 Protocol Stack을 보면, 메인 칩(MCU나 무선 통신칩)을 기반으로 상위에 OS/RTOS, HAL(Hardware Abstraction Layer), IoT Protocol 등이 순차적으로 구현될 수 있다. HAL은 상위 S/W가 하위 H/W에 무관하게 동작되는 Abstraction(추상화) Layer이다.

일반적으로 IoT Protocol이란 ① IoT 목적의 무선통신과 ② CoAP, MQTT와 같은 IoT용 인터넷 Protocol을 합한 의미이다. 대부분 IoT 디바이스에 사용되는 메인 칩은 ARM사에 제공하는 IoT용 CPU인 Cortex-M Series를 사용하여 칩 업체가 개발한다.

ARM사는 칩을 직접 개발하지 않고, 칩에 들어가는 핵심 부분인 CPU(Central Processing Unit), GPU(Graphics Processing Unit) 등을 칩 개발회사에 공급한다. 여기에서 칩 내부의 핵심부분 단위를 IP(Intellectual property)라고 하며, 특허를 의미하는 IP와 용어는 같지만 의미는 다르다.

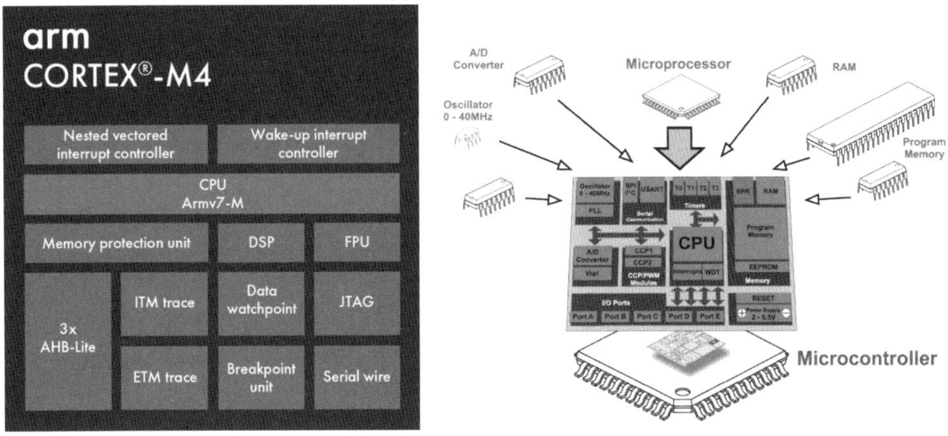

그림 2-173 IoT용 칩

IoT 디바이스에 적용되는 칩 내부의 CPU는 소형, 저전력으로 동작되는 ARM사의 IP가 많이 사용된다. 따라서 IoT 디바이스에는 ARM사 CPU를 중심으로 무선통신, 외부 인터페이스, 메모리 등이 구현된다.

IoT 디바이스에 적용되는 칩을 개발하는 회사는 Qualcomm, Broadcom, STMicroelectronics, TI, SiLabs 등 많으며, IoT 디바이스가 다양하기 때문에 여기에 필요한 칩도 여러 가지가 있다.

일반적으로 IoT 디바이스에는 여러 개의 칩이 디바이스에 개별적으로 조립되는 것이 아니라, 몇 개의 칩과 부품이 하나로 통합된 '모듈(Module)'이 사용된다. 따라서 IoT 디바이스는 이러한 모듈을 중심으로 외부 장치(예: Display, 버튼), 기구 등이 추가된다.

그림 2-174 IoT 목적의 BLE 모듈

IoT에 많이 사용되는 BLE 디바이스는 Smart Watch, BLE Beacon, BLE Tracker 등 다양한데, 디바이스를 만드는 회사는 BLE 칩을 활용하여 디바이스 개발을 할 수 있지만, 일반적으로 BLE 칩, 메모리, 안테나, I/O 인터페이스 등이 하나의 H/W로 통합된 모듈을 사용하여 디바이스가 개발된다.

BLE 모듈은 칩 회사보다 BLE 서비스에 맞게 모듈을 전문으로 개발하는 회사에서 만들어지며, 이러한 BLE 모듈에는 BLE 통신기능과 MCU(Main Control Unit) 등이 있다. 디바이스 개발회사는 별도의 H/W 보드를 개발을 하지 않고, 이 모듈을 기반으로 서비스를 위한 S/W를 추가하여 디바이스를 개발한다.

따라서, BLE 디바이스 개발회사는 BLE 모듈을 사용하여 기구, 서비스 제공을 위한 S/W, 스마트폰 앱만 개발하면 된다. 칩 회사는 칩을 모듈회사에 공급하고, 모듈회사는 모듈을 디바이스 개발업체로 공급하는 Ecosystem이 구축되어 있어서 편리하게 IoT 디바이스를 개발할 수 있다.

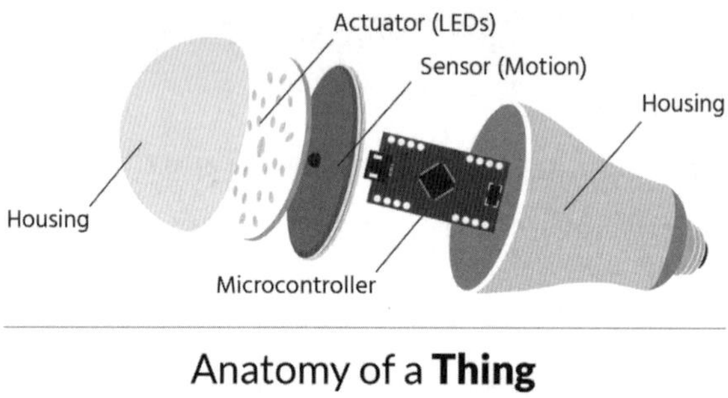

그림 2-175 IoT 디바이스 구조 예 (출처: Bridgera)

IoT 전등은 기존 LED(Light Emitting Diode) 전등(Light Bulb)에 제어와 통신을 위한 IoT용 H/W 모듈이 추가되고, 외부에 새로운 기구(Housing)가 추가된 것이다. 이때, 모듈에는 센서(예: 밝기 감지)와 통신기능(예: BLE)이 포함되어 있다.

IoT 디바이스를 위해서는 'Device Management' 기능이 필요한데, Device Management는 Cloud에서 디바이스를 관리하는 방법이다. 즉, Device Management는 서비스 제공을 위하여 해당 디바이스를 Cloud에 등록하거나 디바이스 S/W Upgrade 등의 기능이다.

Device Management 관련 기술은 이동통신 단말기에 사용되었던 OMA-DM(Open Mobile Alliance-Device Management)이 있지만, 대부분 Device Management 기능은 Cloud 사업자가 독자적으로 정의하여 사용한다.

따라서 IoT Cloud Platform 사업자는 Device Management 기능을 제공하고 있으며, Amazon AWS의 경우 디바이스 등록, Grouping, OTA(Over The Air) Update 기능과 사용자가 스마트폰을 활용하여 IoT 디바이스를 쉽게 관리할 수 있는 앱까지 제공한다.

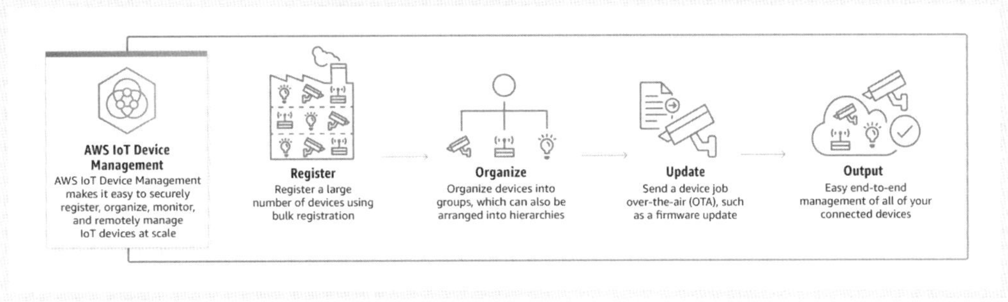

그림 2-176 IoT Device Management 예 (출처: AWS)

OTA Update는 무선으로 디바이스 Firmware와 서비스 S/W를 갱신(Update)하는 것이다. 대부분의 경우, 서비스를 제공한 후 ① 새로운 기능이나 서비스가 추가되거나 ② 디바이스에 오류가 발생되어 Firmware Update가 필요하다. 이러한 Device Management 기능은 IoT Cloud Platform에 있는 Device Management 서버가 담당한다.

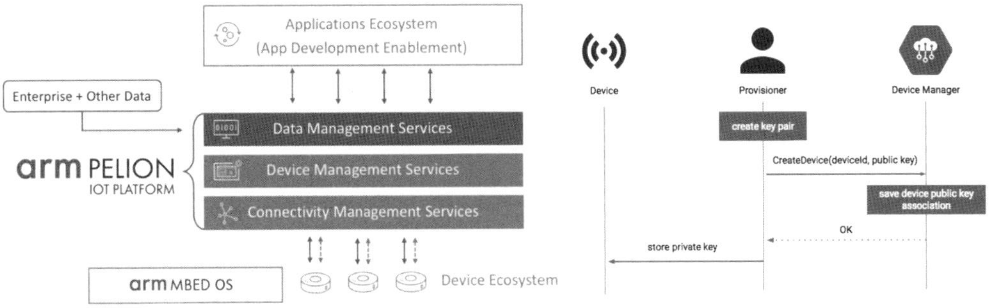

그림 2-177 ARM사의 PELION

또 다른 Device Management 예로 ARM사의 IoT Cloud Platform에서 동작되는 'ARM PELION' (ARM사 제품 이름)이 있다. PELION은 대부분 AWS의 Device Management와 유사하지만, Connectivity Management 기능이 강화되어 있다.

IoT 서비스는 많은 디바이스가 사용되고, 각 디바이스는 서로 연결되어 있어서 Device Management 과정에서 보안문제가 발생될 수 있다. 따라서 Device Management 기능인 Firmware나 서비스 S/W를 Update하기 위해서는 보안기능이 필수적으로 사용된다. 이러한 이유로 PELION은 보안을 우선적으로 고려하여 사전에 상호인증과 같은 기능이 처리된다.

ARM사는 IoT를 위하여 경쟁력이 있는 칩 IP 뿐만 아니라 ① IoT 디바이스 OS인 Mbed, ② IoT Cloud Platform을 제공하고 있다. 이와는 별도로 ARM사는 IoT 디바이스 보안을 위한 TrustZone 기능을 일부 Cortex M Series에도 구현했다.

2) Sensor, Actuator

(1) Sensor

Sensor는 측정 대상으로부터 전기, 물리, 화학, 생물학적 정보를 감지하여 디바이스 시스템에서 읽을 수 있는 신호로 변환해주는 소자이고, Actuator는 특정 기준에 해당되는 상황 발생 시, 물리적 동작을 발생시키는 소자이다.

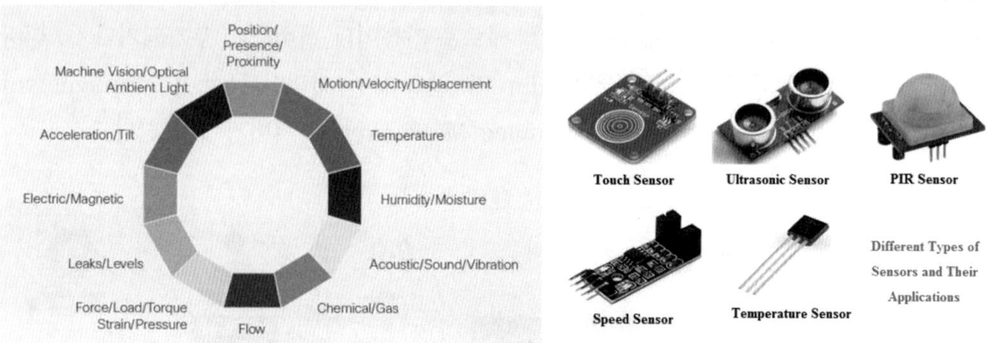

그림 2-178 IoT에 사용되는 센서 종류 (출처: Harbor Research)

IoT 디바이스에 사용되는 Sensor는 근접, 속도, 방향, 고도, 온도, 습도, 음향, 먼지, 수량(Water Quantity), 유량(Oil Quantity), 유수(Water Leakage) 등을 측정하는 소자로써 종류가 많다. 일반적으로 Sensor는 소형 칩으로 구현되어 IoT 디바이스에 내장된다.

Sensing은 Sensor를 사용하여 사물과 주위 환경으로부터 온도, 습도, 열, 가스, 조도, 초음파 등의 정보를 획득하는 기능이다. IoT 환경에서 Sensor를 통한 Sensing은 특정 조건이 되거나 주기적으로 발생된다.

초음파 Sensor의 동작 원리를 보면, Sensor는 초음파(가청 주파수 대역 밖의 음파)를 생성하는 부분과 수신하는 부분이 동시에 구현되는데, 초음파 Sensor는 ① 스피커가 초음파를 송출하고, ② 이것이 사물(Object)에 맞고, 반사되는 초음파를 수신하는 소자(즉, 마이크)로 구성된다.

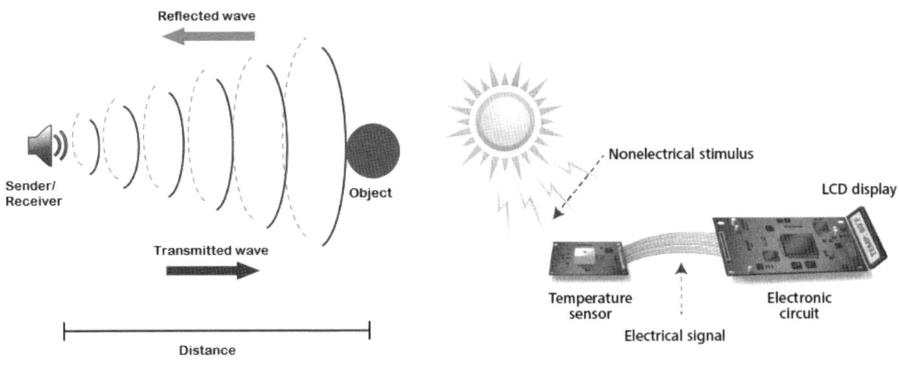

그림 2-179 초음파, 온도 Sensor 동작 원리 (출처: Deloitte)

초음파는 가청 주파수 대역 밖의 음파로써 사람은 들을 수 없다. 초음파 Sensor가 많이 사용되는 분야는 차량 앞뒤에 다른 사물의 존재를 알려줘서 충돌을 방지하는 기능이며, 이때 초음파 Sensor는 자동차와 사물간 거리를 측정하는데 사용된다.

초음파를 포함한 음파는 딱딱한 물질로 구성된 사물에 맞게 되면, 반사성질이 강한 원리를 활용하여 거리를 측정한다. 온도 Sensor는 주변의 온도를 측정하며, 이 온도 값은 디바이스의 MCU(Main Control Unit)에 수집되어 Cloud로 전송된다.

Motion Sensor(또는 Inertial Sensor)의 주된 구성요소는 ① 가속도를 측정하는 Accelerometer, ② 이동 방향을 측정하는 Gyro 기능이며, 이외에도 몇 가지 기능이 포함된 복합 Sensor이다. Motion Sensor는 하나의 칩으로 구현되며 휴대폰에서 가로/세로 화면 변경, 현 위치에서 장치나 디바이스가 이동한 위치(이동거리, 방향)를 검출하는데 사용된다.

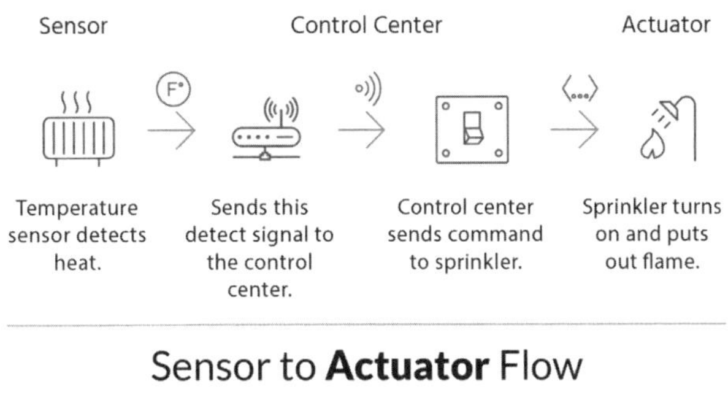

그림 2-180 Sensor와 Actuator 활용 (출처: Bridgera)

Sensor와 Actuator를 활용한 예를 보면, 온도 Sensor가 해당 사물이나 주변의 온도가 높다는 데이터를 측정한다. 이 데이터는 무선통신을 통하여 제어센터(또는 Cloud)로 전송되고, 제어센터는 해당 정보를 분석해서 불이 난 것으로 판단하면, Actuator에 명령을 내려서 스프링쿨러를 동작시킨다.

Actuator는 전기적 신호를 받으면 물리적 힘이 발생되는 소자로써, 불이 난 경우 Actuator가 포함된 IoT 디바이스는 스프링쿨러에 물리적인 힘을 가하여 물이 자동으로 나오게 된다.

이처럼 IoT는 사람이 개입하지 않고, 사물이 지능적으로 동작되는 것이 특징이며, IoT 기술을 활용하여 ① 사람의 생활을 편리하게 해 주거나 ② 산업(예: 공장)에 적용되어 생산이나 장비운용에서 효율을 증대시키는 역할을 한다.

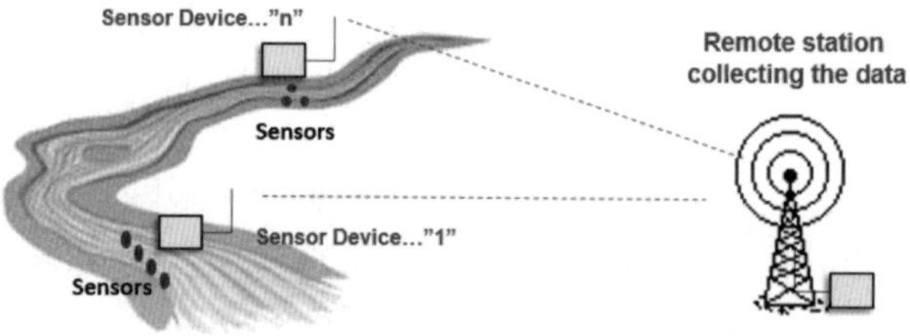

그림 2-181 이동통신망을 활용한 Sensor 정보 수집 (출처: ECOE)

Sensor를 활용한 다른 예를 보면, 강(River)에 유량센서를 설치한 다음, 이 센서가 측정한 데이터는 이동통신망의 기지국을 통하여 Core Network에 전송되고, 이후 Cloud에서 정보가 분석되어 필요한 동작(예: 홍수가 났을 때, 댐 수문제어)을 할 수 있다.

일반적으로 IoT 서비스를 제공하는 회사는 센서와 무선모듈을 직접 개발하는 것이 아니고, Sensor와 무선모듈이 동시에 구현된 관련된 디바이스를 구매해서 사용한다. 즉, IoT 서비스가 활성화되면서 다양한 종류의 IoT 디바이스가 시장에 많이 있기 때문에 해당 서비스를 제공하기 위해서는 관련된 디바이스를 구매하면 된다.

그림 2-182 Sensor + LoRa 모듈 예 (출처: NCD)

Sensor와 무선모듈이 동시에 구현된 IoT 디바이스를 보면, Sensor 기능은 Motion(움직임), 온도 정보 검출이 될 수 있고, 무선통신은 LoRa가 사용될 수 있다.

(2) Actuator

Actuator는 제어 대상 사물에서 출력된 신호를 바탕으로 해당 사물을 물리적으로 동작시키거나 제어하는데 사용하는 소자나 기계장치이다. Actuator를 동작시키는 에너지원은 전기, 압축공기, 유압 등이며, Actuator는 이 에너지원을 활용하여 어떤 종류의 움직임으로 변환시키는 소자 또는 장치이다.

IoT 디바이스 측면에서 Sensor는 Input 역할을 하고, Actuator는 Output 역할을 한다. 즉, Sensor는 사물로부터 데이터를 수집하는 소자이고, Actuator는 Cloud로부터 제어정보를 받아서 해당 사물에 힘을 가하는 소자이다.

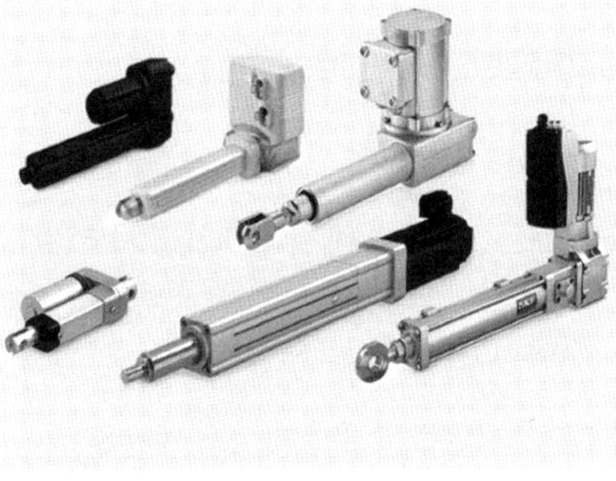

그림 2-183 유압을 이용한 Actuator

Actuator는 전기적 신호를 받으면 물리적으로 움직이는 장치로써 소형의 IoT 디바이스부터 대형 중장비까지 적용된다. 소형의 IoT 이외의 많은 힘이 필요한 산업분야에 적용되는 Actuator는 유압이나 전기모터 방식이 사용된다.

하지만, IoT에 적용되는 Actuator는 대부분 소형으로 Piezo(피에조, 압전소자) 방식이 사용되는데, Piezo 방식은 Piezo 소자에 전기를 가하면 Piezo 소자가 휘어서 움직이는 원리를 활용한 것이다.

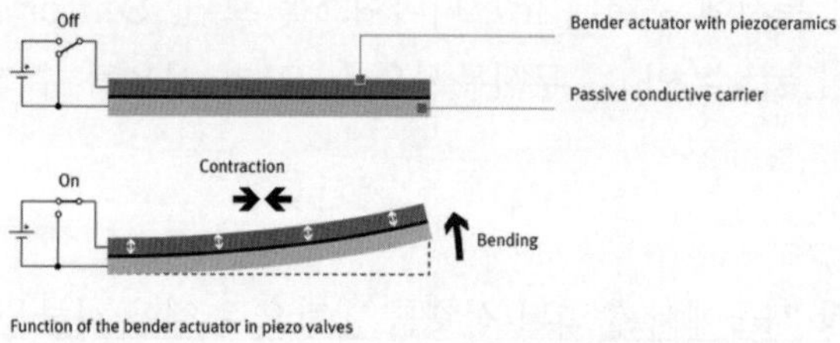

그림 2-184 Piezo를 활용한 Actuator 구현

Piezo는 작은 소자로 구현 가능하고, 전기를 가할 때만 움직이기 때문에 IoT 디바이스에 쉽게 탑재될 수 있다. 따라서 보통의 경우, IoT에 적용되는 디바이스는 소형이기 때문에 대부분 IoT용 Actuator로 Piezo가 많이 사용된다.

3) Device Platform, Radio Module

(1) Raspberry Pi

Device Platform 정의는 다양할 수 있는데, IoT에서는 디바이스를 쉽게 개발할 수 있는 H/W, S/W 개발환경을 의미한다. 대표적인 IoT Device Platform으로는 Raspberry Pi(라즈베리 파이)와 Arduino(아두이노)가 있다.

Raspberry Pi는 소형 컴퓨터로써 주로 IoT 디바이스 개발을 위한 H/W 개발 Platform이다. Raspberry Pi는 영국 Cambridge 대학교의 컴퓨터 과학자인 Eben Upton(이븐 업튼)과 그의 동료가 개발했다(2006년).

Eben Upton의 초기 개발 목적은 5만원 이하의 저가와 신용카드 크기의 소형 컴퓨터를 개발하여 ① 개발도상국에 컴퓨터 지원, ② 어린이를 위한 프로그래밍 학습과 실험 기회를 제공하고, ③ 기기가 고장 날 경우 부모의 경제적 부담(즉, 저가)을 덜어 주기 위해서이다.

그림 2-185 Raspberry Pi 로고, 보드 예

Raspberry는 딸기의 한 종류이며, Eben Upton이 Raspberry Pi를 구상할 당시, 다수의 개인용 컴퓨터회사가 과일이름(예: Apple)을 사용하는 경우가 많아서 주요 컴퓨터 회사가 되겠다는 의미로 과일인 Raspberry를 이름으로 사용했다.

Pi는 컴퓨터 언어인 Python(파이썬)을 의미하며, Python은 High Level 컴퓨터 언어이기 때문에 Python이 동작될 정도로 성능이 좋은 컴퓨터를 만들겠다는 의도에서 명명되었다. 즉, Raspberry Pi는 신용카드 크기의 소형이지만, 높은 성능의 컴퓨터라는 의미이다.

이후, Eben Upton은 저가의 Raspberry Pi 보급을 통하여 어린이의 컴퓨터 활용 능력을 증진시키겠다는 목적으로 Raspberry Pi Foundation(재단)을 설립했다. 초기 Raspberry Pi에 적용된 핵심칩은 컴퓨터 동작에 필요한 기능이 집적화(CPU, GPU, I/O 등)되어 있었으며, 이 칩은 미국 칩회사인 Broadcom사에서 대량 생산하여 저가에 공급했다.

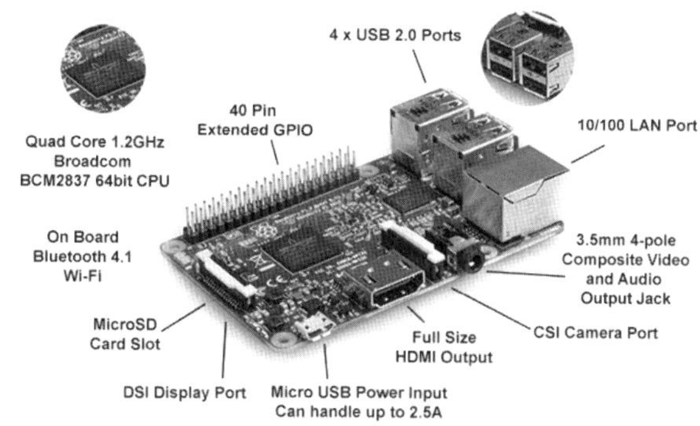

그림 2-186 Raspberry Pi 보드 장치

또한, Raspberry Pi는 Linux 기반의 Raspbian OS를 사용하는 SBC(Single Board Computer)로 볼 수 있다. 과거 Desktop PC 보드에는 다수의 Slot이 있어서 이 Slot에 Graphic Card, Memory 등을 꽂아서 사용했는데, SBC인 Raspberry Pi는 H/W 보드에 컴퓨터 동작에 필요한 대부분의 부품이 포함되어 있다.

따라서 Raspberry Pi는 컴퓨터 동작에 필요한 모든 부품이 포함되어 있고, 외부에 장치(또는 부품)를 연결할 수 있는 GPIO(General Purpose Input Output) 포트를 활용하면, 쉽게 컴퓨팅 환경을 만들 수 있다.

예를 들면, GPIO에 키보드, 디스플레이와 같이 외부장치만 연결하면 바로 컴퓨터나 IoT 디바이스가 된다. 또한, Wi-Fi를 활용하여 쉽게 인터넷 연결이 가능하여 IoT 목적의 디바이스로 많이 활용된다.

Raspbian(라즈비안)은 Raspberry Pi 보드 전용 OS(Operating System)이며, Raspberry

Pi와 Debian(데비안)의 합성어로 Raspberry Pi Foundation이 개발했고, ARM사의 CPU에 최적화되어 있다. Debian OS는 Linux 기반 Open Source Project로 주요 특징은 패키지 설치와 업그레이드가 단순하다.

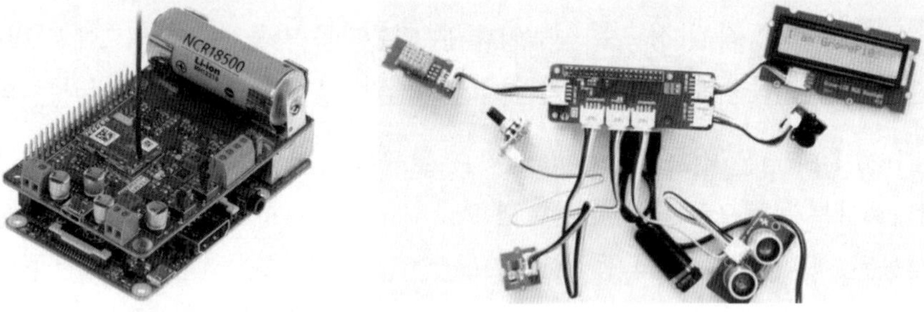

그림 2-187 Raspberry Pi를 활용한 IoT 디바이스

Raspberry Pi 보드를 활용하여 다양한 IoT 디바이스를 개발할 수 있는데, 자체 I/O Interface(즉, GPIO)와 Raspbian OS를 활용하여 목적에 맞는 디바이스를 개발할 수 있다. 일반적으로 수십개 정도의 적은 개수의 IoT 디바이스는 Raspberry Pi를 그대로 사용하여 서비스를 제공할 수 있고, 수량이 많을 경우는 단말기 기구물을 별도로 제작하여 전용으로 개발된다.

(2) Arduino

Arduino(아두이노)는 좁은 의미로 오픈소스를 기반으로 IoT 디바이스 개발을 위한 Microcontroller, 메모리, 주변장치 연결포트 등이 포함된 하나의 H/W 보드이다. 하지만, 넓은 의미로 Arduino는 H/W 보드와 함께 이를 활용한 개발도구와 환경까지 포함된다.

Arduino 정의는 "Arduino is an open-source electronics platform based on easy-to-use hardware and software. It's intended for anyone making interactive projects"이다. Arduino는 이탈리아 북부의 Ivrea 지역에 있는 디자인 전문학교인 IDII(Interaction Design Institute Ivera)에서 개발되었다(2005년).

그림 2-188 Arduino 로고, 보드

IDII에는 전자기기를 활용한 디자인 수업과정이 있는데, 효과적인 디자인 수업을 위하여 새로운 툴 개발 프로젝트가 시작되었다. 이 프로젝트에 참여한 Massimo Banzi, David Cuatielles 등은 전자, 컴퓨터에 대한 전문지식이 없는 디자이너나 예술가도 쉽게 사용할 수 있는 디자인 환경을 개발하면서 Arduino가 시작되었다.

이를 위하여 Massimo Banzi 등은 저렴하고 간단한 Microcontroller 보드를 검토하게 되었고, 미국의 칩회사인 Microchip사의 AVR이란 Microcontroller 칩을 사용했다. 따라서 Massimo Banzi 등은 AVR 칩과 오픈소스를 사용하는 작은 H/W 보드를 개발했는데, 이것이 Arduino이다.

Arduino 이름의 유래는 Massimo Banzi 등이 소형의 Microcontroller 보드를 개발하기 위하여 동료들과 만나서 토론했던 Ivrea 지역에 있는 술집(Bar) 이름이다. 이 술집 이름의 유래는 1002년에서 1014년까지 이탈리아 Ivrea 지역을 통치한 왕의 이름이 Arduino였다.

이탈리아 언어로 Arduino는 'Best Friend'란 뜻으로 최고의 친구, 믿음직한 친구의 의미로 지금도 이탈리아 남자이름으로 많이 사용된다.

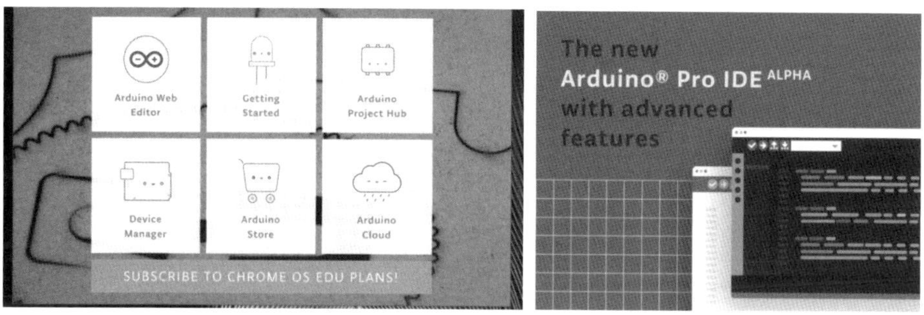

그림 2-189 Arduino 통합 개발환경

Arduino는 H/W보드, 통합개발환경(IDE), 오픈소스까지 포함되므로 쉽게 IoT 디바이스로 활용될 수 있다. 한편, Arduino H/W 보드는 일반적인 의미에서 컴퓨터 정도의 성능이 지원되지 않기 때문에 Microcontroller로 분류된다.

심지어는 Arduino H/W 보드를 구현하는 회로도까지 공개되어 있어서 사용자는 특정 목적으로 H/W 보드 변경도 가능하다. 따라서 저렴하면서 간단한 구조의 Arduino가 인기를 끌면서 Arduino는 장난감, 소형 로봇, 간단한 가전제품 등에 활용되며, 안정성이 요구되는 자동차 제어 목적으로도 사용된다.

Spec	Arduino Uno	Raspberry Pi 3 8
CPU Type	8-bit Microcontroller	64-bit Microprocessor
Operating System	None	Some flavor of Linux
Storage	32 kB flash	Depends on size of SD card
Memory	2 kB	1 GB RAM
Speed	16 MHz	1.2 GHz
GPU	None	Builet in
Networking	None	Ethernet, Wi-Fi, Bluetooth
Price	\$20-\$22	\$35
USB ports	1	4
Power consumption	Can be 〈 0.25 W	Several watts

그림 2-190 Raspberry Pi와 Arduino 비교

Raspberry Pi와 Arduino를 비교해 보면, Raspberry Pi가 전체적으로 Arduino 보다 성능은 더 좋고, 가격도 비싸다. 따라서 소형의 IoT 디바이스 개발에는 Arduino가 유리하고, 약간의 Computing Power가 요구되는 IoT 디바이스는 Raspberry Pi가 좋다.

(3) Radio Module

Radio Module(무선모듈)은 무선통신 모뎀을 포함하여 관련된 칩이 하나의 H/W로 구성된 통신목적의 부품이다. Radio Module에서 Radio란 무선통신을 의미하며, Radio Module은 완제품(또는 디바이스)이 아니고, 제품에 포함되는 일종의 부품이다.

그림 2-191 5G, Wi-Fi, Zigbee 무선모듈

Radio Module을 만드는 회사는 무선통신 모뎀칩 회사(Qualcomm, MediaTek, TI, Silabs 등)로부터 모뎀칩을 공급받아 이 칩을 중심으로 주변에 관련된 부품을 추가하여 Radio Module을 개발한다.

이 Radio Module은 IoT 디바이스의 부품이 되며, IoT 디바이스를 만드는 회사는 다소

복잡한 RF(Radio Frequency)가 적용되는 H/W를 직접 개발하지 않고, Radio Module을 구매하여 디바이스를 개발한다. RF와 Antenna가 포함되면, 주변 회로에 전파간섭을 주기 때문에 디바이스 개발을 위해서는 다수의 전문가가 필요하다.

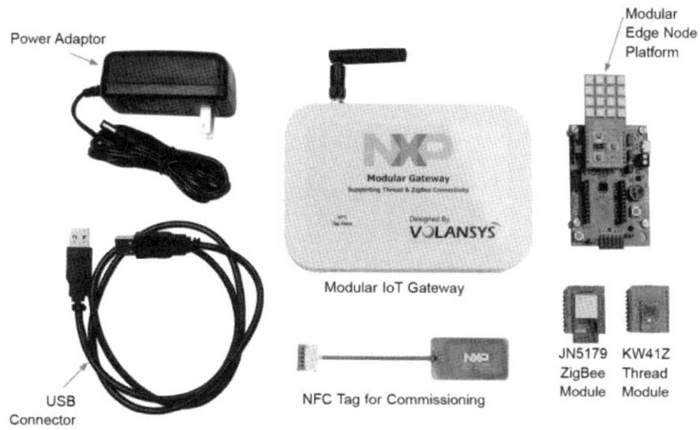

그림 2-192 무선모듈을 활용한 디바이스 개발 환경 (출처: NXP)

전세계적으로 ① 셀룰라 Radio Module은 전문회사에서 개발하지만 ② Wi-Fi, Bluetooth, Zigbee 등은 셀룰라보다 기술 난이도가 낮아서 제조회사는 많다. 이와는 별도로 일부 칩 회사는 디바이스 개발을 위한 환경을 제공해 주는데, 이 경우 Radio Module을 사용하지 않고 칩을 직접 사용하여 디바이스를 개발할 수 있다.

물론 다수의 칩 회사에서 디바이스 개발환경을 제공해 주지만, 무선통신 칩은 기술이 복잡하기 때문에 적은 수량의 IoT 디바이스를 개발하기 위해서는 Radio Module이 많이 사용된다.

셀룰라 통신(즉, 4G, 5G 이동통신)을 위한 Radio Module 회사는 Sierra Wireless, Gemalto, Telit, U-Blox, Quectel 등이 있다. Radio Module 시장에서 수량은 중국이 월등히 많고, 매출액은 미국과 유럽의 시장이 크다.

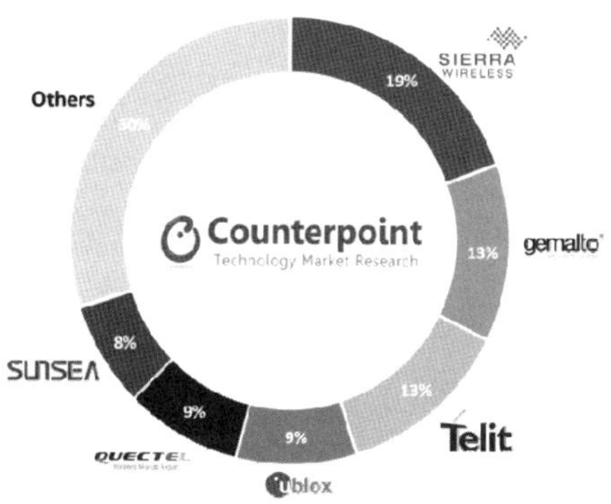

그림 2-193 셀룰라 Radio Module 시장 점유율(2019년, 매출액) (출처: Counterpoint)

매출액 기준으로 셀룰라 Radio Module 시장 점유율은 Sierra Wireless, Gemalto, Telit 등의 순이지만, 수량 측면에서는 중국의 Quetel사가 제일 많다. 2010년대까지는 셀룰라 Radio Module를 개발하는 회사가 많았지만, 2020년대에는 몇 개의 글로벌 회사로 시장이 재편되었다.

4) Device OS

(1) 개요

IoT 디바이스 OS(Operating System)는 디바이스 H/W 관리, 응용 S/W를 실행하기 위하여 H/W를 추상화시키고, 공통 서비스를 제공하기 위한 시스템 S/W이다. IoT 디바이스에 적용되는 OS는 Ubuntu Core, RIOT, Contiki, TinyOS, FreeOS, Android Things, Windows IoT 등이 있다.

그림 2-194 IoT 디바이스에 적용되는 OS (출처: Devopedia)

ARM사는 IoT 디바이스에 적용되는 OS에 대하여 다음과 같이 정의했다. Hardware and software cannot function properly without an underlying OS. A computer without an OS is akin to car without an engine—it simply won't run.

The same is true for IoT devices and applications; an IoT OS is necessary for them to work as intended. An IoT OS enables devices and applications to connect with each other and other systems, such as cloud platforms and services. The IoT OS also manages the processing power and other resources needed to collect, transmit, and store data.

이렇게 IoT 디바이스에 적용되는 OS는 PC나 휴대폰에 적용되는 OS와 기본적인 역할은 비슷하지만, IoT 디바이스의 특성인 제한적인 리소스에 적용되므로 OS 크기가 작고, 동작 속도는 빠른 편이지만, 기능은 다양하지 않다.

IoT 디바이스 OS는 다수가 있지만, Linux 계열의 OS가 시장에 많은 것으로 알려져 있다. IoT 디바이스에 적용되는 OS 시장은 국소적으로 사용되기 때문에 시장 점유율에 대한 통계를 산출하기에는 매우 힘들다.

그림 2-195 IoT 디바이스 OS 점유율(추정) (출처: Benjamin Cabe, Eclipse Foundation)

하지만, 일부 단체와 리서치 회사는 IoT 디바이스 OS 시장에서 Linux, Windows, Ubuntu 등의 시장 점유율이 높다고 분석했다. Benjamin Cade사의 분석에 의하면, Linux가 절대적인 시장을 차지하고 있다고 밝혔다.

또한, Elipse Foundation의 보고서에 따르면 Windows, FreeRTOS, No OS가 많이 사용된다고 밝혔다. FreeRTOS는 Amazon AWS IoT에서 사용되는 주된 디바이스 OS이고, No OS란 OS없이 단말기에 실행환경(예: 간단한 제어 기능)만 있는 것을 의미한다.

IoT 디바이스 OS인 'Android Things'는 Google에서 개발한 것으로 Mobile Device에 사용되는 Android를 경량화시킨 것이다. 이를 위하여 Android Things는 Display가 없는 디바이스에서 사용되고, IoT 디바이스 목적으로 하나의 앱만 구동된다.

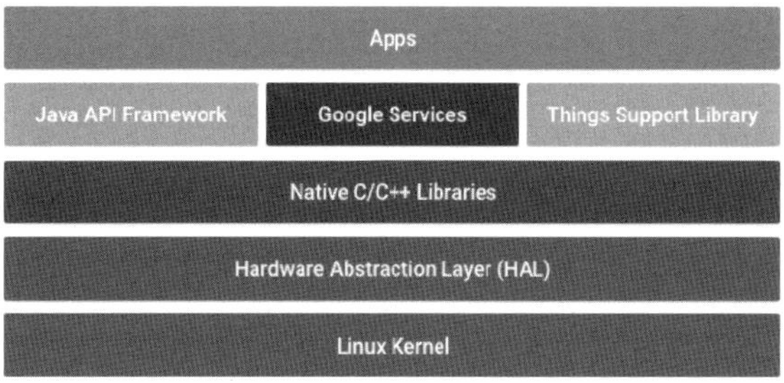

그림 2-196 Android Things 구조

Android Things 구조는 Linux Kernel을 기반으로 다양한 Google 서비스가 동작된다. 대표적인 Google 서비스 기능은 Google App Store인 'Google Play', Device Management인 'Firebase', 데이터 학습을 위한 'TensorFlow', Google의 Cloud 서비스인 'Google Cloud Platform'을 사용할 수 있다.

또한 개발자는 Android 앱 개발환경인 'Android Studio'를 그대로 사용하여 쉽게 서비스를 개발할 수 있고, 기존의 Android 디바이스와 호환성도 좋다. 하지만, 현재 대부분의 IoT 디바이스는 Computing Power가 낮아서 Android Things보다 더 간단한 OS가 많이 사용되기 때문에 Android Things의 시장 점유율은 높지 않다.

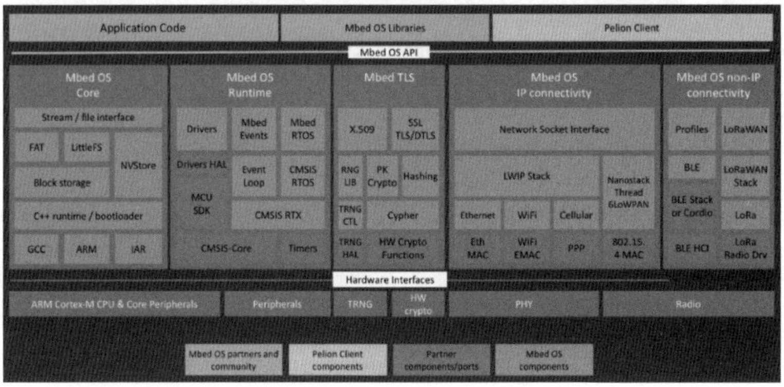

그림 2-197 IoT 디바이스 OS 구조 예 (출처: ARM사 Mbed OS)

ARM사는 IoT 디바이스용 OS인 Mbed를 제공하고 있는데, Mbed OS는 ARM사 Cortex-M Core에 최적화되어 있으며 보안기능, 표준 통신기술(주로 IEEE, IETF 기술), 센서 연동, 외부 I/O 연결 등을 위한 드라이버가 제공된다.

따라서 Mbed를 활용하면 디바이스 설계단계에서 제품개발까지 환경이 제공되며, ARM에서 제공하는 Mbed IoT Platform까지 활용할 수 있어서 쉽게 IoT 서비스 개발도 가능하다. 또한 Mbed에는 디바이스 Firmware Update와 같은 Device Management 솔루션인 'PELLION'도 포함된다.

5) USIM, UICC

USIM(Universal Subscriber Identity Module)은 휴대폰과 같은 셀룰라 디바이스 내부에 삽입되어 가입자 인증, 가입자 ID(예: 전화번호) 관리, 사업자 통신망 정보 등이 저장되고 처리되는 스마트 카드이다. 스마트 카드는 내부적으로 CPU, 메모리, 암호 블록 등을 가지고 있는 작은 컴퓨터이다.

이동통신 단말기에는 USIM이 기본적으로 사용되며, 강한 보안기능이 요구되는 WiFi나 Bluetooth 디바이스에도 USIM이 적용될 수 있다.

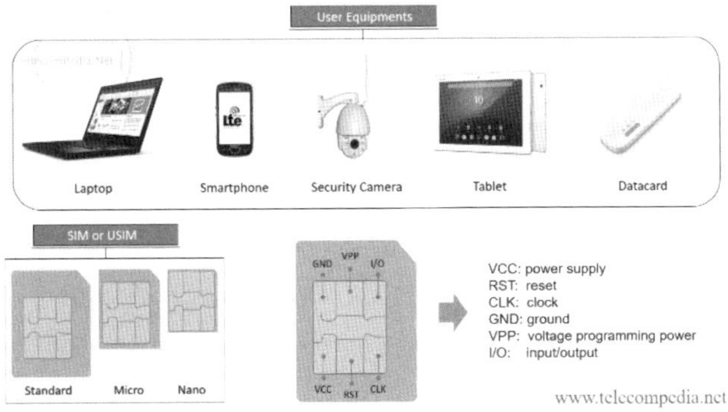

그림 2-198 USIM과 USIM이 적용된 디바이스 (출처: Telecompedia)

스마트 카드는 1977년 프랑스의 Bull사가 개발했으며, Bull사는 Schlumberger사에 인수되었고, 이후 Schlumberger는 회사이름을 Axalto로 변경했다. 당시 스마트 카드 세계 1위였던 프랑스의 Gemplus사는 Axalto사와 합병하여 현재의 Gemalto가 되었다.

이러한 스마트 카드를 기반으로 이동통신에 최초로 적용한 회사는 독일의 G&D(Giesecke & Devrient)사로 1991년에 핀란드 이동통신 사업자인 Radiolinja에 GSM(Global System for Mobile Communications)용 SIM(Subscriber Identity Module)을 공급했다.

USIM은 GSM의 SIM에서 시작되었으며, 크게 2가지 목적으로 도입되었다. 첫번째는 독립된 H/W(즉, USIM)를 활용한 단말기 보안 강화, 두번째는 휴대폰 보유자와 이동통신 가입자를 분리하겠다는 의도였다.

사실상 USIM과 SIM은 동일한 것이고, 3G 이동통신인 UMTS(Universal Mobile Telecommunications Service)가 도입되면서 GSM에서 없었던 화상통화, 다른 주파수 체계 등이 SIM에 추가되면서 UMTS 부터 SIM명칭을 USIM으로 변경했다.

GSM 계열(UMTS, LTE, NR 등)은 기본적으로 단말기 보안을 담당하는 H/W 모듈인 USIM을 단말기에서 분리시키는 정책을 사용했다. 단말기 내부적으로 보안을 담당하는 H/W가 분리되면 보안기능이 월등이 강화된다.

USIM을 사용하지 않을 경우, 휴대폰 보안기능은 단말기 내부의 칩과 메모리에 S/W로 구현되어야 하므로 해킹에 취약하다. 특히, Android와 같이 Open OS가 되면서 단말기 메모리를 쉽게 해킹할 수 있어서 S/W로 보안기능이 구현될 때 외부 침입에 취약하다.

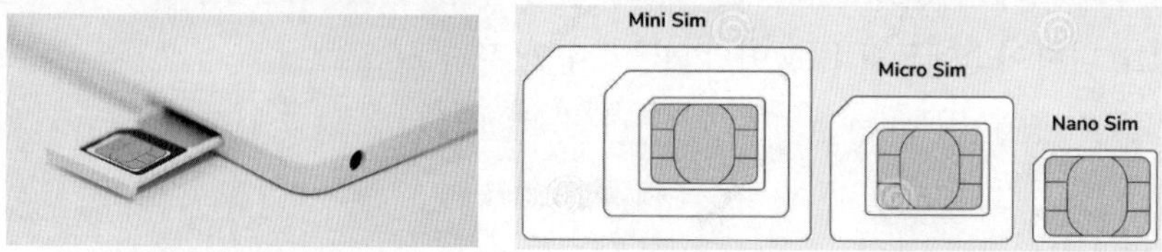

그림 2-199 휴대폰에 USIM 장착, 다양한 크기의 USIM

CDMA(Code Division Multiple Access) 휴대폰의 경우, 내부 메모리(Flash Memory)에 보안과 관련된 정보, 이동통신 호처리 데이터 등이 저장되기 때문에 보안에 취약할 수 있었다. 물론, CDMA진영에서도 CDMA2000에는 UMTS의 USIM과 유사한 R-UIM(Removable User Identity Module)을 규격으로 정의했었다.

USIM의 물리적 규격(크기, 핀 간격, 전원 등), 전기적 신호, 이동통신 단말기와 연동, 인증처리 등은 ISO(International Organization for Standardization), IEC(International Electro-technical Commission), ETSI, 3GPP 등의 표준화 단체에서 정의한다. SIM이 GSM부터 시작되었기 때문에 USIM의 기본적인 규격은 ETSI에서 정의한다.

그동안 USIM의 물리적인 크기는 ISO에서 정의한 표준이 사용되었는데, Apple이 iPhone에 표준이 아닌 독자적인 크기로 사용하여 이때부터 대부분 휴대폰에는 소형의 USIM이 사용되고 있다. Apple이 USIM 크기를 바꾼 부분은 칩이 아니라 칩 주위의 플라스틱 부분을 제거하여 작게 만든 것이다.

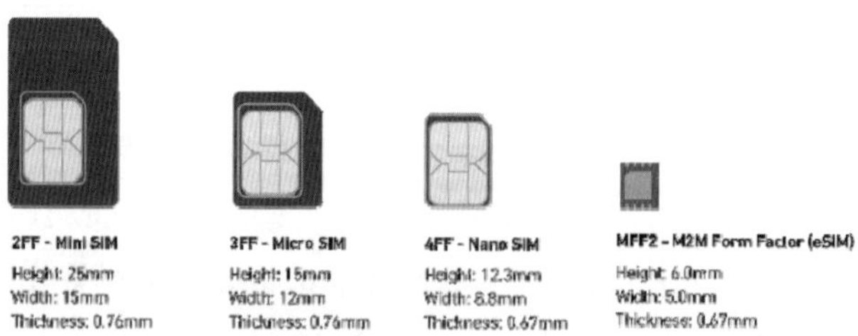

그림 2-200 크기별 USIM 종류

이렇게 Apple에서 시작된 소형 USIM은 칩의 금속부분 기구물을 더 줄여서 반도체 칩(이것을 Die라고 함)을 그대로 사용하는 사례가 증가되고 있다. 칩 다이(Die) 상태는 크기가 매우 작아서 스마트폰이나 소형의 IoT 디바이스 기판에 납땜해서 사용된다.

USIM은 플라스틱 형태의 신용카드에 적용되는 스마트 카드와 동일한 H/W(이것을 UICC라고 함)로 여기에 응용기능에 따라 ① 통신기능을 탑재하느냐, ② 신용카드 기능을 탑재하느냐에 따라서 목적이 결정된다.

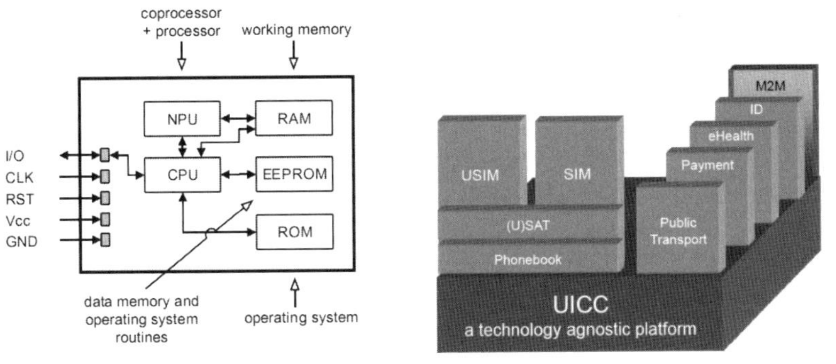

그림 2-201 USIM H/W 구조와 S/W Stack

USIM H/W 구조는 ISO와 ETSI에 정의된 UICC(Universal Integrated Circuit Card)이고, 이동통신과 관련된 UICC S/W 규격은 관련된 산업체 표준단체인 Global Platform, ETSI, 3GPP 등에서 정의한다. UICC는 ISO에 정의한 스마트 카드로써 응용서비스가 구현되지 않는 카드 자체이다.

UICC의 응용(즉, Application)에 따라 UICC 상위에 SIM이 구현될 수도 있고, USIM이 구현될 수도 있다. 스마트폰에 사용되는 대부분의 USIM은 통신기능 이외에 금융, 미디어, NFC(Near Field Communication) 등의 보안기술이 S/W로 구현된다.

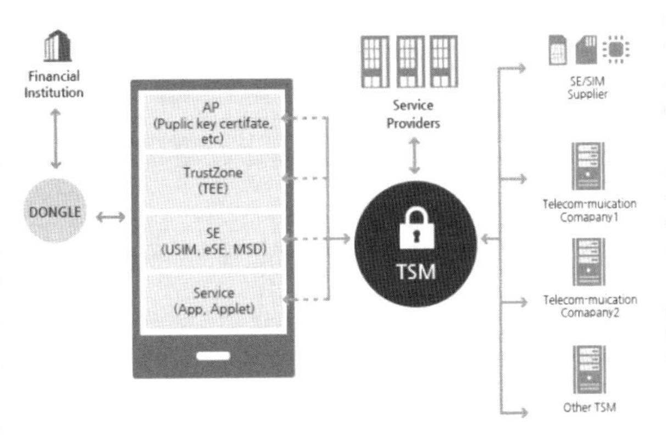

그림 2-202 TSM과 연동되어 USIM Provisioning (출처 : 엑스큐어)

이동통신 단말기에 H/W로 구현된 보안장치를 SE(Secure Element)라고 하는데, USIM이 SE가 될 수 있고, 스마트폰 AP에 구현된 TEE(Trusted Execution Environment)나 MicroSD도 SE가 될 수 있다.

신규 휴대폰으로 이동통신 서비스를 받기 위해서는 USIM 개통이 필요한데, 이 경우 USIM은 사업자가 관할하는 TSM(Trusted Service Manager) 서버와 연동되어 USIM Provisioning이 된다. TSM 서버는 보안기능이 강화된 통신을 활용하여 USIM에 필요한 정보를 입력하는 역할을 한다.

USIM Provisioning이란 TSM 서버에서 USIM 저장공간에 필요한 정보를 저장하는 것이며, 이 과정에서 상호간 키 교환, 보안채널 등 몇 가지 보안기능이 사용된다. 결국 USIM을 정상적으로 사용하려면, TSM을 통한 Provisioning이 필요하므로 TSM 서버 운영주체에 따라서 사업권한이 달라진다.

USIM에 금융서비스가 구현될 수 있는데, 이 경우 1차로 이동통신 사업자가 관리하는 TSM에서 USIM이 개통되고, 2차로 금융사 TSM이 금융서비스 S/W를 UISM에 Provisioning한다. 이러한 2차 금융 TSM은 1차 이동통신 사업자 TSM에 연동된다.

이때, TSM의 1차적인 주도권은 이동통신 사업자에 있기 때문에 이동통신 사업자와 금융사업자간 주도권 문제가 발생되고 있다. 이동통신 사업자 TSM은 USIM의 금융앱을 설치하거나 삭제할 수 있지만, 내용은 알수 없다. 하지만 주도권 문제가 발생될 경우, 이동통신 사업자는 금융사업자의 USIM 앱을 삭제할 수 있다.

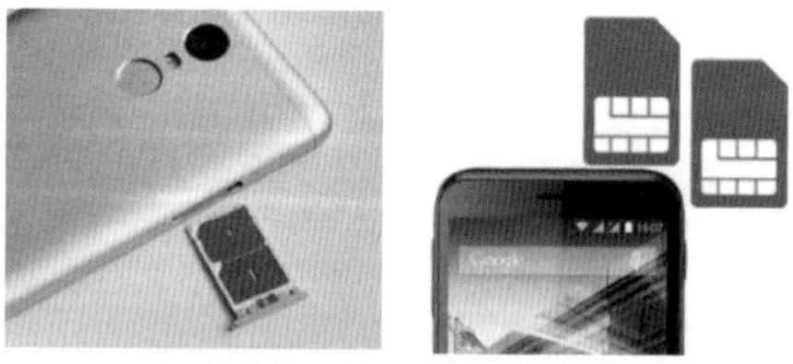

그림 2-203 Dual USIM 폰

하나의 스마트폰에 2개의 USIM이 장착될 수 있는데, 이것을 Dual USIM이라고 한다. 대부분 스마트폰 AP(Application Processor) 칩은 H/W적으로 2개의 USIM을 수용하는 구조로 개발된다.

사용자가 Dual USIM을 사용할 경우, 하나의 단말기에 2개 국가에서 USIM을 각각 사용하거나, 하나의 국가에서 2개 사업자를 등록해서 사용할 수 있다. 대부분 Dual USIM에서 1개는 국내에서 사용하고, 다른 1개는 해외에서 사용하여 통신요금을 절감하는 목적으로 사용된다.

국내 SKT 가입자가 미국에 로밍하여 국내 USIM을 사용할 경우보다, 미국 사업자인 Verizon에 가입된 USIM이 요금 측면에서 유리하다. 따라서 Dual USIM을 사용할 경우, 하나의 단말기로 국내에서는 SKT, 미국에서는 Verizon 서비스를 받을 수 있다.

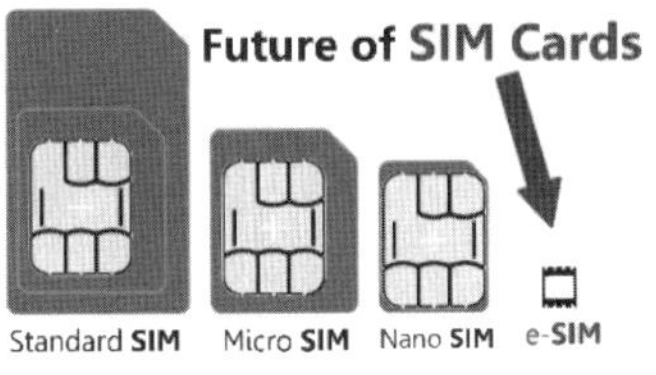

GSMA(GSM Association)는 IoT 시장이 급성장됨에 따라 이에 대처하기 위하여 표준화 단체인 Global Platform과 협력하여 eSIM(embedded SIM) 규격을 정의했다. eSIM은 단말기로부터 탈착 가능한 USIM이 아닌, 단말기 회로기판에 부착되는 USIM이다.

<u>eSIM을 사용하는 이유는 소형단말기를 위한 것으로 별도의 USIM 슬롯을 만들면, 기구적인 문제로 단말기 크기가 커지는데 eSIM을 사용하면 소형의 단말기 개발이 가능하다.</u> 이렇게 eSIM을 사용하는 사업자는 기존 TSM Provisioning 절차가 아닌, 단말기 제조사와 협력하여 USIM Provisioning을 해야 한다.

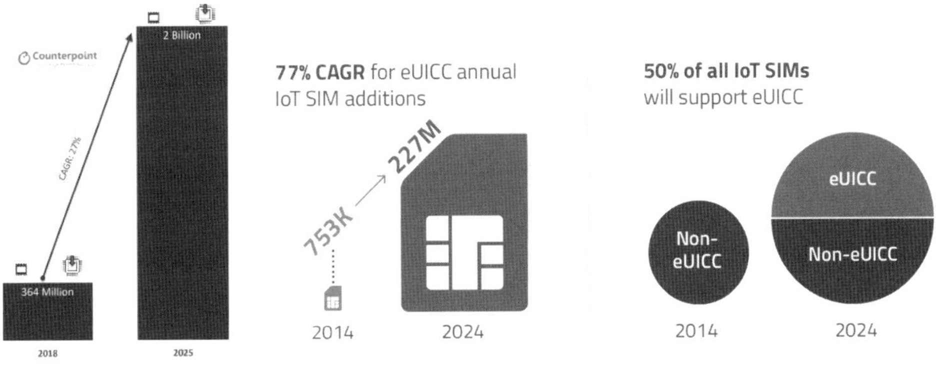

그림 2-204 eSIM 시장 예측 (출처: Counterpoint, Machina Research)

Counterpoint사는 eSIM 시장 성장을 예측하면서 2018년에서 2025년까지 연간 성장율(CAGR)이 27%가 될 것이라고 밝혔다. 또한 Machina Research사는 eSIM(즉, eUICC) 시장이 2024년까지 연간 77% 성장될 것으로 예측했다.

이처럼 2개 회사 분석이 다르지만, 평균적으로 볼 때 연간 성장율은 약 50%가 될 것으로 예측되어 시장 성장율이 높을 것으로 기대된다. Machina Research사 보고서는 eSIM이 2014년에는 없었지만, 2024년에는 eSIM이 전체 IoT 디바이스의 50%를 차지할 것으로 예측했다.

UICC는 스마트 카드 자체를 의미하며, UICC에 UMTS가 구현되면 USIM이고, UICC에 신용카드 기능이 S/W로 구현되면 신용카드가 된다. Machina Research에서 언급한 eUICC는 eSIM과 같은 의미이다.

요 약

IoT 디바이스

- IoT 디바이스는 Sensor, Actuator, 무선통신 모듈 등으로 구성되며, IoT 서비스는 매우 다양하기 때문에 다수의 Sensor와 무선통신 기술 중에서 서비스 목적에 맞는 IoT 디바이스를 사용해야 한다.
- IoT 디바이스 개발을 위하여 Raspberry Pi와 Arduino와 같은 Device Platform이 있고, 무선통신을 처리하는 Radio Module이 있어서 쉽게 IoT 디바이스를 개발할 수 있는 환경이 되었다.
- IoT 디바이스에 적용되는 OS의 시장 점유율 파악은 쉽지 않지만, Linux 계열이 시장을 많이 차지하는 것으로 알려져 있다.
- 디바이스 ID 관리와 보안을 위하여 USIM이 많이 사용되고 있으며, USIM은 이동통신에 기본적으로 사용되고 있고, 최근 소형 IoT 디바이스 용으로 eSIM 시장이 커지고 있다.

8. Big Data, AI

1) 개요

IoT 서비스에 사용되는 디바이스가 많아짐에 따라 다수의 디바이스가 생성하는 데이터도 많아져서 결국 Big Data가 된다. IoT Platform에는 디바이스가 생성한 데이터를 효과적으로 관리하기 위해서 Big Data 분석과 AI 기술이 사용된다.

현재 대부분 Big Data 분석, AI 기술은 IoT Platform(IoT Cloud Platform 또는 Cloud)에 구현되고 있으나, AI 기술은 점차 Edge Computing 서버나 IoT 디바이스에 일부 또는 전체 기능이 구현되는 추세로 발전되고 있다.

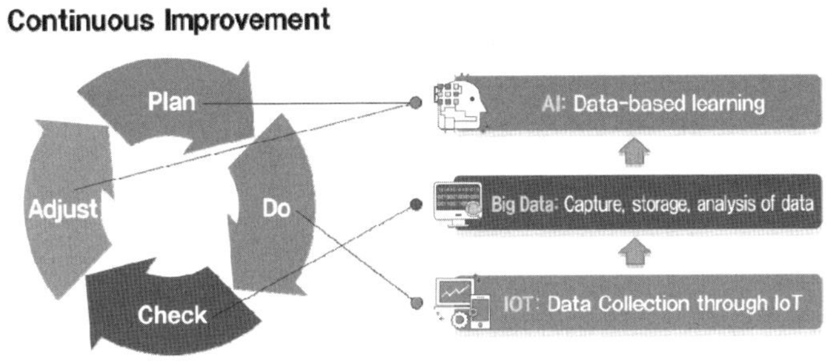

그림 2-205 IoT, Big Data, AI 관계

IoT 디바이스는 내장된 Sensor를 활용하여 데이터 수집(Collection) 역할을 하며, 수집된 데이터는 IoT Platform에서 Big Data 분석을 활용하여 데이터가 새롭게 처리, 분류, 가공된다. Big Data 분석이 완료되면, AI 기술을(주로, 데이터 기반 학습) 활용하여 효과적인 서비스 제공이나 BM 창출에 사용된다.

즉 Big Data 분석 후, 이 데이터를 기반으로 고객이 원하는 서비스를 제공하기 위하여 Machine Learning(즉, AI 기술) 과정을 거친다. 결국 AI 기술을 활용하면, IoT 디바이스가 생성한 데이터는 가공되어 사업적인 가치(Value)가 높아진다. 이렇게 데이터 가치를 높이면, 서비스를 제공하는 사람이나 회사의 수익 증대에 도움이 된다.

IoT 디바이스가 출력하는 데이터를 일반적으로 Scalar(검침과 같은 단순한 데이터)라고 하며, 방대한 Scalar 데이터가 모여서 Big Data가 되며, Big Data 분석 후 AI 처리를 거치게 된다.

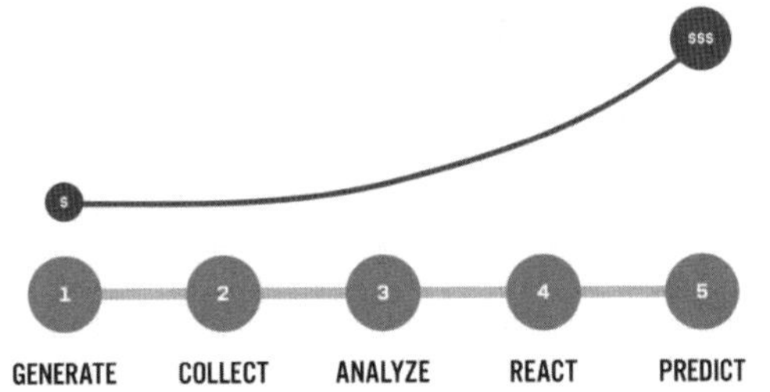

그림 2-206 데이터 처리 단계별 가치

IoT 디바이스가 생성한 데이터는 IoT Platform에서 수집, 분석, 조정, 예측 등의 과정을 거치면서 데이터 가치는 점점 상승한다. 이러한 의미에서 Big Data 분석과 AI 기술의 중요성이 높아지고 있다. 공학에서 데이터란 분류가 안된 사실이나 숫자이고, 정보는 데이터를 가공하여 특정한 체계로 분류된 상태이다.

IoT Platform에서 AI 알고리듬 동작시 높은 Computing Power가 요구되기 때문에 S/W로 구현하기 보다는 일반적으로 AI 칩(예: NVidia사 칩)이 사용된다. Machine Learing을 위하여 사용되는 DNN(Deep Neural Network) 알고리듬은 많은 Processor가 동시에 동작되는 병렬처리로 구현된다.

DNN 알고리듬은 사람의 뇌 구조와 동작을 기반으로 구현되는데, 사람의 뇌는 많은 뉴런(Neuron)이 동시에 동작하는 일종의 병렬처리로 이루어진다. 따라서 DNN이 동작되는 칩은 CPU(Central Processing Unit)보다는 병렬처리로 동작되는 GPU(Graphics Processing Unit) 와 유사한 형태이다.

물론 CPU도 다수의 Processor가 사용되는데, 일반적으로 CPU는 70개 미만의 Processor가 사용되고, GPU는 100개 이상의 Processor가 사용된다. 고성능 AI 칩의 경우, 4000개가 넘는 Processor가 사용된다.

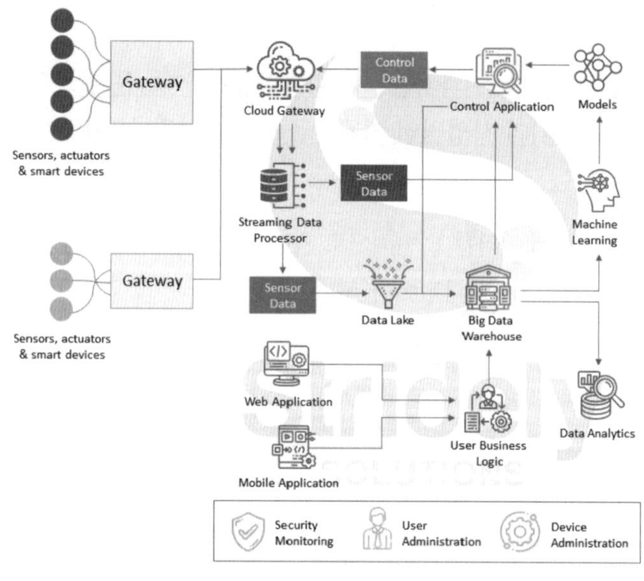

그림 2-207 IoT에서 Big Data, AI 처리 절차 (출처: Stridely Solutions)

IoT에서 Big Data와 AI 처리 절차 예를 보면, IoT 디바이스가 생성한 데이터는 Gataway를 거쳐서 Cloud에 있는 Database인 Big Data Warehoue에 수집되고, 이 데이터는 Big Data 분석과 Machine Learning 과정을 거쳐서 데이터가 가공된다.

이처럼 IoT 서비스가 범용화됨에 따라 많은 디바이스가 필요하고, 이 디바이스는 짧은 주기로 데이터를 생성하기 때문에 Big Data가 된다. 최근 IoT 사업에서 데이터 가치는 점점 중요해져서 데이터가 수익을 창출하는 근원이 되고 있다.

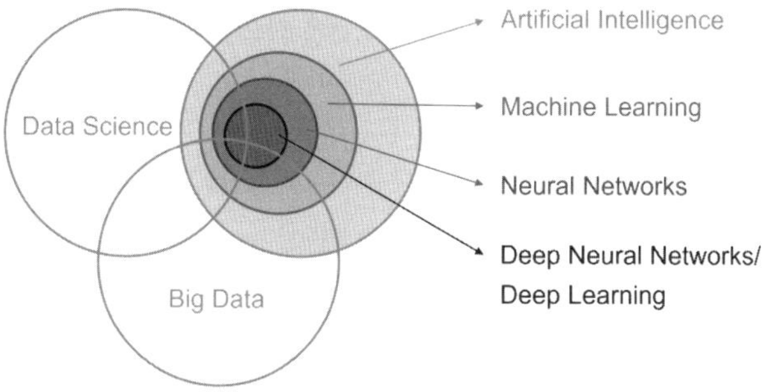

그림 2-208 AI와 Big Data 관계

AI와 Big Data 분석 관계를 보면, Big Data 분석은 AI, Machine Learning, Deep Learning 모두 적용 가능하며, 특히 Big Data 분석을 완료한 후, Deep Learning 과정을 수행하면 학습의 효과를 높일 수 있다.

2) Big Data

(1) 개요

Big Data는 기존 Database 관리도구의 능력을 넘어서는 대량의 정형 또는 비정형 데이터의 집합이고, Big Data 분석은 Big Data에서 특정한 기준으로 가치를 추출하거나 결과를 예측하는 기술이다.

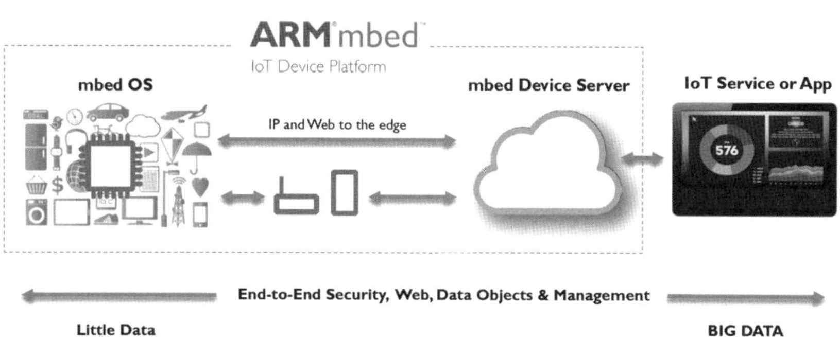

그림 2-209 Little Data와 Big Data (출처: ARM)

영국의 칩 IP를 개발하는 ARM사는 각각의 IoT 디바이스가 생성하는 데이터를 'Little Data'라고 하고, 이러한 Little Data는 IoT Platform에 모여서 'Big Data'가 된다고 발표했다. 이렇게, 많은 IoT 디바이스가 자주 데이터를 생성함에 따라 Big Data가 되고, Big Data에서 의미있는 정보로 분류해야만 고품질의 서비스를 제공할 수 있다.

다수의 IoT 전문가는 "IoT의 실질적인 가치는 Big Data 분석에 있다"고 언급하면서, Big Data 분석을 잘하는 회사가 높은 수익을 창출할 수 있다고 주장했다. 이처럼, IoT 서비스가 고도화됨에 따라 IoT 디바이스가 생성하는 데이터를 효과적으로 분석해야만 수익이 극대화된다.

IoT 비즈니스 환경은 기존 디바이스간 통신위주(즉, 연결성을 강조)에서 점차 Big Data를 활용하는 데이터로 중심이 이동되고 있다. Big Data 응용범위는 Smart Home, Healthcare 등과 같이 어느 정도 범용화된 서비스에도 접목하는 사례가 많아지고 있다.

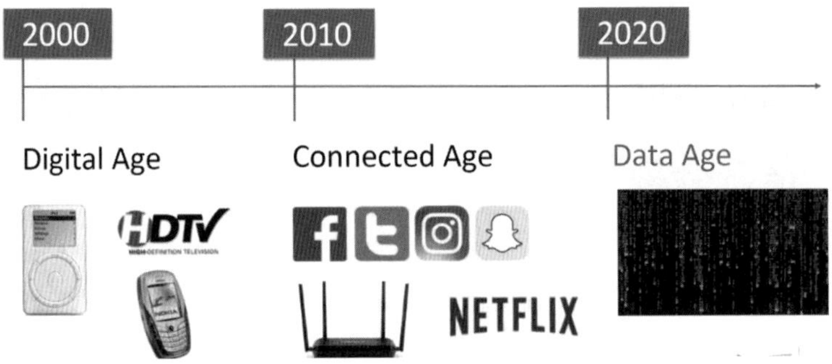

그림 2-210 2020년대 Data Age 정의 (출처: CTA)

CES(Consumer Electronics Show)를 주관하는 미국 CTA(Consumer Technology Association)는 2020년대의 주요 기술로 'Data'를 선정했으며, 2020년대를 Data Age(데이터 시대)라고 명명했다. CES는 전세계에서 가장 큰 IT 전시회로써 매년 개최되며, 그 해(Year)의 새로운 기술과 제품의 방향을 제시해준다.

CTA는 "Into the Data Age"라는 주제로 2020년의 주된 기술방향을 발표했는데, 여기에는 2000년대를 Digital Age, 2010년대를 Connected Age라고 정의했고, 2020년대에는 Data Age가 될 것이라고 언급했다. 즉, 향후 Big Data 관리, 분석, 활용을 잘하는 회사가 전망이 좋다는 의미이다.

CTA뿐만 아니라 이동통신 전시회인 MWC(Mobile World Congress)를 주관하는 GSMA(GSM Association)도 향후 IoT 시장이 'Intelligent Connectivity'로 발전된다고 강조되면서 여기에 Big Data 분석이 중요한 요소라고 발표했다.

일부 IoT 전문가는 "The internet of things isn't about things. It's about cheap data"라고 언급했다. 즉, 현재 IoT 디바이스가 생성하는 데이터는 저렴하며, 이것은 결국 Big Data 분석을 통해서 데이터 가치를 높여야 수익이 증대될 수 있다는 의미이다.

(2) Big Data 분석

Big Data 처리 과정을 보면 ① 데이터를 수집하는 단계, ② 수집된 데이터를 분석하는 단계, ③ 분석된 데이터를 서비스 목적에 맞게 결정하는 순서이다. 이러한 과정을 거친 Big Data는 최종 단계에서 상업적인 의미를 가진다.

그림 2-211 Big Data 처리 단계 (출처: NTNU)

① Big Data는 특별한 분류 기준없이 많은 데이터가 모인 것이고, ② Analytics는 특정한 기준이나 카테고리로 분류하는 것이고, ③ Decisions는 사업적인 목적을 가지고 특정 서비스를 제공하기 위한 단계이다.

Decisions 단계를 'Value Extraction'이라고도 하며, 이 단계는 Big Data 분석 결과를 활용하여 해당 IoT 서비스(예: Smart Factory, Retail 등)가 추구하는 방향에 맞게 가공된 것이다. 결국, Decisions 단계에서 해당 데이터가 사용자에게 제공된다.

기본 방법과 Big Data 분석의 차이를 보면, 전통적인 Data 분석은 특정 데이터 범위 내에서 분석이 이루어졌는데, Big Data 분석은 웹 검색, SNS, 기타 특정범위를 벗어난 데이터까지 활용된다.

예를 들어 어떤 회사의 매출을 예측하기 위해서, 과거에는 해당 회사의 기존 매출만 분석하여 향후 매출을 예측했는데, Big Data 분석은 기존 매출뿐만 아니라 웹, SNS, 다른 회사의 데이터까지 분석해 향후 매출을 예측한다.

Big Data의 주요 특징은 Volume(크기), Variety(다양성), Velocity(속도)가 있으며, 이것을 '3V'라고도 한다. 여기에서, Volume는 데이터 크기를 의미하는데, Big Data의 크기 정의는 애매하지만 일반적으로 Tera Bytes 이상의 데이터를 의미한다.

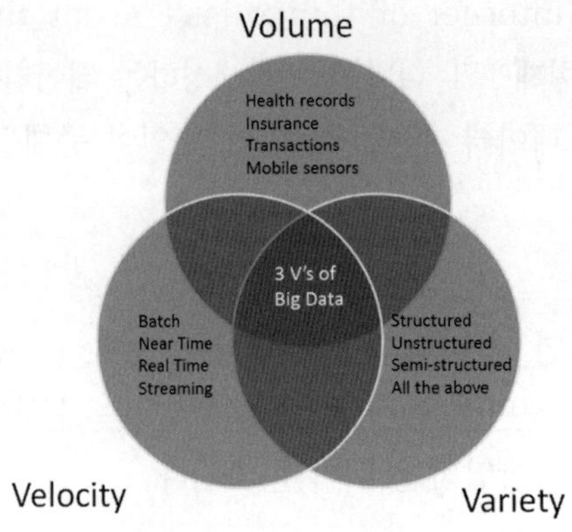

그림 2-212 Big Data 특징

Variety는 데이터의 형태(또는 유형)를 의미하는 것으로 데이터 형태는 Structured(정형), Unstructured(비정형), Semi-Structured(반정형) Data가 있다. Structured Data는 인적정보와 같이 가로 세로가 있는 표에 정리 가능한 데이터이다. 인적정보는 가로에 이름, 나이, 주소와 같은 데이터를 나열할 수 있고, 세로에는 다수의 사람이 있을 수 있다.

Unstructured Data는 일정한 규칙이나 형태로 구성된 숫자나 문자가 아닌 이미지, 영상, 이메일, 트위터, 블로그, 페이스북 데이터 등과 같이 구조적이지 않는 데이터이다. Semi-Structured Data는 Structured Data 구조는 아니지만, 나름대로 규칙이 있어서 데이터 분류가 가능한 HTML, XML 등의 포멧으로 구성된 데이터이다.

특히, 최근에는 Unstructured Data가 급격히 증가되고 있어서, Unstructured Data에서 가치를 찾는 것이 중요하다. 따라서 Big Data 분석은 Structured, Unstructured, Semi-Structured Data 모두를 다루지만, 특히 Unstructured Data 분석을 중점적으로 해야 한다.

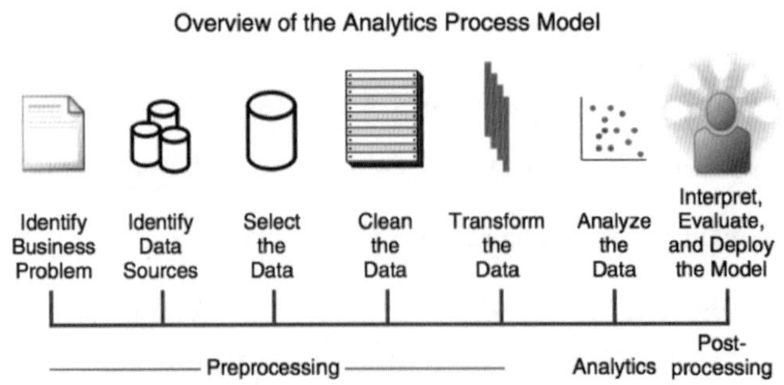

그림 2-213 Big Data 분석 과정 (출처: SAS)

Velocity는 데이터가 빨리 모이고, 이러한 데이터는 빠르게 분석되어야 하며, 또한 빠르게 적용되어야 한다는 의미이다. 결국, Velocity는 데이터가 빨리 생성되기 때문에 좋은 결과를 위해서는 고속으로 처리되는 Database, Processor, 빠른 분석 알고리듬 등이 요구된다.

Big Data 분석 과정은 ① 사업의 방향을 정한 다음, ② 사업에 필요한 데이터를 선정하고 ③ 이후 데이터 분석(Analytics)의 절차이다. 이처럼 무엇보다도 중요한 것은 초기 원하는 방향을 잘 설정해야 가치있는 결과를 얻을 수 있다.

일반적인 Big Data 분석은 데이터를 큰 그룹으로 나누고, 유사한 특징의 데이터를 다시 분류한 다음, 데이터 상호간 연관이 있는 규칙을 찾는 것이다. 이렇게 Big Data 분석을 위해서 Data Mining 기술이 적용되는데, Data Mining은 Big Data에서 의미있는 관계, 패턴, 규칙을 찾는 기술이다.

예를 들어 IoT 환경센서(온도, 습도, 미세먼지, 기압, 풍향 등)의 출력값에서 어떠한 공통점을 찾아내는 것으로 기압과 습도가 낮고 미세먼지가 많으면 감기가 걸릴 수 있다는 결론을 낼 수 있다.

또한 처리해야 할 데이터가 많아짐에 따라 대용량 Database가 필요한데, 기존 고가의 Database(예: Oracle의 관계형 DB)를 사용하는 것보다 저렴한 ① 분산파일시스템을 활용하는 Hadoop(High-Availability Distributed Object-Oriented Platform)과 ② 대용량 데이터 처리를 위한 분산 프로그래밍 모델인 MapReduce 등이 사용된다.

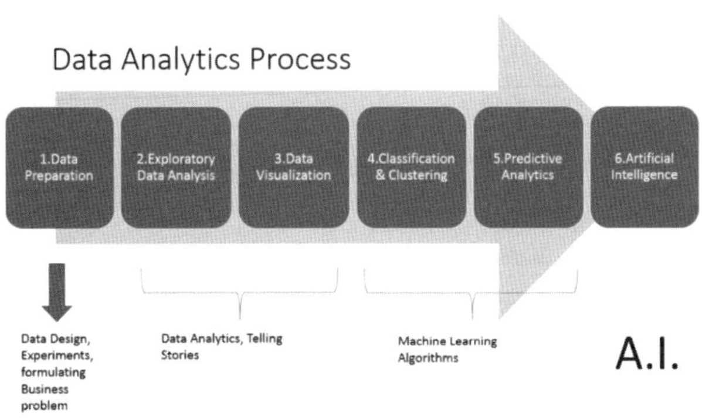

그림 2-214 Big Data 처리, AI 기술 적용 절차 (출처: Twitter @pradeeprao)

Big Data 처리과정에서 AI 기술이 적용될 수 있는데, 데이터를 특정기준으로 분류하거나 분류한 이후 예측모델을 만들 때, Machine Learning 기술이 사용될 수 있다. 최근에는 Big Data 분석에서 Machine Learning이 필수적으로 사용되는 추세이다.

(3) IoT에 Big Data 접목

IoT 서비스에서 Big Data 접목 사례를 보면, 공장 생산설비에 다수의 센서를 부착하고 이 센서가 출력하는 데이터를 수집하여 분석하면, 설비가 고장 나기 전에 대응할 수 있어서 생산 차질을 사전에 방지할 수 있다. 이와 같이 실시간 처리가 요구되는 IoT 서비스에 Big Data 분석을 활용하는 것이 효과적이다.

이때, 고려되어야 할 사항은 실시간으로 생성되는 데이터를 정확히 분석하여 판정하는 것으로, 현재 센서가 생성하는 데이터를 과거 데이터와 비교해서 관련성을 도출해야 설비의 고장 유무를 판단할 수 있다.

또한 Retail 매장 사례를 보면, 매장내에 온습도, 전력 사용량 등을 측정할 수 있는 IoT 기기를 설치하고, 위치 파악을 위해서 Wi-Fi와 이동통신 기지국 등을 활용하여 Big Data를 수집할 수 있다. 이러한 데이터를 기반으로 매장내 또는 근처의 유동 인구, 매장의 잠재 방문 고객 수까지 추정할 수 있어서 최적의 냉난방 가동으로 전력 비용을 절감할 수 있다.

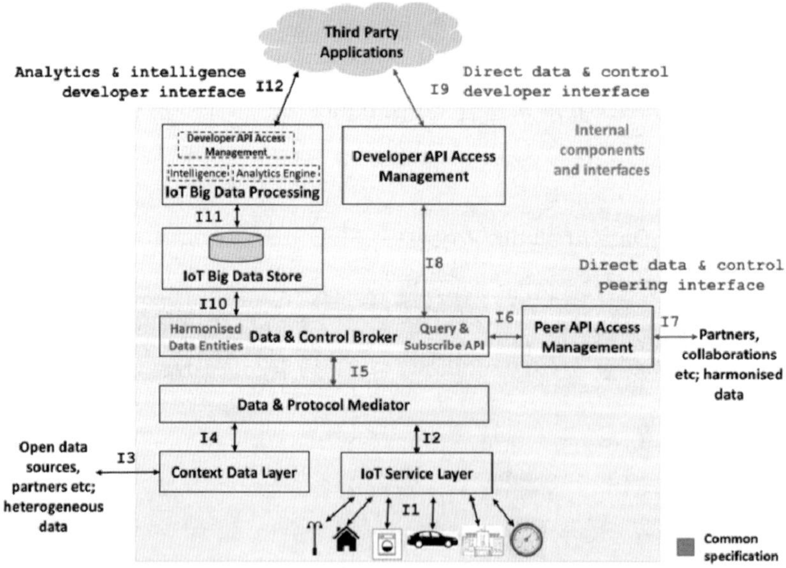

그림 2-215 GSMA에서 정의한 IoT Big Data 처리 구조

이동통신 협의체인 GSMA는 IoT에서 Big Data 처리를 위한 구조를 발표했는데, 여기에서 하위 Layer부터 상위 Layer까지 단계는 ① IoT 디바이스로부터 Big Data를 수집하는 IoT Service Layer, ② IoT 데이터와 다른 데이터가 합쳐지는 Data & Protocol

Mediator, ③ 외부에 데이터 공개를 위한 Data & Control Broker 등이 있다.

상위단에서 IoT Big Data Processing이 이루어지면, 이 결과를 자체 서비스에도 사용하지만 3rd Party에게 제공도 가능하다. 이를 위해서 GSMA는 IoT Big Data를 외부에서 활용할 수 있도록 Data & Control Broker와 관련된 API를 표준화해야 한다고 언급했다.

Video를 활용하는 IoT 서비스에서 Big Data 처리 절차를 보면, Video에서 음성(Speech), 움직임(Motion) 등의 특징 데이터를 추출한 다음, 각 데이터에 Index를 붙여서 Unstructured Data(즉, Video Object)를 만든다.

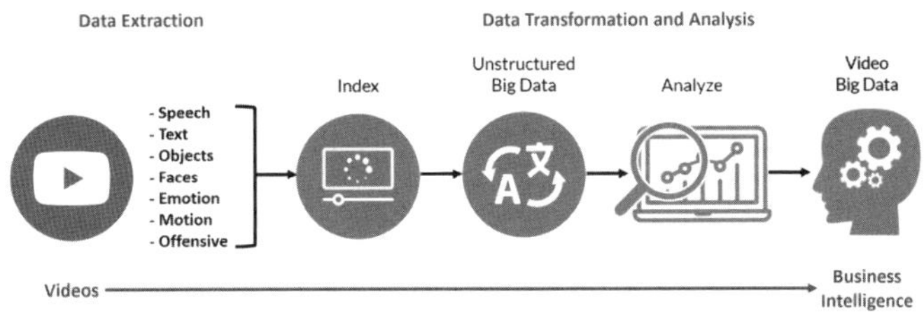

그림 2-216 Big Data 처리 절차 (출처: Videospace)

이렇게 많은 Video Object(즉, Big Data)에서 사람의 얼굴인식을 통하여 특정 사람을 추적하거나 화재 발생을 탐지할 수 있다. 따라서 이러한 결과를 도출하기 위해서는 IoT 기술이 적용된 비디오 감시장치가 필수적으로 사용된다.

Retail 매장에서 IoT Big Data 활용 예를 보면, 먼저 다수의 고객행위로부터 Big Data를 수집하는데, 여기에는 각 고객에 대한 매장의 결제 현황, 개인의 구매성향, SNS 데이터 등을 통합해서 Big Data를 확보한다(수집단계).

이렇게 수집된 Big Data에서 공통점을 추출하는데, 예를 들면 금요일 오후에 다수의 고객이 맥주와 함께 초코릿을 구매했다는 결과를 도출할 수 있다(분석단계). 이후 이러한 인사이트를 기반으로 맥주를 구매하는 고객에게 초코릿을 추천할 수 있다(결정단계).

3) AI

(1) 배경

AI(Artificial Intelligence, 인공지능)란 컴퓨터가 인간과 유사한 지능을 가지도록 인간의 학습, 추론, 지각, 자연어 처리 능력 등을 컴퓨터 프로그램으로 구현하는 기술이다. 다르게 표현하면, <u>AI는 사람처럼 생각하고, 행동하는 기계나 컴퓨터 프로그래밍</u> 또는 인간의 지능 원리를 규명하여 공학적으로 구현된 기술로도 정의될 수 있다.

지능이란 본능이나 자동으로 행동하는 대신, 생각하고 이해하여 행동하는 능력이며, AI란 인공적으로 만든 지능이다. 또한 옥스포드 사전에는 AI를 시각인식, 음성인식, 의사결정 그리고 번역과 같이 인간의 지능이 요구되는 일을 수행할 수 있는 컴퓨터라고 정의했다.

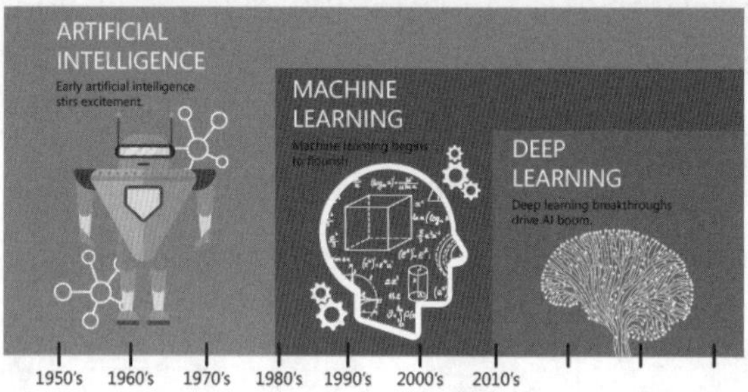

그림 2-217 AI, Machine Learning, Deep Leaning 관계 (출처: NVidia)

AI, Machine Learning, Deep Learning 의 관계를 보면, AI가 가장 큰 개념이며 AI를 구현하는 방법 중에 하나가 Machine Learning이고, 이 Machine Learning을 구현하는 기술 중에 Deep Learning이 있다.

시간적으로 볼 때, AI는 1950년대에 정의되었고, Machine Learning은 1980년대부터 연구되었으며, Deep Learning은 2010년대에 개발되었다.

Machine Learning(ML, 기계학습)은 컴퓨터에 명시적으로 프로그래밍을 하지 않아도 학습할 수 있는 능력을 부여하는 컴퓨터 과학이다. 즉, Machine Learning은 사람의 도움없이 컴퓨터가 스스로 학습하는 기술이다. 또한 Machine Learning은 데이터에 내재된 패턴, 규칙, 의미 등을 컴퓨터가 스스로 학습하여 새롭게 입력되는 데이터에 대한 결과를 예측하는 기술로도 정의될 수 있다.

Deep Learning은 Machine Learning을 구현하는 방법으로 사람의 뇌 구조와 동작을 응용한 인공신경망(ANN, Artificial Neural Network)을 활용하여 컴퓨터가 스스로 학습하는 기술이다. Deep Learning을 실제로 구현하는 방법은 DNN(Deep Neural Network, 다층 신경회로망)으로 사실상 Deep Learning과 DNN은 같은 의미이다.

AI를 위한 기술로는 Reasoning, NLP(Natural Language Processing), Planning, Machine Learning 등이 있으나, 현재 학습기술로는 Machine Learning이 가장 많이 사용된다. 또한 Machine Learning을 구현하는 방법으로는 Supervised Learning, Unsupervised Learning, Reinforcement Learning, Deep Learning 등이 있다.

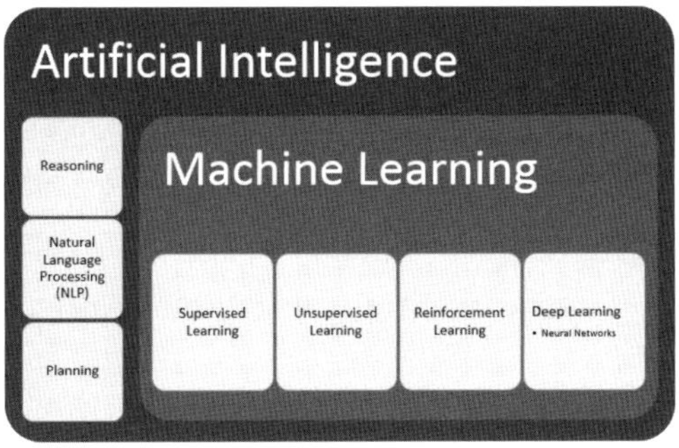

그림 2-218 AI, Machine Learning 구현 기술

그동안 AI를 구현하기 위하여 많은 노력이 있었지만, 2010년대에 결정적으로 새로운 DNN 알고리듬이 등장하면서 급격히 확산되는 계기가 되었다. DNN은 인공신경망의 한 종류이다.

AI 용어는 1956년 John McCarthy(존 메카시)가 Dartmouth 대학에서 열린 컨퍼런스에서 최초로 사용했고, 당시 John McCarthy가 정의한 AI는 "the science and engineering of making intelligent machines"로 지능적인 기계를 만드는 과학과 기술이었다.

John McCarthy가 AI 용어와 개념을 정의하기 이전인, 1950년에 영국의 수학자인 Alan Turing(알란 튜링)은 지능을 가진 기계를 제안했는데, 이때 "Computing Machinery and Intelligence"라는 논문을 발표하면서 컴퓨터로 복잡한 계산과 논리를 처리할 수 있는 지능적인 기계를 제안했었다.

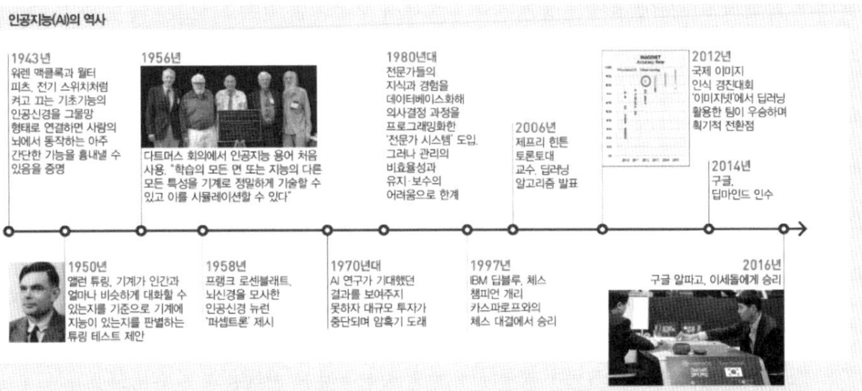

그림 2-219 AI 기술 역사 (출처: 주간경향)

이후, Alan Turing은 상대방이 사람인지 컴퓨터인지 시험하는 'Turing Test'를 제안했는데, Turing Test는 "기계가 얼마나 인간과 비슷하게 대화할 수 있는지 기준(즉, 기계가 지능

이 있는지 여부)을 판별하는 시험"이다. 현재도 이 방법은 사용되고 있다.

Turing Test는 질문자 한 명(사람)과 응답자가 둘이 있는데, 응답자 중에 하나는 컴퓨터이고 다른 한 명은 사람(Human)이다. 질문자(또는 Evaluator)는 어느 쪽이 사람인지 컴퓨터인지를 모르고, 응답은 키보드로만 이루어진다. 테스트 결과, 질문자가 어느 쪽이 컴퓨터인지 판별할 수 없다면, 그 컴퓨터는 사람처럼 사고할 수 있다고 판단하는 방법이다.

이후, 1970년대에 AI를 실제 환경에 적용을 시도한 예는 '전문가 시스템'으로, 전문가 시스템은 일반인이 AI의 도움을 받아서 전문가 수준의 지식을 활용하는 것이다. 예를 들어, 일반인이 의사나 약사 수준의 의학지식을 가지고 질병에 대응하는 시스템이다.

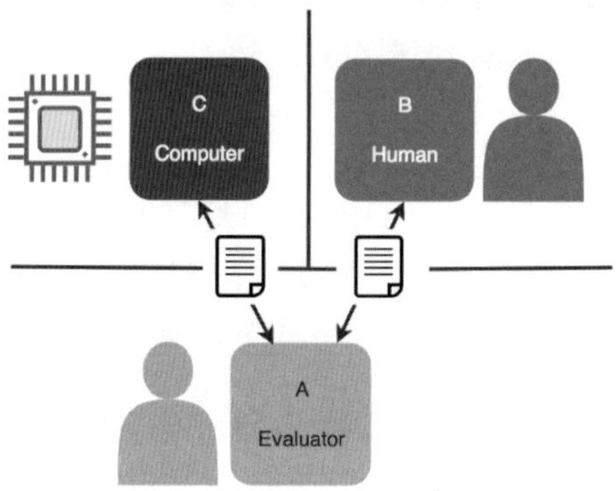

그림 2-220 Turing Test 방법

하지만, 이러한 전문가 시스템은 전문가의 인터뷰로만 지식을 확보할 수 있어서, 지식의 영역이 넓어지고 깊어짐에 따라 장기간에 걸쳐서 지식을 지속적으로 확보하기 어렵고, 오류를 수정하는 방법에서 한계가 있었다.

이러한 환경에서 컴퓨터가 지식을 스스로 학습하는 개념인 Machine Learning이 등장했고, 1959년에 AI를 구현하기 위한 기술로 당시 IBM 연구원이었던 Arthur Samuel은 다음과 같이 Machine Learning을 정의했다. "Machine Learning is a field of study that gives computers the ability to learn without being explicitly programmed".

즉, Arthur Samuel은 Machine Learning을 "명시적으로 프로그램이 작성되지 않아도 컴퓨터가 스스로 학습할 수 있는 능력을 제공하는 학문"이라고 정의했다.

이러한 개념의 Machine Learning을 구현하는 방법으로 1980년대와 1990년대에 사람의 뇌 구조와 동작 기반의 인공신경망(ANN, Artificial Neural Network)이 연구되었다. 당시에는 인공신경망 이외에도 Machine Learning을 구현하는 기술로 퍼지 이론(Fuzzy Theory), 카오스 이론(Chaos Theory), 유전자 알고리즘(Genetic Algorithm) 등의 기술이 있었다.

하지만, 당시 연구된 인공신경망은 학습과정에서 ① 엉뚱한 데이터를 학습하는 문제, ② 계산시간이 많이 걸리는 문제(예: 학습에 3일 소요) 등의 이슈로 연구가 지속되지 못했다. 이러한 기술적인 문제로 2000년대에는 Machine Learning을 구현하기 위하여 인공신경망보다는 확률적인 통계기반의 연구도 있었다.

이후, 2006년에 당시 토론토 대학의 Jeffrey Hinton 교수는 DNN(Deep Neural Network)에서 그동안 이슈가 되었던 몇 가지 문제를 해결하는 논문을 발표했다. 대표적인 해결방법은 학습시 사전학습을 통하여 데이터가 없어지는 것(Vanishing Gradient)을 방지했고, 새로운 데이터를 처리 못하는 문제는 일부 노드를 누락(Dropout)시켜서 해결했다.

이 기술을 기반으로 2012년에는 컴퓨터가 학습을 하기 전에 사람의 작업없이(예: 특징점 추출) 컴퓨터가 스스로 데이터를 분석하고, 구별하게 되었다. 예를 들면, 다양한 동물이 있는 사진속에서 고양이를 찾을 경우, ① 컴퓨터는 사전에 고양이에 대한 정보없이 ② 다수의 사진을 스스로 학습하여, ③ 사진속에서 고양이를 구분해 낼 수 있었다.

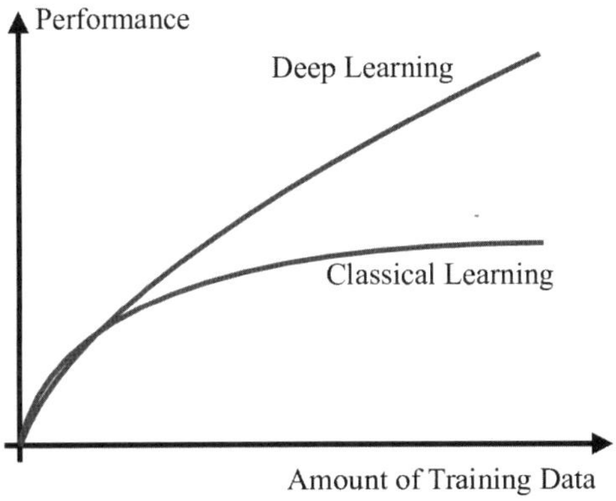

그림 2-221 학습 데이터 양과 정확도 관계

또한 Deep Learning 기술이 관심을 받게 된 배경은 사용자에게 원하는 양질의 서비스를 제공하기 위해서는 많은 데이터가 필요한데, 기존의 학습방법(Classical Learning)으로는 서비스 제공에 한계가 있었다.

기존 학습 알고리듬은 학습해야 할 데이터가 많아질수록 성능이 증가되지 않는 문제가 있지만, Deep Learning은 학습해야 할 데이터가 많으면 많을수록 학습의 정확도(또는 성능)는 증가된다.

즉, 많은 사진에서 고양이가 있는 사진만 골라 낼 경우, 기존의 방법으로는 사진의 개수가 많아질수록 정확하게 고양이 사진을 찾을 수 없었지만, Deep Learning은 사진의 수가 많아질수록 고양이 사진을 찾을 확률은 높아진다.

이때 기존의 방법은 고양이의 정면 사진은 잘 찾는데, 고양이 옆면이나 뒷면인 경우 구분이 어려울 수 있었다. 하지만, Deep Learning은 다양한 각도의 고양이 사진이나 명암 차이가 큰 사진에서도 고양이를 찾을 수 있다.

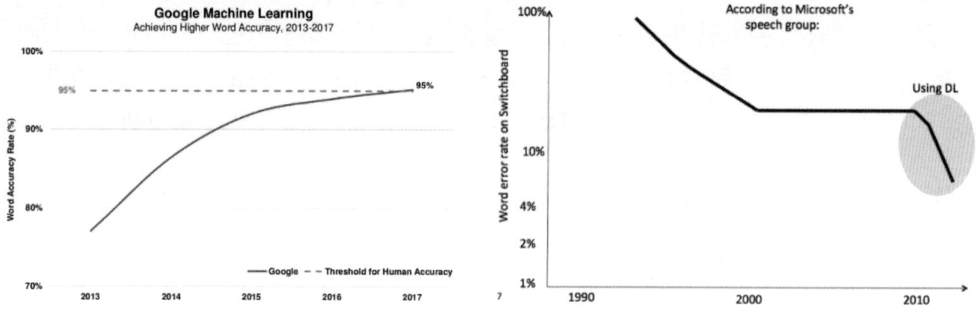

그림 2-222 사람과 AI의 음성인식 성능비교 (출처: Google, Microsoft)

이렇게 AI가 성장하게 된 배경 중에 하나는 Big Data인데, 음성이나 이미지 인식에서 학습을 위하여 많은 데이터가 필요하고 최근에는 이러한 데이터를 쉽게 확보할 수 있는 환경이 되었다. Google은 자체적으로 매우 많은 이미지를 보유하고 있어서(즉, 학습용 이미지가 많아서) Google의 이미지 인식율이 다른 회사보다 높다.

또한 Web에 있는 매우 많은 데이터를 자동으로 수집하는 Web Crawling(간단히, Crawling) 기술이 발전되었고, 이렇게 수집된 Big Data를 효과적으로 저장하는 분산 Database기술이 발전되어 학습을 위한 Big Data를 쉽게 확보할 수 있다.

이러한 배경으로 Google은 2017년에 음성인식에서 AI가 이미 사람보다 인식률이 높다고 발표했다. 특히, 잡음이 많은 환경에서 AI는 사람보다 음성인식을 더 잘 한다는 밝혔다. 이미지 인식도 비슷하게 2017년 이후에는 AI가 사람보다 인식을 잘 하는 것으로 알려져 있다.

다수의 IT 언론은 1990년대가 Digital First 시대였고, 2000년대는 Mobile First, 2010년대는 AI First 시대라고 평가했다. 이러한 맥락에서 2017년 이후부터는 Google, Microsoft, Apple, Amazon, Qualcomm 등 주요 IT 회사는 AI First를 주된 기술개발 방향으로 설정하고 있다.

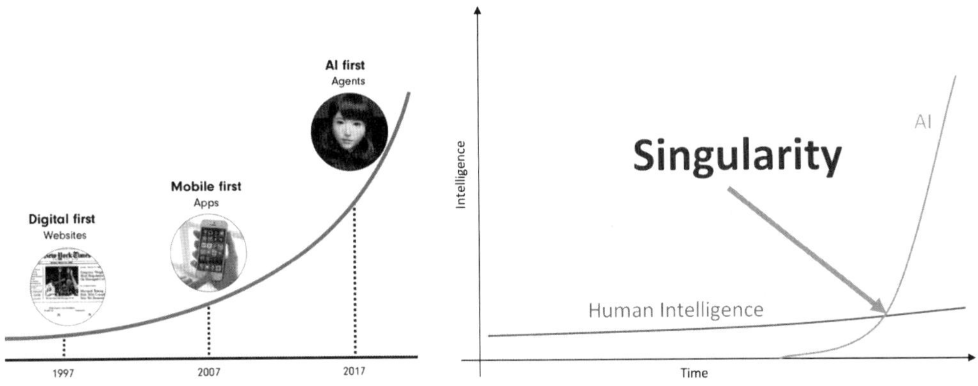

그림 2-223 AI First 시대, Singularity (출처: sogetilabs)

Google은 DNN 알고리듬을 처리하는 전용칩(서버에서 동작)인 TPU(Tensor Processing Unit)를 자체 개발하여 적용했다. Amazon과 Facebook 등도 서버에 적용되는 AI칩을 자체 개발 중이며, Qualcomm과 삼성은 디바이스 칩에 AI 일부 기능을 적용했다.

사람과 AI의 지능 수준을 시간에 따라 비교할 때, 사람의 지능은 큰 변화가 없지만 AI 기술은 급격히 발전되어 AI 지능이 계속 높아져서, AI가 사람의 지능보다 높아지는 지점을 Singularity(특이점)라고 한다.

다수의 언론은 복합적인 작업을 할 때, AI가 여전히 사람의 지능을 따라올 수 없지만, 어느 시점에는 복합적인 작업도 AI가 사람 지능보다 좋을 수 있다고 언급했다. 이러한 배경에는 개선된 Deep Learning 알고리듬, Big Data 처리 기술, 관련된 AI 칩 기술이 발전되기 때문이다.

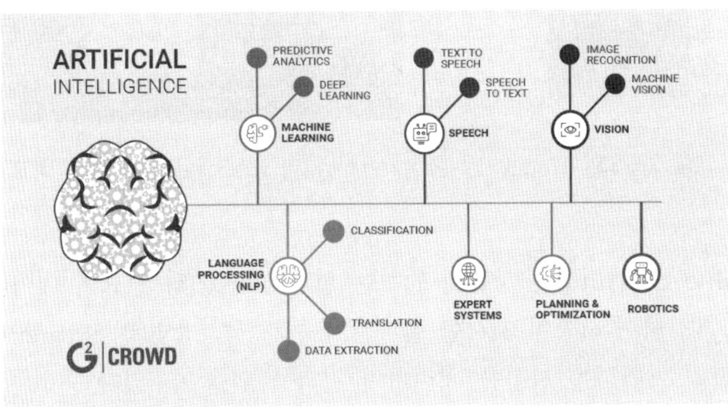

그림 2-224 AI 기술 활용 분야 (출처: G2 Crowd)

AI 기술 적용 분야는 음성인식, 이미지 인식, 언어번역, 로봇 제어, 자율주행차, IoT 등 다양하다. 이렇게 AI 기술은 많은 산업분야에 광범위하게 적용될 수 있기 때문에 대부분 IT 회사는 AI 기술 개발에 집중하고 있다.

특히, AI 기술은 IoT 분야에 적용되기 시작하여 고품질의 서비스를 제공하고 있다. 예를 들어 IoT 디바이스에는 센서가 포함되는데, 이 센서는 부정확한 데이터를 센싱하거나 센서 자체의 문제로 잘못된 데이터를 출력할 수 있는데, 이 경우 AI를 적용하면 어느 정도 문제를 해결할 수 있다.

AI 기술에서 Machine Learning 기법인 DNN은 이미지 인식, 영상인식, 로봇 등 여러 분야에 적용될 수 있다. 또한, DNN 기술을 이미지 인식 위주로 설명하는 것이 일반적으로 이해하기 쉽다.

(2) Deep Learning

AI를 구현하기 위해서는 Machine Learning이 필요하고, 이 Machine Learning을 구현하는 기술 중에 하나가 Deep Learning이다. Machine Learning을 기존의 전통적인 프로그래밍 방식과 비교하면, 기존의 방식은 사람이 컴퓨터에 원하는 사항을 지시(즉, 프로그래밍)하고 필요한 데이터를 입력해주면 컴퓨터가 계산하여 원하는 결과를 알려준다.

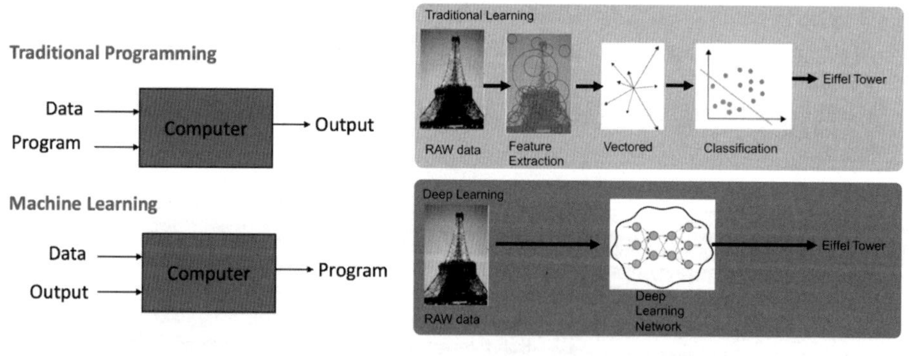

그림 2-225 Traditional Programming과 Machine Learning 비교

하지만, Machine Learning은 사람이 원하는 결과(Output)와 필요한 데이터를 주면, 컴퓨터가 스스로 계산하여 사람이 지시한 결과는 바꾸는 처리방법(즉, Program)을 출력한다. 사람은 그 방법대로 원하는 사항을 처리하여 결과를 얻을 수 있다.

즉, Machine Learning의 출력값은 Program인데, Program을 'Model'이라고도 한다. 학습을 통하여 많은 Model을 만들어놓고, 새로운 입력이 있을 때 이 Model과 비교하여 결과를 찾게 된다.

예를 들어, 다양한 자동차(트럭, 버스, 승용차 등)가 있는 사진에서 사람이 AI 알고리듬에 승용차를 골라 내라고 명령을 내리면, 컴퓨터는 Machine Learning(즉, 스스로 학습을 통하여)으로 승용차 형태를 학습한 다음, 자동차 사진에서 승용차를 추출한다.

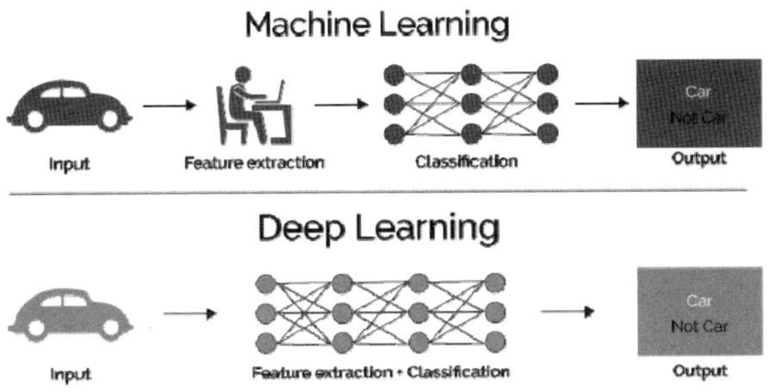

그림 2-226 Machine Learning과 Deep Learning 비교(1)

또한 이미지 인식에서 Machine Learning과 Deep Learning의 차이점을 보면, Machine Learning은 컴퓨터 S/W로 이미지를 인식하기 전에 사람이 이미지 인식에 필요한 특징점(Feature)을 제시한 후, 이미지를 인식하게 된다.

이미지 인식에서 특징점이란 사진에서 명암의 차이를 활용한 경계선 추출(Edge Detection), 주변환경에서 사물 분리, 각 사물의 형태(고양이, 차량 등) 파악 등이 될 수 있다.

반면, Deep Learning은 사람의 개입 없이 컴퓨터 S/W가 스스로 학습을 통하여 원하는 결과를 찾는 방법이다. 이 경우, 컴퓨터 S/W는 스스로 인터넷을 검색하여 많은 이미지를 수집(이것을 Crawling이라고 함)하여 학습한다.

예를 들어, 강아지 이미지를 학습할 때 Machine Learning은 사전에 강아지의 특징점(귀, 입, 수염, 털 등)을 사람이 지정해주고 학습이 이루어지는데, Deep Learning은 사람의 개입 없이 컴퓨터 S/W가 자동으로 학습하는 방법이다.

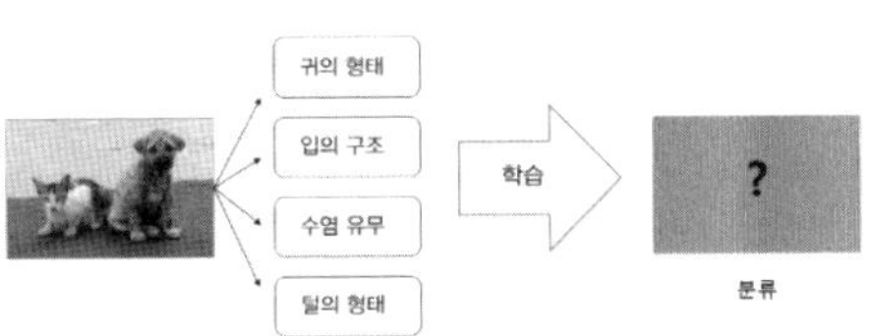

(a) Machine Learning

(b) Deep Learning

그림 2-227 Machine Learning과 Deep Learning 비교(2) (출처: 양재 R&CD 혁신허브)

학습이란 컴퓨터가 Big Data에서 스스로 특정규칙을 찾아서 공통점을 분류하는 것인데, Deep Learning에서는 많은 Layer(즉, 여러 단계)에서 각 Layer를 연결하는 연결점의 가중치(Weight)와 활성화 함수값을 정의하는 작업이다.

이렇게 Deep Learning을 동작시키기 위해서는 학습에 필요한 많은 데이터가 필요한데, 이러한 데이터는 사람이 사전에 제공할 수 있고, 컴퓨터가 자동으로 인터넷을 검색하여 확보할 수도 있다.

또 다른 예는 볼트와 너트 사진에서 사전에 Deep Learning 알고리듬은 스스로 학습하여 너트 그림에서 너트를 이해한 다음, 새로운 너트 이미지가 입력될 경우 기존에 학습한 데이터를 기준으로 너트로 인식하게 된다.

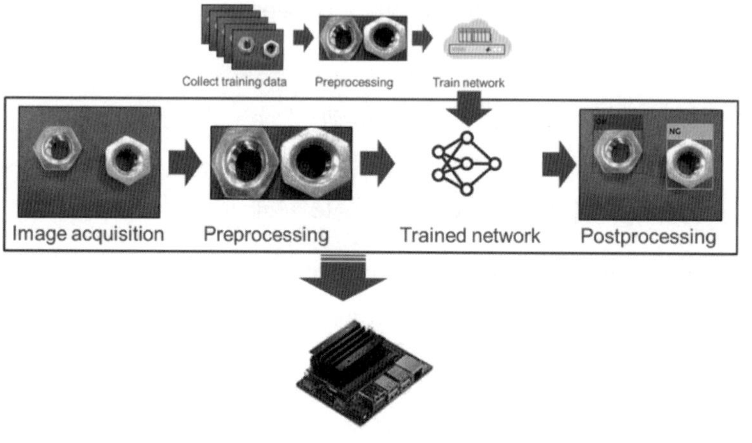

그림 2-228 AI를 활용한 이미지 인식 절차 (출처: NVidia)

이때, 사람의 뇌 구조와 동작을 모방한 인공신경망으로 학습이 이루어지는데, Deep Learning은 기존의 인공신경망에서 다수의 은닉층(Hidden Layer)이 있는 구조이다.

Deep Learning을 구현하는 기술은 몇 가지 있지만, 현재 대부분 DNN(Deep Neural Network)이 사용된다. 인공신경망은 1980년대부터 기술이 개발되었지만, 그동안 몇 가지 문제로 상용화에 어려움이 있었다. 이후, 2010년대에 DNN 알고리듬이 개발되면서 Deep Learning 기술로 많이 사용되고 있다.

Machine Learning은 사람의 학습과정을 모방한 것으로 많은 데이터(예: 다수의 강아지, 고양이 사진)를 컴퓨터에 입력하면, 컴퓨터는 비슷한 이미지를 분류하여 강아지를 강아지로, 고양이를 고양이로 판독하도록 훈련시키는 방법이다.

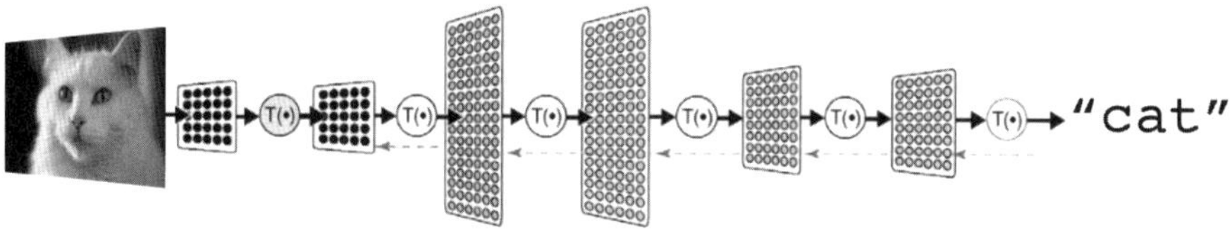

그림 2-229 DNN을 활용한 학습

DNN을 활용한 Machine Learning 예는 Input Layer에 고양이 사진을 입력하면, DNN은 자체 학습(알고리듬 동작)을 통하여 결과값으로 단어 'cat'이 출력된다. 즉, 컴퓨터에 고양이 사진을 입력하면, 컴퓨터가 고양이임을 알 수 있다.

<u>DNN은 인공신경망에서 Input Layer(입력층)와 Output Layer(출력층) 사이에 다수의 Hidden Layer(은닉층)가 있는 구조이다.</u> DNN 용어에서 Deep은 다수의 Hidden Layer가 있다는 의미이다. 하지만, Hidden Layer가 많을수록 학습성능은 높아지지만, 학습에 시간이 많이 걸리고 높은 Computing Power가 요구되는 단점이 있다.

인공신경망은 사람의 Neuron(뇌 세포) 구조와 동작을 분석해서, 수학적인 수식으로 표현한 기술이다. 사람의 Neuron은 그림 ⓐ와 같이 세포체(Cell Body), 수상돌기(Dendrites), 축색돌기(Axon) 등으로 구성된다. Synapse(ⓒ)는 Neuron과 Neuron 사이에 정보가 전달되는 연결점이다.

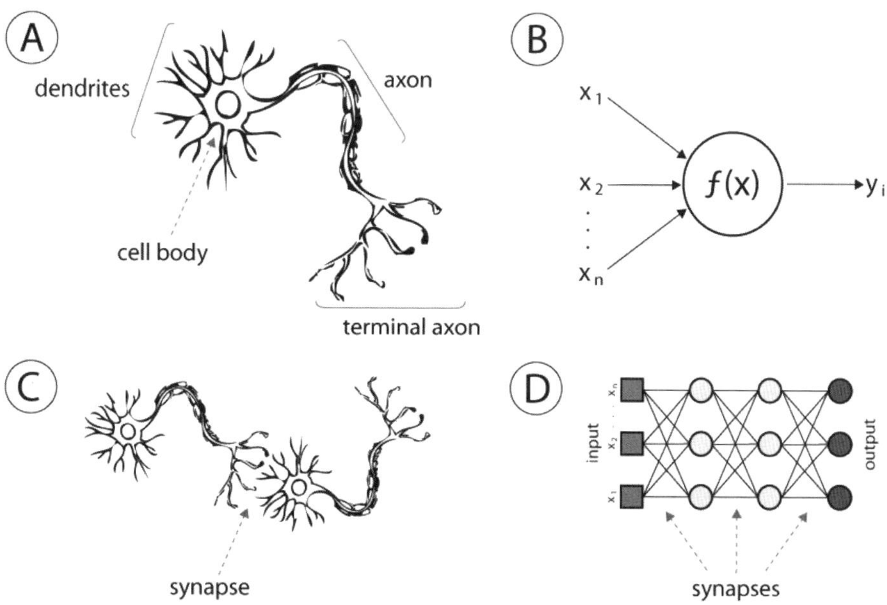

그림 2-230 Neuron 구조와 동작을 수학적으로 모델링

다수의 입력 Neuron에서 출력 Neuron으로 정보가 전달되는 모델은 그림 ⓑ와 같이 표현될 수 있다. 그림 ⓑ의 X1, X2, X3,…Xn은 이전 Neuron의 출력값이고, Synapse를 통하여 현재 Neuron에 입력된다. 현재 Neuron의 특성(또는 활성화) 함수 f(x)는 세포체에서 동작되며, 이의 결과값(yi)은 Synapse로 출력된다.

이렇게 다수의 입출력을 가진 Neuron과 Synapse의 연속적인 집합은 그림 ⓓ와 같이 표현될 수 있다. 세로축의 Neuron 집합을 Layer라고 하고, Layer와 Layer를 연결하는 연결점(또는 연결선로)이 Synapse이다.

인공신경망에서 학습이란 입력값(X0, X1, X2)에서 출력값(Y0)으로 이어지는 각 연결선의 가중치(W0, W1, W2)를 최적화하는 동작이다. 예를 들면, 입력이 고양이 사진일 경우, 연결선의 가중치 조절(즉, 학습)을 통하여 출력값이 'cat'으로 표시된다.

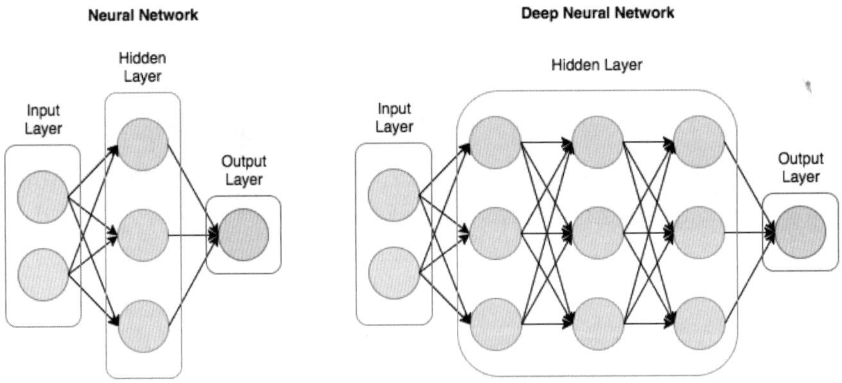

그림 2-231 DNN 구조

DNN은 계층구조(Layered Architecture)이며, Input Layer(입력층)와 Output Layer(출력층) 사이에 다수의 Hidden Layer(은닉층)로 구성된다. 일반적으로 2개 이상의 Hidden Layer가 사용될 때 DNN이라고 부른다.

전통적인 학습 프로그래밍으로 고양이를 인식할 경우, 많은 조건문(if)의 연속으로 해결할 수 있다. 하지만 DNN을 활용할 경우, 가중치 값을 가진 행렬을 통해서 고양이를 인식할 수 있어서 그만큼 DNN은 프로그래밍도 간단하다.

DNN에서 학습이란 가중치인 Synapse 값을 결정하는 과정이며, 추가적으로 Neuron에 적용되는 활성화 함수(Activation Function)까지 포함된다. 이때, 각 Neuron은 고유의 Bias(즉, 고정값)가 설정될 수도 있다.

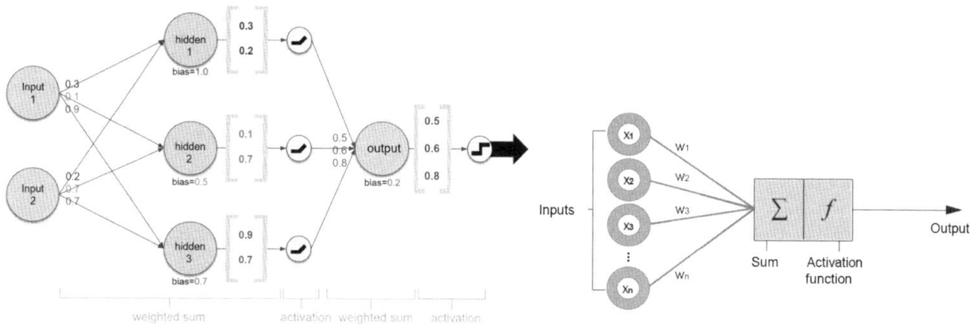

그림 2-232 DNN에서 가중치, 활성화 함수

1980년대에 가중치를 최적화하는 방법으로 Back Propagation Algorithm(Output에서 Input 방향으로 오류값을 전송하여 최적화하는 기법)이 사용되었으나, 높은 Computing Power가 요구되고 정답을 찾지 못하는 문제(Local Minima) 등으로 상용화에 어려움이 많았다.

이후, 2012년에 Geoffrey Hinton 교수 등은 기존의 문제였던 'Underfitting', '학습속도', 'Overfitting' 등의 문제를 해결하는 방법을 제시했다.

Underfitting은 학습이 잘 안되는 현상으로 기존의 Back Propagation 모델에서 Layer가 깊을수록 앞쪽에 있는 Layer의 학습이 잘 안되는 'Vanishing Gradient' 현상이 있었다. 이러한 문제를 해결하기 위해서 Geoffrey Hinton은 각 Neuron에서 동작되는 활성화 함수로 ReLU(Rectified Lnear Units)을 도입했다.

또한 학습속도를 개선하기 위해서는 학습단계를 작은 단계로 나누어서 처리하는 SGD(Stochastic Gradient Decent)를 적용했다. 그리고 Overfitting은 사물의 형태가 약간 다를 경우, 학습이 잘 안되는 문제인데 예를 들면 고양이 인식에서 털 색깔이 다를 때 고양이로 인식을 못하는 문제이다.

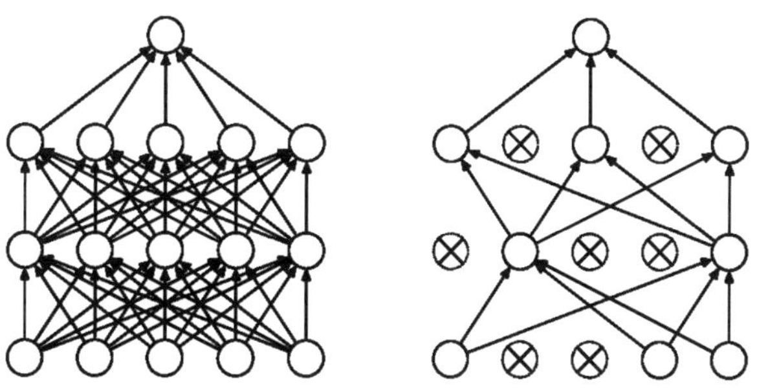

(a) standard Neural Net (b) After applying dropout

그림 2-233 일반 인공신경망과 Dropout이 적용된 인공신경망

이러한 문제는 DNN 학습시 임의의 노드 몇 개를 생략해서(약 50% 생략) 학습하는 방법인 'Dropout' 알고리듬으로 해결했다. Dropout 알고리듬은 기존 신경망 특징인 학습된 데이터만 최적화되는 문제, 과도한 학습으로 인한 불필요한 정보까지 인지하는 Overfitting 문제 등이 해결되었다.

DNN을 구현하는 방법은 크게 CNN(Convolutional Neural Network)과 RNN(Recurrent Neural Network)이 있다. CNN은 Input Layer, 다수의 Hidden Layer, Output Layer로 구성되며 신호는 단방향인 입력에서 출력으로 학습되는 방법이다.

RNN은 일반적으로 하나의 Input Layer, 하나의 Hidden Layer, 하나의 Output Layer로 구성되고, Hidden Layer의 가중치 설정(즉, 학습)을 위해서 반복적인 동작으로 최적화하는 방법이다.

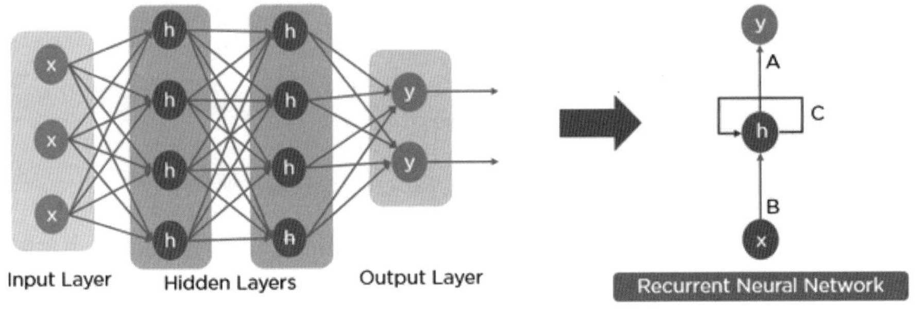

그림 2-234 CNN과 RNN 비교 (출처: IBM)

CNN은 기본적으로 행렬 형태의 간단한 필터를 사용하여 전체적으로 학습하는 구조로 이미지 인식과 같은 Snapshot 형태의 학습에 많이 사용된다. 반면 RNN은 내부 순환구조로 학습되며, 음성인식이나 주가 예측과 같이 반복적이고 순차적인 데이터 학습에 유리하다.

이 외에도 몇 가지 개선된 DNN 알고리듬이 개발되어 AI 기술 발전에 결정적인 영향을 미쳤다. DNN 알고리듬 외에 AI 기술이 발전하게 된 배경은 Big Data 분석기술과 AI 칩이 동시에 발전되었기 때문이다.

즉, 주요 IT 회사(Google, Facebook, Amazon 등)에서 Big Data를 쉽게 수집할 환경이 되었고, 이를 효과적으로 처리할 수 있는 DB와 데이터 분석기술도 적용되었기 때문이다. 결국, AI 기술이 발전하게 된 배경은 DNN, Big Data 분석기술, AI 칩이 발전되었기 때문이다.

그림 2-235 AI를 활성화시킨 3가지 배경 기술 (출처: NVidia)

그리고, 이러한 DNN 알고리듬을 빠르게 동작시키기 위해서는 S/W보다는 H/W(즉, 칩)로 동작시킴으로써 빠른 학습이 가능하게 되었다. 이를 위하여 DNN 알고리듬이 동작되는 칩으로 서버용 칩은 nVidia, Google 등에서 개발했고, 디바이스용 칩은 Qualcomm, 삼성 등에서 개발했다.

DNN 알고리듬 동작은 CPU(Central Processing Unit)보다 많은 Core를 가지고 병렬로 데이터가 처리되는 GPU(Graphics Processing Unit)가 유리하다. DNN의 구조는 다수의 Layer로 구성되어 반복적인 병렬처리와 Matrix 연산으로 동작되므로 GPU로 처리하는 것이 효과적이다.

NVidia는 GPU 칩 전문회사로 기존의 GPU 칩을 변형하여 AI칩을 개발했다. 이러한 NVidia칩은 Cloud에 사용되는 서버에 탑제되거나 자율주행차, 로봇 등에 적용된다. NVidia의 AI칩은 휴대용 디바이스를 목표로 개발된 것은 아니다.

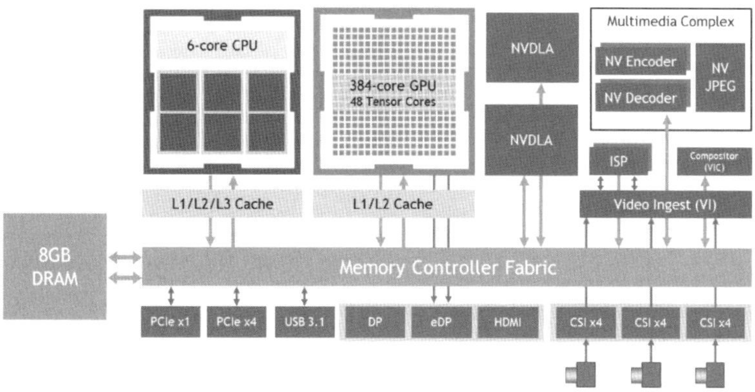

그림 2-236 AI칩 구조 (출처: NVidia)

이러한 NVidia의 AI 칩은 Amazon, Microsoft, IBM, Oracle 등이 Cloud에 사용하고 있으며, 자율주행차를 개발하는 회사도 사용하고 있다. 이와는 별도로 Google은 자체 AI

칩을 개발하여 적용하고 있으며 Microsoft, Facebook, Amazon 등도 자체 AI 칩을 개발하고 있다.

이러한 Machine Learning 기술은 디바이스 칩(특히, AP)에도 구현되고 있어서 스마트폰의 경우, 영상처리, 음성처리, 기타 기능(실내측위, 문자 입력시 단어 추천, 보안기술)에 활용되고 있다. AP(Application Processor) 내에서 AI 기능을 처리하는 부분을 일반적으로 NPU(Neural Processing Unit)라고도 한다.

Apple, Qualcomm, Intel, HiSilicon 등은 Mobile Device 칩인 AP에 AI 서비스를 위하여 DNN을 구현했다. 또한 Mobile Device에 적용되는 CPU와 GPU Core를 개발하는 영국의 ARM사는 Mobile Device 목적으로 DNN 처리를 위한 칩(정확하게는 IP)을 개발하고 있다.

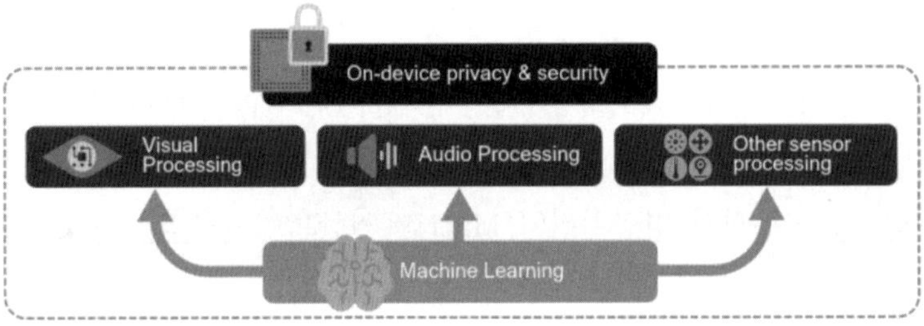

그림 2-237 단말기에서 Machine Learning을 활용한 기능 예

그동안 AI 기능은 Cloud에서 처리되었는데, AI 기능의 일부가 디바이스에서 처리되면서 AI 처리속도도 빨라지고 Cloud와 통신에서 데이터량과 횟수가 줄어들고 있다. 이렇게 AI 기능이 디바이스에서 처리되는 것을 ARM사는 'On Device Intelligence'라고 한다.

(3) 학습, 추론

Deep Learning을 기능적인 측면에서 볼 때, 크게 학습(Training)과 추론(Inference)으로 나눌 수 있다. 학습은 많은 데이터(즉, Big Data)를 기반으로 알고리듬이 최적화되는 과정으로 볼 수 있고, 추론은 입력항목이 뭔지 알아내는 과정이다.

예를 들어, 다양한 동물이 있는 사진에서 고양이를 찾을 때, DNN 알고리듬은 많은 데이터(즉, 사진)에서 고양이를 학습하는 과정이 있고, 다수의 사진에서 고양이를 찾아내는 인식 과정이 추론이다.

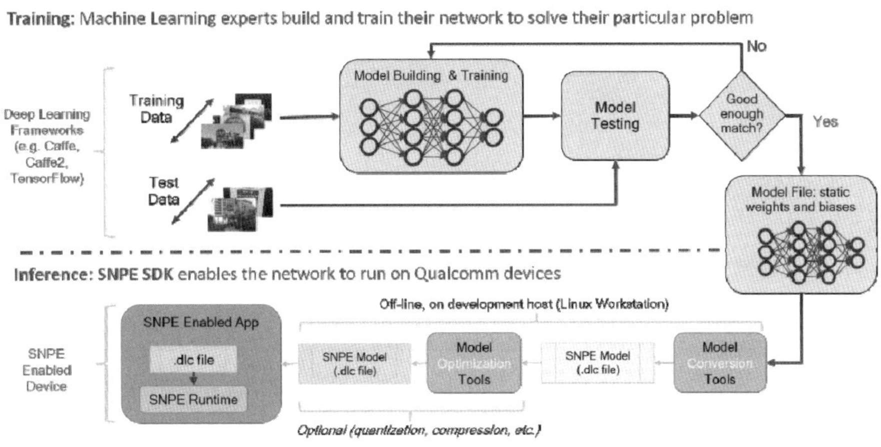

그림 2-238 Training과 Inference 절차 (출처: Qualcomm)

먼저 학습과정을 보면, DNN 알고리듬은 학습을 위한 데이터(즉, Big Data)를 입력시켜서 출력으로 Model(또는 Program)을 만드는 과정이다. 결국, Model은 수학적인 수치인데 일반적으로 행렬(Matrix) 형태이다.

학습은 DNN Model을 만드는 것으로 다수의 학습데이터를 활용하여 DNN에서 각 Neuron과 Neuron을 연결하는 Synapse의 가중치(Weight) 값을 정하는 것과 Activation Function을 정의하는 절차이다.

더 간단히 본다면, 학습이란 Model을 만드는 것이고, Model은 DNN 구조에서 각 Synapse의 가중치 값의 결과표이다.

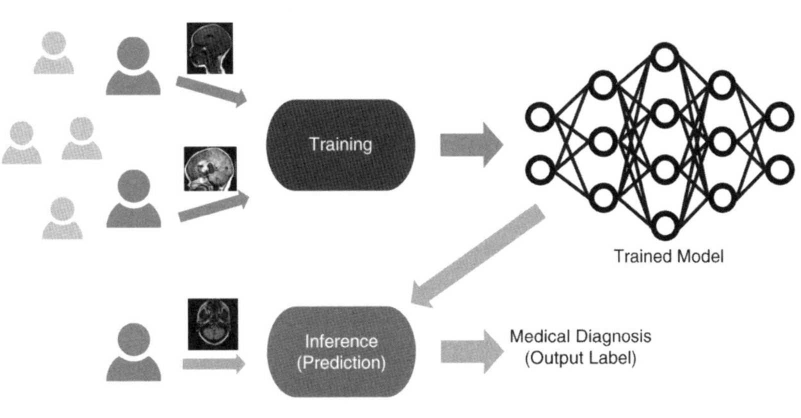

그림 2-239 Trained Model 개념 (출처: IEEE)

학습은 크게, Supervised Learning, Unsupervised Learning, Reinforcement Learning으로 나누어지며, 일반적으로 Supervised Learning과 Unsupervised Learning이 많이 사용된다.

Supervised Learning은 입력데이터에 대한 정답이 있어서 학습을 하면서 입력값과 대조하면서 학습을 하는 것이고, Unsupervised Learning은 정답이 없고 입력값만 주어지는데, 이를 활용하여 학습하게 된다.

최근, 대부분의 학습은 Unsupervised Learning으로 이루어지는데, 이의 배경에는 Big Data가 있다. 기존에는 충분한 수준의 Big Data가 없었고, Big Data를 효과적으로 분석할 수 있는 기술도 없었기 때문이다.

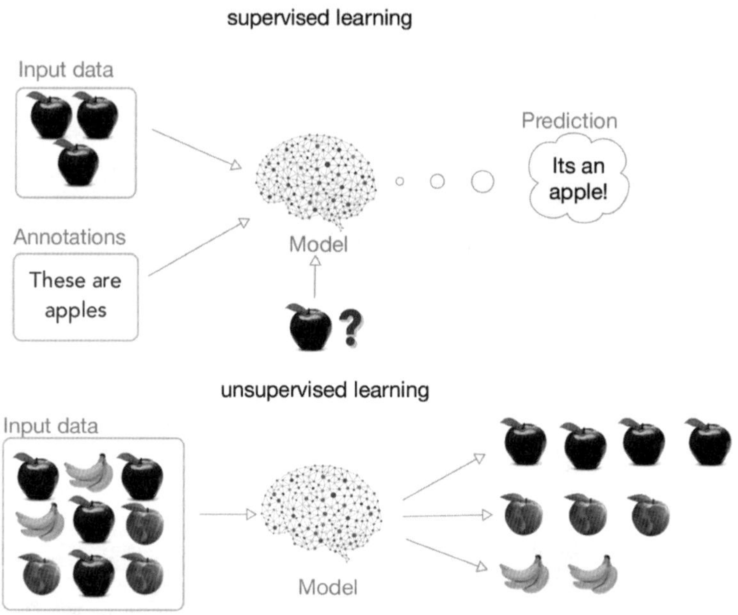

그림 2-240 Supervised Learning과 Unsupervised Learning

예를 들어, DNN으로 사과를 학습시킬 때, Supervised Learning은 사과 그림을 주고, 이것이 사과라고 사전에 알려준다. 반면, Unsupervised Learning은 어떠한 사전 정보를 주지 않고, 여러 과일이 있는 이미지만 제공해서 DNN 알고리듬이 스스로 학습하는 방법이다.

Unsupervised Learning은 컴퓨터가 스스로 학습하는 것으로 주어진 Input(또는 문제)를 보고, 인터넷에서 Web Crawing을 통하여 자체적으로 데이터를 확보한 다음, 학습하는 방법이다. 이 경우, 입력 데이터가 많으면 많을수록 학습의 정확도는 높아진다.

이렇게 Model이 만들어지면, 즉 학습이 완료되면 새로운 입력에 대하여 무엇인지 결정하는 단계를 추론(Inference)이라고 한다. 추론은 일반적으로 확률적인 통계값을 활용하여 결정된다.

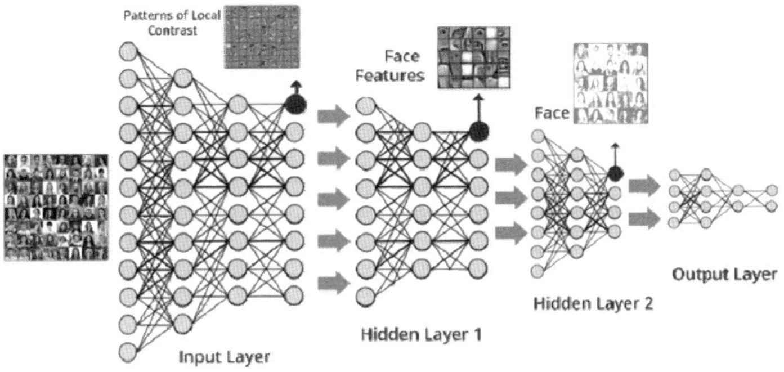

그림 2-241 이미지 학습 절차

DNN에서 학습은 Layer별로 단계적으로 이루어지는데 입력에 가까운 Hidden Layer는 특징점을 추출하는 단계이며, 출력에 가까운 Hiden Layer는 분류하는 단계이다. 이미지인 경우, 학습데이터와 가까운 부분은 명암차를 활용한 특징점 추출이 해당되고, 이후 Layer에서 이미지가 학습된다.

결국, 이러한 관점에서 볼 때, 학습이란 입력데이터를 처리하면서 각 Neuron과 Synapse의 값을 정하는 단계로써, 여기에는 Synapse의 가중치 값, Neuron의 Bias값, Activation Function이 있다.

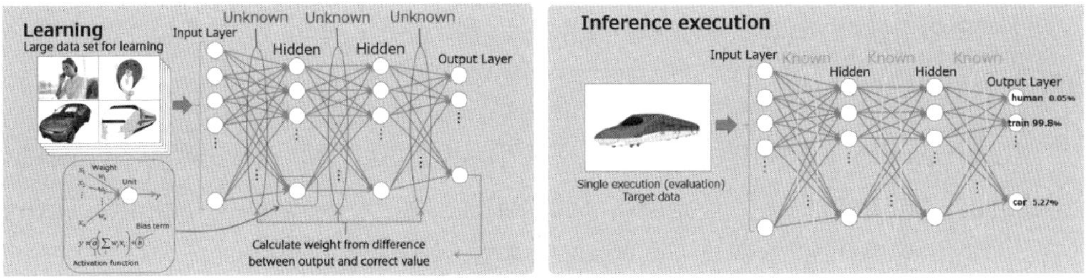

그림 2-242 학습, 추론과정 (출처: Renesas)

또한 추론은 원하는 입력값을 그동안 학습된 DNN Model에 동작시키는 것으로 최종 Output Layer에서 특정값이 출력되는데, 주로 확률적인 방법이 사용된다. 예를 들어, 학습된 Model이 기차인 경우, 출력값은 기차가 제일 큰 값으로 출력된다.

(4) IoT에 적용

IoT에 AI 기술이 적용되면서 서비스 가치가 높아지고 있고, 이렇게 AI와 IoT가 결합된 기술이나 서비스를 'AIoT'라고도 한다. S/W 업체인 SAS는 AIoT를 높게 평가하여 "AIoT는 디바이스를 연결하고 데이터를 모으는 것에서 벗어나 그 이상의 가치를 제공해줄 수 있는 원동력으로 기업의 경쟁우위를 위한 필수적인 기술"이라고 언급했다.

따라서 IoT에 AI가 접목됨으로써 기존의 사물간 연결 위주에서 지능적인 기능이 추가됨으로써 서비스의 부가가치가 높아지고 이를 기반으로 사업적인 수익이 높아지고 있다.

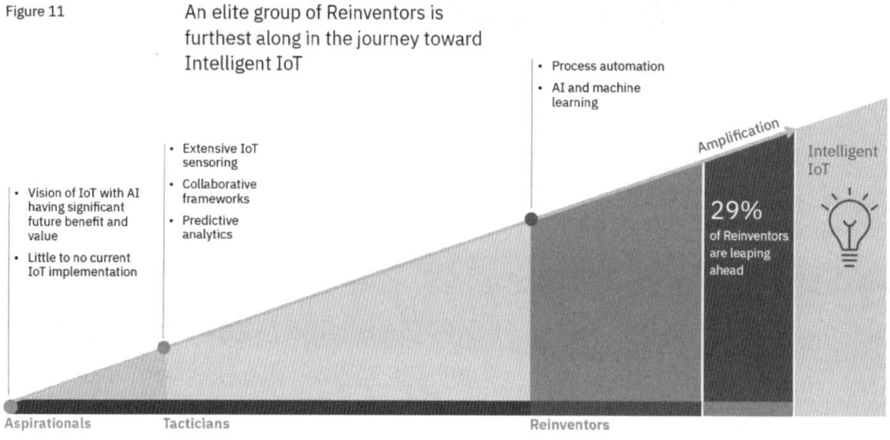

그림 2-243 Intelligent IoT 발전방향 (출처: IBM)

IBM은 진정한 IoT의 잠재력은 AI와 융합을 통해서 가능하다고 언급하면서 이때 AI는 Brain, IoT는 Body 역할을 한다고 주장했다. 결국, AI는 IoT의 촉매자가 되어 데이터 위주의 사업환경에서 서비스 제공자와 사용자를 통합하여 기업의 미래 핵심가치가 될 수 있다는 의미이다.

IoT Analytics사는 IoT가 많이 활용되는 산업분야에 AI 기술 적용사례를 언급하면서 Predictive Maintenance, Quality Inspection & Assurance, Manufacturing Process Optimization 등의 순으로 많이 사용될 것이라고 밝혔다.

여기에서 Predictive Maintenance는 산업분야에서 장비나 시설 관리를 예측하는 것이고, Quality Inspection & Assurance는 제품생산 후 제품의 품질 평가이며, Manufacturing Process Optimization은 생산시설에서 공정 최적화이다.

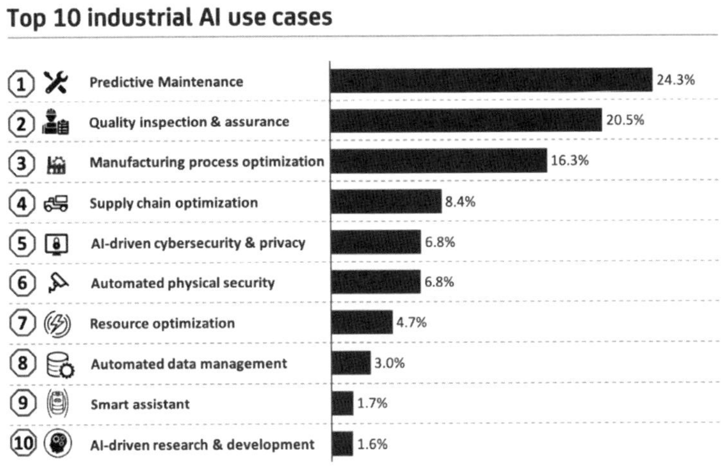

그림 2-244 IoT에 AI 적용이 가능한 항목 (출처: IoT Analytics)

이외에도 AI 기술은 IoT 보안에 적용되어 기존보다 보안의 강도를 높일 수 있다. 예를 들면, DDos 공격에 대하여 AI를 활용한 분석으로 이를 사전에 탐지하여 사고를 방지할 수 있다. 이 경우, 기존의 확률적인 통계기반의 탐지보다는 학습을 통한 지능적인 탐지가 효과적이다.

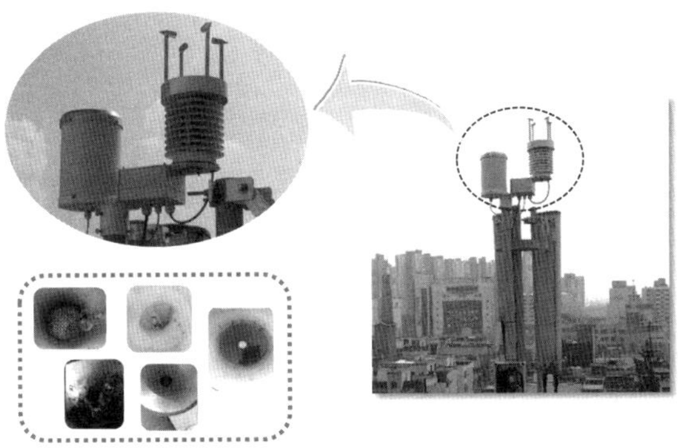

그림 2-245 IoT 환경센서에 AI 적용

IoT 환경센서에 AI 적용 사례를 보면, IoT 환경센서는 온도, 풍향, 풍속, 습도, 기압, 미세먼지 등을 센싱한다. 이 센서는 비나 눈이 올 때 또는 센서에 오염물질이 묻을 경우 센서가 오동작할 수 있다.

이때 AI 기술을 적용하여 현재의 데이터를 과거의 데이터와 비교하여 비정상적인 동작을 할 때는 수집 데이터에서 제외시켜 센싱의 정확도를 높일 수 있다. 보통의 경우, 외부에 설치되는 IoT 환경센서는 다양한 오염물질이 묻을 수 있어서 오류가 많이 발생된다.

특히, IoT는 서로 연관성이 없은 다수의 센서가 사용되기 때문에 각 IoT 디바이스가 생성하는 데이터는 일종의 비정형 데이터이므로 Big Data 분석 후, 학습을 하게 되면 센서의 오류를 어느 정도 해결할 수 있다.

요 약

Big Data, AI

- 최근의 IoT 서비스는 많은 IoT 디바이스가 자주 데이터를 생성하여 결국 Big Data가 된다. Big Data 분석은 Cloud에서 이루어지며, 서비스 가치를 높혀서 수익을 증대시킨다.
- 최근 IoT 비즈니스 환경은 데이터 위주로 중심이 이동하고 있으며, 결국 Big Data 분석을 잘 해야만 수익을 극대화할 수 있다.
- AI는 사람처럼 생각하고, 행동하는 기계나 컴퓨터 프로그래밍이며, IoT를 포함한 다수의 서비스에 적용되고 있다.
- Deep Learning은 컴퓨터가 스스로 학습하는 기능으로 이미지 인식, 음성인식, 자연어 처리, 검색, 추천 등 다양한 분야에 사용되고 있다.
- 점차 IoT에 AI 기술이 적용됨으로써 지능적인 서비스 제공이 가능하여 서비스 품질이 높아지고 있다.

9. 기타 기술

1) IoT 보안

IoT 보안(Security)이란 IoT 서비스 제공을 위한 모든 요소에 인증, 암호화, 위변조 방지, 외부로부터 해킹 방지 등을 위한 기술이다. 기술적으로 보안이란 인증, 암호화, 무결성, 부인방지, 가용성 등의 여러 기능이 포함되는 넓은 개념이다.

인증은 상대방이 진짜인지를 확인하는 절차이고, 암호화는 통신채널에서 송수신되는 데이터를 암호화하여 중간에 해킹을 방지하는 것이며, 무결성은 Hash 함수 등을 사용하여 데이터의 변조를 방지하는 방법이다.

IoT 구성요소에서 보안기술은 크게 ① Device, ② 통신, ③ Cloud, 그리고 ④ 전체 보안을 관리(Security Management)하는 요소로 구분될 수 있다(IoT Analytics사 분석). IoT 서비스에서 보안기술이 필요한 이유는 보안이 취약한 부분을 통하여 IoT 디바이스 해킹이나 DDoS(Distributed Denial of Service) 공격 등으로 IoT 서비스를 제공받는 개인이나 사회의 안전에 영향을 미칠 수 있기 때문이다.

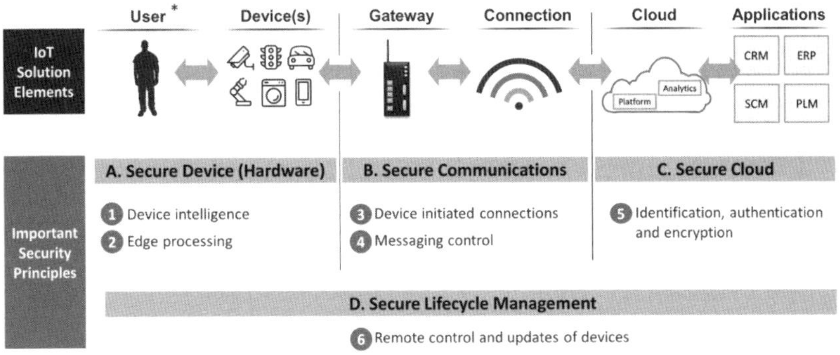

그림 2-246 IoT 보안 영역 (출처: IoT Analytics)

IoT 디바이스 보안의 특징은 PC나 휴대폰과 달리 ① 많은 IoT 디바이스가 서로 연결되어 있고, ② IoT 디바이스 종류가 다양해서 정해진 하나의 보안기술을 적용하기에 어려움이 있다.

이러한 특징으로 IoT 보안 문제가 발생될 경우, 많은 IoT 디바이스와 Cloud까지 광범위하게 피해를 주기 때문에 심각한 보안사고가 발생될 수 있다. 따라서, 기존의 PC나 휴대폰보다 IoT 보안사고의 위험성은 더 크다.

	IT	IoT	Security Consideration
기기 유형	Uniform	Diverse (Car, DA, Sensors, Actuators)	다양한 유형/수준 보안 기술 필요
기기 수	Millions	Billions	Attack Surface 및 보호대상 증가
주요기능	Information Processing	Sensing, Actuating Control	보안 위협이 물리적 위협으로 연결
사용 환경	Physically isolated	Hostile	공격 가능성 /용이성 증가

그림 2-247 IT와 IoT 보안의 차이점 (출처: 삼성)

일부 정보통신 전문가는 IoT와 구분하기 위하여 PC와 휴대폰에 적용되는 기술을 IT라고 정의하기도 한다. IT와 IoT 보안의 차이를 보면, IT 기기(PC나 휴대폰)는 디바이스 구조가 비슷하여 일관된 보안기술을 적용할 수 있지만, IoT 디바이스는 구조가 다양해서 각각 적용되는 보안기술이 다르다.

IT 보안에서 보호대상은 디바이스와 Cloud 위주이며, IT 디바이스는 IoT 대비 성능이 좋아서 보안공격에 대처하기 위한 기능이 많이 포함되어 있다. 하지만, IoT 디바이스는 많은 보안기술을 적용할 정도로 디바이스의 Computing Power나 H/W 환경이 좋지 않아 보안위협에 취약하다.

또한 IoT 디바이스의 주요 구성요소인 Sensor, Actuator, 무선통신 등의 H/W나 S/W는 쉽게 해킹될 수 있다. 이러한 특징으로 IoT 서비스를 제공하기 위한 구성요소인 디바이스, 통신망, Cloud의 보안기능은 IT 대비 취약하다.

그림 2-248 IoT 보안이 필요한 이유 (출처: Infineon)

칩 회사인 Infineon사는 IoT 보안이 필요한 이유로 ① 서비스 중단을 방지하여 지속적인 서비스 제공, ② 고객정보와 같은 기밀 데이터의 안전한 보관과 처리, ③ 서비스 브랜드와 비즈니스 모델을 보호하기 위한 것이라고 밝혔다.

Infineon사는 IoT 디바이스나 Cloud가 보안공격을 당할 경우, 공격은 현실세계와 가상세계에 모두 영향을 줄 수 있어서 사용자, 디바이스 제조사, 서비스 제공자를 포함한 전체 Ecosystem에 심각한 영향을 줄 수 있다고 언급했다.

또한 IoT 시스템(또는 구성요소)이 보안공격을 당할 경우, 개인 데이터뿐 아니라 서비스 노하우, 지적 재산권, 사업전략과 같은 기밀정보가 노출될 수 있어서 IoT 서비스를 제공하는 회사의 사업 전체가 위험해질 수 있다.

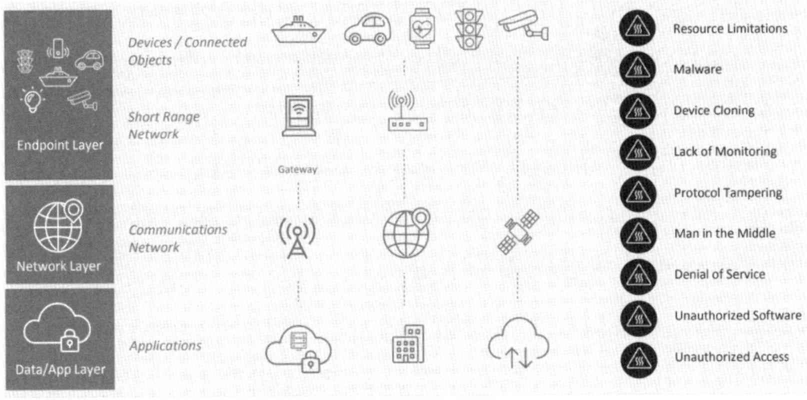

그림 2-249 IoT 구성요소의 보안 위협요소

IoT 시스템에서 보안 위협요소는 Malware, Device Cloing, Protocol Tampering, Man in the Middle Attack, Unauthorized Access 등 다양하다. 가장 흔한 보안공격은 IoT 디바이스에 Malware(정상적인 동작을 방해하는 악성코드)를 설치하여 정보를 탈취하거나 서비스 제공을 방해하는 경우이다.

이러한 IoT 보안이슈에 대응하기 위하여 oneM2M, OCF, GSMA, ETSI, CTIA(Cellular Telecommunications Industry Association) 등 표준화와 Marketing 단체는 IoT 보안과 관련하여 IoT 각 구성요소에 적용해야 할 보안규격과 기술적인 Guideline을 배포하고 있다.

이와는 별도로 IoT Security Alliance, Global Platform, Smart Card Alliance, 국내의 KISA(Korea Internet & Security Agency) 등 다수의 단체는 IoT 특정분야의 보안 기술 규격이나 인증방법 등을 정의하고 있다.

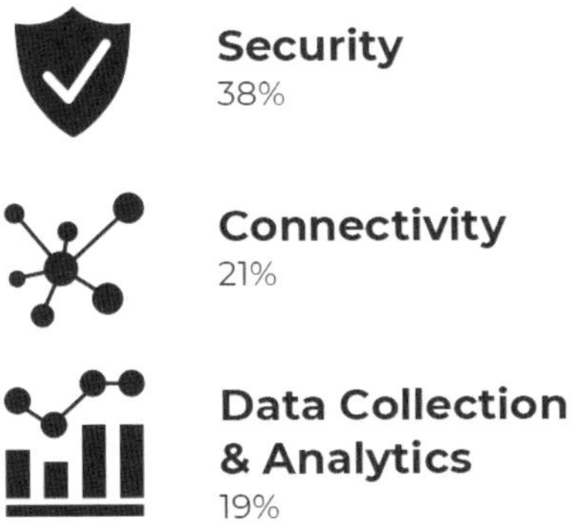

그림 2-250 IoT 서비스 제공시 고려사항 (출처: Eclipse Foundation)

Eclipse Foundation은 IoT 서비스 제공자 입장에서 서비스 개발시 고려해야 할 중요한 사항(설문조사 결과)을 발표했는데, 여기에는 Security(38%), Connectivity(21%), Data Collection & Analytics(19%) 순으로 밝혔다.

이처럼 IoT 보안은 서비스 제공에서 가장 중요한 요소로써, 많은 보안기능을 적용하면 시스템이 복잡해지고 투자비용이 많이 들지만, 반대로 보안기능을 적게 적용할 때는 보안위협이 있기 때문에 최적의 방법을 찾아야 한다.

미국, EU 등은 국가 차원에서 IoT 보안의 중요성을 인식하여 관련된 법률이나 권고안을 제정하여 시행하고 있다. 이처럼 주요 국가와 표준화 단체가 IoT 보안에 관심을 가지는 이유는 보안사고 발생시 서비스 오동작이나 정지, 정보 유출, 금전적인 피해, 사람의 생명 위협, 사회적 혼란 등을 방지하기 위해서이다.

구 분	내 용
사이버보안 위험관리 권고사항	NIST는 IoT 기기 보안 위험관리 고려사항에 대해 검토하여 최소한의 보안요건이 규정된 표준 및 권고사항을 개발
연방기관의 정책	NIST의 권고사항에 따른 지침을 각 연방기관에 배포
취약점 공개 지침	NIST는 IoT 기기의 보안 취약점 공개 절차 등에 대한 지침을 개발하고자 누구나 열람할 수 있도록 조치
취약점 보고 지침	NIST의 취약점 공개지침을 연방기관에 배포하고 해당 지침을 준수하지 않는 공급업체와의 계약을 금지

그림 2-251 NIST의 IoT 보안 개선법 주요 내용 (출처: 금융보안원)

미국 국립 표준기술 연구소인 NIST(National Institute of Standards and Technology)는 미국내 IoT 보안을 위하여 몇 가지 Guideline을 발표했는데, 여기에는 보안 위험관리, 취약점 보완 방안 등이 기술되어 있다.

하지만, 보안기술을 많이 적용할수록 보안강도는 강해지지만 비용이 많이 요구되고, 사용에 불편함이 있을 수 있다. 따라서 해당되는 IoT 서비스에 맞게 적절한 수준의 보안기술을 적용해야 한다.

국내 정부는 IoT 디바이스 보안을 위하여 관련된 지침(일종의 Guideline)을 배포했는데, 여기에는 기밀성, 무결성, 가용성, 인증/허가, 선택사항이 정의되어 있다. 기밀성은 데이터 전송시 데이터를 암호화해서 전송하여 통신채널에서 탈취를 방지하는 방법이다.

요구사항	요구내용
기밀성 (confidentiality)	• 디바이스 간 전송되는 메시지는 불법적인 sniffing 또는 도청 방지를 위해 암호화된 형태로 메시지 전송 • 디바이스에서는 정보유출 방지를 위해 개인정보 및 암호키와 같은 중요 데이터를 암호화하여 안전하게 처리 및 저장 관리 • 기기 복제 방지를 위해 디바이스의 고유 식별정보가 외부로 유출되거나 변경되지 않도록 안전하게 처리 및 관리
무결성 (Integrity)	• 데이터 위변조 방지를 위해 디바이스에 데이터 무결성 검증 기능을 제공
가용성 (Availability)	• 물리적 제거파괴 및 비정상적인 설치시도 등의 위협예방을 위해 디바이스에서 주기적인 Keep Alive 메시지 전송 또는 기기 상태 정보 전송 기능을 제공 • 디바이스에서 안전한 소프트웨어 업데이트 및 보안 패치 기능을 제공 • 디바이스에서 소프트웨어 오류나 악성코드 감염에 의한 오동작 시에도 해당 모듈 분리 및 제거, 접근권한 제한 등의 기능을 통해 소프트웨어 안전성을 보장
인증/허가 (Authentication/Authorization)	• 안전하고 자율적인 통신 환경 구축을 위해 디바이스에서 기기 간 상호인증 기능을 제공 • 정보유출 방지 및 프라이버시 보호를 위해 디바이스에서 Ownership 제어와 같은 권한제어 및 설정 기능을 제공 • 불법적인 사용자 및 기기의 접근을 차단하는 접근제어 기능을 디바이스에서 제공
선택사항	• 별도 UI가 제공(OS 기반)되는 사물인터넷 기기의 경우 비인가 된 사용자의 접근 차단을 위한 사용자 인증 및 불법적인 기기의 접근차단을 위한 기기 인증 기능을 제공하고, 안전하고 강력한 비밀번호 설정 및 주기적인 업데이트 기능 제공

그림 2-252 IoT 디바이스 보안 (출처: 국내 정부)

무결성은 수신측에서 송신측 데이터를 수신한 후 오류검사는 문제가 없지만, 내부적으로 데이터의 변형이 있었는지를 확인하는 방법이다. 가용성은 부정한 방법으로 수신측에 변형을 가하여 수신측 동작에 문제를 일으키는 것을 방지하는 방법이다.

인증은 송수신 상호간 대상이 정확하게 맞느냐를 확인하는 방법이며, 허가(Authorization)는 사전에 정의된 권한으로 시스템 요소에 접근하는지를 파악하는 기술이다.

특히, 이동통신 산업협회인 GSMA(GSM Association)는 'IoT Security Guidelines' 문서를 작성하여 지속적으로 업데이트하고 있다. GSMA는 IoT 관련 보안 권고사항인 CLP(Connected Living Programme)를 정의하고 있다.

그림 2-253 GSMA의 IoT Security Guidelines 개요 (출처: GSMA)

GSMA에서 배포한 IoT 보안을 위한 CLP는 크게 CLP.11(IoT Security Guidelines Overview Document), CLP.12(IoT Security Guidelines for IoT Service Ecosystem), CLP.13(IoT Security Guidelines for IoT Endpoint Ecosystem), CLP.14(IoT Security Guidelines for Network Operators), CLP.17(GSMA IoT Security Assessment Checklist) 등과 같이 구분된다.

GSMA의 IoT Security Guidelines에는 ① 서비스, ② 디바이스, ③ 통신망 보안과 같이 크게 3가지 영역으로 구분되어있다. 서비스 보안은 주로 Cloud에 있는 다수의 서버 보안이며, 디바이스 보안은 OS, 센서 등 디바이스 구성요소를 외부 해킹으로부터 보호하는 기술이다. GSMA에서 정의하는 통신망 보안은 3GPP(이동통신 표준화 단체)의 보안규격 준수를 권고하고 있다.

이와는 별도로 국내의 보안 전문회사인 SK Infosec은 IoT 보안 영역을 디바이스, 디바이스 OS(Operating System), Network, Application과 같이 4가지로 분류하기도 했다. SK Infosec이 강조하는 것은 디바이스 OS 보안으로 최근 Open OS 도입 추세에 따라 디바이스 OS 보안이 중요하다고 언급했다.

국내의 IoT 보안 얼라이언스는 IoT 기술 개발, 배포, 운용, 폐기까지 IoT 서비스를 제공하기 위한 각 구성요소에 대한 IoT 보안 가이드 라인을 배포했다. 여기에는 설계, 개발, 배포, 설치, 구성, 운영, 관리, 폐기와 같이 전체적(즉, Life Cycle 관리)으로 8 단계의 보안원칙이 정의되어 있다.

물론, IoT Platform인 oneM2M, OCF, AWS IoT, Azure IoT, Google Cloud IoT 등에도 IoT 보안기능이 많이 포함되어있다. 하지만, 대부분 IoT 서비스는 투자비와 운영비 측면에서 저가를 추구하기 때문에 IoT 디바이스나 Platform에 충분한 수준의 보안기술을 적용하기는 쉽지 않다.

단계	보안 원칙
설계	**(보안원칙1) 정보보호와 프라이버시 강화를 고려한 IoT 제품 · 서비스 설계** ① IoT 장치의 특성을 고려하여 보안 서비스의 경량화 구현, ② IoT 서비스 운영 환경에 적합한 접근권한 관리 및 인증, 종단간 통신 보안, 데이터 암호화 등의 방안 제공, ③ 소프트웨어 보안기술과 하드웨어 보안 기술의 적용 검토 및 안전성이 검증된 보안 기술 활용, ④ 민감 정보 보호를 위해 암호화, 비식별화, 접근 관리 등의 방안 제공, ⑤ 민감 정보 수집목적 및 이용방법 등에 대한 운영정책 가시화를 통해 투명성 보장
개발	**(보안원칙2) 안전한 소프트웨어 및 하드웨어 개발 기술 적용 및 검증** ⑥ 보안 취약점 사전 예방을 위해 시큐 코딩 적용, ⑦ 다양한 S/W에 대해 보안 취약점 점검 수행 및 보안패치 방안 구현, ⑧ 다양한 하드웨어 보안 기법 적용
배포	**(보안원칙3) 안전한 초기 보안설정 방안 제공** ⑨ IoT 제품 · 서비스 설치 시 Secure bt Default 원칙에 따라 파라미터 설정
설치	**(보안원칙4) 안전한 설치를 위한 보안 프로토콜 준수 및 안전한 파라미터 설정** ⑩ 안전성을 보장하는 보안 프로토콜 적용 및 보안 서비스 제공 시 안전한 파라미터 설정
구성	
운영	**(보안원칙5) IoT 제품 · 서비스의 취약점 보안패치 및 업데이트 지속 이행** ⑪ IoT 제품 · 서비스의 보인취약점 분석 및 보안패치 이행, ⑫ IoT 제품 · 서비스 보안 취약점 및 조치사항에 대해 공지
관리	**(보안원칙6) 안전한 운영 · 관리를 위한 정보보호 및 프라이버시 관리체계 마련** ⑬ 개인정보보호정책 수립 및 기술적 · 관리적 보호조치 마련
폐기	**(보안원칙7) IoT 침해사고 대응체계 및 책임추적성 확보 방안 마련** ⑭ 보안 침해사고에 대비하여 침입탐지 및 모니터링 수행, ⑮ 침해사고 발생 원인분석 및 책임추적성 확보를 위해 로그기록 저장 · 관리

그림 2-254 IoT 보안 가이드 라인 – Life Cycle 관리 (출처: IoT 보안 얼라이언스)

그림 2-255 IoT 디바이스 보안 요소 (출처: Infineon, Imagination)

IoT 보안은 ITU의 IoT Reference Model에 정의된 것처럼 보안기능은 IoT 시스템을 구성하는 각 요소에 모두 적용되어야 한다. IoT 구성요소 중에서 어느 수준의 보안기술을 적용해야 할지 애매한 요소는 IoT 디바이스이다. IoT 디바이스는 종류와 구조가 다양하기 때문에 통일된 보안기술을 적용하기 어렵다.

IoT 디바이스에 적용되어야 할 보안기술은 인증, 무결성, 암호화, Secure Booting, 전체 Life Cycle 관리 등이 있다. 다수의 IoT 디바이스 칩은 어느 정도 보안기능을 가지고 있지만, 보안의 강도를 높이기 위해서는 H/W 기반 보안 기술을 적용해야 한다.

대부분의 IoT 디바이스 칩은 ARM사의 CPU를 사용하는데, ARM사의 일부 IoT용 CPU에는 Trustzone이 구현되어 있어서 TrustZone을 활용하여 IoT 디바이스에 다양한 보안기능을 구현할 수 있다.

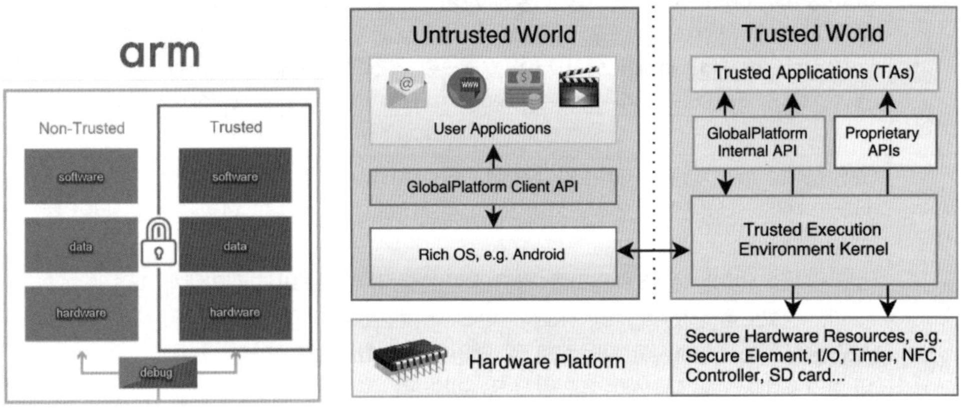

그림 2-256 ARM사의 TrustZone, Global Platform의 TEE

TrustZone은 ARM에서 제공하는 CPU 내부에서 H/W로 분리된 보안공간 이름이다. 표준화 단체인 Global Platform(주로 스마트 카드를 활용한 서비스 규격)은 TrustZone의 보안기능을 활용하여 다양한 서비스를 제공하기 위한 실행환경인 TEE(Trusted Execution Environment) 규격을 정의하고 있다.

즉, TEE는 TrustZone에서 동작되는 보안이 강화된 서비스를 제공하기 위한 실행환경이다. 따라서 IoT 보안을 위하여 Secure Booting, 인증, 암호화, 무결성 등의 기능은 TEE에 해당 정보가 보안공간에 저장되고, 실행될 수 있다. 만약 TEE를 활용하려면, TEE의 환경설정과 앱 관리를 위한 TSM(Trusted Service Manager) 서버를 별도로 운용해야 한다.

이렇게 TrustZone이 지원되는 IoT 디바이스는 별도의 H/W 보안칩을 사용하는 것보다 간단한 방법으로 보안강도를 높일 수 있다. 하지만, TEE는 Provisioning 서버(즉, TSM)와 연동되어야 하기 때문에 간단한 IoT 서비스를 제공하기 위해서는 투자비용이 많이 요구된다.

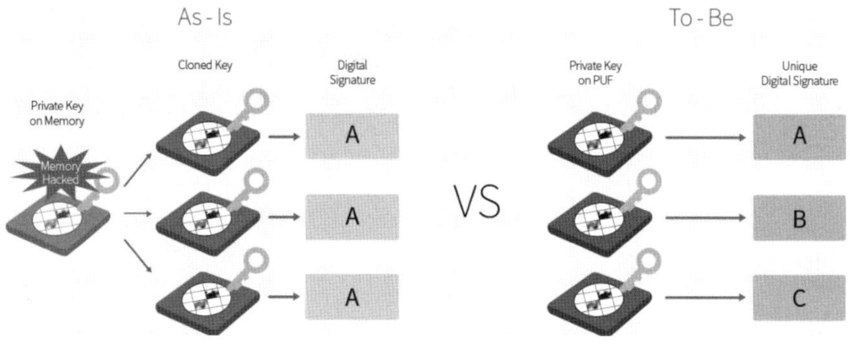

그림 2-257 IoT 디바이스에 PUF 칩 활용 (출처: ICTK)

결국, IoT 디바이스에 최고 수준의 보안강도를 위해서는 소형의 보안칩을 사용해야 한다. IoT 목적의 H/W 보안칩은 TPM(Trusted Platform Module), PUF(Physical Unclonable Function) 등이 있다. TPM은 PC에서 보안목적으로 사용된 칩이며, 휴대용 디바이스에 적용을 시도하고 있다.

한편, IoT 디바이스에 적용되는 보안칩으로 물리적 복제 방지 기능을 가지고 있는 PUF칩이 관심을 받고 있다. PUF 칩은 일종의 비밀키를 보관하는 방식으로 칩의 물리적인 구조를 활용한 것이다.

IoT 디바이스 보안칩은 디바이스 ID나 보안용 키값을 저장하고 있는데, 디바이스 전원이 공급되지 않아서 동일한 값을 유지해야 한다. PUF칩은 반도체 제조공정에서 발생되는 각 칩의 고유한 편차(일종의 랜덤값)를 이용하여 ID나 Key값으로 활용하기 때문에 복제가 불가능한 것으로 알려져 있다.

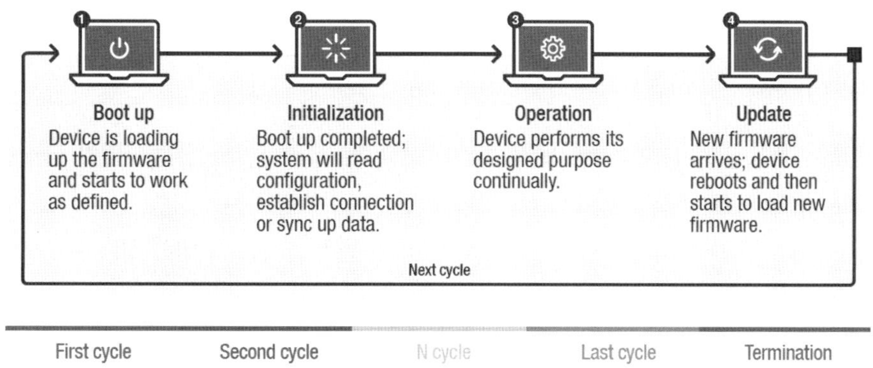

그림 2-258 IoT 디바이스 Life Cycle 관리 (출처: Trend Micro)

이렇게 IoT 디바이스에 적용된 보안기능은 한번 적용으로 완료되는 것은 아니고, 보안강도를 유지하기 위해서는 지속적으로 Life Cycle 관리를 해야 한다. 특히, IoT 디바이스를 폐기할 때 보안과 관련된 요소를 삭제해야 하고, 이를 관리하는 Cloud에서도 해당 정보를 폐기해야 한다.

2) Blockchain

Blockchain은 금융, eCommerce, 컨텐츠, 통신망 등 매우 다양한 분야에 적용 가능한 기술로 이에 대한 정의는 다음과 같이 다수가 있다.

- A blockchain is a digitized, decentralized, public ledger of all crypto-currency transactions
- A digital ledger in which transactions made in bitcoin or another cryptocurrency are recorded chronologically and publicly
- A digital database containing information such as records of financial transactions that can be simultaneously used and shared within a large decentralized, publicly accessible network

위의 다수의 정의를 요약하면, Blockchain은 간단히 'Public Ledger'(공개장부)로 정의될 수 있다. Public Ledger란 누구든지 볼 수 있는 공개된 장부(은행계좌, 증권계좌, 부동산 등기 등)이다. 따라서 Blockchain의 정의인 Public Ledger를 확대하여 Shared Public Ledger(공유 공개장부)라고도 정의할 수 있다.

Blockchain은 해킹이 매우 어려운 기술(현재 수준에서는 불가능)을 사용하여 많은 서비스에 적용되고 있다. 이러한 특징으로 Blockchain은 이전에 정의한 Public Ledger에서 의미를 확대하면, 분산 네트워크에서 '안전한 컴퓨팅(또는 인터넷) 환경'으로도 정의될 수 있다.

Blockchain 기술은 Bitcoin(암호화폐 또는 가상화폐)에 적용되면서 유래되었다. Bitcoin은 2008년에 Satoshi Nakamoto(가명, 실제 누군지 모름)라는 사람이 "Bitcoin: A Peer-to-Peer Electronic Cash System"이라는 논문을 발표하면서 Blockchain 기술이 언급되었다.

Bitcoin과 Blockchain 관계를 보면, Bitcoin은 Blockchian 기술을 활용하기 때문에 Blockchain은 Bitcoin 동작을 위한 기반기술이다. 따라서 Blockchin을 이해하기 위해서 Bitcoin 동작을 알아야 한다.

그림 2-259 Bitcoin과 Blockchain 관계

Bitcoin을 개발한 Satoshi Nakamoto가 가명으로 Bitcoin 기술을 정의한 이유는 Bitcoin이 실명이 아닌 익명(본인의 인적사항이 공개되지 않음) 거래로 불법 금전거래, 저렴한 수수료 등 기존의 금융시스템에 많은 영향을 끼치기 때문에 가명을 사용한 것으로 추정된다.

Bitcoin은 실물화폐(종이돈, 동전, 수표)가 아닌 인터넷 상에 존재하는 가상화폐이다. 좀 더 정확하게는 Bitcoin은 'Cryptocurrency'로 보안기술이 적용된 '암호화된 화폐'이다. Bitcoin의 발행 예정량은 2,100만 BTC(Bitcoin)로 한정되어있고, Bitcoin 거래소를 통하여 실물화폐(달러, 원화 등)로 환전이 가능하므로 실제 금전적 가치를 가진다.

그림 2-260 Bitcoin 로고, Bitcoin으로 상품 구매 가능한 상점 표시

즉, Bitcoin은 거래소(일종의 환전소)를 통하여 현금으로 환전하거나, 온라인이나 오프라인 매장에서 상품을 Bitcoin으로 구매할 수 있어서 화폐가치를 가지고 있다. 또한 Bitcoin 발행량이 한정되어있어서 정해진 수량만 유통되므로 사용자로부터 신뢰(지속적으로 발행안되니 가격 하락은 없다)를 받고 있다.

인터넷에서 사용되는 가상화폐는 1982년에 제안되었으나, 초기 오프라인 매장의(인터넷으로 상품을 구매하는 것이 아닌 일반 상점에서 상품을 구매하는 것) 상품 구매에 중점을 두었고, 복제를 통한 이중사용, 위조 등의 문제가 많았다.

하지만, Satoshi Nakamoto가 이러한 문제를 방지하기 위한 방안으로 온라인에서만 사용하고, 공개원장, P2P망을 활용한 분산구조 등의 보완 방안을 제시하여 기존 가상화폐의 몇 가지 문제를 해결했다.

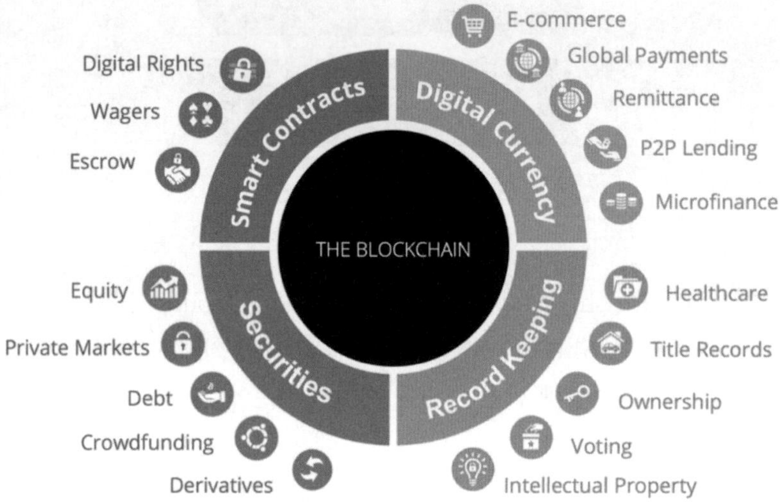

그림 2-261 Blockchain 응용분야

Blockchain 기술이 관심을 받는 이유는 암호화폐뿐만 아니라 Blockchain이 미디어 보안(DRM, CAS 등), 스마트 계약서, 유통채널, 멤버쉽 포인트, 개인 자산관리, IoT, 이동통신 등 다양한 분야에 적용될 수 있기 때문이다.

Blockchain은 ① 해킹이 매우 어렵고, ② 목적에 따라 유연하게 적용범위를 확장하거나 축소가 가능하며, ③ 다른 방식(특히, 보안기술)대비 저렴한 투자비용으로 서비스를 제공할 수 있어서 많이 사용되고 있다.

IT 인프라에서 보안을 강하게 하기 위해서는 ① 서버에는 H/W 장비인 HSM(Hardware Security Module), 방화벽, 이중화, 망분리 등이 적용되어야 하고, ② 디바이스에는 일종의 H/W 보안 기술인 ARM사의 TrustZone 기술, USIM, MicroSD 등의 SE(Secure Element)와 보안채널, 암호화, 무결성 기능 등 많은 기술이 적용되어야 하는데, 이것은 결국 금전적 투자가 필요하다.

하지만 Blockchain을 활용하면, 기존방식 대비 H/W나 S/W 투자비용이 상대적으로 훨씬 저렴하다. 또한 Blockchain을 기반으로 Platform(BaaS: Blockchain as a Service)을 구성하면, 원하는 목적에 따라 다양한 서비스를 쉽게 제공할 수 있다.

물론 보안기술은 창과 방패로 비유될 수 있는데, 즉 좋은 보안기술(방패)이 개발된다면 또 다시 이 방패를 뚫을 수 있는 해킹기술(창)이 개발되는 순환 사이클이 형성된다. 물론 Blockchain은 해킹이 될 수는 있지만, 엄청난 Computing Power가 필요하기 때문에 사실상 해킹이 어려운 기술로 알려져있다.

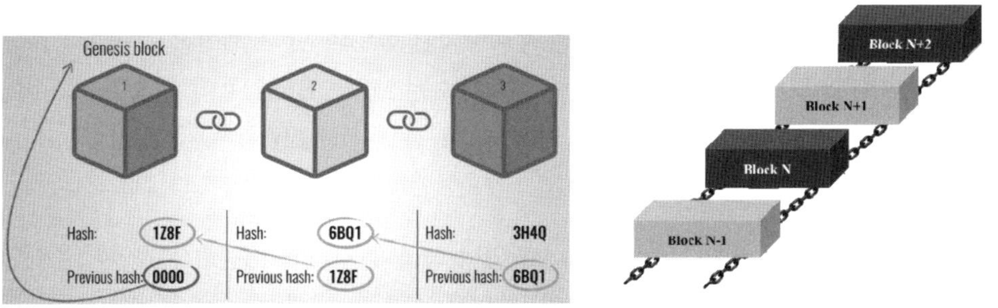

그림 2-262 Hash 함수로 연결된 Block

Blockchain을 기술적으로 볼 때, 용어 그대로 다수의 'Block'이 일렬(1차원)로 연결된 'Chain'이다. 현재 Block은 이전 Block의 Hash 함수 결과 값이 저장되는 방식으로 연속적인 고리(Chain)을 형성하는 구조이다.

Blockchain은 최초 생성된 'Genesis Block'부터 시간이 지남에 따라 계속 Block이 추가된다. Blockchain을 해킹하려면, 현재 Block에서 Hash 함수를 역산해서(실제로 Hash함수 해킹도 매우 어려움) 이전 Block을 계속 해킹해야 되므로 Chain이 길수록 해킹은 어려워진다.

또한 Bitcoin은 P2P(Peer to Peer) 환경에서 동작되고, Public Ledger(공개장부)가 모든 노드에 저장되어있기 때문에 Bitcoin을 해킹하려면, 모든 노드를 공격해야 한다. 따라서 모든 Public Ledger의 내용을 변경해야 해킹이 가능한데, 노드가 매우 많기 때문에 사실상 해킹은 불가능하다.

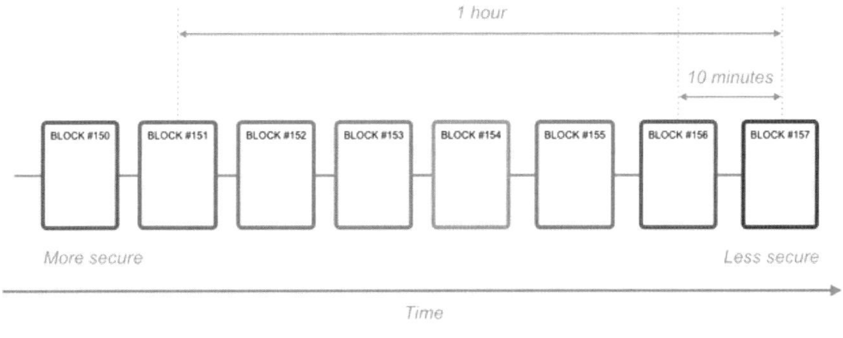

그림 2-263 시간축에서 Block의 보안강도 (출처: steemit)

Hash 함수는 임의의 길이를 갖는 메시지를 입력 받아 고정된 길이의 해쉬값을 출력하는 단방향 함수로써, 출력값을 이용하여 입력값을 알 수 없다. 예를 들어 입력값이 '123456789'이고, 이 값을 Hash 함수로 동작시킨 후 결과값이 'ABC'가 나왔다면, 출력값인 ABC로부터 입력된 값을 알 수 없다(단방향 함수).

Hash함수는 암호화 알고리듬이 적용된 암호학적인 함수와 단순 계산으로 동작되는 비암호학적인 함수로 구분된다. ① 암호학적 해쉬함수는 MD5, SHA 등이 있으며, ② 비암호학적 해쉬함수로는 CRC32 등이 있다. Bitcoin에 적용된 Hash 함수는 SHA(Secure Hash Algorithm) 256이다.

SHA 256 함수는 입력 데이터의 내용과 상관없이 항상 64자리의 16진법 문자열이 출력된다. 특정한 문자열이 나오게 하는 입력 데이터를 찾으려면 2256개(256 Bits가 나올 수 있는 모든 경우의 수)의 데이터를 일일이 확인 해야 하므로 매우 높은 Computing Power가 요구된다.

Hash 함수는 Key를 사용하지 않으며(즉, 일종의 Block Box로 동작), 같은 입력값에 대해서는 동일한 출력값이 나온다. 이 함수는 입력 메시지가 변경될 수 없는 증거를 보장하기 때문에 메시지의 오류나 변조를 탐지하여 무결성을 제공하는 목적으로 주로 사용된다.

무결성(Integrity)이란 보낸 쪽과 수신한 쪽의 내용에 변경이 없다는 뜻으로 예를 들면, 미국에서 보낸 편지를 한국에서 받을 때, 편지내용에는 변경사항(누가 해킹하여 내용을 변경할 수 있으니)이 없다는 것을 보장해주는 보안기술이다.

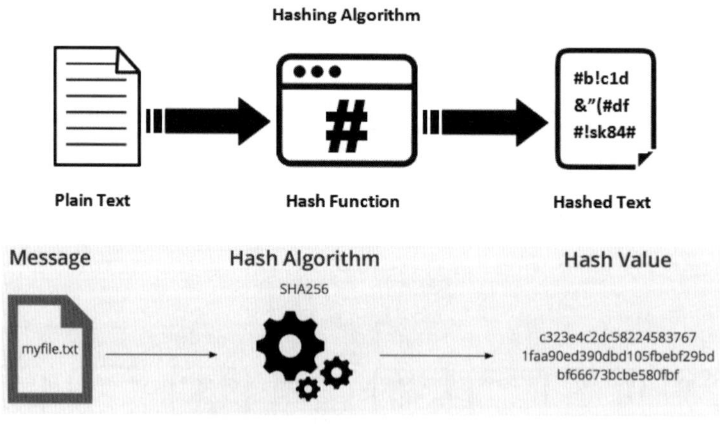

그림 2-264 Hash 함수 동작 방법

Blockchain을 형성하는 노드가 특정 수 이상, Block의 개수가 수십개 수준으로 많을 경우, 현재까지 Blockchain이 해킹된 사례가 없다. 심지어는 일종의 금융정보를 다루는 Bitcoin에서도 Blockchain이 해킹된 사례는 없다.

다시 정리하면, Blockchain은 ① 해킹이 매우 어렵고, ② 다양한 분야(금융, 미디어보안, IoT 등)에 적용될 수 있고, ③ 저렴한 비용으로 서비스 제공이 가능하며, ④ 서비스가 추가되거나 삭제될 때 유연하게 확장할 수 있어서 많은 관심을 받고 있다.

또한 Blockchain 기술을 사용하는 Bitcoin은 2009년에 최초의 Block이 생성된 이후, 매우 많은 해커가 해킹을 시도했지만, 현재까지 Blockchain이 해킹된 사례는 없다. 하지만, Bitcoin 거래소의 비밀키(Private Key)가 노출되어 거래소 자체가 해킹된 사례는 여러 건 있었다.

Bitcoin은 PKI(Public Key Infrastructure) 구조를 사용하기 때문에 Bitcoin 거래소에서 Public Key와 Private Key를 저장하고 있는데, 이때 해커가 Private Key를 탈취하여 해킹한 사례이다. PKI란 용어가 의미하듯이 누구든지 사용할 수 있는 공개키(Public Key)와 자기만 사용하는 비밀키(Private Key)의 조합으로 이루어지는 보안 인프라이다.

물론 Blockchain은 Hash 함수 이외에 P2P(Peer to Peer) Network, PKI 구조 등 다른 기술요소가 함께 동작되기 때문에 보안이 더 강해진다. 특히, Blockchain으로 동작되는 Bitcoin은 노드수가 많을수록 보안성이 강하다.

Blockchain을 해킹하기 위해서는 기술적인 문제(알고리듬)보다는 Computing Power로 귀결된다. 즉, 획기적인 해킹 알고리듬보다는 P2P Network의 모든 노드를 해킹해야 하기 때문에 매우 많은 Computing Power가 요구된다. 따라서, Blockchain 해킹은 단순한 작업의 반복으로 이루어진다.

Computing Power는 컴퓨터의 자원(CPU, GPU, 메모리 등)을 동작시키는 것으로 결국 컴퓨터가 사용하는 전력량으로 산출될 수 있다. 따라서 Bitcoin에서 사용되는 채굴은 채굴자의 전력 사용량에 대한 보상이다. 현재 Bitcoin을 해킹하기 위해서는 전세계 모든 컴퓨터를 동원해도 불가능한 것으로 알려져있다.

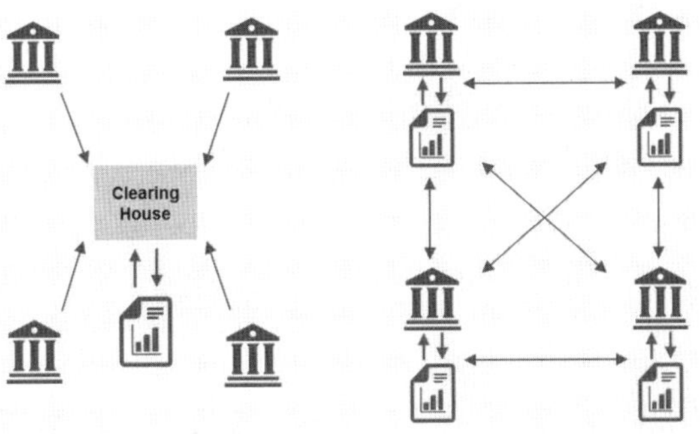

그림 2-265 중앙 집중식과 분산환경 구조

<u>Blockchian은 중앙집중식 환경이 아닌 분산환경(또는 분산 네트워크)에서 동작된다.</u> 중앙 집중식 환경이란 Google 검색서버나 은행의 중앙서버처럼 하나의 서버를 중심으로 각 노드(즉, 컴퓨터)가 동작되는 구조이고, 분산환경이란 중앙 서버없이 P2P Network에서 각 노드가 자율적으로 동작된다.

분산환경은 전체 네트워크를 관리하는 중앙서버가 없기 때문에, Bitcoin으로 해외 송금시 거래 수수료가 없거나 매우 저렴하고, 기존 금융망을 활용하는 송금보다 시간이 빠르다. 즉, 중앙 집중식 환경을 구축하려면 서버, 스토리지 등 IT 자원을 구축해야 하고, 이를 운용하기 위한 비용이 필요하다. 분산환경은 각 개인 컴퓨터의 일부 Computing 자원을 활용하기 때문에 투자비와 운용비는 거의 없다.

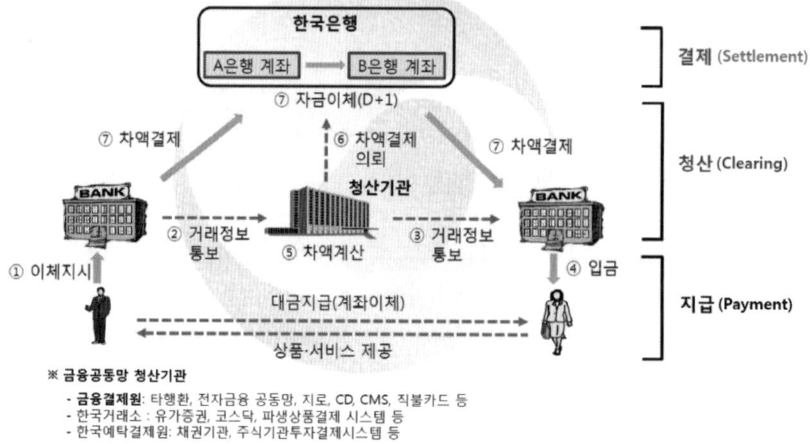

그림 2-266 기존 금융시스템에서 송금절차 (출처: SKT)

기존 금융시스템에서 송금절차를 보면, X은행 가입자인 A가 Y 은행 가입자인 B로 송금하기 위해서는 금융결제원, 한국은행 등을 거치기 때문에 각 Entity의 장비(주로 서버) 사용 요금으로 인하여 송금 수수료가 요구되고, 처리에 시간이 걸린다.

기존 금융시스템에서 'Payment'란 각자의 은행통장에 송금이나 수신금액이 찍히는 것이고, 'Clearing'이란 중간처리 기관(예: 금융결제원)을 통해서 은행간 거래가 완료되는 것이며, 'Settlement'란 전산으로 거래가 완료된 후 실물화폐(예: 종이 달러나 원화)가 은행간 이동이 완료되는 것이다. 이러한 과정에서 다수의 금융기관이 참여하기 때문에 송금에 많은 비용이 요구된다.

하지만, Blockchain 기반 송금(예: Bitcoin, Ripple)은 매우 저렴한 수수료와 즉시 또는 10분 이내에 송금할 수 있다. Bitcoin은 실물화폐가 아니기 때문에 개인간 송금은 저렴한 수수료와 빠른 시간에 가능하지만, 실물화폐로 바꾸기 위해서는 Bitcoin 거래소를 활용해야 한다.

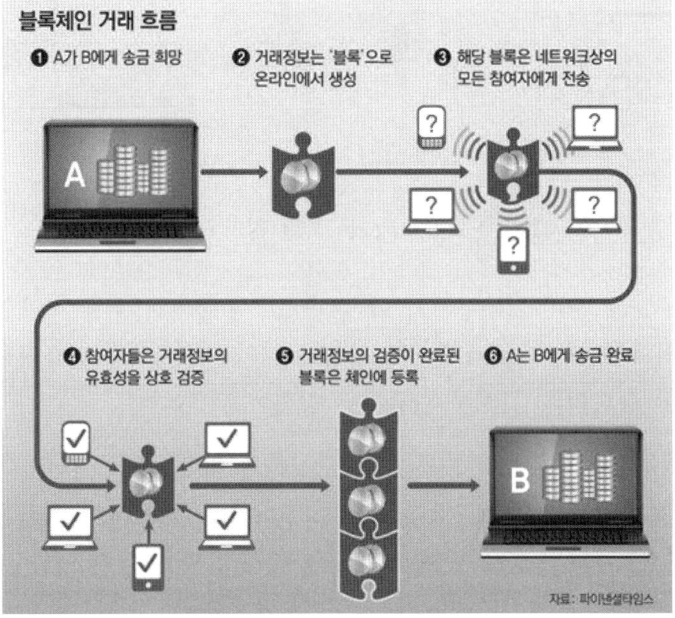

그림 2-267 Bitcoin 송금 절차

Bitcoin의 가장 큰 사용처는 송금이며, 모든 송금은 개인 대 개인으로 정의되어 있다. 또한 오프라인 매장에서 Bitcoin으로 거래할 때는 상품 구매자가 매장 주인의 Bitcoin 계좌로 송금하는 형태로 거래된다.

따라서 Bitcoin에서 이러한 송금절차가 적절히 처리되었느냐 여부를 확인하는 것이 중요한데, 이러한 절차를 채굴(Mining)이다. 채굴은 채굴노드(실제로 누구든지 할 수 있음)가 담당하며, 단순한 방법으로 수학적인 수식의 정답을 찾아내는 것이다.

채굴은 용어가 의미하듯이 금광채굴과 같이 금 광산에서 금을 캐는 것에 비유되는데, 금을 캔다는 것은 금전적인 이득을 보는 것이다. 따라서 Bitcoin에서 채굴이란 별도의 노력(즉, Computing Power)를 투자하여 Bitcoin을 획득하는 절차이다.

채굴 알고리듬은 거의 랜덤하기 때문에 특별한 방법이 있는 것은 아니고, 일일이 특정값을 수식에 대입하여 결과와 비교하는 방법으로 컴퓨터 처리속도가 빠르면 채굴에 성공할 확률이 높다.

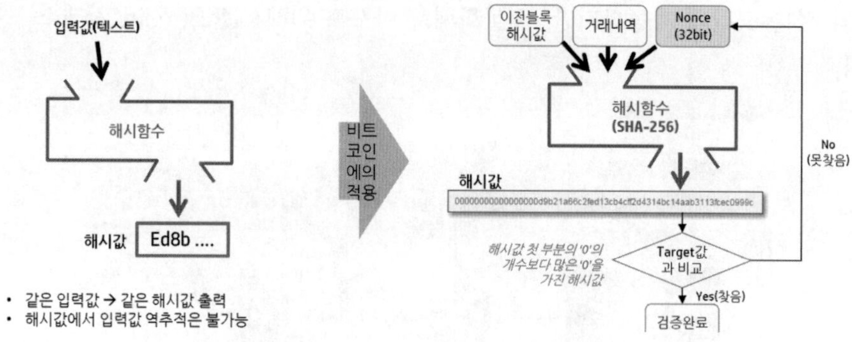

그림 2-268 Bitcoin 채굴 원리 (출처: HP)

채굴은 Bitcoin 노드 참여자 누구든지 할 수 있고, 일종의 단순한 작업으로 Compting Power만 필요하다. 결국, 채굴로 수익을 창출하기 위해서는 빠른 컴퓨터가 필요하며, 이것은 병렬처리로 동작되는 GPU를 활용하는 방식이 유리하다.

채굴에 가장 먼저 성공한 노드만 Bitcoin을 보상받게 된다. 이런 의미에서 추가 Bitcoin 생성(일종의 새로운 화폐 발행)은 채굴을 통해서 이루어진다. 개인이 Bitcoin을 획득하는 방법은 다른 사람으로부터 송금을 받거나 채굴을 통해서 확보할 수 있다.

채굴은 알려진 결과값을 기준으로 Hash 함수의 입력값을 맞추는 작업으로 32Bit의 Nonce(임의의 값, 즉 랜덤 값)를 지속적으로 변경하면서 정답(즉, 출력값)과 비교하여 입력값을 찾아내는 과정이다.

어떤 노드가 채굴을 완료하면, 채굴결과(즉, 해쉬함수 입력값에서 정답)를 P2P Network에 배포하고, P2P Network에 참여한 과반수 이상의 노드가 정답이라고 찬성하면 거래가 완료된다. 거래가 완료되었다는 것은 Bitcoin에서 새로운 Block이 형성되었다는 것과 같은 의미이다.

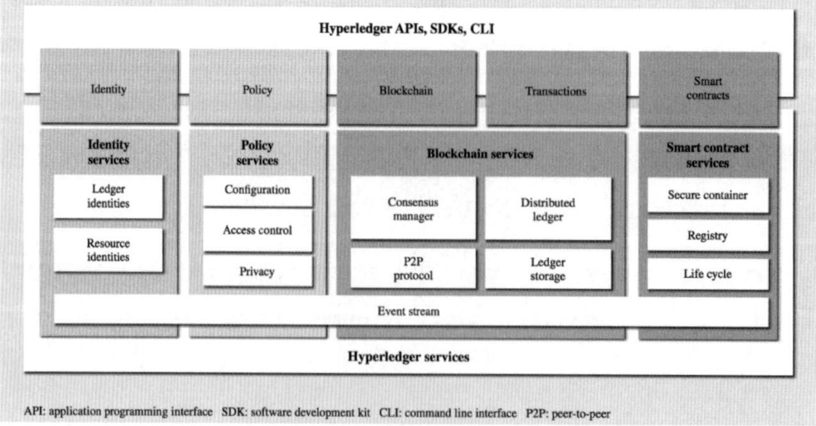

그림 2-269 IBM의 BaaS 구조

이러한 Blockchian의 특징으로 주요 Cloud 사업자(Amazon, Microsoft, Google, IBM, Oracle 등), SI 업체(SK C&C, 삼성 SDS, LG CNS 등), 이동통신 사업자, 인터넷 서비스 업체 등은 Blockchain을 기반으로 Platform을 구성하여 3rd Party에서 서비스를 개발할 수 있는 환경을 제공하고 있다.

Amazon의 경우, AWS에서 동작되는 Hyperledger Fabric과 Ethereum을 기반으로 Blockchain 응용서비스를 제공할 수 있는 'Amazon Managed Blockchain' Platform을 제공하고 있다.

따라서 AWS 사용자는 별도의 Blockchain Network을 구축할 필요없이 AWS에서 제공되는 Templates을 활용하여 빠르고 쉽게 Blockchain 기반의 애플리케이션을 개발할 수 있다. 만약, 개인이 Blockchain 기반 서비스 환경을 구성하려면 시스템이 복잡한데, Cloud 사업자가 제공하는 Platform을 활용하면 간단한 절차로 서비스를 제공할 수 있다.

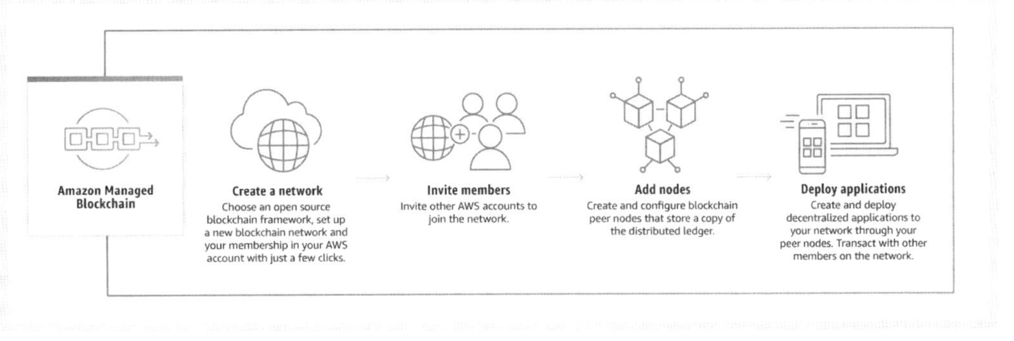

그림 2-270 Amazon Managed Blockchain 절차

사용자는 AWS에서 제공하는 Amazon Managed Blockchain을 활용하여 무료로 서비스를 개발할 수 있지만, 서비스 개발 이후 사업화를 위해서는 Amazon에 수수료를 지불해야 한다. 개발자 입장에서는 서버 구축이나 Blockchain Network 구성 등 기술적인 번거로움없이 쉽게 응용 프로그램을 개발할 수 있다.

Amazon Managed Blockchain 은 Public Blockchain(임의의 노드 참여자가 채굴 가능)과 Private Blockchain(정해진 노드만 채굴 가능) 네트워크 환경을 조성할 수 있다. 또한, 단계별로 이루어지는 템플릿을 선택하여 설정할 수 있고, Hyperledger Fabric과 Ethereum 기반의 Blockchain Network를 Cloud에서 간편하게 생성하여 구성할 수 있다.

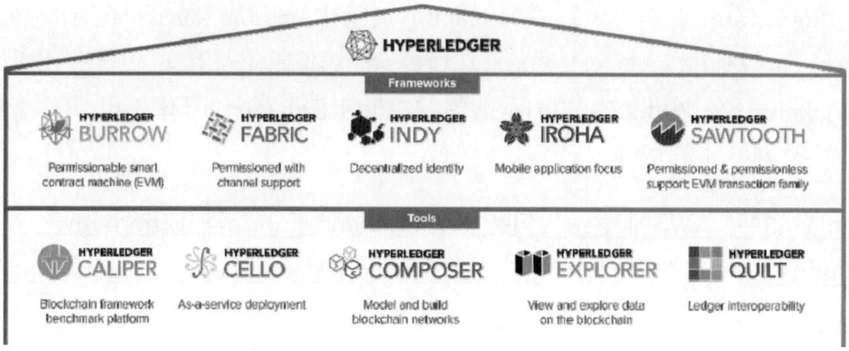

그림 2-271 Hyperledger Fabric 개요

Hyperledger Fabric은 Linux Foundation과 IBM이 공동으로 추진하는 Blockchain Platform Project이다. 이의 세부적인 정의는 "Hyperledger is an umbrella project of open source blockchains and related tools, started in December 2015 by the Linux Foundation, to support the collaborative development of block-chain-based distributed ledgers"이다.

즉, Hyperledger Fabric은 오픈소스를 기반으로 분산원장을 활용하여 다양한 기능이나 서비스 개발을 위한 협력 프로젝트이다.

Ethereum은 Blockchain 기술을 기반으로 암호화폐, 스마트 계약 등의 기능을 구현하기 위한 분산 컴퓨팅 플랫폼이다. Ethererum이 제공하는 'ETH'는 Bitcoin의 'BTC'와 마찬가지로 암호화폐 단위이다.

Blockchain을 활용한 금융서비스는 3가지 유형으로 나눌 수 있는데, 첫번째는 가상화폐(Bitcoin, Ethereum) 등에 사용되고 있는 Public Blockchain, 두번째는 특정 목적을 가지고 회원관리를 통한 Consortium Blockchain, 세번째는 기업이나 기관에 특화된 서비스를 제공하기 위한 Private Blockchain이다.

Consortium Blockchain의 예는 다수의 금융회사와 협력하고 있는 R3(R3를 운영하는 회사는 R3 CEV LLC)가 있고, Private Blockchain의 예는 Ripple이 있다. Ripple은 네트워크를 외부에 공개하지 않고 자체적으로 운용는 Private Blockchain 사업자로서 주된 목적은 송금이다.

이렇게 적은 투자로 강력한 보안기능이 제공되고, 다양한 서비스를 쉽게 적용할 수 있는 Blockchain 기술을 IoT에 적용하는 사례가 증가하고 있다. 즉, 그동안 IoT가 활성화되고 있지만, 일부 서비스에 대하여 확장과 보안의 한계점으로 있었는데 이러한 단점을 보완하고 보안성을 강화하기 위해 Blockchain을 IoT에 적용하는 시도가 많다.

특징	사물인터넷	블록체인 기반 사물인터넷
비용	• 빅데이터의 수집 · 처리를 위한 중앙서버(데이터베이스)의 구축과 유지보수 비용이 요구됨	• 사물인터넷 기기 간 연결로, 전체 시스템을 구축하여 비용 절감
확장성	• 중앙 서버가 수집 · 처리할 수 있는 데이터가 제한되어 신규사물인터넷 기기(노드)의 추가가 어려움	• 시스템 내의 노드 간 연결을 통해 신규 노드가 쉽게 참가 가능
보안	• 각각의 노드가 네트워크에 노출되고 상이한 노드별 보안 수준으로 인해 전체 시스템의 보안이 위협 • 데이터 위 · 변조 시 데이터 검증 및 복구가 어려움	• 분산 구조로 인해 DDoS 공격의 예방이 가능 • 각 노드가 데이터를 보유하고 검증 가능하여 데이터 위 · 변조가 어려움
안정성	• 중앙처리시스템의 네트워크 문제 발생 시 해당 시스템에 연결되어 있는 사물인터넷 기기의 사용 불가	• 기기 간 연결로 인해 일부 기기에 문제가 발생하여도 전체 시스템에 영향이 적음

그림 2-272 일반 IoT와 Blockchain 기반 IoT 비교 (출처: 금융보안원)

일반적인 IoT 시스템은 중앙 Cloud에서 모든 데이터가 처리되는 중앙 집중식으로 장비 구축비용, 확장성, 보안성 등에서 문제가 있었다. 하지만 IoT에 Blockchain이 도입되면, IoT 디바이스가 Blockchain 노드가 되어 기존의 단점을 어느 정도 극복할 수 있다.

먼저 비용측면에서 보면, Blockchain 기반 IoT 서비스는 Cloud와 연동없이 IoT 디바이스간 연결(Peer-to-peer)되기 때문에 전체 시스템 구축 비용을 절감할 수 있고, 확장성 측면에서는 별도의 장비 추가나 변경없이 시스템 내에 새로운 노드를 추가하여 서비스를 받을 수 있다.

또한 보안측면에서 보면, 데이터가 각 노드에 분산되어 저장되므로 DDoS 공격에 대응할 수 있고, 데이터 위변조 공격을 어렵게 할 수 있다. 안정성 측면에서는 모든 노드가 데이터를 보유하고 있어서 일부 노드에 문제가 발생되어도 전체 시스템에 미치는 영향은 적다.

이렇게 IoT와 Blockchain을 결합하여 신규 서비스를 제공할 수 있는데, 여기에는 Smart City, Retail Industry, Smart Lighting, 자율주행차 등이 될 수 있다.

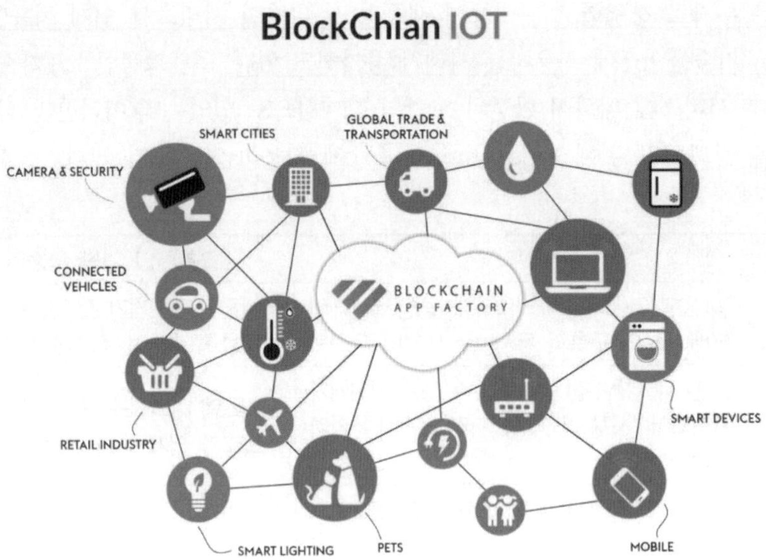

그림 2-273 IoT와 Blockchain을 활용한 서비스 (출처: IBM)

이러한 배경에서 ITU-T는 IoT에 Blockchain을 결합한 시스템 구조와 서비스에 대한 권고안인 "Framework of blockchain of things as decentralized service platform"을 정의하고 있다. 여기에는 IoT에 Blockchain을 활용한 기술과 서비스에 대한 내용으로 주요기술 특징, 요구사항, 프레임워크, Use Case(서비스 사례) 등이 정의되어있다.

대표적인 적용사례는 Retail에서 제품공급망과 지능형 교통시스템이 있다. 제품공급망은 원재료 생산부터 제품 판매까지 과정을 Blockchain으로 구성하여 제품 공급과정을 투명하게 하는 것으로, 제품 공급자와 소비자를 노드로 연결하여 각 과정(생산, 마케팅, 판매, 소비 등)의 신뢰성과 투명성을 확보할 수 있다.

지능형 교통시스템(ITS, Intelligent Transport System)은 다수의 자동차가 서로 연결되어 교통정보(속도, 혼잡도 등)를 공유하여 효과적으로 트래픽을 관리하는 기능이다. 이러한 지능형 교통시스템에서 투명성과 안전을 위하여 IoT와 Blockchain이 결합된 기술이 사용될 수 있다.

3) Fog, Edge Computing

Fog Computing은 방대한 양의 데이터가 발생되는 IoT 시대에 디바이스가 생성하는 모든 데이터를 멀리 있는 Cloud로 전송되는 것이 아니라, IoT 디바이스 주변(공간적으로 근접거리)에서 일부 데이터를 처리할 수 있는 아키텍처이다(2013년, Cisco에서 제안).

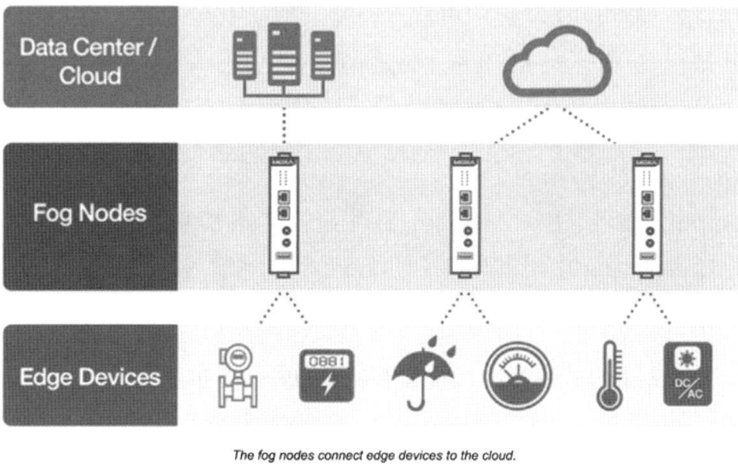

그림 2-274 Fog Computing 개념

Cloud Computing은 1965년에 컴퓨팅 과학자인 John McCarthy(존 매카시)가 하나의 컴퓨터를 여러 사람이 공유하여 동시에 작업하면, 비싼 메인 프레임을 대체할 수 있다는 주장에서 시작되었다. 이때, 네트워크 구조에서 Cloud에 해당되는 부분을 솜사탕처럼 생긴 구름 그림을 사용하면서 Cloud(구름)가 유래되었다.

이러한 Cloud의 유래에서 Cloud는 사용자와 멀리 떨어져 있는 컴퓨터 구성요소의 집합인데, 사용자(또는 IoT 디바이스) 측면에서 Cloud보다 더 가까이 있는 Computing 환경을 'Fog Computing'이라고 한다. 즉, Cloud는 멀리 있지만, Cloud보다 상대적으로 사용자와 가까운 위치에 있어서 Fog(안개)라고 명명하게 되었다.

Fog Computing을 제안하게 된 배경은 IoT 디바이스가 많아지면서 IoT 데이터 트래픽도 증가하게 되고, 이로 인하여 IoT 디바이스에서 Cloud까지 데이터 지연이 발생되므로 이를 보완하기 위한 방안이다.

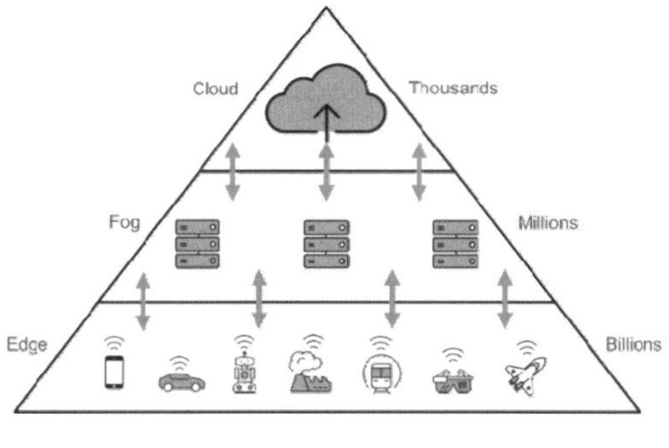

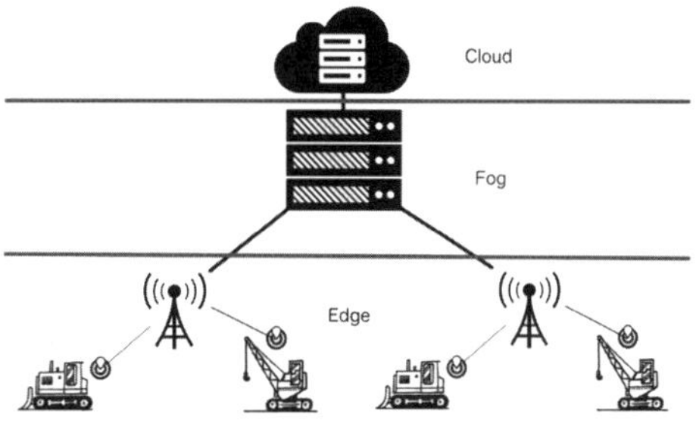

그림 2-275 Cloud, Fog, Edge Computing 구분

Cloud, Fog, Edge Computing을 거리로 구분해 보면, 최종 디바이스나 사용자 측면에서 Cloud가 가장 멀리 있고, 그 다음으로 Fog, Edge 순이다. Edge Computing이란 Edge가 의미하는 바와 같이 가장자리(또는 끝)란 뜻으로 Cloud로부터 가장 멀리 떨어진 가장자리이다.

즉, Edge Computing 환경은 Cloud에서 멀리 떨어진 최종 디바이스(또는 사용자)와 가까운 곳에 있고, Computing이 의미하듯이 Cloud에서 처리할 수 있는 많은 기능을 Edge에서 처리할 수 있다.

그동안 대부분 Computing 환경은 Cloud에서 제공되었는데, IoT에서 처리되어야 할 데이터가 많아짐에 따라 Cloud와 디바이스 사이 트래픽을 줄이기 위하여 Cloud 기능을 점차 디바이스와 가까운 곳(즉, Fog와 Edge)에 위치시키는 추세이다.

일반적으로 Fog Computing 서버는 Cloud Computing 서버 대비, Computing Power와 메모리 등 리소스는 부족하다. 따라서 Fog Computing 서버는 Cloud와 IoT 디바이스 사이에서 간단한 Cloud 기능을 처리하거나, 데이터를 전처리(Pre-Processing)하여 Cloud로 전송한다.

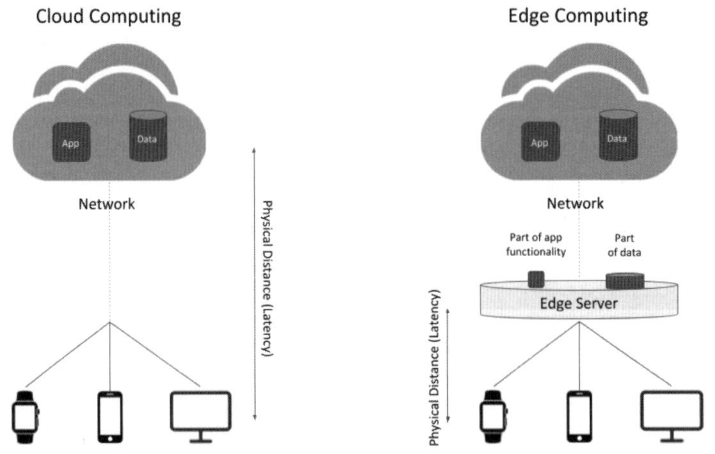

그림 2-276 Cloud Computing과 Edge Computing 비교

Cisco에서 정의한 Fog Computing보다 더 사용자 가까이 위치한 서버를 Edge Computing이라고 한다. Edge Computing 서버는 Fog Computing보다 Computing Power, 메모리 등 리소스가 부족하다.

3GPP와 ETSI는 5G 이동통신망에서 Core 망과 기지국 사이에 Edge Computing 기능을

하는 MEC(Mobile Edge Computing)를 정의했다. 5G 이동통신의 MEC는 Fog와 Edge Computing이 합쳐진 개념이다.

하지만, ITU는 Fog Computing을 더 큰 개념으로 정의하여 Fog Computing에 Edge Computing이 포함되는 형태로 정의하기도 한다.

요약

기타 기술

- IoT 보안은 기밀 데이터 보호, 서비스나 사업 중지를 방지하기 위해서 IoT 서비스 제공에 필수적으로 적용되는 기술이다.
- IoT 보안에서 가장 중요한 요소는 IoT 디바이스이며, 궁극적으로 H/W 보안이 적용되어야 어느 정도 안전한 서비스 제공이 가능하다.
- IoT 서비스에 접목되는 Blockchain은 저렴한 투자비용, 강한 보안기능, 유연한 서비스 확장이 가능한 기술이다.
- IoT 서비스를 Blockchain 기반으로 제공하면, 해킹이 거의 불가능한 수준의 보안강도와 일부 노드에 문제가 생길 경우, 쉽게 대응할 수 있다.
- Fog Computing과 Edge Computing은 Cloud의 일부 기능을 사용자나 IoT 디바이스 가까이 위치시키는 것이다.
- IoT 디바이스가 생성하는 데이터가 많아지고, 빠른 처리가 요구되는 서비스에는 Fog Computing이 유용하다.

Memo

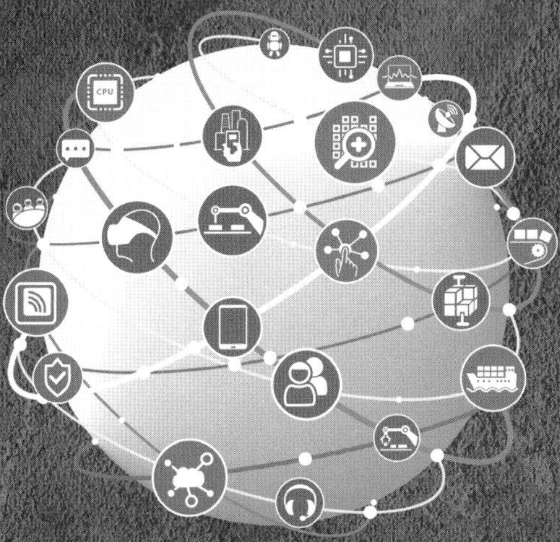

chapter 03 IoT 서비스

Chapter 03 IoT 서비스

1. 서비스 종류

IoT 서비스는 매우 다양하고, 많기 때문에 간단히 분류하기 쉽지 않지만, IoT와 관련된 업계는 IoT 서비스를 크게 ① Industrial IoT와 ② Consumer IoT 서비스로 분류했다. 따라서 IoT와 관련된 대부분 단체(표준화, 협회 등)와 회사는 이러한 2개의 주요 서비스를 기준으로 세부 서비스를 정의하고 있다.

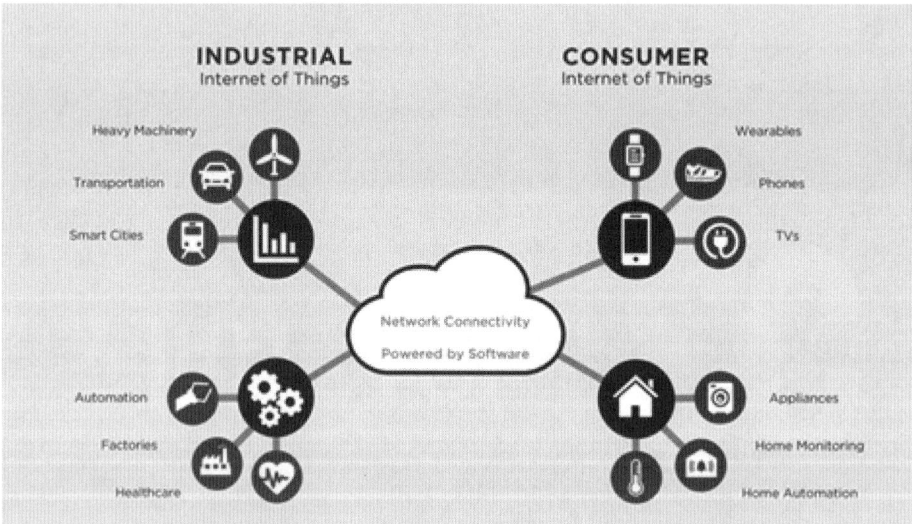

그림 3-1 Industrial IoT와 Consumer IoT 서비스

Industrial IoT 서비스는 사람이 직접 IoT 디바이스나 장치를 착용하지 않지만, 사람에 의하여 관리되는 IoT 서비스이며, Consumer IoT 서비스는 사람이 직접 IoT 디바이스를 착용하거나 들고 다니면서 활용하는 서비스이다.

Industrial IoT 서비스에는 Factory(공장자동화), Transportation, Grid(전력망), Machine(기계자동화), City, Car 등이 있고, Consumer IoT 서비스에는 Wearable, Smart Home 등이 있다.

Industrial IoT는 IoT 디바이스가 데이터를 생성하고, Cloud에서 이 데이터를 모아서 분석한 다음, 해당 기기를 제어하는 경우가 많다. 반면, Consumer IoT는 IoT 디바이스가 생성하는 데이터를 사람이 직접 활용하거나 사람이 IoT 디바이스를 제어하는 경우가 많다.

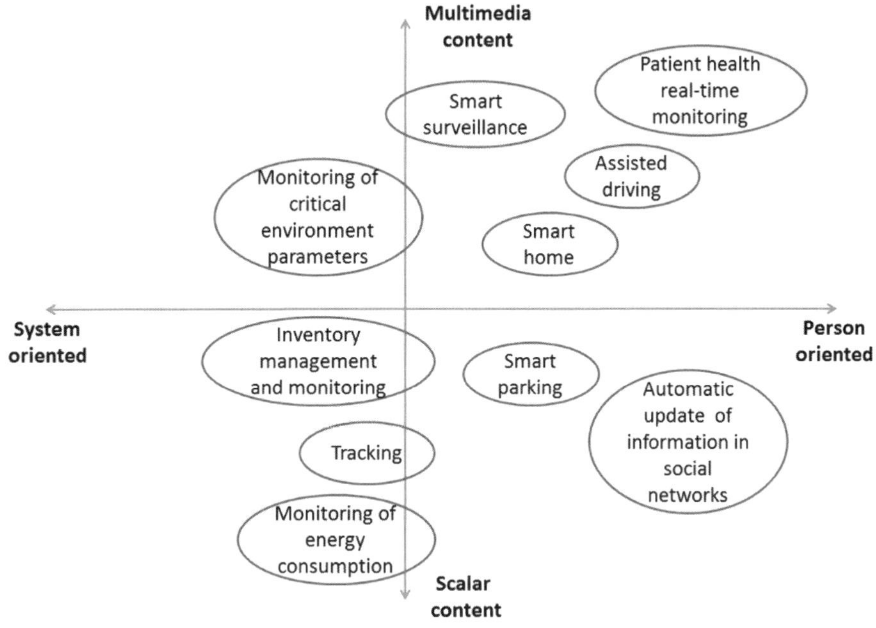

그림 3-2 IoT 서비스 분류 예

IoT 서비스를 다른 측면에서 분류한 예를 보면, ① 가로축을 System Oriented(사람이 관여하지 않는 부분)와 Personal Oriented로, ② 세로축을 Multimedia Content와 Scalar Content(검침과 같은 간단한 데이터)로 구분될 수 있다. Scalar는 IoT 디바이스가 생성하는 작은 크기의 단순한 데이터이다.

이러한 분류에서 System Oriented - Scalar Content 예는 사람이 관여하지 않고 IoT 디바이스가 자동으로 데이터를 수집하고, Cloud가 이 데이터를 분석한 후 사용자에게 알려주는 전기 사용량 검침 서비스가 될 수 있다. Multimedia 서비스 예는 데이터가 많고, 사람이 어느 정도 관여하는 비디오 감시(Video Surveillance) 서비스가 될 수 있다.

대부분 IoT 서비스 분류는 WPAN, WLAN, WWAN 등 무선통신 종류와 상관없이 서비스가 정의된다. 하지만, 이동통신 장비회사인 Ericsson사는 이동통신을 기반으로 제공되는 IoT 서비스를 크게 'Massive IoT'와 'Critical IoT'로 분류했다.

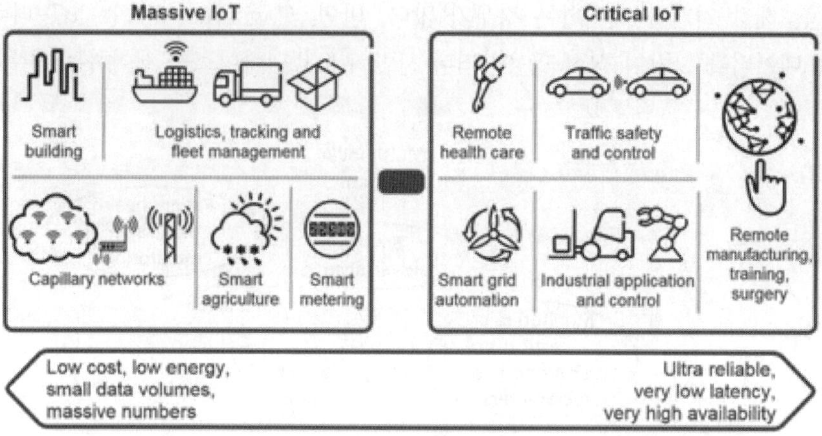

그림 3-3 이동통신 기반 IoT 서비스 분류(1) (출처: Ericsson)

Massive IoT 서비스는 저가/저전력 소모 디바이스, 적은 데이터 송수신, 통신망에 많은 IoT 디바이스 수용 등이 특징이고, Critical IoT는 매우 신뢰도(Reliable)가 높은 통신, 저지연(Low Latency) 특성, 높은 가용성(Availability) 등의 특징을 기반으로 제공되는 서비스이다.

Massive IoT에서 'Massive'란 '많다'는 뜻으로, 많은 IoT 디바이스가 사용되며 Massive IoT의 주요 서비스는 Smart City, Smart Building, 물류, 농업, 검침 등이 있고, Critical IoT에는 원격수술, 자율주행자, Smart Grid, 재난망 등의 서비스가 있다.

통신기술에서 'Reliable'이란 데이터 전송에서 오류가 거의 없다는 뜻이며, 'Low Latency'란 통신 지연이 적은 것을 의미한다(즉, 즉각적인 반응). 그리고, 'Availability'란 송신측에서 데이터를 보내면, 수신측에서는 언제든지 받을 수 있는 통신환경이다.

Availability를 비유하면, 야구에서 투수가 포수를 향해 공을 던질 때, 투수가 아무때나 공을 던져도 포수는 공을 받는다는 의미이다. 즉, 통신에서 데이터를 받는 쪽은 항상 받을 준비가 되어있다는 뜻이다.

Ericsson은 5G 이동통신이 활성화되면서 기존에 정의한 Massive IoT, Critical IoT를 포함하여 Broadband IoT, Industrial Automation IoT와 같이 총 4개의 서비스를 재정의했다. Ericsson이 분류한 5G 이동통신망을 이용한 Broadband IoT의 대표적인 예는 비디오 카메라를 활용한 감시 서비스이다.

따라서 IoT 서비스 분류는 다양하지만, IoT 서비스를 크게 ① Consumer IoT, ② Massive IoT, ③ Critical IoT로 분류하는 것이 어느 정도 합리적이다. 또한 최근에는 IoT에 AI, 5G, Big Data 분석 등이 적용된 Intelligence Connectivity(또는 Intelligent of Things) 서비스가 관심을 받고 있다.

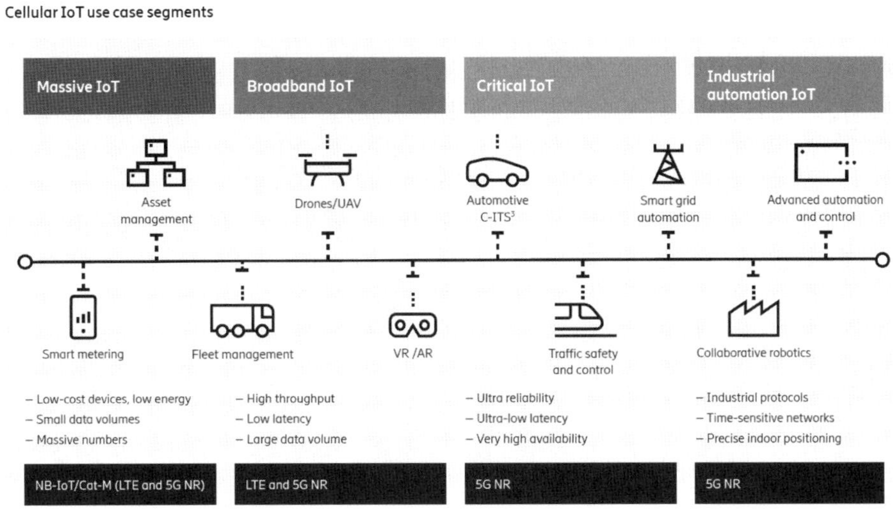

그림 3-4 이동통신 기반 서비스 분류(2) (출처: Ericsson)

'Broadband'란 사전적인 의미로는 "주파수 폭(또는 전송 대역폭)이 넓다"는 뜻이지만, 이동통신에서 일반적인 의미는 "전송속도가 빠르다"로 해석할 수 있다. 또한 전송속도가 빠르다는 많은 데이터를 처리할 수 있다는 데이터 전송 용량과 관련이 있다.

Broadband와 Latency는 다른 개념으로, Latency는 통신에서 데이터 지연을 의미하는데, 쉽게 생각하면 반응속도로 볼 수 있다. 통신망에서 빠른 전송속도(Broadband)와 짧은 지연시간(Low Latency)을 보장하는 기술 구현방법이 다르고, 제공되는 서비스도 다르다.

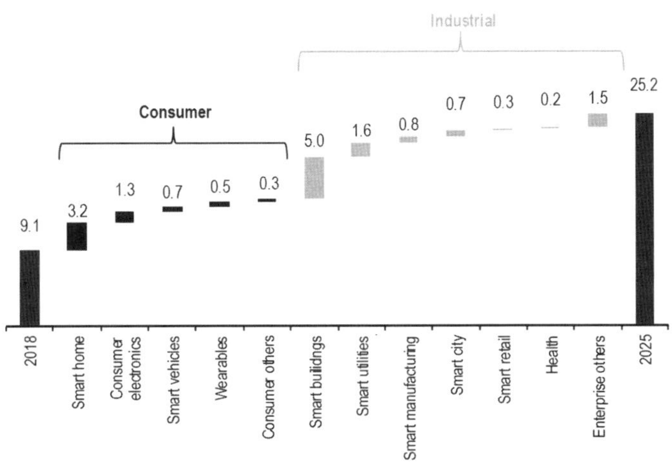

그림 3-5 IoT 서비스 성장률 예측(2018년 대비 2023년 시장) (출처: BoA)

미국 금융회사인 BoA(Bank of America)는 2018년 대비 2025년의 Consumer IoT와 Industrial IoT에 대한 시장을 예측했는데, Consumer IoT에서 Smart Home이 가장 성장률이 높고, Industrial IoT에서는 Smart Buildings이 성장률이 높을 것으로 전망했다.

따라서 분석하는 기관이나 회사마다 미래전망이 다를 수 있지만, 일반적으로 Industrial IoT 분야에서 성장률이 높은 서비스는 Smart Factory, Smart City, Smart Building이고, Consumer IoT는 Smart Home, Wearable로 알려져 있다.

요약

서비스 종류

- IoT 서비스는 다양하지만 일반적으로 IoT 업계는 Industrial IoT와 Consumer IoT 서비스로 구분했다.
- Ericsson은 이동통신을 기반으로 제공되는 IoT 서비스를 크게 'Massive IoT'와 'Critical IoT'로 분류했다.
- 따라서 전체적으로 볼 때, 따라서 IoT 서비스를 Consumer IoT, Massive IoT, Critical IoT 서비스로 분류하는 것이 합리적이다.

2. Consumer IoT

1) 개요

Consumer IoT는 사람이 직접 디바이스나 장치를 착용한 상태나 가정에서 생활의 편리를 위해서 제공받는 서비스이다. 따라서 Consumer IoT 서비스는 크게 ① 개인이 IoT 디바이스를 휴대하면서 제공받는 서비스와 ② 가정에 있는 기기를 활용하는 서비스로 구분될 수 있다.

즉, Consumer IoT는 크게 Personal IoT와 Smart Home IoT로 구분될 수 있다. 하지만, 일부 전문가는 Consumer IoT를 Personal IoT와 같은 의미로 분류하는 경우도 있다.

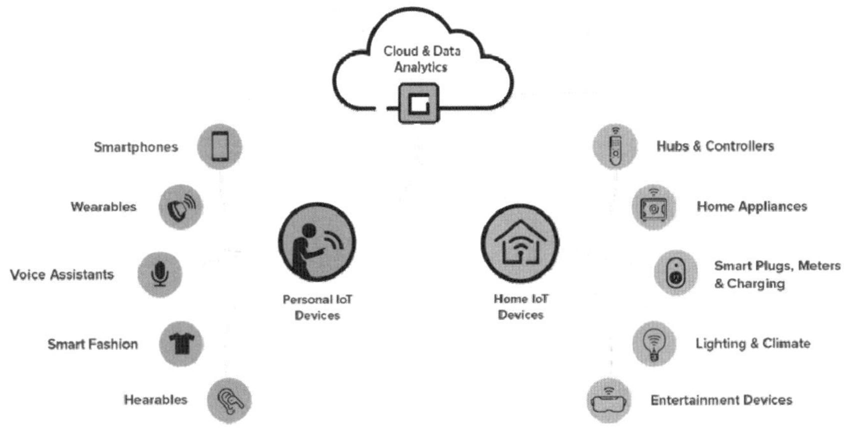

그림 3-6 Consumer IoT 서비스 (출처: REPLY)

Consumer IoT 서비스의 대표적인 예는 ① 사람이 Wearable Device를 착용한 상태에서 Cloud와 연동되어 운동상태나 건강을 관리해주거나 ② 스마트폰을 활용하여 가정용 전자기기를 제어하는 Smart Home 등이 있다.

이러한 Consumer IoT에서 이미 많이 사용되거나 향후 사업성이 있는 서비스는 Smart Home, Wearable Device, Smart Speaker가 있다. 특히, Smart Speaker는 기존에 없었던 새로운 디바이스를 활용하는 서비스로써, 주요 IT회사에서 시장 장악을 위해 경쟁을 하고 있다.

2) Smart Home

Smart Home이란 가정에 있는 전등, 에어컨, 히터, 냉장고, TV, 보안장치 등 가정용 전자기기를 유무선 통신으로 인터넷에 연결하여 원격에서 휴대폰, PC 등으로 전자기기를 제어하는 서비스이다.

국내 한국스마트홈산업협회는 Smart Home을 "주거 환경에 ICT 기술을 융합하여 사람의 편의과 복지증진, 안전한 생활이 가능하도록 하는 사람 중심적인 스마트 라이프 환경"이라고 정의했다.

Smart Home 목적은 가정의 전자기기를 인터넷으로 연결하여 사람이 가정용 기기를 제어하여 가정에서 삶의 질 향상, 편리한 생활, 가정내 보안 강화, 에너지 사용 효율을 증대하기 위한 것이다.

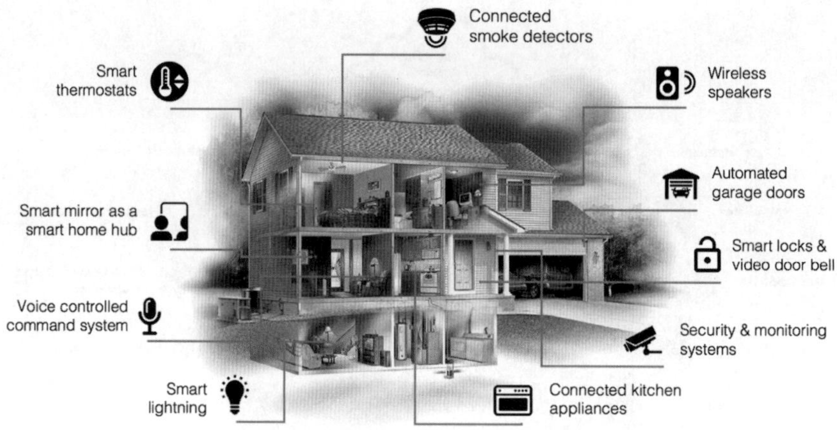

그림 3-7 Smart Home 서비스 예

Smart Home 활용 예를 보면, 사용자가 가정에서 아침 식사를 한 후, 차고로 가면 자동으로 문이 열리고, 자동차 시동이 걸려진 상태가 될 수 있다. 이후, 자동차로 집을 출발한 후 전등 끄는 것을 잊어버렸을 때, 스마트폰으로 리모트에서 전등을 끌 수 있다.

또한 사용자가 퇴근해서 집으로 갈 때, 스마트폰으로 가정용 로봇을 제어하여 도착 전에 청소를 하거나 세탁기를 동작시킬 수 있다. 추가로 시간대 별로 사용자 환경에 맞게 가정의 실내온도나 전등 빛의 세기를 제어할 수 있어서 일일이 가정용 기기를 직접 관리해야 하는 번거로움을 줄일 수 있다.

그림 3-8 Smart Home 시장 예측 (출처: Mordor Intelligence)

Mordor Intelligence사는 2020년에서 2025년까지 Smart Home 시장의 연간 성장율(CAGR)은 25%가 될 것이라고 예측했다. Mordor Intelligence뿐만 아니라 주요 리서치 회사도 Smart Home 시장의 연간 성장율을 20% 이상으로 전망했다. 이처럼 IoT 기술이 많이 사용되는 Smart Home 서비스의 사업전망은 좋다는 의미이다.

Smart Home은 과거의 가정용 전자기기를 자동화하겠다는 'Home Automation'에서 발전된 것이다. 이렇게 Home Automation을 근간으로 발전된 Smart Home은 다수의 Home 기기가 서로 연동되고, Cloud에서 Big Data 분석과 AI 기술을 적용하여 지능적으로 관리된다.

미국 기준으로 가정에 많이 설치된 Smart Home 디바이스 순서는 Smart Lights(스마트 전등)가 가장 많고, 그 다음으로 Smart Speaker, Smart Home Security 등이다. 하지만, 전체적으로 볼 때, Smart Home Device에서 Smart Speaker와 Smart Home Security의 성장율이 높은 편이다.

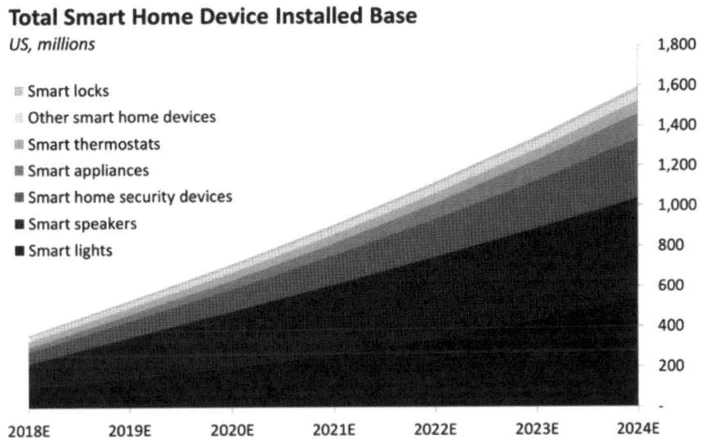

그림 3-9 가정에 많이 설치된 Smart Home 디바이스 순서(미국) (출처: Business Insider)

Consumer IoT에서 사용자가 원하는 서비스/기능 순서를 보면, Smart Home Appliances가 가장 많고, 그 다음으로 Wearable, Digital Assistants 순이다. Smart Home Appliances는 가정용 전자기기(TV, 냉장고, 세탁기 등)를 의미하며, 사용자는 가정의 Home Appliances 를 스마트폰으로 상태를 확인하거나 제어를 할 수 있다.

또한 대표적인 Wearable 디바이스는 Smart Watch이다. 일반적으로 Wearable 디바이스는 Smart Home 장치가 아닌 Personal IoT 디바이스로 분류된다. 가정에서 Digital Assistants는 Smart Speaker가 될 수 있으며, 최근에는 Smart Speaker를 사용하여

Home 기기를 제어하는 사례가 많아지고 있다.

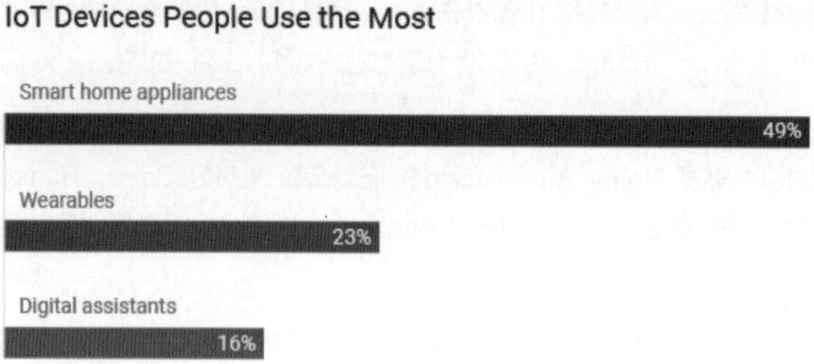

그림 3-10 Consumer IoT에서 사용자가 원하는 순서 (출처: Clutch)

Smart Home을 위한 기술은 다양하기 때문에 사용자가 원하는 목적에 맞게 기술을 선정해야 한다. 일반적으로 Smart Home을 위한 기술표준은 OCF(Open Connectivity Foundation)가 많이 사용된다.

또한 Smart Home에는 삼성의 Smartthings, LG의 ThinQ, Apple의 HomeKit 등과 같은 표준기술이 아닌 가정용 전자기기 제조사가 단독으로 추진하는 기술이 많다. 이것은 자사의 Smart Home 기술을 확대하겠다는 의도보다는 각 제조사가 자체 Home 기기를 많이 판매하겠다는 목적이다.

Smart Home 기술과 Platform은 그동안 절대 강자가 없었던 분야로 Home 기기 제조사(예: 삼성, LG), Amazon, Google, Apple 등과 같은 주요 IT회사가 주도권 경쟁을 하고 있다.

그림 3-11 Amazon의 Smart Home

예를 들어 Amazon의 경우, 기존의 스마트폰 영역은 Apple과 삼성이 절대적인 시장을 점유하고 있어서 경쟁력 강화가 어렵다고 생각하여, 'Amazon Echo' 디바이스를 중심으로 Smart Home 시장을 확대하고 있다.

이렇게 Smart Home과 관련하여 절대적인 시장을 점유하는 회사가 없었기 때문에 최근에 Amazon, Apple, Google, Samsung(내부적으로 SmartThings 참여), Zigbee Alliance, NXP, Silicon Labs 등이 연합하여 'Connected Home over IP'라는 협회를 구성하여 새로운 Smart Home 기술을 정의하고 있다.

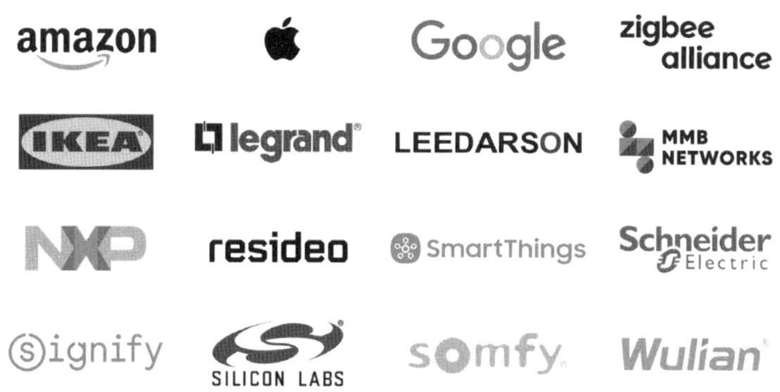

그림 3-12 Connected Home over IP 협회에 참여하는 회사

Smart Home을 위한 IoT 디바이스(또는 장치)가 인터넷 망과 연동시, Smart Home 디바이스에는 Bluetooth, IEEE 802.15.4, Z-Wave, Wi-Fi 등과 같은 WPAN이나 WLAN이 많이 사용되고, 이러한 다수의 Smart Home 디바이스는 하나의 Gateway를 통하여 인터넷에 연동된다.

즉, 대부분 가정용 IoT 디바이스는 Bluetooth/BLE, Zigbee, Z-Wave 등이 사용되고, 이러한 디바이스는 Gateway(예: Zigbee와 Wi-Fi가 같이 있음)를 통하여 외부 인터넷 망에 연동된다. 미국의 경우, Smart Home을 위한 무선통신 기술은 Zigbee나 Z-Wave가 여전히 사용되고 있지만, 국내의 Smart Home에는 대부분 Bluetooth나 Wi-Fi가 많이 사용된다.

Home IoT 디바이스에 Bluetooth나 IEEE 802.15.4와 같은 WPAN이 많이 사용되는 이유는 디바이스 가격이 상대적으로 저렴하고, 서비스 요금이 없기 때문이다. 특히 최근에는 가정용 기기에 BLE가 많이 탑재되는 추세여서 BLE가 상대적으로 많이 사용된다.

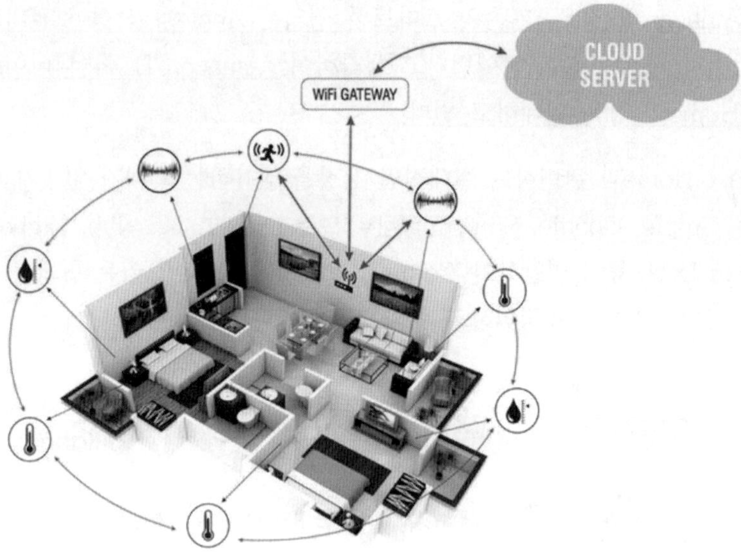

그림 3-13 Smart Home 디바이스와 외부 망 연동(1)

Bluetooth와 BLE는 서로 다른 기술이었지만, 표준화 단체인 Bluetooth SIG에서 2개의 기술을 하나로 정의했기 때문에, 일반적으로 Bluetooth라고 하면 BLE가 포함된다. Bluetooth나 Wi-Fi는 스마트폰에 기본적으로 적용되기 때문에 스마트폰으로 Smart Home 기기를 제어하는 사례가 많다.

Smart Home에서 디바이스를 추가할 경우, Hub를 사용하여(즉, 통신을 확장할 수 있어서) 쉽게 많은 디바이스를 수용할 수 있다. 이렇게 모든 Smart Home 디바이스는 하나의 Gateway에 연결되고, 이 Gateway는 인터넷을 통하여 Cloud 또는 관련된 Platform에 연동된다.

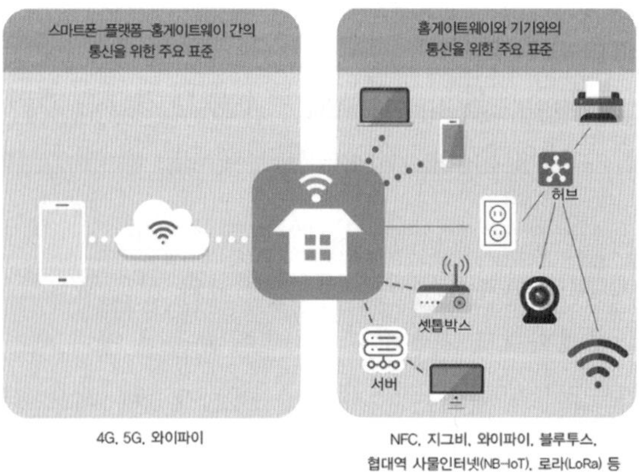

그림 3-14 Smart Home 디바이스와 외부 망 연동(2) (출처: TTA)

Smart Home 기기가 수집한 데이터는 Cloud에서 새로운 데이터로 가공되어 ① 스마트폰 앱을 통하여 사용자에게 전달되거나, ② Cloud에서 Smart Home 기기를 효과적으로 제어하는데 사용된다.

대부분 IoT Platform(oneM2M, OCF, AWS IoT 등)은 Smart Home을 위한 서비스가 제공된다. 예를 들면, OCF는 Platform 상단의 Application Layer에 기본적으로 Smart Home 기능이 포함되어 있다. 하지만, Smart Home 시장은 기술규격보다는 주요업체간 주도권 문제로 기술이 통합되지 않고 있다.

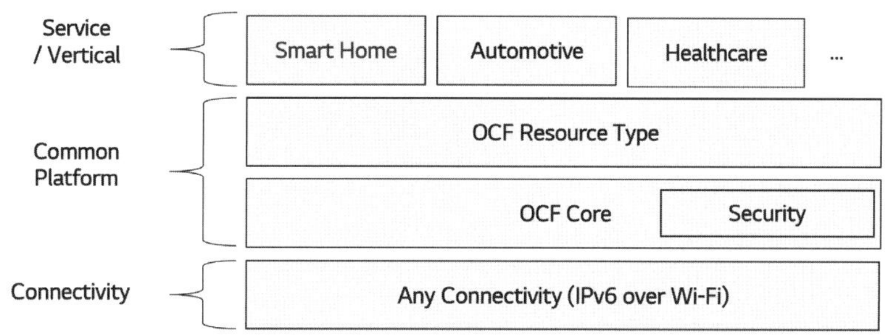

그림 3-15 OCF를 활용한 Smart Home 구현

또한, Smart Home을 위하여 다양한 기기가 설치됨으로써 사용자가 지불하는 비용이 증가되고, Smart Home을 구축할 수 있는 사업자가 다양해서 확산에 걸림돌로 작용하고 있다. Smart Home을 주도할 수 있는 사업자는 건설회사, Platform 회사, 가전기기 제조사 등 다수가 있어서 상호간 역할분담에 이견이 많다.

3) Smart Speaker

(1) 개요

Smart Speaker는 주로 가정이나 사무실에서 음성인식을 통하여 Cloud로부터 필요한 정보를 수신하여 사용자에게 음성으로 해당 정보를 전달해 주는 디바이스이다. Smart Speaker는 정보획득, 음악청취, 음성통화 등의 기능이 있는 대표적인 Home IoT 디바이스이다.

주요 IT 회사에서 Smart Speaker를 적극적으로 추진하는 이유는 ① Mobile Device 영역은 이미 Apple, 삼성 등이 장악하고 있어서 진입이 어려우므로 ② 절대적인 강자가 없는 Home에 유용한 디바이스와 서비스를 제공하여 Home Hub를 선점하기 위한 목적이다.

그림 3-16 음성인터페이스의 장점

Smart Speaker가 시장에서 관심을 가지는 가장 큰 이유는 독립적인 공간인 가정이나 사무실에서 편리하게 사용할 수 있는 음성입력 때문이다. 음성입력은 기존 스마트폰의 화면 터치나 PC의 키보드를 활용한 문자입력보다 자연스러운 대화로 사용자가 원하는 정보를 빠르고 편리하게 획득할 수 있다.

음성은 별도의 손 동작없이 ① Hands Free(손을 대지 않는 방식)로 사용이 편리하고, ② 문자입력 대비(보통 문자는 분당 40단어, 음성은 분당 150 단어 입력) 더 많은 단어를 입력할 수 있고, ③ 화면터치 방식(문자입력으로)은 Tree 구조의 메뉴를 찾아가는 방법이지만, 음성입력은 한번에 원하는 메뉴를 찾을 수 있다. 즉, 사용자가 원하는 정보를 얻기 위해 1번의 음성명령으로 해결할 수 있다.

또한, 대부분 디바이스에는 마이크와 스피커가 있어서 별도의 H/W 추가없이 S/W로 음성인식 기능을 구현할 수 있고, 최근에는 Cloud에서 AI 알고리듬 처리 칩, Big Data 분석, DNN 알고리듬 등의 기술이 발전되어 음성인식 성능이 좋아져서 음성 서비스를 제공할 수 있는 환경이 구축되었다.

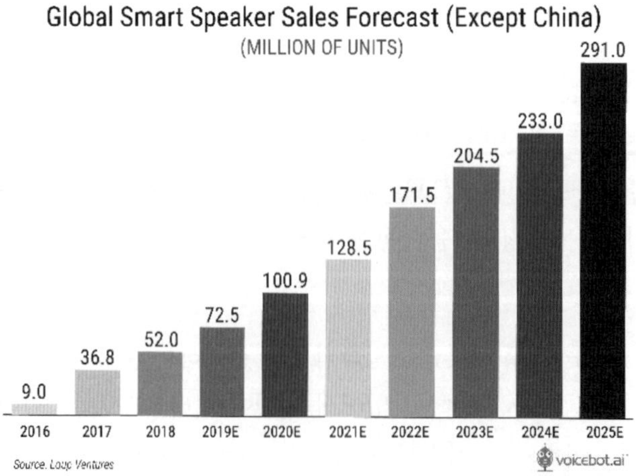

그림 3-17 전세계 Smart Speaker 시장 전망(중국 제외) (출처: Voicebot)

Smart Speaker는 Amazon이 Amazon Echo 디바이스를 활용하여 음성 서비스를 제공하면서 시작되었다. 이후, Google은 Google Home, Apple은 HomePod, 삼성은 Galaxy Home 등을 출시하면서 주요 IT 회사가 Smart Speaker 시장에 진입하고 있다.

리서치 회사인 Voicebot사는 <u>중국을 제외한 전세계 Smart Speaker 시장은 연간 약 30% 성장이 예측되어 2025년에는 누적으로 약 3억대의 Smart Speaker가 공급될 것으로 전망했다.</u> 중국의 경우, 디바이스를 제조하는 중소업체가 많아서 예측이 쉽지 않아서 제외되었다.

Smart Speaker 사용자(미국기준)는 음악 스트리밍, 일반적인 질문(뉴스, 교통 상황 등), 날씨 문의 등의 순으로 많이 사용하고, 그 다음으로 타이머와 알람 설정, 라디오 청취, Smart Home 디바이스 제어 등의 기능을 사용한다. 사용자가 매일 또는 매월 기준으로 가장 많이 사용하는 기능은 음악 스트리밍 서비스이다.

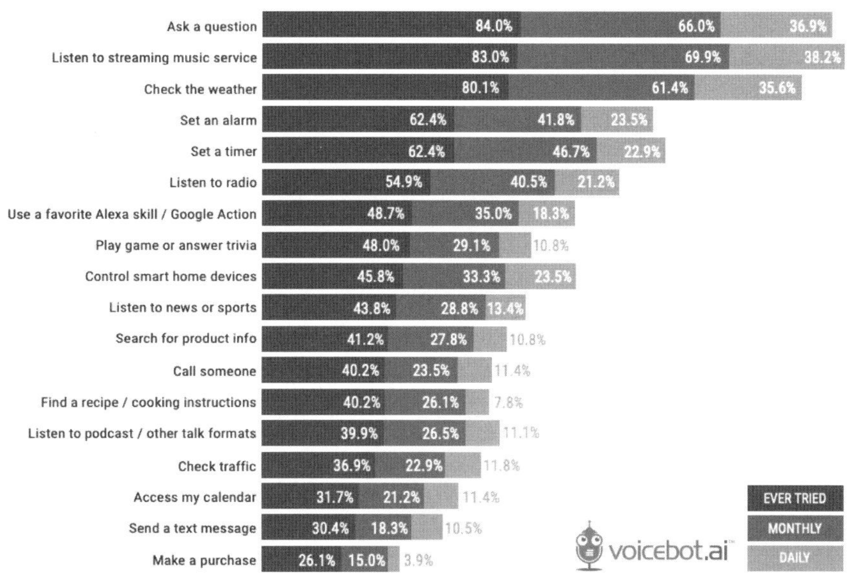

그림 3-18 Smart Speaker 사용 사례(미국) (출처: Voicebot)

국내 Smart Speaker 사용자도 미국과 마찬가지로 음악 스트리밍 서비스를 가장 많이 활용하는 것으로 알려져 있어서 많은 음원을 가진 사업자가 유리하다.

미국에서 Smart Speaker 시장 점유율은 2018년에 Amazon이 52%, Google이 32%였지만, 2022년에는 Amazon이 37%, Google이 48%로 예측되어 향후에는 Google이 가장 많은 Smart Speaker를 판매할 것으로 전망된다.

Smart Speaker 시장이 성숙될수록 디바이스 성능과 디자인이 유사해지기 때문에, 경쟁 우위를 확보하려면 결국 컨텐츠가 많아야 한다. 이러한 측면에서 2022년 이후에는 컨텐츠를 많이 가지고 있는 Google이 Amazon보다 우세할 것으로 전망된다.

예를 들면, Amazon Echo 디바이스에 "Who's the president of South Korea?"라고 질문하면 답변이 정확할 수 있는데, 이어서 "Who is his father?"라는 물으면 Amazon은 답변이 없지만, Google은 답을 알려줄 확률이 높다.

그림 3-19 Amazon의 Alexa Ecosystem

Smart Speaker 시장을 주도하고 있는 Amazon은 Amazon Echo 디바이스(즉, Smart Speaker)를 활용하는 앱인 Alexa Skills를 개발할 수 있는 환경인 ASK(Alexa Skills Kit)를 3rd Party에 제공하고 있다. 이렇게 Smart Speaker를 활용하는 앱 개발환경은 Google, Microsoft, Apple 등에서도 제공하고 있다.

Amazon의 Alexa는 AI Platform이며, Amazon Echo는 Alexa를 기반으로 동작되는 Smart Speaker 이고, Amazon Echo에서 동작되는 앱을 Alexa Skills(간단히, Skills)라고 한다.

사용자가 ASK를 활용하여 Skills를 개발하려면 AWS(Amazon Web Services, Amazon의 Cloud 서비스)를 활용해야 한다. 즉, Amazon은 Smart Speaker를 활용하여 디바이스 자체 판매뿐만 아니라 서비스 개발환경을 제공하여 AWS의 수익도 증대시키겠다는 목적이 있다.

결국, Amazon Echo 디바이스는 일종의 Enabler(다른 분야를 활성화시키는 지렛대) 역할로 Amazon의 다른 사업을 확대시키는 환경을 제공한다. Amazon Echo를 통하여 AWS 와 Amazon Marketplace의 수익이 증가되고, Amazon 고객을 Lock-In(경쟁사로 못 가게 하는 방법)시키는 역할을 한다.

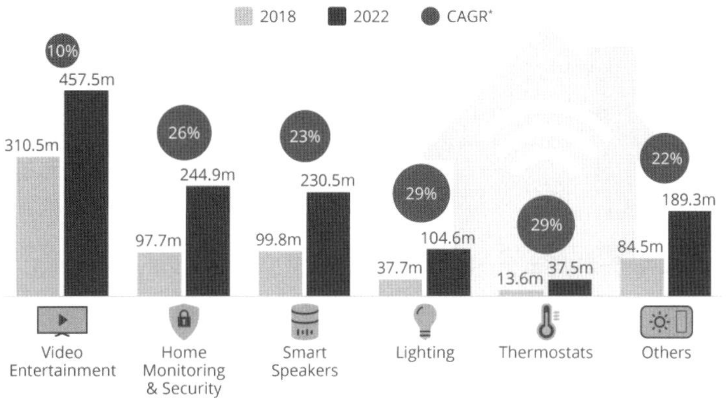

그림 3-20 Smart Home 주요 서비스 전망 (출처: Statista)

시장조사 회사인 Statista사의 보고서에 따르면, 전세계적으로 2022년에 Smart Home 기기 시장 점유율은 Video Entertainment(TV, OTT Video등), Home Monitoring & Security, Smart Speakers 등의 순이 될 것이라고 예측했다.

이 예측자료에서 특이한 점은 2014년에 출시된 Smart Speaker가 2018년에 주요 Smart Home 기기가 되었고, 2022년에는 3번째로 Home에서 많이 사용되는 디바이스가 되고, 2025년에는 Video Entertainment 다음으로 두번째 위치를 차지할 것으로 예측된다.

이렇게, 과거에 없었던 디바이스인 Smart Speaker는 혁신적인 기술이 접목되어 Smart Home을 위하여 중요한 역할을 하게 되었다. 또한 Smart Speaker의 성장배경 중에 하나는 AI 기반 음성인식이다. AI 기술의 발전으로 음성인식율이 높아졌고, 이를 기반으로 사람에게 음성을 통한 자연스러운 인터페이스를 제공하기 때문이다.

(2) 기술

Smart Speaker 기반 서비스를 제공하기 위해서는 Smart Speaker(디바이스)에서 사람의 음성인 아날로그 신호에서 최대한 잡음을 제거하여 디지털 신호로 변환한 다음, Cloud에 있는 AI Platform에 데이터가 전송되고, AI Platform에서 음성인식, 자연어 처리, 사용자 질문에 대한 답변 등을 처리한다.

AI Platform에서 Deep Learning을 활용하여 음성인식과 자연어 처리(여러 개의 단어 집합에서 컴퓨터가 문맥을 이해하는 것) 기능을 수행하는데, Amazon은 경우, 이 기능은 Amazon AI Platform인 Alexa에서 처리된다.

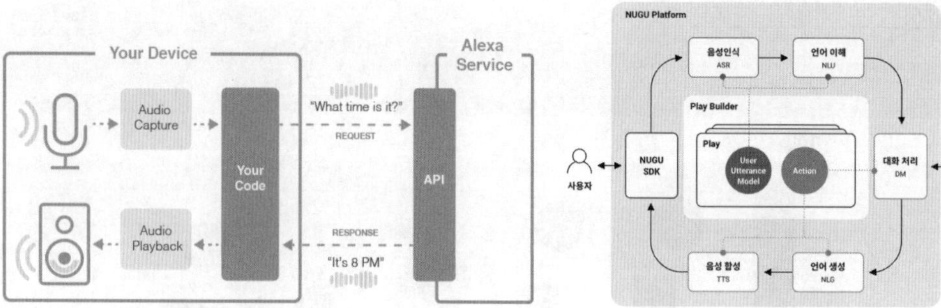

그림 3-21 Smart Speaker 신호처리 절차 (출처: Amazon, SKT)

사용자 질문에 대한 음성인식과 자연어 처리가 완료되면, Cloud에서 질문에 대한 답변을 디지털 신호로 Smart Speaker에 전송하면, Smart Speaker는 사람이 들을 수 있는 아날로그 음성신호로 알려준다.

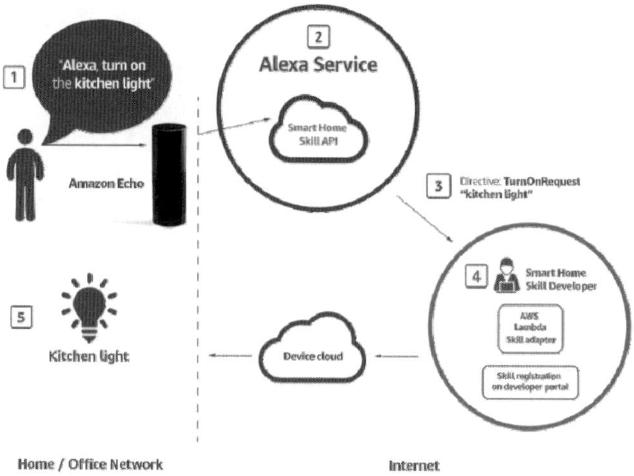

그림 3-22 Smart Speaker 서비스 구성도 (출처: Amazon)

예를 들어, Amazon Echo에 음성으로 "부엌 전등 켜"라고 명령을 내리면, AI Platform인 Alexa에서 이 명령을 해석한 다음, Amazon Cloud(AWS)를 통해서 부엌의 전등을 켜게 된다. 이때, ASK를 활용하여 원하는 음성명령에 따라 특정한 동작을 하는 앱을 개발하여 사용할 수 있다.

디바이스 측면에서 볼 때, Qualcomm, Broadcom, TI 등 주요 칩셋업체는 Smart Speaker를 쉽게 개발할 수 있도록 디바이스 개발 솔루션을 제공하고 있다.

Qualcomm의 Smart Speaker용 칩은 무선통신, Far-Field(먼거리) 음성신호 획득, 고품

질 오디오 신호처리, Voice Activation(음성명령이 있을 때 관련된 H/W가 동작), 음악 스트리밍 Protocol 등 대부분 기능이 포함되어 있다. Voice Activation을 위한 명령어를 'Wake Word'라고 한다.

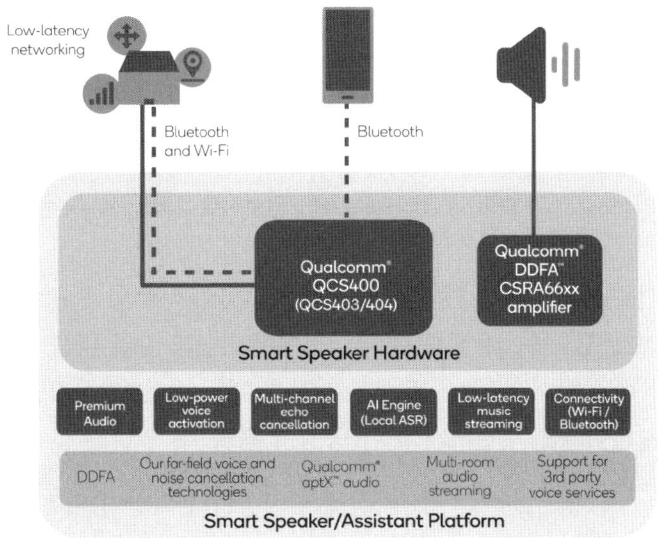

그림 3-23 Smart Speaker 내부 구조도 (출처: Qualcomm)

즉, Qualcomm사의 Smart Speaker 칩은 Smart Speaker를 위한 대부분 기능이 제공되기 때문에 디바이스 제조사는 Cloud 연동 S/W, 외부 기구물, 사용자 인터페이스만 개발하면 될 정도로 많은 개발환경이 제공된다.

Smart Speaker 디바이스는 내부적으로 ① H/W는 메인칩을 중심으로 음성 신호처리, 무선통신(Wi-Fi, Bluetooth 등) Baseband가 연결되고, ② S/W 는 음성에서 잡음제거, 음악 스트리밍, VoIP 등이 구현된다. 무선통신의 경우, 일반적으로 Baseband 처리부는 메인칩에 구현되고, RF칩은 별도 칩으로 구성된다.

Smart Speaker에서 음성과 음향 신호처리 기술에는 세부적으로 ① Far Field 음성인식, ② 주변 노이즈를 줄여서 순수한 음성을 추출하는 기술, ③ 고품질의 음향 기술, ④ 스피커 기술 등이 있다. 또한, 전체적인 Smart Speaker의 기술적인 성능지표는 음성신호 처리, 무선통신 기술, 스피커 기술 등이다.

이중에서 Far Field 음성인식은 Smart Speaker에 적용되는 필수적인 기술로 스피커로부터 먼거리(예: 5m)에 있는 사람이 발화하는 음성을 Smart Speaker에서 노이즈를 제거하고, 순수한 음성신호를 추출하는 기술이다.

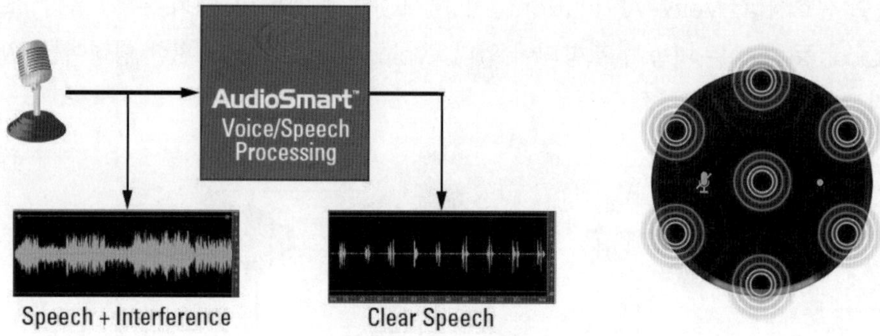

그림 3-24 Far Field 음성신호 처리

Far Field 음성신호를 처리하기 위해서는 ① 다수의 마이크와 ② 주변 노이즈를 제거하기 위한 칩이나 S/W가 동시에 사용된다. 디바이스에서 마이크 수가 많을수록 여러경로의 음성신호를 수신할 수 있어서 더 좋은 음성신호를 추출할 수 있다. 하지만, 크기가 작은 디바이스에는 많은 마이크를 구현하기 위한 공간이 작을 수 있다.

구조가 복잡한(즉, Open Space가 아님) 가정에서 사람이 발화한 음파는 반사, 회절, 굴절 등으로 여러 경로를 거쳐서 Smart Speaker에 도달되는데, 다수의 마이크는 이러한 영향을 최소화하여 순수한 음성신호를 추출하는데 도움이 된다.

또한 스피커의 음성이나 음향이 다시 Smart Speaker의 마이크로 입력되어 일종의 에코현상이 나타나며, 심한 경우는 이러한 에코현상이 증폭되어 신호의 발산(Divergence)현상으로 '삑' 소리가 계속 발생될 수 있다.

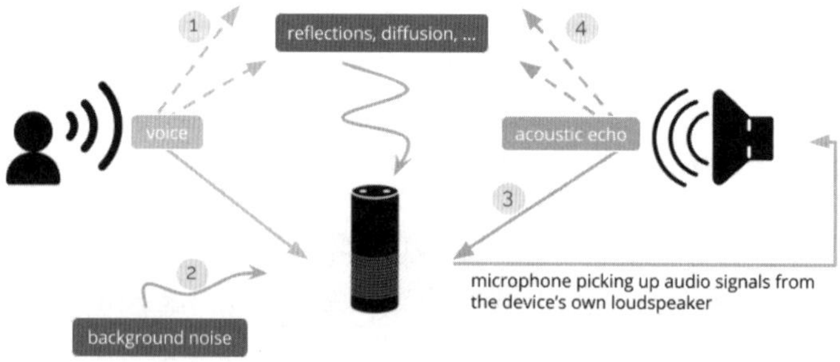

그림 3-25 Smart Speaker에서 다중경로 음파 수신 (출처: Towards Data Science)

사용자가 디바이스로부터 상대적으로 먼 거리(2m ~ 5m)에서 발화할 경우, 음파는 가정내 벽, 천정, 바닥 등으로부터 반사되며, 이때 각 음파가 Smart Speaker에 도달할 때는 서로 위상차(일종의 시간차이)가 발생되어 잡음(Noise)으로 작용된다.

따라서, Far Field 음성 신호처리 칩이나 S/W는 사용자가 발화하는 주된 음성신호는 증폭시키고, 시간차가 있는 반사된 음성신호는 최대한 억제하여 원래의 또렷한 음성신호를 추출하는 역할을 한다. Far Field 음성인식과 주변 노이즈를 줄여서 순수한 음성을 추출하는 기술은 상호 관련성이 높기 때문에 일반적으로 하나의 칩이나 메인칩에 구현된다.

음성도 일종의 전파이기 때문에 음성이 공간에 퍼져나가는 것을 음파라고 하며, 음파는 저주파로써 딱딱하고 평평한 물체를 만나면 반사되는 성질이 강하다. 가정의 벽이나 바닥에서 음파의 반사가 심하다. 따라서 가정에서 음파는 여러 군데 반사되어서 Smart Speaker에 도달할 때는 각각 시간차가 발생된다.

그림 3-26 음질 설문조사 결과 (출처: Qualcomm)

칩 제조사인 Qualcomm은 고품질 음향이 스피커 구매에 결정적인 영향을 미친다고 발표했다. Qualcomm의 설문조사에 따르면, 설문자의 78%는 고품질 음향기능이 있어서 Smart Speaker를 구매한다고 답변했다. 따라서 대부분 Smart Speaker에는 고품질 오디오 출력을 위한 기술이 적용되고 있다.

기술적으로 볼 때, Speech(또는 Voice)는 음성통화를 하기 위한 수준의 소리이고, Audio는 고품질의 음을 듣기 위한 음향이다. Speech는 사람의 목구멍(Vocal Track, 성도)을 모델링하여 개발되었고, Audio는 사람의 귀를 모델링한 것이다. Speech는 압축을 많이 할 수 있어서 전송속도가 낮으며, Audio는 전송속도가 매우 높다.

그림 3-27 Amazon Echo의 Audio 특성

대부분 Smart Speaker는 고품질 음향을 추구하기 때문에 주파수 영역에서 ① 저주파 음향을 처리하는 Woofer와 ② 고주파 음향을 처리하는 Tweeter 스피커와 같이 2 종류의 스피커가 동시에 사용된다.

이렇게 저주파와 고주파 음성신호를 처리하는 스피커를 별도로 구현하는 이유는 주파수 대역별 스피커의 외형이나 구조가 다르기 때문이다. 저주파 대역일수록 작은 형태의 스피커를 구현하기는 어렵다.

일반적으로 저주파 음향을 처리하는 Woofer는 스피커 방향이 아래쪽으로 설치되어 저주파 특성을 강화시킨다. 반면, 고주파 음향 스피커는 다수가 설치되어 360도 방향에서 음향을 들을 수 있도록 구현된다.

Smart Speaker는 소형공간이 많은 가정에서 주로 사용되기 때문에 최근에는 Smart Speaker가 있는 위치에서 적응적(Adaptive)으로 스피커의 음향이 송출되는 기술이 적용되고 있다. 즉, Smart Speaker에서 발생된 음성신호를 마이크가 다시 수신하여 주변환경 구조를 이해한 다음, 음파가 반사될 지역으로는 음량볼륨을 낮춰서 음파의 반사를 최대한 방지하는 방법이다.

또한, Smart Speaker에서 풍부한 음향(즉, Audio)를 위해서는 일반적으로 Audio 전문회사(예: Harman Kardon)에서 음향을 튜닝한다. 음향은 아날로그 신호를 다루는 기술로 전통이 있는 Audio회사에서 튜닝을 하면, 고품질 음향기기로 인정받는다.

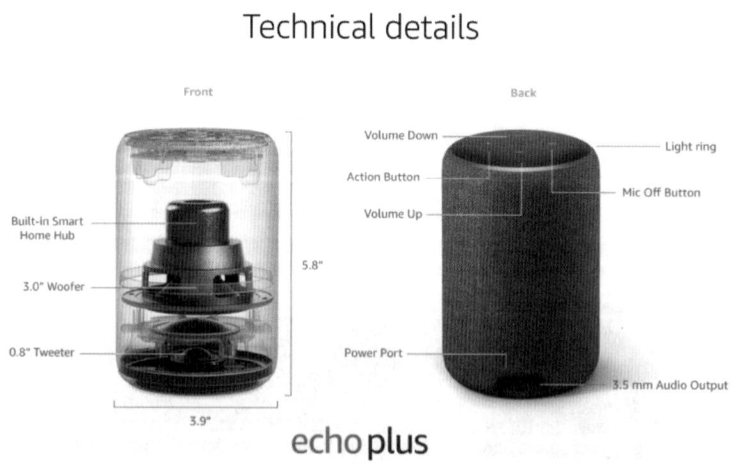

그림 3-28 Amazon Echo Plus 디바이스

Amazon Echo Plus 디바이스 구조를 보면, 내부적으로 크게 Bulit-in Smart Home Hub, Woofer, Tweeter와 같이 3개의 H/W로 구성되어 있다. 여기에서 Bulit-in

Smart Home Hub는 디지털과 RF(Radio Frequency)가 포함된 H/W 보드를 의미한다.

디바이스 윗쪽에는 7개의 마이크가 있고, 사용자 음성을 Detection해서 표시하는 LED가 있어서, 상위는 일종의 User Interface 역할을 한다. 디바이스 아래쪽은 전원과 외부 Audio를 입력시킬 수 있는 3.5mm 포트가 있다.

대부분 Smart Speaker는 Wi-Fi, Bluetooth 기능이 있으며, Wi-Fi는 Cloud와 연동을 위한 인터넷 연결, Bluetooth는 외부 음원이 있는 디바이스(예: 스마트폰)에서 스피커로 오디오 스트리밍이나 음성통신에 사용된다.

또한 한 가정에 다수의 Amazon Echo 디바이스가 설치될 수 있기 때문에 Amazon은 다수의 Amazon Echo 디바이스가 동시에 반응하는 것을 방지하기 위하여 ESP(Echo Spatial Perception) 기능을 추가했다.

예를 들어 거실과 부엌에 각각 Amazon Echo 디바이스가 있을 때, 거실에서 특정 음성명령을 했는데, 2개의 디바이스가 동시에 작동될 수 있기 때문에 이를 방지하기 위한 방법이다.

ESP는 Cloud에서 제어되며, 가정에서 음성이 공간에 퍼지는 강도를 측정하여 사용자에게 가장 가까운 디바이스가 어떤 것인지를 파악한 후, 해당 디바이스만 반응하게 하는 기술이다. 이러한 기술은 가정에서 다수의 디바이스가 있는 경우, 필수적이기 때문에 Google도 유사한 기술을 사용하고 있다.

그림 3-29 가정에서 다수의 스피커 사용 예

또한, 여러 명이 Amazon Echo를 사용할 때, Amazon은 개인별로 각각 다른 서비스를 제공하고 있다. 가정에서 아빠, 엄마, 어린이 등 여러 명이 Amazon Echo를 사용할 경우, 개인별 음성인식을 통하여 맞춤형 서비스를 제공한다.

예를 들어, 여러 명이 함께 사용하는 Amazon Echo에 엄마가 음성명령을 내릴 경우, 엄마일정을 알려줄 수 있고, 엄마가 Amazon Marketplace에서 상품을 구매했으면 엄마의 이전 구매이력을 분석해서 엄마에 맞는 상품을 추천해준다.

Amazon Echo에 적용되는 기능으로 'Answer Update'가 있다. Answer Update는 Alexa가 사용자 질문에 대한 답을 당장 모를 경우, Cloud에서 질문을 기억했다가 질문과 관련된 답이나 정보를 찾은 후, 다시 알려주는 기능이다.

Amazon은 Answer Update를 통하여 Google Assistant 대비 상대적으로 기능이 떨어지는 정보 검색을 보완할 수 있어서 이를 통해 Smart Speaker 시장에서 경쟁 우위를 유지하기 위한 목적이다.

또한 Amazon은 음성신호 분석을 통하여 사용자의 신체적, 정신적 특성을 판단하는 특허를 출원했다. 이 특허에는 사용자의 음성으로 건강상태나 감정을 분석할 수 있고, 각 개인의 특징(예: 남성, 여성, 젊은사람, 도시사람, 사투리 분석 등)을 분석해서 개인화된 광고나 상품 추천에 활용될 수 있다.

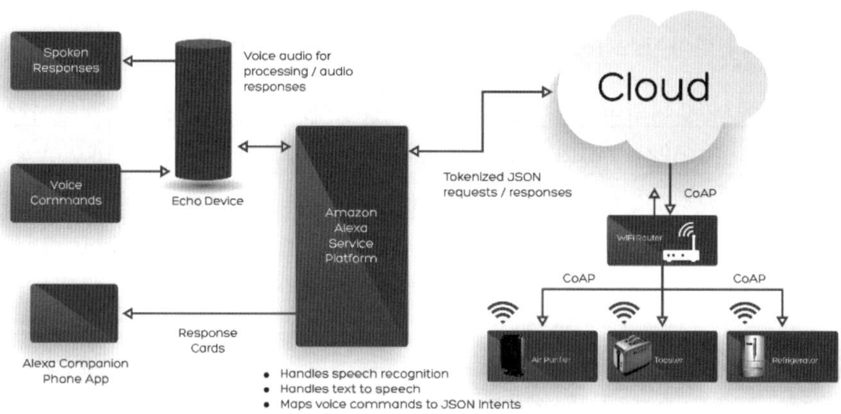

그림 3-30 Smart Speaker를 활용한 IoT 디바이스 제어 (출처: Amazon)

Amazon은 AWS(Alexa 포함) 기반으로 Amazon Echo를 활용하여 가정에 있는 다양한 IoT 기기를 제어하는 서비스를 제공하고 있다. 예를 들면, 사용자는 가정에서 Smart Speaker로 가정의 전등을 쉽게 켜거나 끌 수 있다.

또 다른 예는 거실에 있는 Amazon Echo로 안방의 공기청정기를 동작시킬 수 있는데, 이 경우 ① 거실에서 음성명령은 Alexa AI Platform에서 인식이 되고, ② 이후 Cloud(즉, IoT Platform)를 거쳐서 가정의 Wi-Fi AP로 정보가 전송되고, ③ Wi-Fi를 통하여 안방의 공기청정기를 동작시키는 절차이다.

4) Wearable Device

Wearable Device는 컴퓨팅과 통신기능을 가지고 사람의 신체에 부착되거나 들고 다니는 전자기기를 의미한다. 즉, Wearable Device는 사람의 신체나 의복에 부착되는 간단한 단말기로 사람이 활동하거나 이동 중에도 이 디바이스를 자유롭게 사용할 수 있다.

Wearable IoT란 사람이 Wearable Device를 착용하여 디바이스가 생성하는 정보를 인터넷으로 공유하여 이 정보를 사람이 활용하거나, 디바이스를 제어하여 사람의 편리한 생활을 위한 서비스이다.

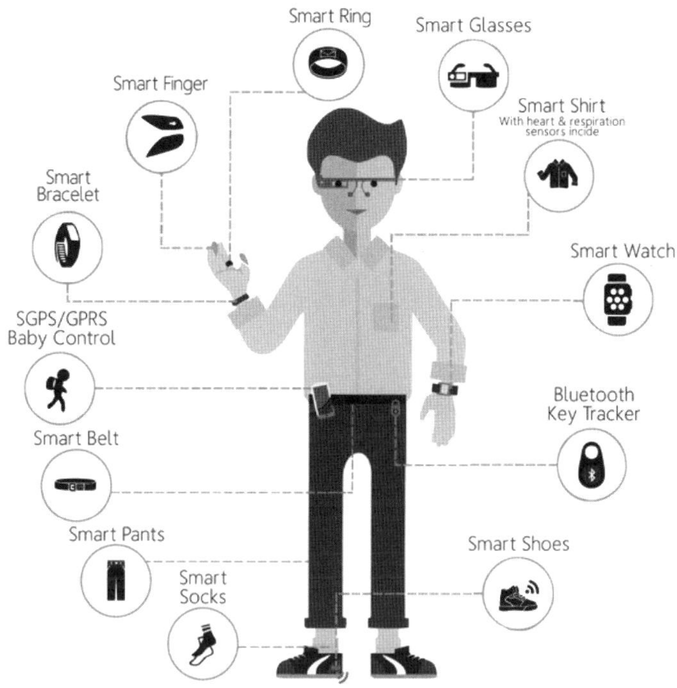

그림 3-31 Wearable Device 종류 (출처: Electronic Design)

Wearable Device는 Smart Watch, Smart Glasses, Smart Clothing, Fitness Tracker, Wearable Camera 등 여러 종류가 있으며, 응용분야는 Fitness, Healthcare, Smart Factory, 군사 등 다양하다. 특히 건강관리 목적으로 Smart Watch를 활용한 Healthcare 시장이 증가되고 있다.

Smart Watch는 내장된 센서를 활용하여 사람의 심박수, 수면상태 등을 센싱하여 주로 BLE(Bluetooth Low Energy) 통신으로 스마트폰과 연동되며, Healthcare와 관련된 정보를 스마트폰 앱으로 확인한다.

이때 Smart Watch가 센싱한 데이터는 BLE 통신으로 스마트폰과 연동되고, 스마트폰은 이 데이터를 다시 Cloud로 전송한다. Cloud는 수집된 데이터를 분석하거나 가공하여 사용자가 확인할 수 있도록 스마트폰으로 전송한다.

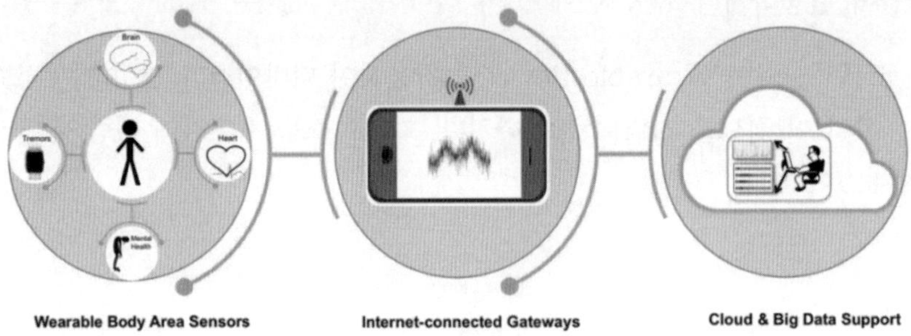

그림 3-32 Wearable Device를 활용한 데이터 처리 절차

Wearable Device의 기능은 크게 센싱과 통신인데, 센서는 사람의 생체정보를 센싱하고, 스마트폰과 Wearable Device간 통신은 주로 BLE가 사용된다. Wearable Device에 BLE가 많이 사용되는 이유는 ① BLE의 자체의 저전력 특성과 ② 대부분 스마트폰이 BLE 기능을 가지고 있기 때문이다.

WPAN, WLAN에서 시장이 큰 기술은 스마트폰에 탑재되는 Wi-Fi, Bluetooth이며, 대부분 Wearable Device는 Wi-Fi, Bluetooth로 스마트폰과 연동된다. 이때 스마트폰은 Wearable Device와 Cloud를 연결하는 통신 허브(즉, 인터넷 연결) 역할을 한다.

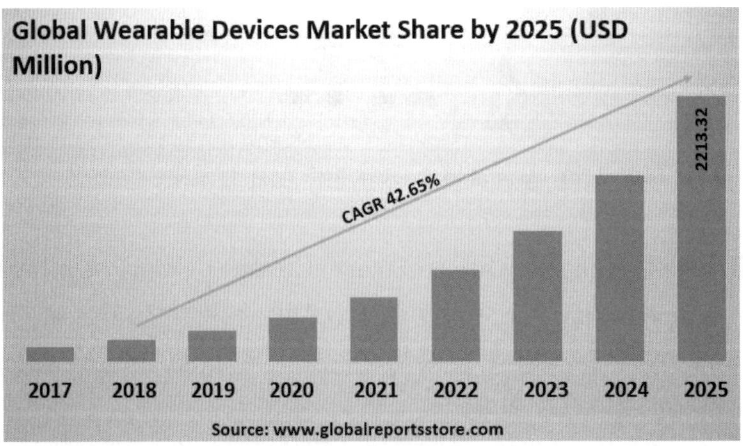

그림 3-33 Wearable Device 시장 예측 (출처: GlobalReportsStore)

전세계적으로 Wearable Device 시장은 연간 약 43% 성장으로 예측되어, 향후 시장이 커질 것으로 전망된다. 특히 이 중에서 Smart Watch, Smart Bands 등 손목에 차는 디바이스 시장이 큰 것으로 알려져 있다.

요 약

Consumer IoT

- Consumer IoT는 크게 2가지로 구분되는데, 개인이 IoT 디바이스를 가지고 다니거나 가정에서 IoT 장치를 활용하는 서비스이다.
- Smart Home은 IoT 기술을 활용하여 가정용 전자기기를 효과적으로 제어하여 사람의 삶의 질 향상과 편리한 생활을 위한 서비스이다.
- Smart Speaker는 AI 기술의 발전으로 음성인식을 활용하여 다양한 서비스를 제공해 주는 디바이스이며, 주요 IT회사가 Home Hub를 장악하기 위하여 기술개발과 서비스 제공에 집중하고 있다.
- Wearable Device는 사람이 IoT 디바이스를 착용하거나 들고 다니면서 일정, 건강정보 등을 제공받는 서비스이다. 일반적으로 이 서비스는 스마트폰이 Wearable Device를 연결하는 통신 Hub 역할을 한다.

3. Massive IoT

1) 개요

Massive IoT는 대량의 IoT 디바이스를 사용하는 서비스이며, 디바이스 측면에서는 저가, 저전력 소모, 적은 데이터 송수신 등이며, 서비스 측면에서는 저렴한 요금이 특징이다. 물론 이러한 Massive IoT는 Kevin Ashton이 정의한 IoT가 추구하는 근본적인 방향이지만, Massive IoT에 사용되는 디바이스는 평균적인 IoT 디바이스보다 더 저가, 더 저전력 소모가 요구된다.

이렇게 많은 IoT 디바이스가 사용되는 Massive IoT 서비스에는 Transport & Logistics, Smart City, Agriculture Monitoring, Smart Metering 등이 있다. 여기에서 'Massive'란 '많다'라는 뜻이며, Massive IoT는 궁극적으로 저가의 많은 IoT 디바이스를 활용하는 서비스이다.

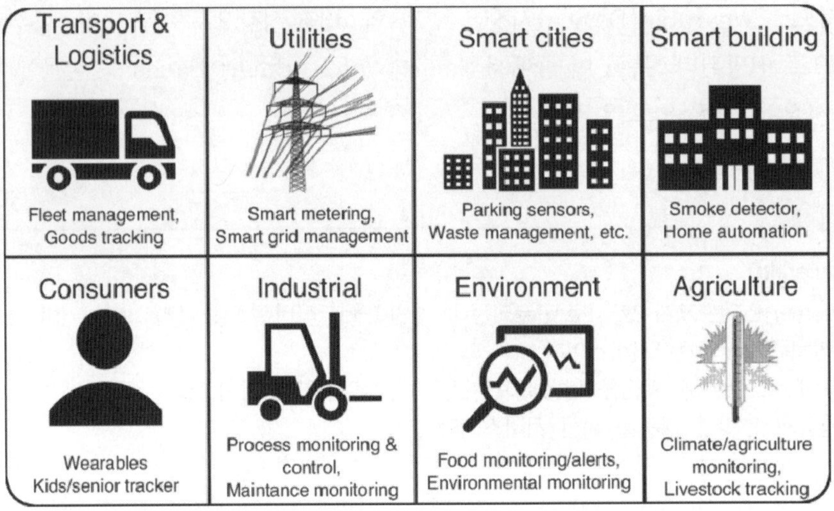

그림 3-35 Massive IoT 서비스 종류 (출처: Ericsson)

예를 들어 Smart City는 도시 구성요소인 가로등, 교통관리, 가스, 상수도, 하수도, 쓰레기 처리, 감시 비디오 등에 IoT 디바이스를 적용해야 하므로 많은 디바이스가 필요하고, IoT 디바이스가 생성하는 정보는 상대적으로 민감하지 않기 때문에 저가 단말기와 저렴한 통신방식이 특징이다.

Massive IoT는 초기 IoT 개념을 정립한 이전 P&G사의 Kevin Ashton이 생각했던 방향과 가장 유사한 서비스로 평가받고 있다. 즉, IoT의 본질은 인터넷 연결을 기본으로 저전력과 저가 단말기, 저렴한 서비스 요금, 넓은 통신 커버리지 등이 특징이다.

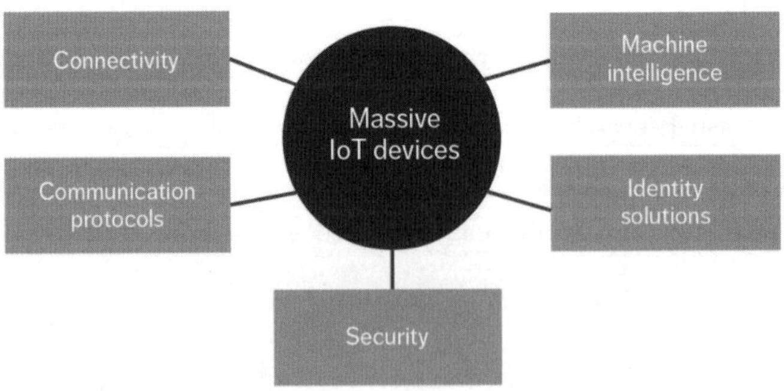

그림 3-36 Massive IoT 디바이스를 위한 기술요소 (출처: Ericsson)

이동통신 장비 회사인 Ericsson은 Massive IoT 디바이스를 위한 기술요소로 ① Connectivity(유무선 통신), ② Communication Protocols(MQTT, CoAP 등과 같은 IoT 통신), ③ Machine Intelligence(인공지능 기술 결합), ④ Identity Solutions(IP, eSIM과 같

은 단말기 식별자) 그리고 ⑤ Security(보안기술)를 정의했다.

결국, 저렴하고 많은 디바이스가 사용되는 Massive IoT 서비스에도 보안기능과 AI가 결합된 서비스가 제공되어야만 경쟁력을 갖출 수 있다.

독일의 국가 연구소인 Fraunhofer(프라운호퍼)는 Massive IoT 시스템 구조를 하위 Layer로부터 Device, Network & Connectivity, Infrastructures & Platforms, Applications와 같이 정의했다. ① Device는 IoT 디바이스이며, ② Network & Connectivity는 유무선 통신기능, ③ Infrastructures & Platforms는 데이터를 가공, 처리, 관리하는 플랫폼이며, ④ Applications은 플랫폼에서 제공되는 다양한 서비스이다.

특히, Fraunhofer는 Massive IoT를 위하여 Infrastructures & Platforms에 물리적 사물을 가상공간에 매핑(Mapping)하는 CPS(Cyber Physical Systems)가 구현되어야 한다고 강조했다. 즉, 물리환경에 있는 사물을 사이버 공간에서 세부적으로 제어되어야만, Massive IoT가 효과적으로 동작된다는 의미이다.

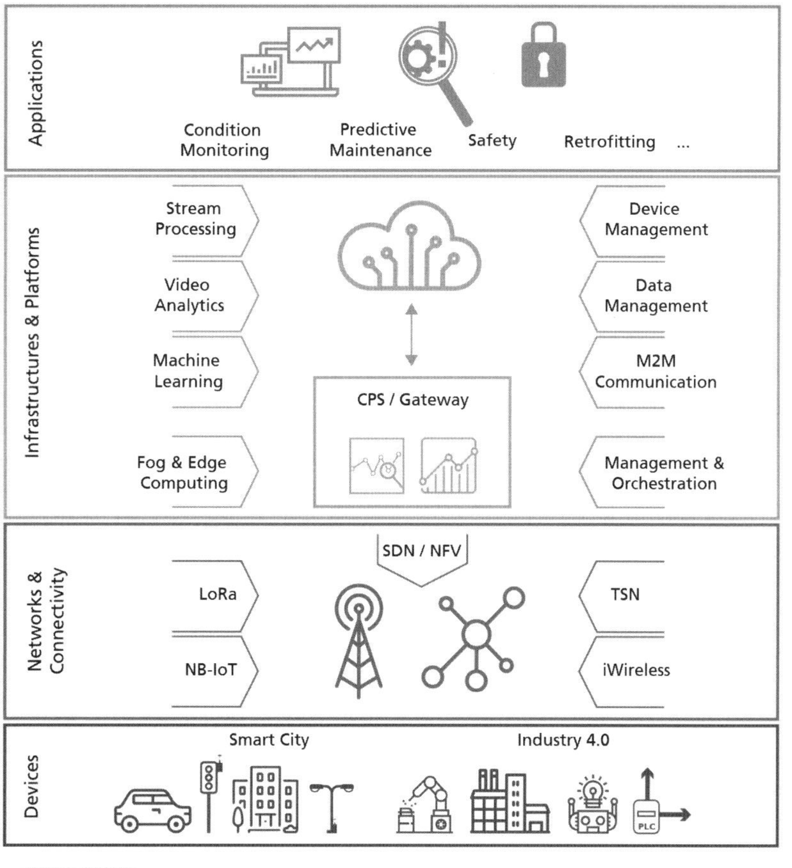

그림 3-37 Massive IoT 서비스를 위한 Layer 구성 예 (출처: Fraunhofer)

CPS는 현실에 있는 사물의 모든 정보를 가상공간(즉, 컴퓨터 S/W로)에 구현하여 컴퓨터로 물리적 환경정보를 쉽게 파악하고 제어하는 것이 목적이다. 이렇게 할 경우, 사람이 일일이 현실에 있는 환경(예: 공장로봇)에 갈 필요없이, 컴퓨터로 확인할 수 있다. 결국, 효과적인 Massive IoT 서비스를 제공하기 위해서는 CPS가 필요하다.

Massive IoT 서비스에는 Smart City, Smart Grid, Smart Metering, Smart Building, 무인매장, 물류창고 등이 있다. 이 중에서도 시장이 크고, 많은 국가에서 추진하는 서비스는 Smart City로 알려져 있다. Smart Factory는 많은 IoT 디바이스가 사용되는 Massive IoT로 분류될 수 있지만, Smart Factory의 일부 구성요소에는 URLLC 기능이 요구되는 Criticial IoT 서비스이다.

2) Smart City

(1) 정의, 배경

Smart City 에 대한 정의는 여러 가지가 있지만, ITU 주도로 정의한 내용이 어느 정도 객관적으로 평가받고 있다. ITU와 유럽경제위원회(UNECE)는 Smart City를 "경제적, 사회적, 환경적, 문화적 측면에서 현재와 미래 세대의 요구사항을 보장하면서 삶의 질, 도시 운영과 서비스 효율성, 도시 경쟁력 등을 향상시키기 위하여 정보통신 기술과 기타 수단이 적용되는 지속 가능한 혁신적 도시"라고 정의했다.

A smart sustainable city is an innovative city that uses ICTs and other means to improve quality of life, efficiency of urban operation and services, and competitiveness, while ensuring that it meets the needs of present and future generations with respect to economic, social, environmental as well as cultural aspects.

또한 Smart City는 "도시의 구성요소에 다양한 센서를 적용하여 데이터가 수집되고, AI 기술적용과 Big Data 분석, 무선통신 기술 등이 융합되어 도시자산과 자원을 효율적으로 관리하기 위하여 필요한 정보가 제공되는 도시지역"으로도 정의될 수 있다.

국내 정부는 Smart City를 "도시에 ICT, IoT, AI, Big Data 등의 신기술을 접목하여 각종 도시문제를 해결하고, 삶의 질을 개선할 수 있는 도시모델"로 정의했다. 즉, Smart City는 기존 도시에 다양한 혁신기술을 결합하여 융·복합될 수 있는 공간으로 Smart City에는 '도시 플랫폼'의 의미가 포함되어 있다.

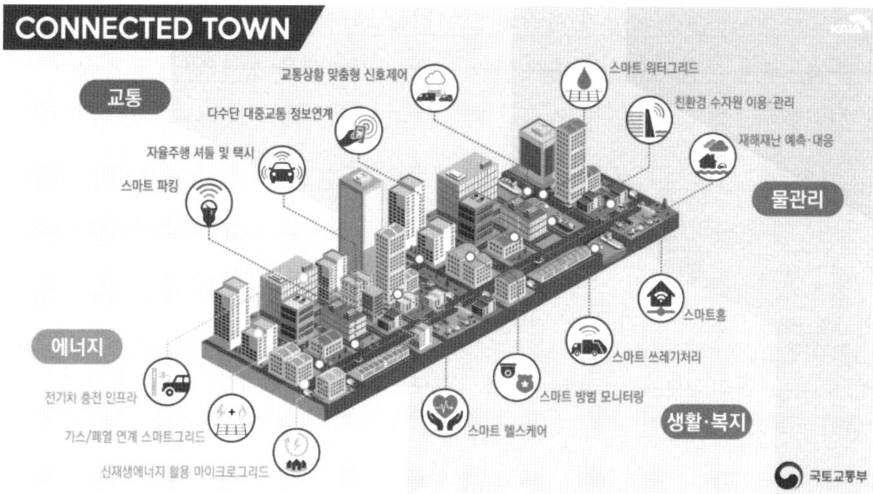

그림 3-38 Smart City 구성요소 예 (출처: 국토교통부)

또한 국내 정부는 Smart City에서 주요 관리대상(또는 구성요소)을 ① 교통, ② 물 관리, ③ 에너지, ④ 생활/복지로 정의했다. 여기에서 생활/복지는 Smart Home, 스마트 쓰레기 처리, 방범 모니터링, Smart Heathcare 등이 해당된다. 크게 본다면 교통, 물 관리, 에너지 이외의 다른 Smart City 요소를 생활/복지로 정의했다.

Smart City 전문가인 영국 Edinburgh Napier University의 Mark Deakin(마크 디킨) 교수는 Smart City 발전을 위하여 ① Smart City에 다양한 디지털 기술이 적용되어야 하고, ② 정보통신 기술이 적용된 지역에서 작업환경의 변화가 필요하며, ③ 정부 시스템과 연동되어야 하고, ④ 기술이 제공하는 혁신과 지식을 향상시키기 위하여 사람과 기술을 하나로 모으는 관습의 제공과 같은 4 가지 항목을 제시했다.

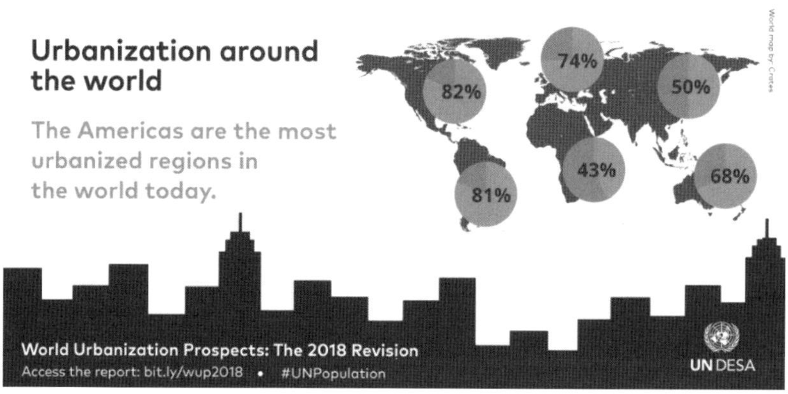

그림 3-39 전세계 도시화 비율(2018년 기준) (출처: UN)

<u>전 세계적으로 인구 증가와 함께 사람의 도시집중 현상이 가속화됨에 따라 도시자원과 인프라의 부족, 교통 혼잡, 에너지 문제, 환경오염, 범죄 대응 등 다양한 도시문제가 심화될 것으로 전망된다.</u>

UN(United Nations) 보고서에 따르면, 전세계 인구는 2050년에 약 100억 명이 될 것으로 예측했으며, 이에 따라 도시생활의 편리함과 기술의 발전으로 도시에 사는 사람도 증가될 것으로 전망했다. 전세계 도시인구는 2018년에 약 42억 명에서 2050년에는 약 63억 명(전체 인구의 63%)으로 증가가 예측된다.

전 세계 도시는 지리적으로 면적의 2%를 차지하지만 에너지의 66%, 식수의 60%를 소비하며, 이산화탄소 배출량은 70%를 차지했다(2018년 기준). <u>이처럼 도시화 진행이 가속화됨에 따라 주요 국가는 효과적으로 도시를 운영하기 위하여 Smart City를 도입하고 있다.</u>

2015년 기준으로 주요 국가의 도시화율(전체 인구에서 도시에 거주하는 비중)은 일본(93.5%), 영국(82.6%), 한국(82.5%), 미국(81.6%) 등과 같이 주요 국가의 대다수 국민은 도시에 거주하고 있다. 2018년 기준으로 전세계에서 도시화율이 가장 빠른 국가는 미국이다.

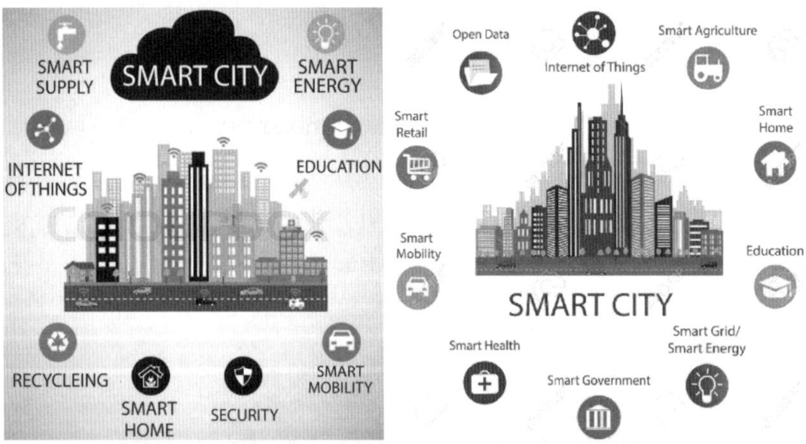

그림 3-40 Smart City 구현 요소

이러한 추세에 따라 전세계 주요 도시는 경쟁력을 강화하고, 생활의 질을 높이기 위해서 도시 인프라를 확충하는 대신, 기존 인프라를 효과적으로 활용하여 저비용으로 도시문제를 해결하는 Smart City를 도입하고 있다.

Smart City를 구현하기 위한 도시 구성요소는 에너지 관리, 교통, 상하수도, 빌딩관리, 정부의 행정, 교육 등 다양하다. 이러한 구성요소에서 국내 정부는 Smart City 구성요소를 크게 에너지, 물 관리, 교통, 생활/복지와 같이 4개로 정의한 바 있다.

이렇게 대부분 국가에서 Smart City 도입에 대한 니즈가 증가되고 있고, 여기에 필수적인 기술인 IoT가 관심을 받고 있다. Smart City를 구현하기 위해서는 다양한 종류의 IoT 디바이스를 포함한 IoT 기술이 필요하다. 많은 IoT 디바이스가 사용되는 Smart City는 대표적인 Massive IoT 서비스이다.

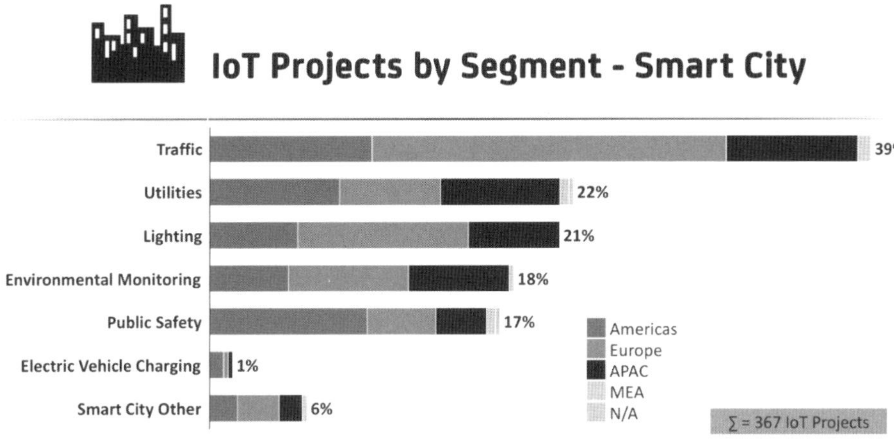

그림 3-41 Smart City 관련된 프로젝트 종류 (출처: IoT Analytics)

Smart City 관련된 항목(또는 구성요소)의 우선순위나 시장 점유율을 파악하기 쉽지 않은데, 해당 항목의 시장 점유율보다 전세계 국가에서 추진하고 있는 Smart City 프로젝트 수에서 시장 점유율을 유추할 수 있다.

IoT Analytics사는 전세계 Smart City와 관련된 프로젝트에서 Traffic, Utilities, Lighting, Environmental Monitoring, Public Safety 등의 순으로 많이 진행된다고 밝혔다. 즉, 교통관리(Traffic)가 제일 많고, 그 다음이 Utilities인데, Utilities는 상하수도, 가스, 쓰레기 처리 등을 의미한다.

이처럼 대부분 국가는 Smart City를 위하여 효과적인 교통관리를 우선적으로 검토하고 있고, 이를 위해서 5G 이동통신 기반 C-V2X(Cellular Vehicle-to-Everything), 지능형 교통 시스템(ITS), 자율주행차 등의 기술이 관심을 받고 있다.

리서치 회사인 McKinsey사는 도시에 Smart City를 구현할 경우, 출퇴근 시간은 15~20% 단축, 범죄는 30~40% 감소, 시민 소비는 1~3% 감소, 일자리는 1~3% 증가 등 사회 전반에 긍정적인 효과가 발생될 것이라고 밝혔다.

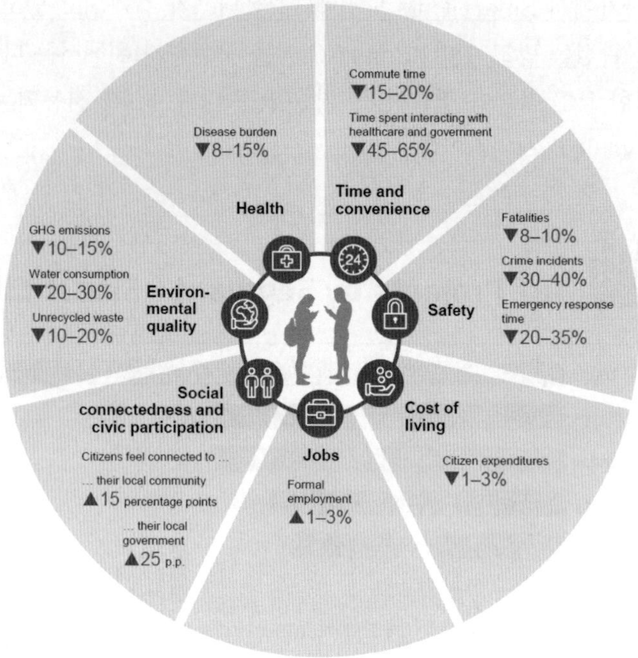

그림 3-42 Smart City를 통하여 개선되는 기능 (출처: McKinsey)

(2) 표준화, 기술

Smart City 관련 기술표준화는 다수의 단체에서 정의하고 있으며, 특히 공식 표준화 기구인 ITU, ISO, IEC, ISO/IEC JTC 1 등에서 Smart City를 위한 요구사항, KPI, 플랫폼 구성 방법 등을 정의하고 있다.

Smart City 기술표준화는 ITU와 ISO가 주도적으로 정의하고 있는데, 이것은 Smart City가 특정 기업의 이익보다는 사람의 삶의 질 개선이라는 공공성이 강하고, 많은 기술요소가 융합적으로 사용되기 때문이다.

또한 ISO는 하부조직인 TC268(Sustainable Cities and Communities)에서 지속 가능한 도시와 공동체에 대한 요구사항, 지침, Framework과 관련된 기술을 정의하고 있다.

ITU는 Smart City와 관련하여 ITU-T의 표준화 그룹인 SG(Study Group)-20을 구성했다. SG-20은 IoT, Smart Cities & Communities, Data Management & Processing 그룹이다. 이 중에서 Smart Cities & Communities는 Smart City 구축과 운영을 위한 표준기술 정의, Smart City에서 ICT 활용 방법, 도시의 지속 가능성 등을 평가하기 위한 KPI 권고안 등을 정의하고 있다.

인프라 기술	스마트시티 참조구조 표준 : JTC1 WG11, IEC SyC SC
	스마트시티 성능평가 지표 표준 : ITU-T SG20, ISO TC268, JTC1 WG11
	스마트시티 성숙도 모델 표준 : ITU-T SG20, ISO TC268
플랫폼 기술	스마트시티 관제 플랫폼 표준 : ITU-T SG20, JTC1 WG11
	스마트시티 데이터 플랫폼 표준 : ETSI ISG CIM, oneM2M, ITU-T SG20
	스마트시티 정보 모델 표준 : ETSI ISG CIM, GSMA, oneM2M, ITU-T SG20, JTC1 WG11
	스마트시티 공공데이터 관리체계 표준 : ITU-T SG20, IEC SyC SC
서비스 기술	도시행정을 위한 디지털트윈 기술 표준 : ITU-T SG20
	스마트 항구 서비스 요구사항 표준 : ITU-T SG20
	스마트 가로등 서비스 참조 구조 표준 : ITU-T SG20
	스마트 주차장 서비스 참조 구조 표준 : ITU-T SG20

그림 3-43 Smart City 기술항목, 표준화 단체

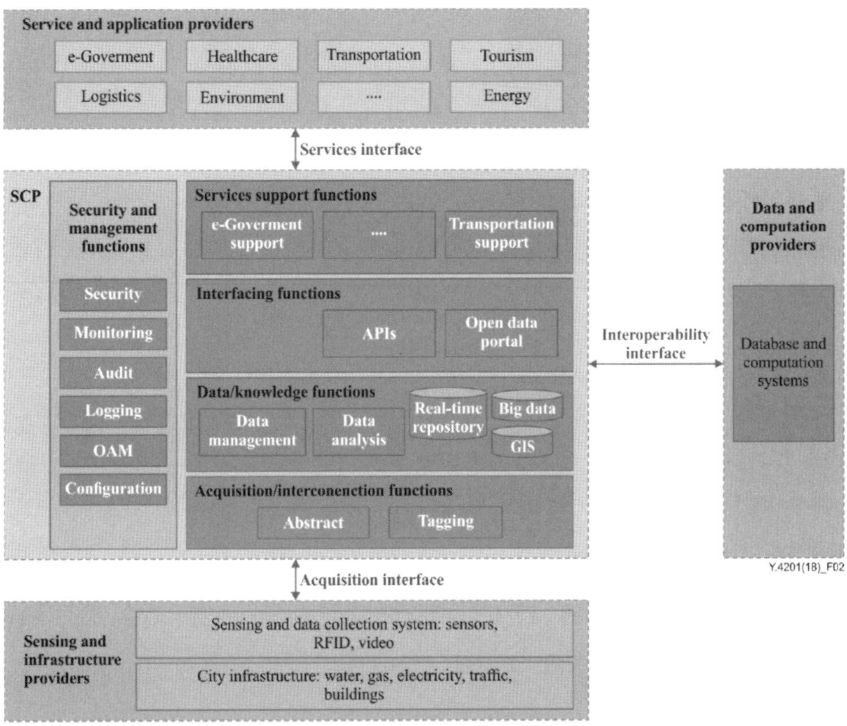

그림 3-44 ITU에서 정의한 Smart City Reference Framework (출처: ITU)

ITU는 Smart City Platform의 Reference Framework과 요구사항을 정의했는데(ITU 문서번호는 Y.4201), 여기에는 하위 Layer부터 Sensing and Infrastructure Providers, SCP(Smart City Platforms), Service and Application Providers로 구성된다.

① Sensing and Infrastructure Providers는 도시 인프라와 IoT 디바이스의 집합이며,
② SCP(Smart City Platforms)는 다양한 Smart City 기능을 제공하기 위한 플랫폼이며,
③ Service and Application Providers는 Smart City 서비스(또는 구성요소)에 해당된다.

특히, 많은 기능이 처리되는 SCP는 다른 도시 플랫폼과 다양한 도시요소에 연동을 위한 'Interoperability Interface'가 구현되어야 한다. 즉, Smart City Platform에서 생성되는 데이터를 외부에 공개해서 다른 도시가 활용하거나 3rd Party에서 이 데이터를 활용하여 가치있는 서비스를 제공할 수 있는 환경이 되어야 한다.

이러한 도시문제를 해결하기 위하여 UN 주도로 U4SSC(United for Smart Sustainable Cities) 프로그램을 운영하고 있는데, U4SSC의 주요사항은 ITU(UN의 하부조직)에서 정의한다. UN이 주도하기 때문에 한번 해보는 정도가 아니라 인류의 발전을 위하여 반드시 추진해야 한다는 강제성이 포함되어 있다.

U4SSC의 목표는 "U4SSC is a global platform for smart city stakeholders which advocates for public policy to encourage the use of ICTs to facilitate the transition to smart sustainable cities"로써 도시에 ICT 기술접목을 강조하고 있다.

U4SSC의 주요활동은 SSC(Smart Sustainable Cities)를 위한 KPI(Key Performance Indicator)를 정의하는 것이다. 즉, 각 도시에 적용되는 Smart City 기술 수준을 평가해서 특정기준 이상으로 유도하기 위한 것이다.

Smart City 서비스를 제공하는 Cloud(또는 Platform)에는 각 도시간 정보교환이 많기 때문에 이를 위한 기능이 강화되어야 한다. 일반적으로 Smart City는 국가기관이 서비스를 제공하고 있으며, Smart City를 위한 다수의 관리요소는 주변도시와 연관성이 있다.

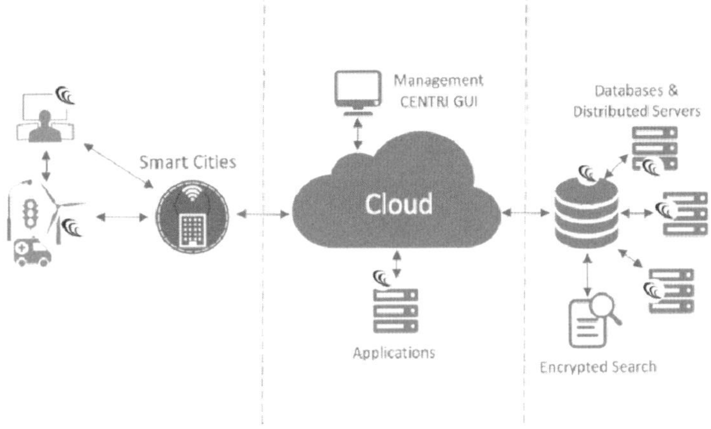

그림 3-45 Smart City를 위한 데이터 공유 (출처: CENTRI Technology)

예를 들면, Smart City를 위한 교통, 전력 등은 바로 인접도시와 밀접하게 영향을 받기 때문에 해당 도시의 Cloud는 인접도시의 Cloud와 연동되어야 효과적인 서비스 제공이 가능하다. 교통 트래픽을 예로 들면, 특정도시에 차량이 정체되면 인접도시까지 영향을 미치기 때문에 도시 상호간 데이터 교환이 중요하다.

(3) 서비스 사례

Smart City는 효과적인 도시 운영과 비용을 절감하기 위하여 무선망으로 연결된 다양한 IoT 기기와 정보통신 기술이 필요하다. 따라서 IoT는 Smart City를 위한 핵심적인 기술이다.

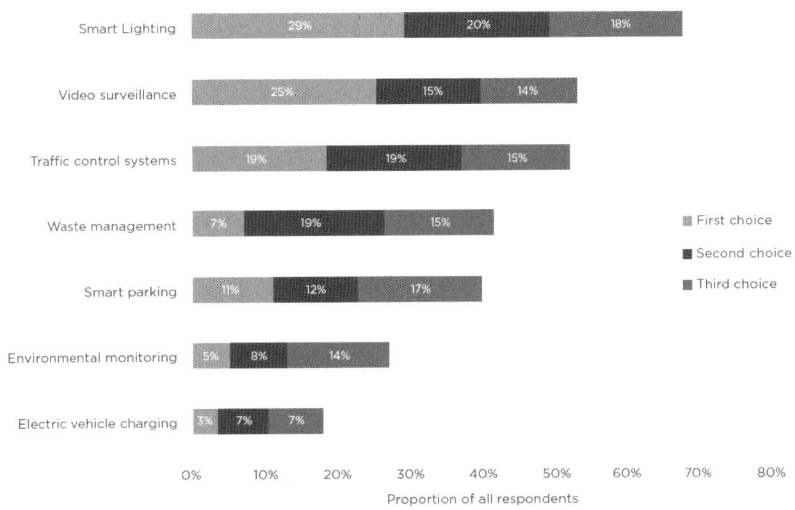

그림 3-46 Smart City 적용 항목 설문조사 (출처: InterDigital)

InterDigital사의 Smart City에 적용 가능한 항목에 대한 설문조사에 따르면, 우선 순위가 높은 항목은 Smart Lighting, Video Surveillance, Traffic Control Systems, Waste Management 순이다. 하지만 다수의 보고서에는 평균적으로 교통관리가 비중이 높은 것으로 알려져 있다.

'Smart Lighting'이란 적절한 시간(어두워지기 시작)에 가로등을 켜고, 밝으면 자동으로 가로등이 꺼지거나 사람이 있을 때만 가로등을 켜는 방법이다. 'Video Surveillance'는 각 지역에 CCTV를 설치하여 보안이나 감시 목적으로 사용되는 것을 의미한다.

'Traffic Control Systems'은 도로에서 차량 트래픽을 스마트하게 제어하는 것으로 차량이 많을 때와 적을 때가 신호등 ON/OFF 시간이 다르다. 또한, 'Waste Management'는 쓰레기 처리를 의미하는 것으로 센서를 활용하여 주기적 방법이 아닌 수거해야 할 쓰레기가 있을 때 수거하거나 분리수거를 통하여 환경보존을 위한 것이다.

그림 3-47 Smart City에서 5G의 역할 (출처: Accenture)

Smart City에서 5G의 역할과 관련하여, 리서치 회사인 Accenture는 Smart City에서 5G가 기여하는 부분은 ① 다양한 IoT 디바이스나 센서와 통신, ② 초고속 통신(Video 데이터 처리), ③ 특정 기능을 우선적으로 처리하는 기능이 필요하고, 추가적으로 5G 기반 저전력 디바이스가 필요하다고 언급했다.

특히, 5G망은 대규모의 IoT 디바이스를 수용할 수 있고, 사업자가 해당 주파수 대역을 체계적으로 관리하기 때문에 전파 혼신없이 안정적인 Smart City를 운용할 수 있다. 이처럼 Smart City를 위한 IoT 무선기술로 5G가 많이 사용될 것으로 전망된다.

3) Smart Grid, Smart Metering

(1) Smart Grid

Smart Grid란 전기 생산, 배송, 소비 과정에 ICT 기술을 접목하여 양방향 통신으로 공급자와 소비자를 상호 연결하여 전기 사용효율을 높이는 지능적인 전력망이다. 크게 본다면, Smart Grid는 기존 전력망에 ICT 기술이 접목된 것이다.

Grid의 사전적 의미는 '격자무늬'라는 뜻인데, Grid는 이 용어에서 파생되어 전기, 가스 등의 공급망을 뜻하며, 일반적으로 전력망을 Grid라고 한다. 전력망에서 Grid는 ① 전기를 보내는 송전망과 ② 사용자에게 전기를 분배해 주는 배전망을 합한 의미이다.

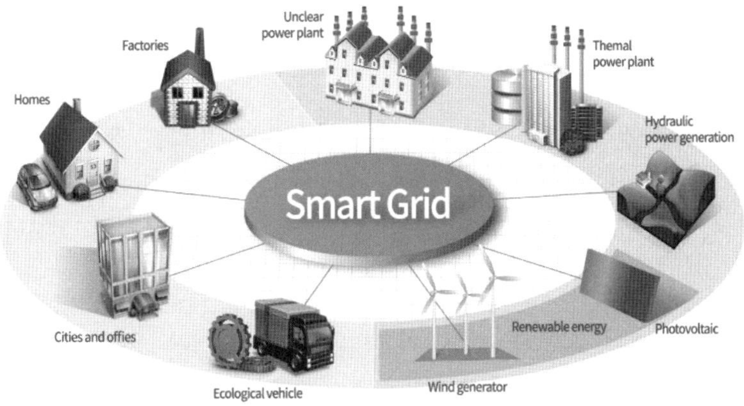

그림 3-48 Smart Grid 개념도

Smart Grid는 전기가 저장이 안 된다는 개념에서 시작되었는데, 이 경우 목적에 맞게 전기를 생산하고, 적기에 소비하는 효과적인 방법이 필요하다. 물론 최근에는 전기 저장장치인 ESS(Energy Storage System)를 활용하여 더 효과적인 Smart Grid를 구현하는 추세이다.

Smart Grid 구성요소는 크게 ① 전기를 생산하는 시설(화력, 풍력, 원자력 등), ② 전기를 소비하는 가정, 전기차, 공장, 사무실 등과 ③ 해당 요소에서 데이터를 센싱하고 이들 상호간 데이터를 송수신하기 위한 ICT 기술이 있다.

Smart Grid가 도입되면, 전기 공급자와 소비자간 양방향 정보교환으로 합리적인 전력 소비를 유도하여 전기 에너지 절감, 환경문제를 어느정도 해결, 화석연료 고갈 대비 등 장점이 있다.

추가적으로 Smart Grid를 활용하면, ① 전력손실을 최소화할 수 있고, ② 환경오염(화력발전소의 이산화탄소 배출 등)을 줄이기 위하여 태양, 풍력 등 신재생 에너지를 전력망에 수용할 수 있는 환경을 조성해 준다.

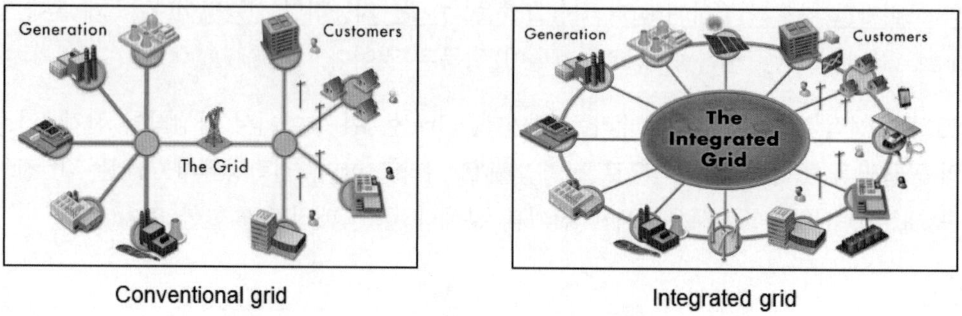

그림 3-49 기존 전력망과 Smart Grid 비교 (출처: TI)

Smart Grid를 기존 전력망과 비교할 경우, 기존 전력망은 전력을 생산하는 발전소에서 소비자까지 단방향으로 전기가 보내지는데, Smart Grid는 정보통신 기술을 접목하여 공급자와 사용자간 양방향으로 정보를 교환할 수 있어서 에너지 사용효율을 최적화할 수 있다.

Smart Grid에는 IoT가 필수적으로 사용되는데, IoT는 전력을 생산하는 발전소, 송전과 배송, 전력을 소비하는 부분에 모두 적용되기 때문에 많은 IoT 디바이스가 필요한 Massive IoT이다. Smart Grid에서 IoT의 주요 역할은 전력 생산량이나 사용량을 센싱하여 Cloud로 전송하고 관련 전력장치를 제어하는 기능이다.

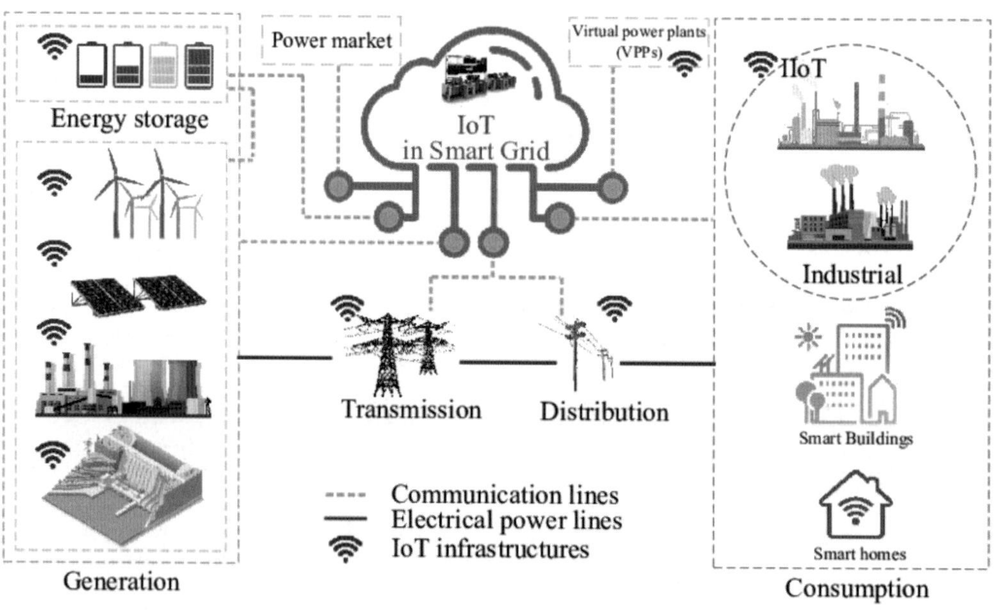

그림 3-50 Smart Grid에 IoT 적용 (출처: ResearchGate)

특히, Smart Grid를 위한 각 구성요소에는 IoT가 적용되어 전력 생산량과 소비량을 실시간으로 확인되며, IoT 디바이스가 생성한 데이터는 Cloud에 모이고 이후 Big Data 분석을 통해서 지능적으로 전력망이 제어된다.

(2) Smart Metering

Smart Metering은 상수도, 가스, 전기 등의 사용량 확인을 위하여 검침원이 직접 검침장치를 확인하지 않아도 검침장치와 Cloud간 통신으로 사용량이 자동으로 파악되어 사용자에게 요금이 청구되는 서비스이다.

Smart Metering을 위한 대표적인 시스템은 상수도, 가스, 전기, 온수, 난방 등의 사용량을 자동으로 검침하는 AMI(Advanced Metering Infrastructure)가 있다. AMI는 양방향 통신으로 Smart Metering을 위한 인프라인데, 좁은 의미로는 전력사용량을 자동으로 검침하는 인프라를 의미한다.

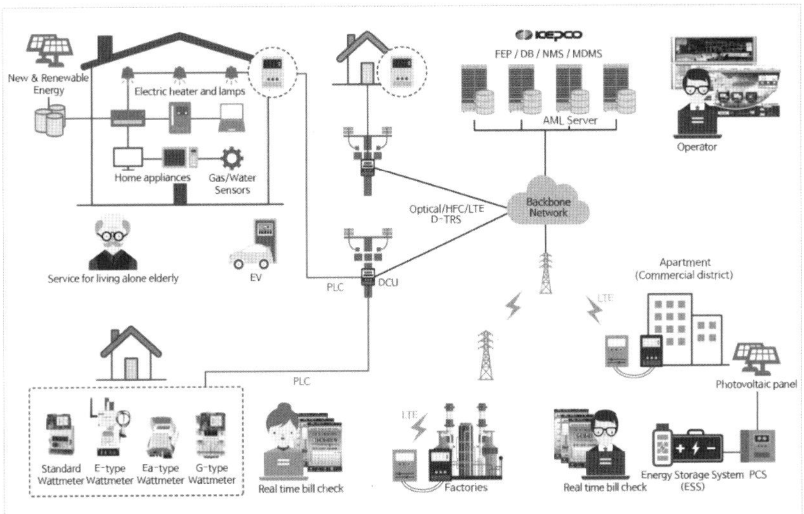

그림 3-51 AMI 시스템 구성 예 (출처: KDN)

국내 한국전력의 자회사인 한전 KDN은 AMI를 위한 시스템 구성 예를 제시했는데, 여기에서 가정과 AMI Server간 통신은 주로 PLC(Power Line Communication)를 사용하고, 공장과 AMI Server간 통신은 주로 이동통신으로 전송하는 방안을 제시했다.

이렇게 Smart Metering을 위해서 많은 IoT 디바이스가 필수적으로 사용되는데, IoT의 역할은 전력 사용량을 센싱하고, 센싱한 데이터를 Gateway를 전송한다. 이후, Gateway는 해당 데이터를 Cloud(즉, AMI Server)로 전송하며, 필요시 Actuator를 활용하여 일부

장치를 제어할 수도 있다.

AMI Server는 전력 검침장치(즉, IoT 디바이스)로부터 데이터를 받아서 저장, 분석, 장애관리, 사용자 인터페이스 등의 기능을 제공하며, 추가적으로 검침된 에너지 사용량을 분석하여 소비성향, 수요예측, 에너지 절감 대책 수립 등을 통한 효과적인 에너지 소비방안도 제시한다.

AMI를 위하여 DCU(Data Concentration Unit)가 사용되는데, DCU는 일종의 Gateway로써 각 전력 검침장치에서 검침된 데이터를 취합하여 AMI Server로 전송을 담당한다. 따라서 DCU는 검침장치와 통신을 위하여 PLC나 WPAN 통신이 사용되며, AMI Server로 데이터를 전송하기 위한 유선 인터넷이나 이동통신 기능이 포함되어있다.

4) 무인매장

(1) 개요

무인매장(Unmanned Store 또는 Unmanned Convenience Store)이란 소매 매장(오프라인)에서 상품을 판매하는 점원없이 ICT 기술을 적용하여 고객이 상품을 선택해서 나가면 자동으로 계산되는 매장이다. 무인매장 기술은 Amazon, Alibaba, Walmart, BingoBox, Wheelys, 국내의 이마트, 롯데 등에서 개발하고 있다.

무인매장에는 다수의 IoT 기술이 접목되기 때문에 일부 IoT 전문가는 무인매장을 IoT 기술의 집합체라고 평가하기도 한다. 이처럼 무인매장에는 카메라, 모션센서, Wi-Fi, Bluetooth 등 다수의 IoT 기술과 많은 IoT 디바이스가 사용되기 때문에 Massive IoT 서비스에 해당된다.

그림 3-52 Amazon Go 매장

대표적인 무인매장은 Amazon의 'Amazon Go'인데, Amazon Go는 매장 직원(주로 계산원)없이 다수의 카메라, 센서, AI 기술 등을 활용하여 고객은 별도 계산절차 없이 원하는 상품을 들고 매장을 나가는 'Just Walkout Technology'가 적용된 오프라인 매장이다.

즉, Just Walkout Technology란 별도의 결제절차 없이 고객이 상품을 들고 걸어서 매장을 나가면 자동으로 상품이 구매되는 방법으로 계산대가 없고, 점원도 없는 오프라인 매장에 적용되는 기술이다.

오프라인 매장에서 고객이 겪는 가장 큰 불편함은 상품을 선택한 후 계산을 위해서 계산대에 줄을 서야 하는 것인데, Amazon은 이러한 불편을 없애고 인건비를 절약하겠다는 목적으로 무인매장 기술을 개발했다.

Amazon은 2016년부터 본사에서 직원을 대상으로 Amazon Go 시범 서비스를 제공했으며, 몇 가지 문제점을 보완하여 2018년에 미국 Seattle에서 상용서비스를 처음 시작했다. 이후, Amazon은 미국과 해외에 Amazon Go 매장수를 늘여가고 있고, Amazon Go 매장기술을 해외에 판매하고(즉, 솔루션 사업) 있다.

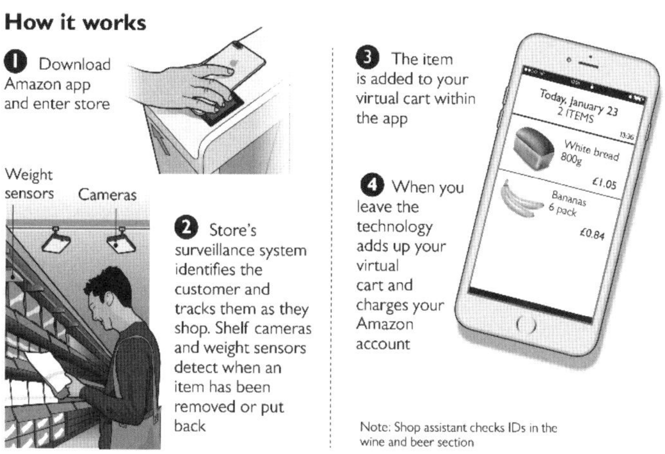

그림 3-53 Amazon Go 사용 절차 (출처: The Times)

Amazon은 Amazon Go에 적용된 기술을 공개하지 않지만, 적용된 주요기술은 Computer Vision, Deep Learning, Sensor Fusion이다. Sensor Fusion이란 다수의 센서 정보를 취합하여 원하는 목적에 맞게 가공하는 기술이다. 따라서 Amazon Go에는 센서가 포함된 많은 IoT 디바이스가 사용된다.

Amazon은 경쟁회사에서 Amazon Go 기술을 그대로 사용하거나 Reverse Engineering(기존에 있는 기술을 분석하여 해당 기술을 확보하는 방법)을 방지하기 위하여 관련된 기술은 오픈하지 않고 있다.

Amazon Go는 고객이 매장입구에서 앱에 표시된 QR 코드(1회용)가 인식된 후, 입장하여 매장 선반에서 원하는 제품을 선택하여 매장을 나오면 자동으로 결제된다. 고객은 매장입구를 지나가면 Amazon 계정으로 사용자가 자동 인식되고, 매장내 카메라와 센서 등은 고객이 어떤 상품을 선반에서 꺼내졌는지를 추적하여 매장을 나올 때, Amazon 계정으로 결제된다.

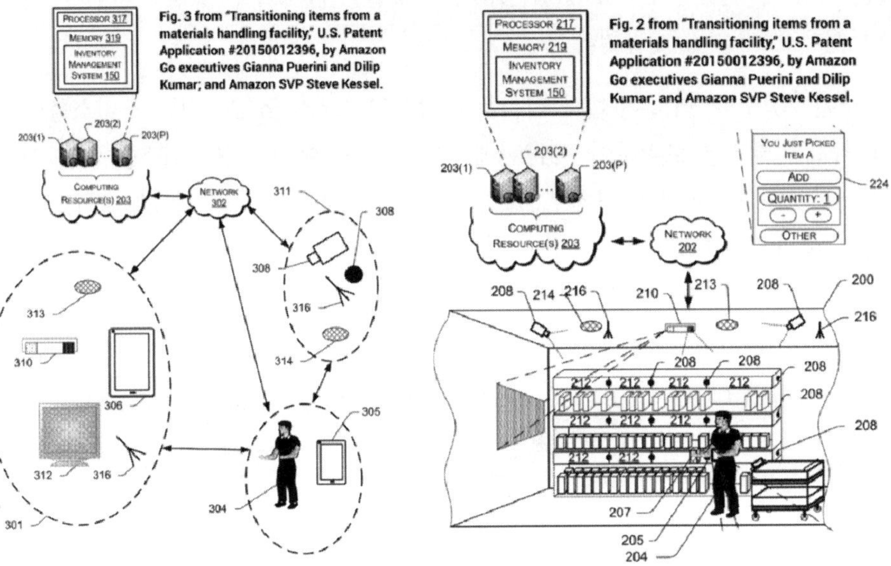

그림 3-54 Amazon Go 기술 특허

Amazon Go 기술 특허는 고객이 쇼핑하는 동안, 다수의 센서가(주로 카메라와 Sensor Fusion) 복합으로 동작되어 고객의 동선 추적과 구매목록이 파악된다. 고객은 진열대에서 상품을 들어올리는 순간, 가상의 장바구니에 상품이 등록되고, 상품을 다시 내려놓으면 장바구니에서 제거된다.

추가적으로 이 특허에는 고객의 손이 선반에 닿자 마자 카메라가 연속으로 고객의 행위를 촬영해 어떤 물건을 선택했는지를 확인하고, 심지어는 손의 피부색을 검출하여 사람을 구분한다.

무인매장(Unmanned Store) 또는 무인 편의점(Unmanned Convenience Store)은 미국보다 중국에서 활발히 운영되고 있으며, 중국의 경우 매출액 기준으로 2017년부터 매년 약 2배씩 성장되는 것으로 알려져 있다.

이러한 무인매장의 성장은 국내도 비슷한 현상으로 ① 매장을 운영하는 사람은 최저 임금 상승으로 인건비를 절약하겠다는 목적과 ② 구매자는 상품을 구매할 때 간단하고 쉬운 결제방식을 원하기 때문이다.

Amazon Go 매장의 동작원리를 살펴보기 위해서는 구매자의 매장진입, 동선관리, 상품선택, 퇴장 등 각 단계별로 적용되는 기술을 파악하는 것이 좋다.

(2) 매장진입

구매자는 Amazon Go 매장에 진입하기 위해서는 매장입구에서 Amazon Go 앱에 표시된 QR 코드(1 회용)를 출입구 리더기에 터치 후, 매장에 들어갈 수 있다. 매장 출입구는 국내의 지하철처럼 한사람씩(One by One) 들어갈 수 있다.

그림 3-55 Amazon Go 매장 진입

앱은 서버와 연동되어 한번 사용할 수 있는 1회성 QR 코드(즉, 앱을 켤 때마다 매번 다른 QR 코드가 생성됨, 또는 앱이 켜져 있으면 30초마다 다른 코드가 표시됨)가 표시되는데, 이것은 휴대폰을 잃어버리거나 QR 코드를 복사하는 등 부정사용을 방지하기 위해서이다.

고객이 QR 코드를 출입구에 있는 QR 코드 리더기에서 읽으면 문이 자동으로 열리며, 이때 사용자는 매장으로 진입할 수 있다. 매장에 출입한 이후부터는 천정에 달린 다수의 카메라가 사용자의 이동경로를 파악한다.

(3) 동선관리

사용자의 움직임과 이동을 추적하는 기술은 기본적으로 카메라가 활용된다. Amazon Go 매장의 천정에는 다수의 카메라가 여러 방향으로 설치되어있어서 구매자의 이동방향을 추적한다.

무인매장을 운영하기 위해서는 고객의 동선을 추적해야 ① 해당 고객이 상품을 집거나 ② 다시 상품을 내려 놓는 경우, 또는 ③ 매장을 나갈 때 해당 고객을 파악할 수 있다.

카메라로 촬영된 구매자의 행위(걸음걸이 등)나 모양(남자, 여자, 긴머리, 옷 형태 등)을 Computer Vision과 AI 기술을 조합해서 구매자를 인식하고 동선을 파악한다. 추가적으로 상품이 있는 선반 위쪽에는 다수의 작은 카메라가 있어서 구매자가 선반에 있는 상품을 들거나 내려놓을 때는 손 색깔과 모양을 분석하여 해당 구매자를 인지한다.

그림 3-56 매장내 사용자 추적 방법 (출처: Standard Cognition)

Amazon은 개인 프라이버시를 위하여 얼굴인식은 하지 않는다고 밝혔기 때문에 사람의 걸음걸이 분석(Gait Analysis)이나 사람의 몸 움직임(Pose), 옷 형태나 색깔 등을 활용하여 구매자의 동선을 추적한다.

그림 3-57 Computer Vision을 활용한 Gait, Pose 인식

Amazon Go에 적용된 동선관리 기술은 Computer Vision 기술을 활용하여 Gait, Pose 인식 등이 적용된 것으로 추정되며, Gait 인식은 사람의 형상(어깨 넓이, 키 등)을 기준으로 고유의 걸음걸이 형태를 분석하는 것이며, Pose는 각 사람별 몸의 형태를 분석하는 기술이다.

입체적인 동선추적을 위하여 3D Depth Camera도 사용된다. 일반적인 3D Depth Camera는 적외선을 송출하고 반사되는 적외선을 받을 수 있는 카메라가 각 부분별 TOF(Time of Flight, 객체와 떨어진 거리 측정)를 계산하여 사물이나 사람을 입체적으로 파악한다.

동선추적 기술 관련, 초기에는 다수의 전문가들이 BLE(Bluetooth Low Energy)를 활용한 3각 측량기법을 사용하는 것으로 발표했으나 사람위주의 추적으로 BLE 보다는 다수의 카메라가 활용되는 것으로 밝혀졌다.

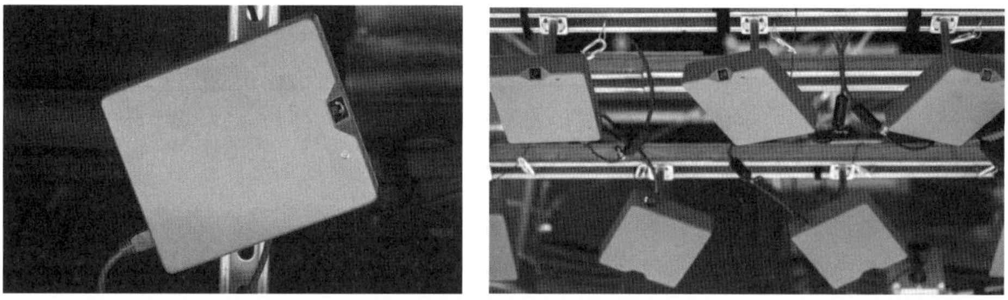

그림 3-58 Amazon Go 천정에 설치된 카메라

특히, 카메라는 매장 진입시부터 사용자를 파악하는데, 각 사용자별 피부색, 머리카락 형태도 구분하는 것으로 알려져 있다. 하나의 무인매장의 천정에는 100개 이상의 카메라가 설치되며 정해진 구역을 지속적으로 촬영하고 서버는 각 영상을 취합하여 고객별 동선을 추적한다.

(4) 상품선택

구매자가 선반에서 상품을 들거나 다시 선반에 상품을 내려놓는 경우와 같이 고객이 픽업한 상품 종류 판단은 Computer Vision, Sensor Fusion, AI 기술이 복합적으로 사용된다. 서버는 카메라, 선반 무게 센서 등의 정보를 취합하여 인공지능 기술로 구매자가 선택한 상품종류를 판정한다.

그림 3-59 Amazon Go 천정 카메라, 선반카메라, 상품 칸막이

Amzon Go 매장에서 상품이 있는 각 선반 위쪽에는 구역별로 작은 카메라가 설치되어있으며, 선반 바닥에는 구역별(칸막이로 구분)로 무게센서가 있다. 각 선반 카메라는 해당 고객이 픽업하는 상품의 종류, 무게센서는 상품 단위별 상품의 픽업 여부를 추가적으로 파악한다.

다수의 센서에 의해 수집된 정보는 서버에서 처리되는데, 누가 어떤 상품을 픽업했는지? 상품을 집었다가 다시 제자리에 놓았는지? 아니면 이 상품을 다른 선반에 놓았는지? 내가 상품을 픽업하여 다른 사람한테 줬을 경우 등 매우 복잡한 경우가 있을 수 있다.

따라서 고객 선택한 상품을 판단하는 기술은 카메라로 촬영된 비디오 정보를 Computer Vision 기술로 처리, 다수의 Sensor 정보가 융합된 Sensor Fusion 기술, 서버에서 Deep Learning 기술 등이 복합적으로 적용된다.

그림 3-60 상품을 픽업할 때 가상의 쇼핑카트에 담김

구매자가 선반에서 상품을 픽업할 경우, 가상의 쇼핑카트(Virtual Cart)에 담기며, 다시 원 위치에 놓을 경우 해당 상품이 쇼핑카트에서 제거된다. 만약 구매자가 어떤 상품을 픽업했는지 불명확하다면, 서버는 해당 선반에 있는 상품의 종류, 구매자의 과거 쇼핑 이력 등을 기반으로 AI 기술로 최종 판단된다.

(5) 퇴장

구매자가 선택한 상품을 들고 매장출구를 나갈 때, Amazon Pay로 자동결제되고 앱에 구매한 상품내역이 표시된다. 이때 고객이 나갔다는 사실도 천정에 있는 카메라를 활용한 동선추적 기술이 사용된다.

또한 추가적으로 구매자가 출구를 통과했는지 여부를 검출하기 위해 출입구 천정에 적외선 센서, 추가 카메라 등이 설치되어 운영되는 것으로 추정된다.

그림 3-61 매장 퇴장, 앱에서 구매 리스트 확인

하지만, Amazon Go 매장 출입과 상품 구매시 몇 가지 문제점은 출입구를 한명씩 출입해야 하는데, 두명이 동시에 같은 상품을 들고 있을 때 계산의 오류가 발생하기 때문에 한사람이 상품을 들도록 권고하고 있다.

Amazon Go 매장에서 고객의 동선추적, 상품 픽업과 원위치에 놓을 때, 적용되는 주요 기술은 Computer Vision으로 두 사람이 한 개의 상품을 동시에 들고 있을 때 처리가 애매하기 때문이다.

또한 Amazon이 Seattle에서 시범 서비스를 제공할 때, 매장에 20명 이상 구매자가 들어갈 경우, 오류(추적 실패, 상품픽업 파악 실패 등)가 발생되는 등 문제점이 있었으나, 이 문제는 어느 정도 개선되었지만 약 50평의 매장에 100명 이상이 들어가면 여전히 문제가 발생되는 것으로 알려져 있다.

그림 3-62 Amazon Go 몇 가지 권고사항

Amazon은 사실상 암묵적으로 어느 정도 상품 도난을 허용하는 정책을 사용하고 있다. 미국 오프라인 매장에서 도난에 의한 손실은 매장당 매출 기준으로 1% 미만으로 알려져 있다. 따라서 Amazon은 당분간 완벽한(Perfect)한 무인매장 기술이 어렵다고 판단하여 어느 정도 도난은 있을 수 있다는 생각을 가지고 있다.

(6) 분석

Amazon은 Amazon Go를 통하여 ① 고객의 데이터 수집, ② 편의점 시장에 진출을 목표로 하고 있다. 따라서 Amazon은 미국의 주요 편의점인 CVS와 7-Eleven 등과 경쟁하겠다는 의도이다. 이러한 이유는 최근 대형 백화점이나 슈퍼마켓의 실적은 나빠지고 있지만, 저렴한 가격의 상품을 판매하는 슈퍼마켓, 천원샵, 편의점은 지속적으로 성장되고 있기 때문이다.

Amazon은 무인매장 기술을 기존의 AWS와 마찬가지로 무인매장 기술을 제 3자에 판매하는 사업을 추진하고 있다. 무인매장 운영과 함께 솔루션(또는 기술)을 판매하여 향후 무인매장 기술을 주도하겠다는 의도이다.

만약, 많은 회사에서 Amazon Go 기술을 활용한다면, Amazon AWS 매출이 동시에 증가되는 효과가 있다. Amazon Go는 기본적으로 AWS를 기반으로 동작된다.

Amazon은 Amazon Go에서 수집된 정보를 활용하여 온라인 쇼핑몰의 추천에 활용할 수도 있고, Amazon이 판매하는 Meal Kits, Amazon Basics 등 자체 상품을 판매하는 매장으로 활용도 가능하다.

또한 미국 사람은 Amazon Meal Kits과 같은 간편식을 선호하는 경향이 증가하면서 Amazon Go를 간편식 위주의 매장으로 활용될 가능성이 높아지고 있다. 특히, 간편식은 이미 만들어진 음식을 판매하기 때문에 수익성이 좋은 것으로 알려져 있다.

구매빈도가 높은 바로 먹을 수 있는 음식위주의 제품이 무인매장에서 많이 판매된다면, Amazon Go 매장은 기존 편의점이나 소형 유통매장뿐만 아니라 주위 음식점이나 패스트푸드 식당까지 영향을 미칠 수 있다.

이와 같이 무인매장에는 매우 많은 IoT 디바이스가 사용되고, Big Data 분석과 AI 기술이 접목되기 때문에 지능형 IoT 서비스의 대표적인 사례이다.

5) 물류센터

물류센터(또는 물류창고)는 제품을 보관, 유통하기 위한 시설이다. 최근에는 물류창고에 IT 기술을 접목한 스마트 물류센터가 많이 운영되고 있다. 스마트 물류창고는 제품을 단순히 보관하는 기존의 물류창고에서 다수의 IT 신기술을 도입하여 수요변동에 따른 물류처리, 공급망 관리 등 부가기능이 제공된다.

스마트 물류창고에는 물류관리시스템(WMS, Warehouse Management System), 로봇, IoT, Big Data, AI 등의 기술이 적용된다. 각각의 기술은 상호 유기적으로 연동되어 제품 입고관리, 입고 현황, 보관, 출고 등의 전체 물류과정이 지능적으로 처리된다.

이러한 스마트 물류처리를 위하여 IoT가 필수적으로 사용되는데 배송차량, 바코드 리더기, 자동로봇 등에는 IoT 디바이스가 탑재되어있고, IoT 디바이스가 센싱한 정보는 IoT Cloud Platform을 전송되어 통합적으로 관리된다.

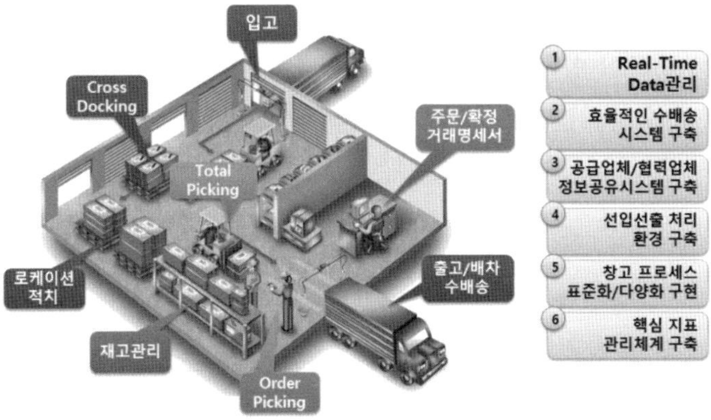

그림 3-63 물류창고 구성 예 (출처: Asetec)

이처럼 물류센터는 무인매장과 마찬가지로 다양한 기술(예: 무선통신, 센서)이 적용된 많은 IoT 디바이스가 필요하고, 이러한 디바이스는 서로 유기적으로 연결되기 때문에 Massive IoT 서비스의 대표적인 사례이다.

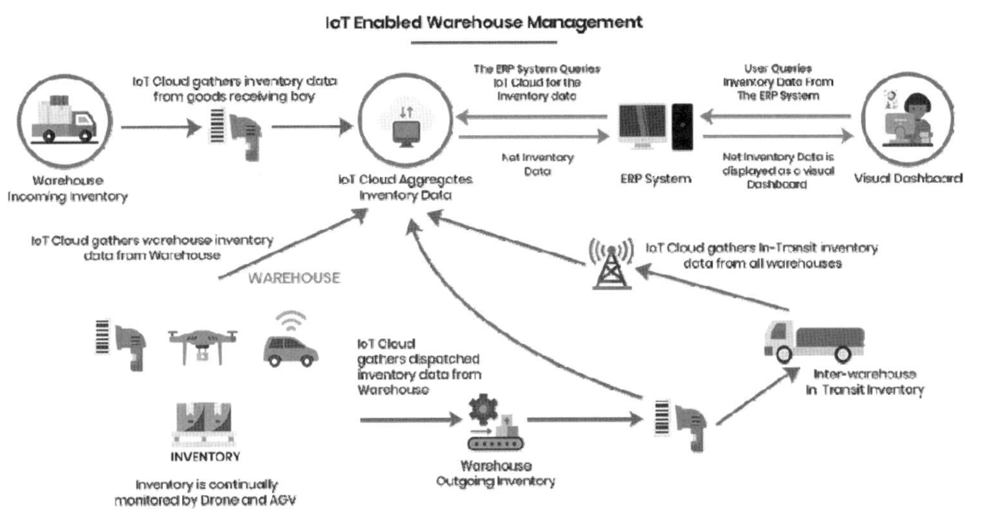

그림 3-64 물류처리에 IoT 적용 (출처: ePages)

물류창고에 적용되는 기술개발은 Amazon이 주도하고 있다. Amazon은 물류센터에 IoT, AI, Big Data 등 신기술을 복합적으로 적용하여 상품주문, 물류처리, 배송예측 등을 스마트하게 관리한다. Amazon은 이미 물류창고용 로봇인 Kiva와 AI 기술을 접목하여 물류처리 시간을 대폭적으로 개선했고, 물류센터 공간활용도를 높혀서 전체적으로 비용을 절감하는 효과를 얻고 있다.

Amazon 물류센터에 근무하는 직원은 물류센터 전용 디바이스를 활용하여 상품의 바코드를 읽거나 원하는 상품이 있는 위치로 이동시 최단경로를 표시해 준다. 이렇게 Amazon은 첨단장비를 활용하여 물류센터를 운용하지만 직원의 이동거리, 한 일 등이 기록되어 직원을 감시하는 수단으로 사용되고 있다는 견해도 있다.

또한 Amazon 물류센터 선반에는 다양한 상품이 있을 수 있는데, 이때 각 선반에 있는 상품의 사진을 찍어서 Computer Vision 기술로 각 선반에 있는 상품을 확인하는 기술도 사용된다.

그림 3-65 Computer Vision을 활용한 재고 관리

Amazon은 사람이 많이 거주하는 도심지에도 소형 물류센터를 확대 구축하고 있다. 이것은 식료품, 생활용품 등 근처에 거주하는 고객을 대상으로 빠르게 상품을 배송하기 위한 것이다.

도심지에 구축되는 물류센터는 상대적으로 건물비용이 비싸고, 외곽에 있는 물류센터 대비 공간이 작기 때문에 획기적인 방법이 도입되어야 한다. 이를 위하여 Amazon의 New York 물류센터는 공간이 작기 때문에 Kiva 로봇을 사용하지 않고, IoT 기술을 사용하여 사람에 의해 운영된다.

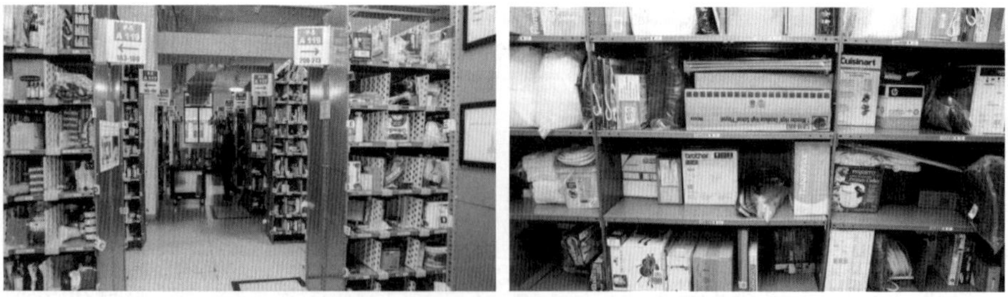

그림 3-66 뉴욕시내의 Amazon 물류센터

이 물류센터는 같은 상품끼리 분류해서 위치시키는 것이 아니고, 상품이 들어오는 순서대로 선반에 넣는다. 하지만, IoT를 포함한 정교한 IT 기술이 적용되어 효과적으로 운영되

는 것으로 알려져 있다. 예를 들어 상품을 선반에 넣을 때, 직원은 해당 상품의 바코드와 선반의 바코드를 읽어서 중앙서버로 보내고, 다시 상품을 꺼낼 때는 서버에서 최적의 동선과 선반을 직원에게 알려준다

하나의 선반에 공책, 음료수, 밀가루, 노트북 등을 구분하지 않고 섞어서 넣은 다음, 고객의 주문이 들어오면 직원은 이 선반에서 상품을 픽업하여 배송한다. 이렇게 상품을 섞어서 넣으면, 각 상품의 특징이 달라서 운용직원은 혼선없이 정확하게 픽업할 수 있다고 한다.

예를 들어 공책, 음료수, 밀가루, 노트북이 있는 선반에서 공책을 꺼낼 때 다른 상품과 현저하게 구분되기 때문에 상품을 픽업할 때, 오류 발생 확률이 훨씬 줄어든다.

또한 스마트 물류센터를 운영하는 회사로 영국의 'Ocado'(온라인으로 식료품 판매)가 있다. 보통 온라인 슈퍼마켓은 오프라인 매장과 연계되어 사업을 하는데, Ocado는 온라인 사업만 하고 있다.

Ocado 사업 특징은 IT 기술이 접목된 정교한 물류센터를 운영하여 주문한 날의 다음 날에 식료품을 배송해준다. 처리과정을 단순화하기 위하여 대부분의 식료품은 영국의 오프라인 슈퍼마켓인 'waitrose'(웨이트로즈)에서 받는다.

그림 3-67 Ocado 물류센터 로봇

Ocado 물류센터는 바둑판 모양의 레일에 로봇이 다니고, 로봇 밑으로 상품이 있는 상자가 있다. 고객으로부터 특정상품 주문을 받으면, 그 상품에 가장 가까이 있는 로봇이 이동하여 로봇팔로 상자에 있는 상품을 픽업하여 이동시킨다.

이렇게 물류처리를 담당하는 로봇에는 많은 센서와 무선통신 기술이 적용되어있고, 레일에도 다수의 IoT 기술이 적용된다. 즉, Ocado의 물류센터는 많은 IoT 디바이스나 장치가 필요한 Massive IoT이다.

이 물류센터는 보통 축구장 3배 정도로 면적이 매우 커서 Wi-Fi를 활용하는 것보다 전파 간섭이 상대적으로 적은 4G나 5G 이동통신이 활용된다. 이렇게 Ocado는 첨단 기술을 적용하여 영국에서 시장 점유율이 높으며, 자동화 시스템을 활용(즉, 인건비 절약)하여 수익도 좋다.

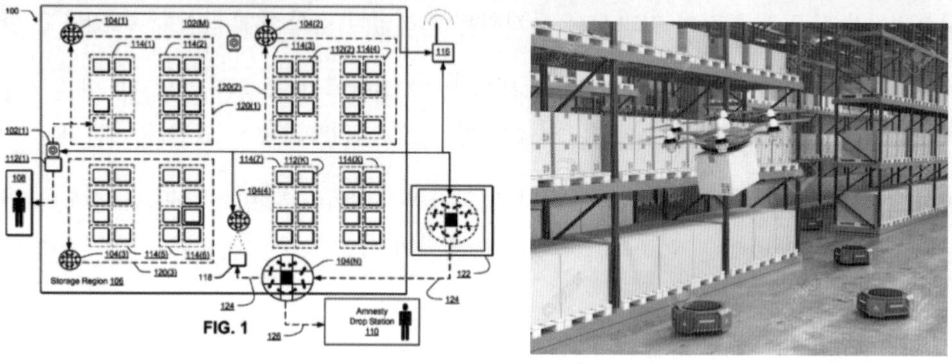

그림 3-68 물류센터에서 드론을 활용한 물류관리

Amazon은 물류센터 상품관리에 드론을 활용한 다수의 특허를 출원했다. 주요 내용은 난이도가 높은 작업은 사람이, 반복되는 단순 작업에 드론을 사용하는 방법이다. 물류센터에서 드론은 공중을 비행하면서 선반내 상품을 옮길 때 사용되는데, 다수의 IoT 기술이 적용된다.

8개의 프로펠러가 있는 드론은 선반에 들어있는 특정 상품을 이동시키거나 판매되지 않거나 유통기간이 끝난 제품을 Amnesty Drop Station(폐기 상품 보관소)으로 이동시킨다. 즉, 드론은 선반전체보다는 특정 상품을 선택적으로 이동시키는 역할을 한다.

Amazon 물류창고에는 많은 로봇이 사용되고 있으며, 물류창고에 적용되는 새로운 로봇을 개발하기 위하여 내부적으로 'Amazon Robotics'라는 조직을 운영하고 있다. Amazon은 물류창고에서 선반을 운반하는 로봇 제작회사인 'Kiva Systems'를 2012년에 약 8천억 원에 인수했다.

amazonrobotics

이후, Kiva Systems사를 Amazon 내부조직으로 바꾸면서 Amazon Robotics 부서와 합쳤다. Amazon Robotics 부서에서는 Kiva 로봇뿐만 아니라 상자에 상품을 담거나 꺼내는 픽업 로봇 등 다수의 로봇을 개발하고 있다.

Amazon이 Kiva Systems사를 인수할 당시, 경쟁회사인 다수의 온라인 쇼핑업체는 Amazon이 생소한 물류 자동화 로봇회사 인수에 대하여 많은 의문을 가졌다. 즉, 로봇회사의 제품을 구매하여 사용하면 되는데, 로봇회사 전체를 인수한 사실에 대하여 의구심을 가졌다.

하지만, Amazon은 처리되어야 할 물류가 급격히 증가될 것을 예측하고, Kiva Systems에서 생산되는 로봇을 자체 물류센터에 사용하고, IT 기술을 융합하여 물류센터를 자동화했다. 이렇게 Amazon은 물류창고를 자동화하여 인건비 절감과 효과적인 물류처리로 비용절감 효과를 얻고 있다.

그림 3-69 Kiva 로봇, 동작방법

Kiva 로봇은 자율주행으로 사전에 설정된 루트로 선반을 옮기는 역할을 한다. Kiva 로봇은 상품이 적재된 선반 밑으로 들어간 다음, 로봇 상단의 장치를 올려서 선반 전체를 들어서 정해진 루트로 이동시킨다.

Kiva 로봇의 배터리 용량이 적어질 경우, 자동으로 충전장치에 이동하여 충전을 완료한 후, 원래의 위치로 복귀한다. 모든 Kiva 로봇은 Wi-Fi를 활용하여 중앙제어 장치와 연동되어 체계적으로 관리된다. 결국, Kiva 로봇은 IoT 기술의 집합체로 볼 수 있다.

Amazon이 Kiva Robot을 도입한 이후, 물류창고에서 원하는 위치에 상품을 이동하는 시간이 70분(미국 대규모 물류창고 기준)에서 15분으로 줄어들었고, 공간 사용 효율은 50% 증가, 운용비용은 약 20% 절감된 것으로 알려져 있다.

최근에는 Kiva 로봇에 Machine Learning 기술을 적용하여 물류 순환속도가 단축되어 전체적으로 비용이 더 절감되는 것으로 알려져 있다. 하지만, Kiva 로봇은 신선식품 물류처리에 적용할 수 없다는 단점이 있어서 신선식품 배송 니즈가 증가되면서 새로운 로봇 개발이 필요한 상황이다.

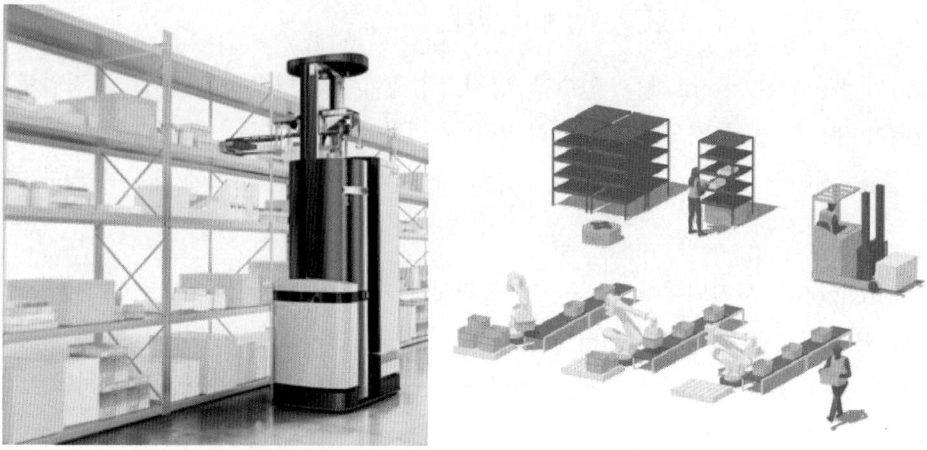

그림 3-70 Amazon이 개발 중인 물류센터용 로봇

Amazon은 물류센터에 적용될 로봇으로 선반 전체를 옮기는 Kiva 로봇과는 달리 자율주행하면서 필요한 상품만 이동시키는 로봇, 물류센터 내에서 상품을 이동시키는 드론, 자율주행 지게차 등 다양한 로봇을 개발 중이다.

Amazon이 집중적으로 개발하는 로봇은 'Picking Robot'으로 알려져있다. Picking Robot은 물류센터에서 각 선반에 있는 상품을 자동으로 꺼내거나 넣을 때 사용된다. 하지만, 이 Picking Robot은 물류센터에 근무하는 직원을 감축하기 위한 방안이라는 비평도 받고 있다.

요 약

Massive IoT

- Massive IoT는 저가의 많은 IoT 디바이스를 활용하는 서비스이며, 주요 서비스에는 Smart City, Smart Metering, 무인매장, 물류처리 등이 있다.
- Smart City는 기존 도시 인프라를 최대한 활용하면서 도시 구성요소에 IoT를 접목하여 효율을 증대시키는 서비스이다. 전세계적으로 도시화율이 높아지면서 도시에서 교통혼잡, 에너지 고갈 등의 문제 해결이 시급한 상황이다.
- Smart Metering은 IoT 기술을 사용하여 원격에서 전기나 가스 등을 검침하거나, 특정 기기를 제어하고 관리하기 위한 서비스이며, Smart City 구현을 위한 기본적인 기능이다.
- 무인매장에는 카메라, 모션센서, Wi-Fi, Bluetooth 등 다수의 IoT 기술과 많은 IoT 디바이스가 사용되는 Massive IoT 서비스이다. 무인매장에서 고객은 원하는 상품을 가지고 별도의 결제절차 없이 매장은 나오면 된다.
- 물류센터는 상품관리를 위한 창고이며 로봇제어, 주문, 배송 등에 IoT 기술이 적용되어 처리과정을 자동화함으로써 물류처리 비용을 절감할 수 있다.

4. Critical IoT

1) 개요

Critical IoT 서비스는 ① 통신과정에서 거의 오류가 발생되지 않으면서 ② 저지연 통신기능을 활용한 서비스이다. 이 서비스는 Massive IoT 대비 통신망과 단말기 구현이 복잡하기 때문에 통신장비, IoT 디바이스 등이 비싸다.

이렇게 통신과정에서 오류가 거의 없고, 즉각적으로 데이터를 전송할 수 있는 기술은 5G 이동통신이 유리하다. WPAN이나 WLAN은 설계 초기부터 이러한 기능이 약하게 반영되어 있고, 대부분 공유 주파수 대역을 사용하기 때문에 통신품질을 보장할 수 없다.

이동통신은 사업자는 면허받은 주파수 대역에서 전파를 체계적으로 관리하기 때문에 통신과정에서 혼잡(Congestion)이 발생되거나 잡음(Noise)이 많아서 통화품질이 나빠지는 사례가 적어서 Critical IoT 서비스로 이동통신이 많이 사용된다.

결국, Critical IoT 서비스는 5G의 URLLC(Ultra Reliable Low Latency Communication) 기능을 활용하는 서비스로 정의될 수 있다. 5G의 URLLC는 통신채널의 신뢰도가 높으면서 저지연이 가능한 통신을 의미한다.

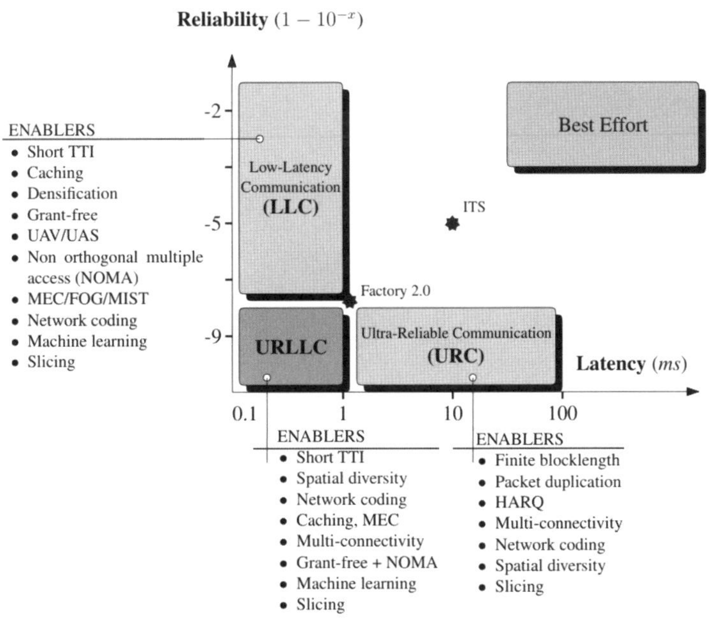

그림 3-71 URLLC 정의

URLLC는 URC(Ultra Reliable Communication)와 LLC(Low Latency Communication)가 합해진 것으로 4G 기술인 3GPP Release 15부터 정의되었다. 하지만, 그동안 4G에는 기술적으로 URLLC를 쉽게 구현할 수 없었다. 이후, 5G 규격에 URLLC 기술이 정의되어 URLLC 기반 서비스를 제공할 환경이 되었다. 참고로, 3GPP Release 15에는 4G와 5G 기술이 동시에 정의되어 있다.

신뢰성이 높은(Ultra Reliable) 통신이란 End-to-End 데이터 전송에서 데이터가 상대방에게 전달될 확률이 99.999% 이상으로 오류가 거의 발생되지 않는 통신환경이다. 저지연(Low Latency) 통신이란 통신망에서 데이터 지연이 거의 없다는 뜻으로 즉각적인 전송과 유사한 의미이다.

URLLC 기능은 전송하고자 하는 데이터가 상대방까지 확실하게 전달되고, 통신지연이 짧은 서비스에 적용된다. 예를 들면, 자율주행차, 공장자동화 로봇, 원격 수술, Tactile Internet 등과 같이 송수신 데이터가 안정적(Ultra Reliable)이고, 실시간(즉, Low Latency)으로 전송되는 서비스에 적용된다.

5G 규격에는 URLLC를 위한 기술이 추가되었으며, 이 중에서도 유무선 프로토콜에 저지연 통신 기술이 정의되었다. 특히, 저지연 통신을 달성하기 위해 5G의 MEC(Mobile Edge Computing)를 활용하면 End-to-End 통신지연을 더 줄일 수 있다.

URLLC 기능은 Critical IoT 서비스 니즈가 많아서 5G 규격에 추가되었으며, 일부 이동통신 전문가는 URLLC가 5G의 가장 두드러진 특징이라고 언급했다. 5G 규격에는 서버에서 단말기까지 End-to-End Latency를 1ms로 정의하고 있지만, 실제 서비스에는 통신지연이 약 5ms로 예측된다.

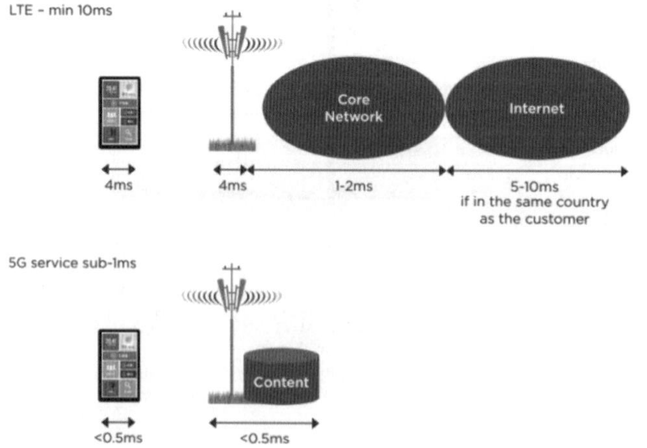

그림 3-72 4G와 5G의 통신 지연시간 비교 (출처: Quora)

5G에서 Low Latency 기반 서비스란 저지연 통신을 활용한 서비스이며, 5G 망의 Low Latency 특성은 무선구간을 포함하여 통신망의 데이터 지연시간이 1ms(즉, 1/1000초) 이하로, 기존 4G의 지연시간인 10ms(Release 14의 경우, 4ms)보다 10배 개선되었다.

즉, 5G의 End-to-End 통신 지연시간은 4G의 1/10이다. 또한 5G망에는 MEC가 적용되고, 단말기 성능이 좋아져서 단말기 내부적으로 데이터를 처리하는 시간도 짧기 때문에 추가적으로 통신지연을 줄이고 있다.

5G Americas(북미, 남미의 이동통신 협의체)의 보고서에는 URLLC를 활용하는 서비스로 Smart Factory(스마트 공장), Healthcare, Entertainment(온라인 게임 등), Transport(자율주행차 등), Manufacturing, Energy 분야를 선정했다.

Industry Vertical	Application
Smart Factory industrial Automation	Industrial Control Robot Control Machine to Machine Process Control
Healthcare Industry	Remote Diagnosis
Entertainment Industry	Immersive Entertainment Online Gaming
Transport Industry	Driver Assistance Applications Enhanced Safety Autonomous Driving Traffic Management
Manufacturing Industry	Motion Control Remote Control AR and VR Applications
Energy Sector	Smart Energy Smart Grid

그림 3-73 URLLC를 활용한 서비스 (출처: 5G Americas)

몇 가지 Critical IoT 서비스 예를 보면, Smart Factory는 공장에서 실시간 로봇이나 기계 제어, Healthcare는 원격진료와 수술, Entertainment는 실제와 같은 실감미디어 서비스와 온라인 게임, Transport는 자율주행차와 스마트 교통관리, Energy는 스마트 그리드 등이 있다.

<u>이처럼 URLLC를 활용한 서비스는 B2C보다는 B2B가 많을 것으로 예측된다. 5G Americas는 URLLC 기반으로 가장 유망한 서비스로 자율주행차와 Smart Factory(공장</u>

자동화)를 언급했다.

2) 자율 주행차

자율주행차는 사람의 도움 없이 스스로 운행하는 차량 또는 사람이 조작하지 않아도 스스로 주행하는 차량이다. 이러한 자율주행차에는 많은 Sensor와 통신장치가 있어서 결국 다수의 IoT 기술이 적용되는 분야이다.

기술적으로 보면, 자율주행차는 컴퓨터 S/W, 인공지능, 무선통신, 센서 등의 기술이 융합되어 사람의 조작없이 자동차가 스스로 주변환경을 인지하고, 위험요인을 판단하여 주행경로를 결정하고 운행하는 자동차이다.

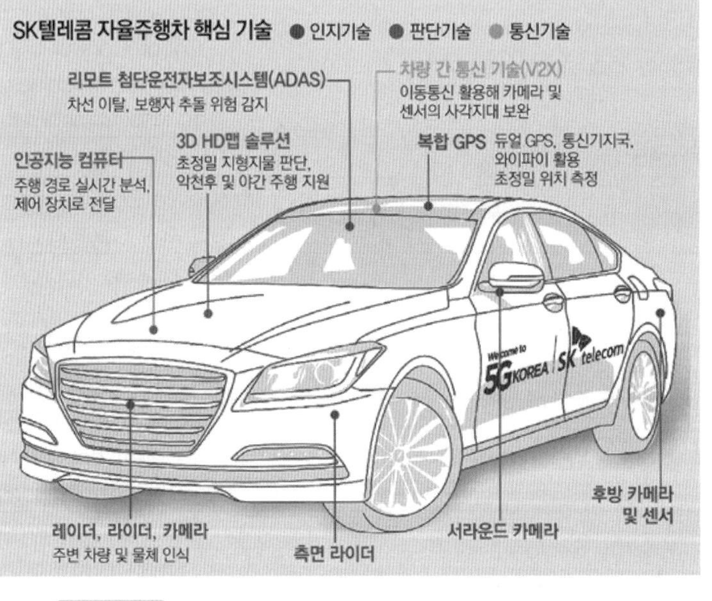

그림 3-74 자율주행차를 위한 기술 요소 예 (출처: SKT)

자율주행차를 위한 기술요소는 크게 3가지로 분류될 수 있는데, ① 사물이나 도로형태 등을 인식하는 인지기술, ② 다양한 데이터와 정보를 활용한 판단기술, ③ 그리고 주변차량이나 Cloud와 연동을 위한 통신기술이 있다.

자율주행차는 사람이 담당했던 인지, 판단, 제어 등의 절차를 자동차에 설치된 다수의 센서를 활용하여 스스로 주행한다. 자동차에 설치된 카메라, 라이다, 레이더, 초음파, 측위센서 등을 활용하여 자동차는 주행환경에 대한 데이터를 수집한 후, 인식기술과 지도정보 등을 종합해서 경로를 판단한 다음, 최종적으로 조향과 가감속 장치를 제어하여 자율주행한다.

인지단계는 카메라, 레이다, 라이다 등 다수의 센서로부터 짧은 시간에 많은 데이터를 수집하여 장애물이나 도로상태와 같은 주행환경을 인식하며, 판단단계는 인식결과를 기반으로 차량상태와 지도정보 등을 활용하여 주행경로를 판단한다.

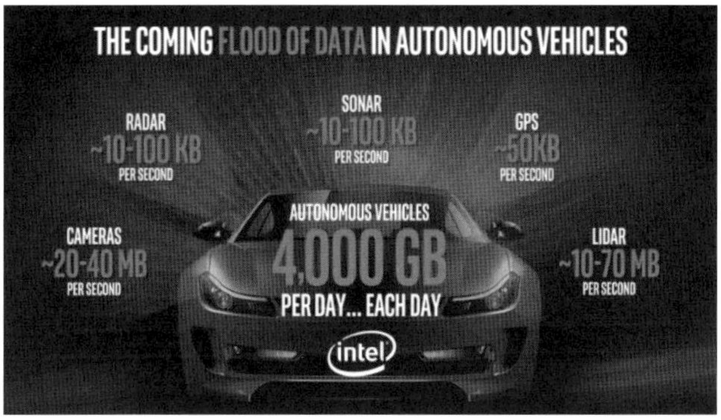

그림 3-75 자율주행차가 생성하는 데이터양 (출처: Intel)

Intel사의 발표자료에 따르면, <u>자율주행을 위하여 차량의 관련 센서가 생성하는 데이터가 하루 4,000GB가 될 것이라고 밝히면서, 차량에서 Big Data 처리가 자율주행차를 위한 핵심기술이라고 언급했다.</u>

이렇게 자율주행차에서 생성된 데이터는 5G와 같은 무선통신을 통하여 Cloud로 전송되며, 차량의 통신환경이 좋지 못할 때는 일부 데이터만 Cloud로 전송된다. 특히 카메라나 라이다 등 비디오를 처리하는 센서의 데이터양이 많다.

<u>미국 자동차공학학회(SAE)는 자율주행의 기술단계를 Level 0에서 Level 5까지 6단계로 분류했다.</u> Level 0에서 Level 2까지는 사람이 주행환경을 모니터링해야 하는 반자동화(Hand Off 가능 단계) 수준인 반면, Level 3부터는 자율주행 시스템이 자동으로 운전하며 최종적으로 운전자없이 주행할 수 있는 완전 자율자동차인 Level 5가 있다.

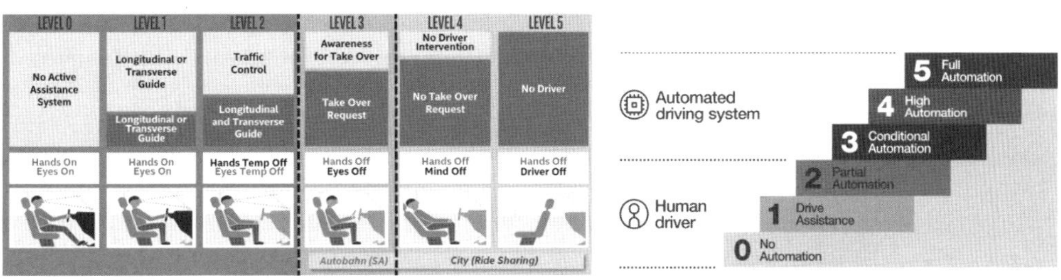

그림 3-76 자율주행차 단계별 기능 (출처: SAE)

전세계적으로 자율주행차 시장은 2030년부터 급격히 성장될 것으로 예측된다. 전체적으로 볼 때, 자율주행차 시장은 2020년부터 시작되어 2030년까지는 서서히 증가되지만, 2030년 이후부터는 급성장될 것으로 알려져있다.

리서치 회사인 GreyB사의 자율주행차 시장 전망을 보면, 2019년부터 2026년까지 연간 성장율(CAGR)을 약 40%로 예측했다. 이처럼, 자율주행차 시장의 성장속도는 매우 빠르다고 볼 수 있다.

자율주행차 기술은 도로에 다니는 차량에만 적용되는 것이 아니라 물류창고에서 이동형 로봇, 작은 차량 형태의 무인 배송차량, 군사용, 건설 등 다양한 분야에 적용될 것으로 예상되기 때문에 주요 IT 기업은 자율주행차 기술 확보에 주력하고 있다.

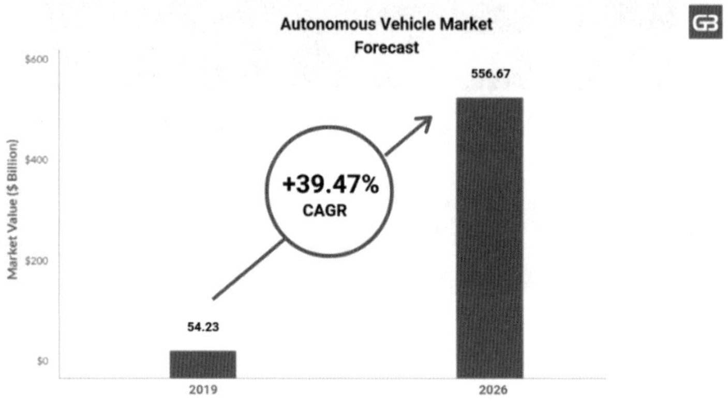

그림 3-77 자율주행차 시장 예측 (출처: GreyB)

자율주행차를 위해서는 무선통신이 필수적인데, 이를 위해서 V2X(Vehicle to Everything) 기술이 있다. V2X는 지능형 교통시스템, 자율주행차 등을 목적으로 차량과 차량, 차량과 교통 인프라, 차량과 사람 등과 같이 차량과 주변사물이나 사람과의 통신이다.

실제로 V2X 용어는 V2X Wireless Communication의 뜻으로 무선통신을 활용한다는 의미가 포함되어있다. V2X에서 'X'는 'Everything'의 의미로 자동차를 기준으로 다른 사물이나 사람 등과 통신이다. 즉, V2X는 V2V(Vehicles to Vehicles), V2I(Vehicles to Infrastructure), V2N(Vehicles to Internet-based Networks), V2P(Vehicles to Pedestrians) 등과 같이 차량과 다른 요소간 통신이다.

C-V2X(Cellular-Vehicle to Everything)는 V2X를 위하여 셀룰라(즉, 이동통신) 통신을 사용하는 것이다. C-V2X는 자율주행차, 스마트 시티를 위하여 필요한 기술이며, 5G가 상용화되면서 주목을 받고 있다.

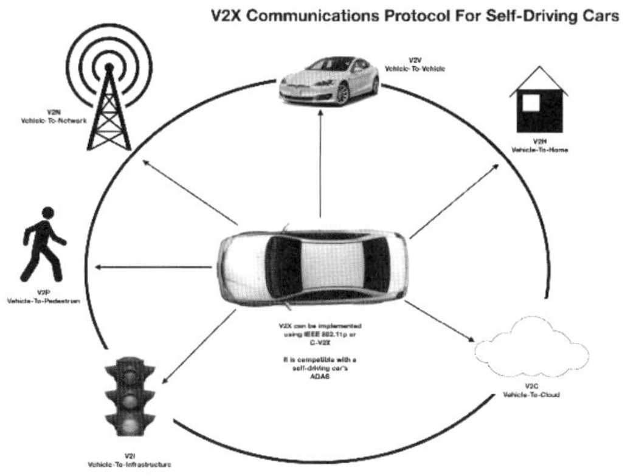

그림 3-78 V2X 통신

V2X를 위한 무선통신 기술은 크게 IEEE 802.11p 기반의 DSRC(Dedicated Short Range Communications)와 셀룰라(4G, 5G 등)를 활용하는 C-V2X가 있다. DSRC는 IEEE에서 정의한 것으로 기존 Wi-Fi 기술표준을 변경한 IEEE 802.11p가 사용된다.

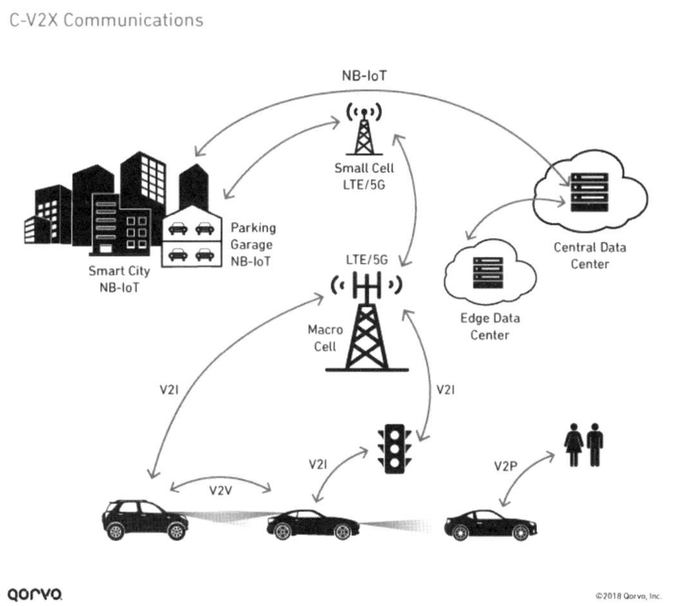

그림 3-79 이동통신 기반 V2X (출처: Qorvo)

C-V2X는 V2X를 위하여 셀룰라 통신을 활용하는 것으로 차량에는 5G 모뎀과 같은 셀룰라 통신 기능이 있어야 한다. 따라서 C-V2X는 DSRC보다 장치 가격이 비싸고 주기적으

로 서비스 요금을 지불해야 한다.

V2X를 위해서 국제적으로 5.9GHz의 새로운 주파수 대역을 정의했으며, C-V2X와 DSRC는 모두 이 주파수 대역을 사용한다. V2X의 초기 목적은 지능형 교통시스템으로 이를 활용한 가장 큰 사용처는 자율주행차이다.

	DSRC	C-V2X
Frequency Range	5.9 GHz band	5.9 GHz band
Current State	IEEE 802.11p technology used for serveral years	C-V2X new technology
Network Presence	Covers V2I and I2V services	Leverages cettular domain; covers V2I ans I2V services
Security and Privacy on V2V/V2I/V2P	As per IEEE Wave and ETSI-ITS security services	As per IEEE Wave and ETSI-ITS security services
Can Operate Without Network Assistance?	Yes	Yes

그림 3-80 V2X 무선통신 종류 (출처: Qorvo)

자율주행차 기술에서 C-V2X는 DSRC 대비, 전파가 도달하는 서비스 커버리지가 넓고, 지연시간이 짧으며, 5G의 경우 DSRC보다 대용량 데이터 처리가 가능한 장점이 있다.

3GPP는 5G망을 기반으로 자율주행차 기술을 정의하는 협회인 5GAA(5G Automotive Association)와 협력하여 5G 규격에 자율주행차 기술을 추가했다. 특히, Release 16, 17, 18에는 기존보다 개선된 방식의 C-V2X 기술이 정의되고 있다.

5GAA의 역할은 "5GAA brings together the automotive and telecommunications industries to accelerate the global deployment of Cellular Vehicle-To-Everything(C-V2X) as a first step towards a fully integrated in-telligent transport system with 5G"이다.

즉, 5GAA는 자동차회사와 통신회사 등과 협력하여 5G망을 활용한 자율주행차 기술 개발을 주관하고 있다. 5GAA는 자율주행차를 위한 기술을 정의하고, 3GPP는 5GAA 요구사항을 5G 무선기술에 추가하는 역할을 한다.

5GAA Automotive Association

자율주행차를 위한 기술에는 ADAS(Advanced Driver Assistance System), V2X, 정밀지도, 주행결정 알고리듬 등이 있다. 여기에서 ADAS는 자율주행차를 위한 기술요소의 하나이며, 지금도 다수의 차량에 적용되고 있다.

ADAS는 운전 중 차량이 스스로 주변 환경을 인식하고 판단함으로써, 운전자의 조작을 최소화하면서 운전을 도와주는 기술이다. ADAS는 운전자를 지원하고 보조하는 역할을 하는 것이 목표이지만, 자율주행 기술은 운전자를 완전히 대체하는 것이 목표이다.

ADAS를 위해서는 카메라, 레이더(Radar), 라이다(LiDAR) 등 다수의 센서가 필요하며, 이 중에서 카메라는 전방 사물, 차선, 신호등, 표지판 등을 인식하여 사람의 눈과 같은 역할을 하는 센서이다.

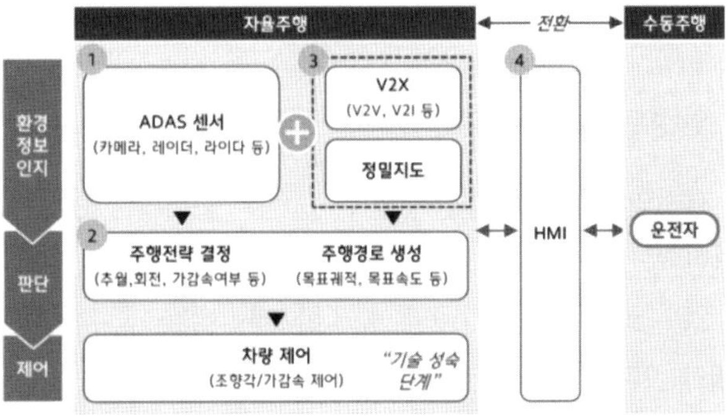

그림 3-81 자율주행차 기술 요소 (출처: Suresofttech)

레이다(Radar)는 자율주행을 위해서 사용되는 신뢰도 높은 센서로써 차량의 전방, 측방, 후방 등 여러군데 장착된다. 레이다는 전자파를 발사한 다음, 반사되어서 돌아오는 전파의 시간과 위상을 측정하여 주변사물과 거리나 주변 자동차의 속도를 탐지한다.

반면, 라이다(LiDAR) 센서는 레이더와 달리 고출력의 펄스 레이저를 사용해서 차량과 물체(또는 다른 차량)간 떨어진 거리를 측정한다. 라이다는 평면적 정보인 2D와 공간적 정보인 3D로 구분되며, 3D의 경우 다수의 레이저 광원을 모터로 회전시켜360도로 탐지한다.

자동차가 100km/h로 달리면서 자동으로 정지를 감지하고 브레이크를 밟을 때, 통신방식별 차량 이동거리를 보면, 4G는 81~135Cm를 이동한 후 정지하고, 5G로 정지 신호를 넣으면 2.7Cm를 이동한 후 차량이 정지한다. 앞 차가 갑자기 브레이크를 밟았을 때, 바로 뒷차에 빨리 신호가 전달되어야 위험성이 줄어들기 때문에 저지연 통신기능이 중요하다.

그림 3-82 4G와 5G의 자동차 제동거리 비교 (출처: SKT)

자율주행차를 위한 무선통신 기술은 몇 가지 있지만, 일반적으로 이동통신망을 활용하는 C-V2X(Cellular Vehicle to Everything)가 많이 사용될 것을 전망된다. C-V2X는 DSRC 대비 먼거리 전송, 안정된 통신, 5G의 eMBB, URLLC와 연계 등에 장점이 있다.

<u>자율주행에 필요한 저지연(Low Latency) 통신은 5G가 절대적인 강점이기 때문에 향후 5G로 자율주행차를 위한 무선통신 기술표준이 통합될 것으로 예상된다.</u> 완전 자율주행차를 구현하기 위해서는 20~30m 이동 이내에 중요한 데이터를 송수신하고 판단하여 대응하는 과정이 1초 이내에 이루어져야 한다.

또한, 자율주행 성능 향상을 위하여 차량과 Cloud간 고속 데이터 전송도 필수적이다. 5G 통신이 가진 1ms 이하의 전송지연 특성과 고속데이터 전송(최대 전송속도20Gbps)은 이러한 자율주행차 요구사항에 적합하다.

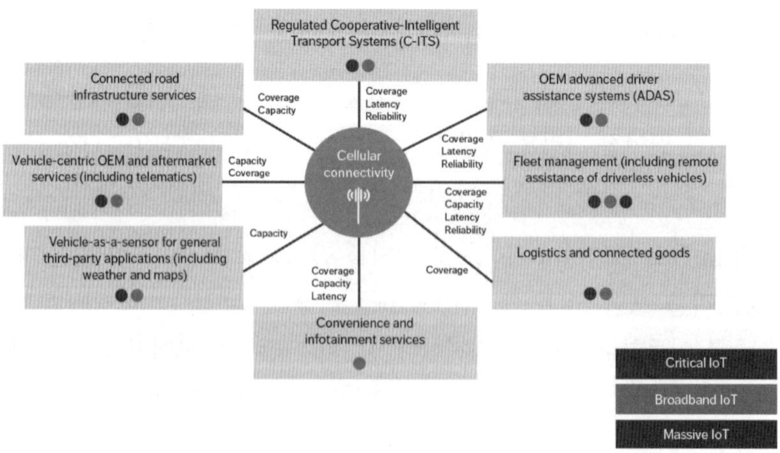

그림 3-83 자율주행차를 위한 IoT 구성요소 (출처: Ericsson)

자율주행차를 위해서 다양한 종류의 IoT 기술이 필요하며, Ericsson은 이를 위하여 Critical IoT, Broadband IoT, Massive IoT와 같이 3가지 IoT 기능(또는 서비스)이 필요하다고 언급했다. 이처럼 자율주행차를 위해서는 다양한 IoT 요소가 결합되어야만 가능하다.

3) Smart Factory

Smart Factory(공장 자동화)는 기존 공장에 ICT(Information and Communications Technology) 기술을 적용하여 생산 효율(주로 생산성 향상, 제조원가 절감)을 증대시키는 서비스이다. 특히, 큰 공장을 가진 기존 제조업체는 Digital Transformation을 위하여 IoT 기술을 적극 도입하고 있다. 또한 실시간으로 많은 데이터를 처리하기 위하여 고속 데이터 전송, 많은 IoT 디바이스 수용, 저지연 특징을 가진 5G 기술 도입도 검토하고 있다.

Smart Factory와 공장자동화는 같은 의미이며, Smart Factory는 기존 공장에 센서, 통신, 로봇, AI 등의 기술이 접목되어 공장의 생산성이 증대된다. 이중에서 많은 IoT 기술이 적용되어야만 공장자동화가 가능하다. Smart Factory의 예는 사람이 필요한 분야에 로봇을 활용하면 인건비를 절약할 수 있다.

물론 과거에도 공장에 로봇을 활용하여 생산성을 높일 수 있었으나, 당시 기술로는 로봇을 도입하는 비용보다 사람이 관여하는 것이 더 저렴했고, 기술의 성숙도가 낮아서 효율이 떨어지는 측면이 있었다. 하지만, 최근에는 성능이 좋으면서 저렴한 IoT 기술이 많이 보급되어 공장자동화를 위한 충분한 환경이 구성되었다.

5G ACIA
5G Alliance for Connected Industries and Automation

Smart Factory 기술정의와 관련하여 대표적인 단체인 독일전자산업협회(ZVEI)는 Smart Factory를 위하여 5G-ACIA(5G Alliance for Connected Industries and Automation)를 주관하고 있다. 5G-ACIA는 주로 5G를 활용하여 Smart Factory에 필요한 기술규격을 정의하는 협회이다. 최근, Industry 4.0 추세와 5G 서비스 활성화로 많은 회사에서 5G-ACIA의 Smart Factory 기술에 관심이 높다.

5G-ACIA는 제조업 공장에서 자동화를 위하여 5G와 IoT 기술을 활용하고, 5G 표준에 공장자동화 관련 요구를 반영하기 위하여 독일 업계 주도로 시작되었다(2018년 4월). 5G-ACIA는 5G망과 공장 자가망 간 연계, 기존 공장의 통신기술과 5G간 호환, 산업융합 테스트 베드와 실증, IoT 기술을 공장자동화 기술에 추가 등을 주관하고 있다.

5G-ACIA 에는 ICT 업계뿐만 아니라 전통적인 제조기업, 기관이 참여하고 있다. 5G-ACIA에 참여하고 있는 대표적인 회사는 Bosch, Deutsche Telekom, Vodafone, Intel, Siemens, Ericsson, Nokia, Huawei, 독일 인공지능연구소(DFKI) 등이 있다.

Use Case (High Level)		Availability	Cycle Time	Typical Pay-load Size	# of Devices	Typical Service Area
Motion Control	Printing machine	〉99.9999%	〈 2 ms	20 bytes	〉100	100 m × 100m × 30 m
	Machine tool	〉99.9999%	〈 0.5 ms	50 bytes	~20	15 m × 15 m × 3 m
	Packaging	〉99.9999%	〈 1 ms	40 bytes	~50	
Mobile robots	Cooperative motion control	〉99.9999%	1 ms	40–250 bytes	100	〈 1 km²
	Video-operated remote control	〉99.9999%	10–100 ms	15–250 kbytes	100	〈 1 km²
Mobile con–trol paneis with safety functions	Assembly robots or milling machines	〉99.9999%	4–S ms	40–250 bytes	4	10 m × 10 m
	Mobile cranes	〉99.9999%	12 ms	40–250 bytes	2	40 m × 60 m
Process automation (process monitoring)		〉99.99%	〉50 ms	Varies	10,000 devices per km²	

그림 3-84 5G를 활용한 Smart Factory 관련 Criteria (출처: 3GPP)

3GPP는 5G를 활용한 공장자동화의 기술적인 기준(Criteria)을 정의했는데 크게 Motion Control, Mobile Robots, Mobile Control Panels with Safety Functions, Process Automation과 같이 4개로 분류했다.

'Motion Control'은 고정된 장소에서 동작되는 일종의 자동화 로봇으로 적은 데이터가 송수신되지만, 반응시간이 빠른(즉, Low Latency) 특징이 있다. 'Mobile Robots'은 이동하는 로봇으로 몇 개의 로봇이 협력해서 동작되는 시스템으로 반응시간이 빨라야 하고, 비디오를 활용하기 때문에 로봇에서 송수신되는 데이터양이 많다.

'Mobile Control Panels with Safety Functions'은 위험한 동작을 하는 밀링머신, 크레인 등을 리모트에서 동작시키는 것이다. 'Process Automation'은 공정(Process) 자동화로 매우 많은 IoT 디바이스를 제어하는 기술이다.

Smart Factory에서 로봇제어 예를 보면, End-to-End Latency가 1ms, Cycle Time(동작주기)이 2ms 등 실시간 동작이 요구된다. 이러한 성능을 만족시킬 수 있는 무선기술은 5G가 적합한데, WPAN이나 WLAN은 전파환경이 불안정하고, 실시간 데이터 전송에 한계가 있다.

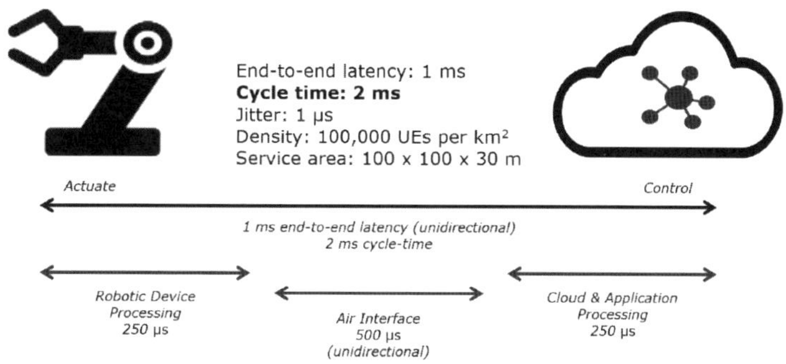

그림 3-85 Smart Factory에서 로봇 제어 (출처: Heavy Reading)

5G 기술은 Wi-Fi, Zigbee, Bluetooth 등과 달리 사업자가 해당 주파수를 관리하기 때문에 공장내에서 전파혼신이나 트래픽 혼잡이 없으므로 다른 무선통신 기술보다 안정성이 높다.

따라서 Smart Factory에서 5G가 많이 사용되는 이유는 ① URLLC(Ultra Reliable Low Latency Communication)의 저지연 특성, ② 면허대역의 주파수를 사용하여 주파수 혼신이 없고, ③ 공장외부와 내부에 무선통신이 가능하며, ④ 무선 시스템의 안정성과 보안이 보장(Guarantee)되기 때문이다.

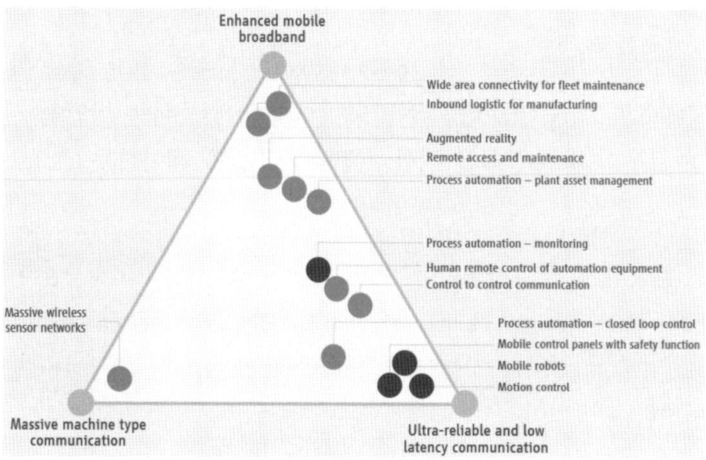

그림 3-86 5G 기술별 Smart Factory에 적용 가능한 기능 (출처: ZVEI)

독일의 ZVEI는 ITU의 5G 요구사항을 Smart Factory 분야로 다시 정리하여 주로 eMBB와 URLLC를 활용하는 방안을 제시했다. 즉, Smart Factory를 위해서는 eMBB(Enhanced Mobile Broadband)와 URLLC 기능의 조합으로 사용된다. 특히, URLLC

를 위해서는 다수의 IoT 기술이 필요하다.

eMBB 특성이 강한 기능은 넓은 지역에서 통신망을 연결해야 하는 운송관리, 물류관리, AR 등이 있다. URLLC 기능이 강한 분야는 Motion Control, Mobile Robots(이동하는 로봇), Safety Function(안전기능) 등이다. eMBB와 URLLC의 중간지점에는 Monitoring(자동화 진행 상황 파악), 제어를 위한 통신이 있다.

Smart Factory에 Wi-Fi, LoRa, Bluetooth 등이 활용될 수 있지만, Wi-Fi는 저지연 성능이 떨어지고, LoRa는 대량 데이터 송수신을 할 수 없고, Bluetooth는 단거리 전송만 가능하기 때문에 몇 가지 단점이 있다. 또한 Wi-Fi와 Bluetooth는 같은 주파수 대역을 사용하기 때문에 트래픽이 많을 경우, 혼잡제어(Congestion Control) 기술이 복잡하다.

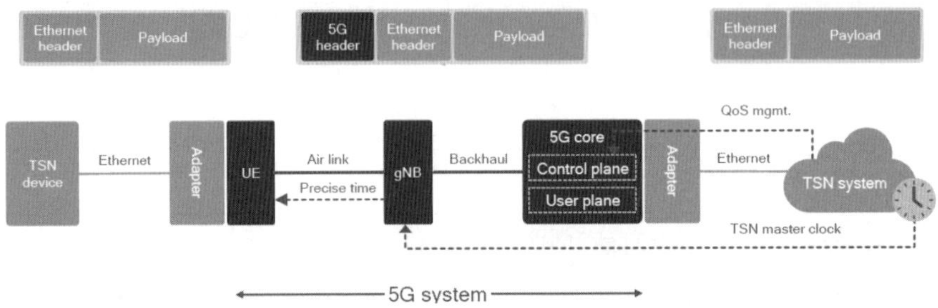

그림 3-87 Smart Factory에서 TSN 지원을 위한 구성도 (출처: Qualcomm)

Smart Factory에서 TSN(Time Sensitive Networks)은 필수적이며, 이를 위해서 3GPP와 5G-ACIA는 Cloud의 TSN Clock을 gNB(5G 기지국)와 연동하는 방안을 제시하고 있다. 즉, 공장에 있는 로봇의 빠른 동작을 위하여 전체 시스템을 제어하는 Cloud에서 5G 기지국에 직접 Timing 정보를 전송하는 방법이다.

ZEVI는 5G를 활용하여 공장자동화를 위한 레퍼런스 시나리오를 정의했는데, 특히, MEC(Mobile Edge Computing), Network Slicing 활용을 적극 권고하고 있다. MEC는 5G에 도입된 Edge Computing 기능이고, Network Slicing은 5G 이동통신망에서 QoS를 구분해서 처리하는 방법이다.

5G 기술을 활용한 Smart Factory 동작 시나리오 예를 보면, 공장자동화 동작(Industial Application) X는 센서를 활용한 동작이고, 다른 동작 Y는 로봇팔을 활용한 물류처리인 경우 X와 Y는 각각 Network Slicing을 통하여 서로 다른 QoS로 처리된다.

특히, 5G망에서 공장자동화 동작 중에 일부는 MEC(Mobile Edge Computing)를 활용하여 더욱 빠른 동작을 할 수 있는데, 이 MEC는 공장자동화 전체를 관리하는 Host Cloud와 연동된다.

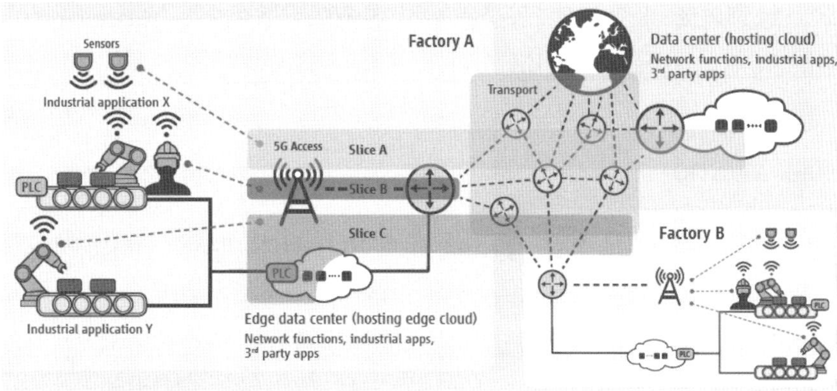

그림 3-88 5G를 활용한 Smart Factory 동작 시나리오 (출처: ZVEI)

<u>국내의 SI(System Integrator) 회사인 삼성 SDS, LG CNS 등은 Smart Factory를 위한 Platform 솔루션을 개발하여 공장에 공급하고 있다.</u> 삼성 SDS의 경우, Smart Factory를 위한 Platform인 'Nexplant'를 개발했는데, 여기에는 크게 설비관리, 공정관리, 제품검사, 자재 물류처리 등의 기능이 포함되어있다.

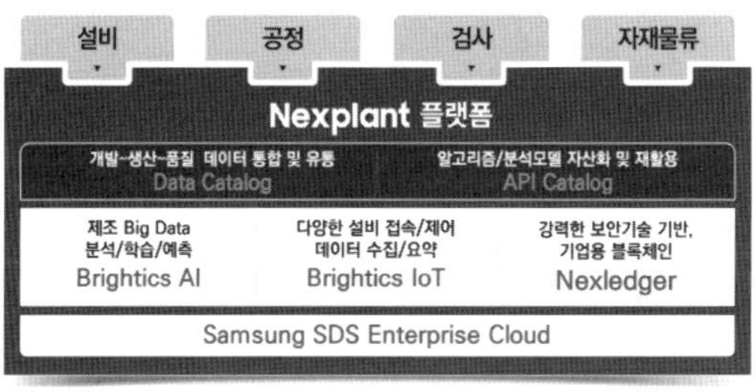

그림 3-89 Smart Factory Platform 예 (출처: 삼성 SDS)

삼성 SDS는 Smart Factory를 위한 솔루션 슬로건을 '인텔리전트팩토리'로 정하고, 여기에 IoT, Big Data, AI, Blockchain, Cloud 등의 기술을 접목했다. 특히, 많은 IoT 디바이스로부터 수집된 Big Data를 AI 엔진인 'Brightics AI'를 활용하여 공장의 각 요소를 실시간으로 감시하여 이상유무, 장애 예측 등을 추가하여 공장의 가동률을 높일 수 있다고 언급했다.

또한, 공장내에서 자재를 운반하는 무인차량의 이동에 Big Data, AI, IoT 기술을 활용하여 이동거리 최적화로 기존 대비 무인차량의 이동거리를 수십 Km를 줄일 수 있다고 밝혔다.

또한 이러한 Smart Factory는 인건비를 획기적으로 낮추고, 다품종 소량 생산이 가능해서 주요국가는 해외로 나갔던 제조공장을 다시 본국으로 돌아오는 'Reshoring'이 가능하여 중점적으로 관련기술을 개발하고 있다.

4) Tactile Internet

Tactile이란 손이나 몸으로 느끼는 촉감(또는 감촉)이다. 현재 대부분 인터넷 서비스는 디스플레이를 활용하여 사람의 눈으로 보는 것과 스피커를 활용하여 귀로 듣는 미디어 서비스가 대부분이다. 하지만, Tactile은 눈, 귀를 포함하여 촉감이 추가된 개념으로 Tactile 의미를 확대 해석하면 냄새, 바람 등을 느낄 수 있는 감각까지 포함된다.

Tactile Internet이란 Tactile 정보를 인터넷으로 주고 받는 기술이다. ITU는 Tactile Internet 서비스를 제공하기 위하여 다음과 같은 특징이 요구된다고 정의했다. "Extremely low latency in combination with high availability, reliability and security will define the character of the *Tactile Internet*".

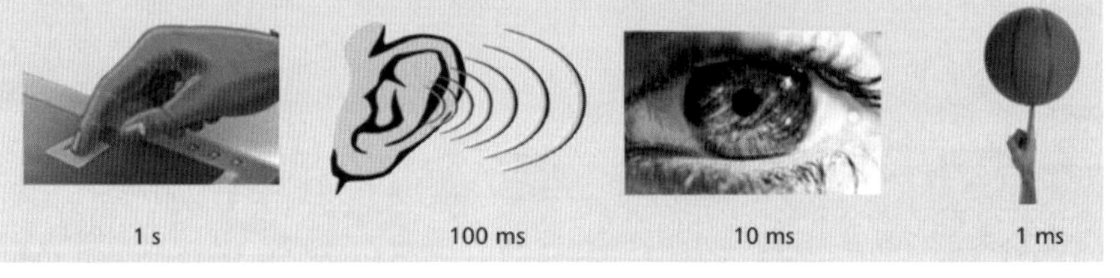

그림 3-90 사람의 감각별 인지시간 비교

이처럼 Tactile Internet 서비스를 제공하기 위해서는 'Low Latency'(또는 Extreme Real-time Communications)가 핵심적인 기능이다. 사람 감각의 반응시간을 보면, 손으로 휴대폰 화면을 누른(즉, Touch) 다음 화면에 표시되는 정보를 인식하는 감각은 1초, 귀로 듣는 것은 100ms, 눈으로 보는 것은 10ms의 지연에도 큰 문제는 없으나, 촉각(Tactile)은 1ms 이내를 느낄 수 있다.

따라서 Tactile Internet 서비스는 통신지연이 매우 민감한 기능을 활용하는 것으로 리모트(즉, 먼거리)에서 공장자동화 로봇 제어, 원격 수술(Remote Operation), 실시간 가상현실 서비스 등이 있다. 이러한 서비스에는 IoT 기술이 필수적으로 사용된다.

리서치 회사인 Accenture는 5G망에서 Tactile Internet 서비스를 제공하려면, 1Gbps 이상 속도와 1ms 이하 Latency가 되어야 한다고 언급했다. 또한 Accenture는 Tactile Internet 서비스가 Normadic(걸어다니는 수준의 속도) 사용자 위주로 제공될 것으로 예측했다.

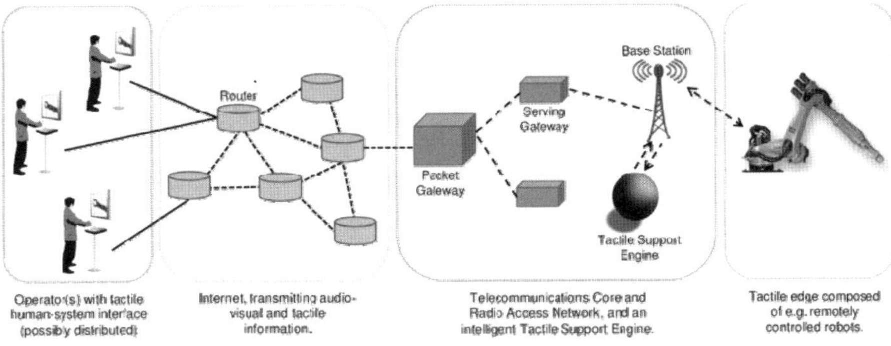

그림 3-91 Tactile Internet을 위한 시스템 구성 예

Tactile Internet 서비스 제공을 위한 시스템 구성 예를 보면, 공장과 멀리 떨어져있는 운영자(Operator)가 리모트에서 5G망을 통하여 공장의 로봇을 실시간으로 제어하는 것이다. 이때 운영자가 제어하는 장치나 로봇에는 다수의 IoT 디바이스가 사용되며, 이들간 정보는 거의 실시간으로 처리된다.

추가로 5G 통신망은 다양한 QoS를 처리할 수 있는 Network Slicing 기능이 제공되기 때문에 Tactile 정보를 전송하기 위하여 다른 정보보다 전송속도는 빠르고 통신지연이 발생되지 않도록 처리된다.

또한 5G 통신망에 일부 Cloud 기능이 기지국 가까이 위치하여 서비스 대상 단말기와 송수신 송수신 속도를 빨리하고, 지연시간을 줄일 수 있는 MEC(Mobile Edge Computing)가 사용되기 때문에 더욱 효과적으로 Tactile Internet 서비스를 제공할 수 있다.

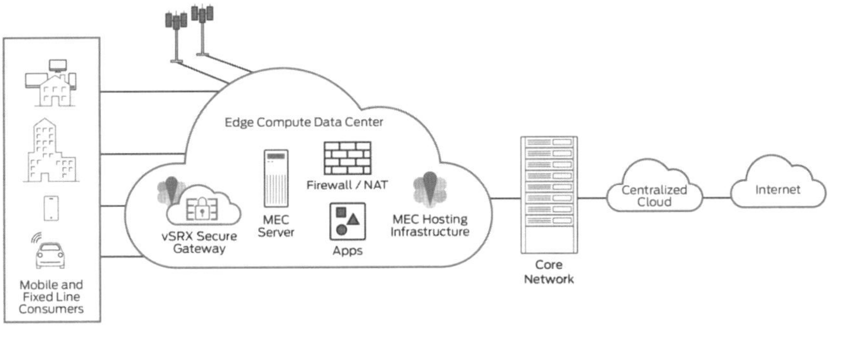

그림 3-92 5G망에 Mobile Edge Computing 적용

Tactile Internet 서비스가 확산될 경우, 통신 사업자는 5G 통신망의 MEC와 연계되는 'Tactile Support Engine'을 활용할 것으로 예측된다. Tactile Support Engine은

Tactile Internet 서비스를 제공하기 위하여 통신지연을 줄이기 위한 망 요소이다.

Tactile Support Engine은 Tactile Internet 서비스를 제공하기 위한 Cloud로 볼 수 있으며, Tactile Internet 서비스에 대해서는 코어망에서 Network Slicing으로 트래픽 처리 우선순위를 높게 설정되고, 무선구간에는 저지연 통신으로 처리된다.

이처럼 Tactile Internet 서비스의 응용분야가 다양하기 때문에, 초기 시장을 선점할 경우 많은 사업기회를 만들 수 있다. 특히, 5G 이동통신망이 Tactile Internet 서비스를 제공하기 위한 환경을 제공해주기 때문에 관련된 기술 개발도 필요하다.

이처럼 대부분 Tactile Internet 서비스는 사람이 많이 관여하지 않기 때문에 5G를 활용한 IoT 기기간 통신과 다양한 센서가 필요하기 때문에 많은 IoT 기술이 사용된다.

요 약

Critical IoT

- Critical IoT는 통신과정에서 오류가 거의 발생되지 않고, 데이터 전송에서 지연이 짧은 기능을 활용하는 서비스로써, 다른 IoT 서비스 대비 장비구축/운용 비용이 비싸다.
- 자율주행차는 차량에 많은 센서가 적용된 IoT 기술이 사용되며, 무엇보다도 즉각적인 반응이 필수적인 Critical IoT 기술이 사용된다.
- Smart Factory는 기존 공장에 IT 기술을 접목하여 생산효율을 증대시키고, 원가를 절감하는 서비스로써 많은 IoT 디바이스와 실시간 처리가 가능한 통신기술이 사용된다.
- Tactile Internet는 사람의 촉각 정보를 인터넷으로 송수신하는 서비스이며, 고속 데이터 전송과 실시간 처리가 동시에 구현되어야 한다. Tactile Internet 서비스에는 원격수술, 로봇제어 등이 있다.

5. Intelligent Connectivity

GSMA는 기존의 IoT에서 5G 이동통신, AI, Big Data 등의 기술이 결합된 지능형 IoT라는 의미에서 'Intelligent Connectivity'를 정의했다. GSMA는 Intelligent Connectivity의 슬로건을 "Intelligently Connecting Everyone and Everything to a Better Future"로 정의하여, 기존 IoT 대비 지능적인 연결로 더 좋은 서비스 제공이 가능함을 강조했다.

Intelligent Connectivity는 5G(주로 mMTC, URLCC), AI(데이터 기반 학습), Big Data(데이터 수집, 저장, 분석) 등의 기술을 활용하는 것으로 기존의 IoT 보다 진화된 개념이다.

GSMA는 이러한 Intelligent Connectivity를 위하여 5G가 도입되어야 가능하다고 강조하면서 5G의 중요성을 언급했다.

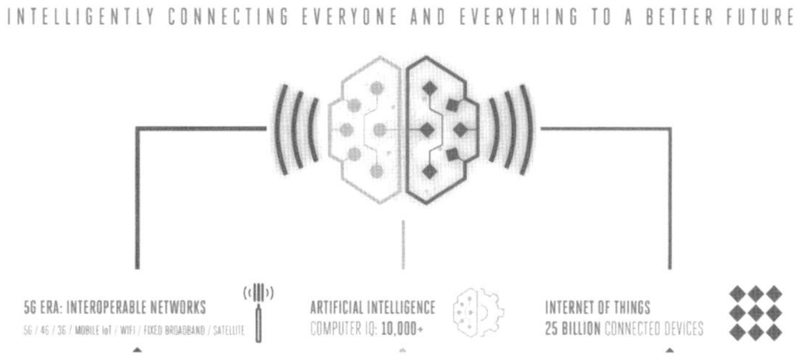

그림 3-93 GSMA에서 정의한 Intelligent Connectivity 개념

IoT Analytics사는 Intelligent Connectivity의 응용분야를 언급하면서 크게 Transportation & Logistics, Industrial & Manufacturing Operations, Healthcare, Public Safety & Security로 정의했다.

Transportation & Logistics는 주로 IoT와 AI를 기반으로 자율주행, 트래픽 모니터링, 자율주행차, 무인배송 차량 등을 의미한다. Industrial & Manufacturing Operations는 공장자동화 관련으로 리모트에서 로봇 제어, 지능적인 공장 시스템 등이다.

즉, Intelligent Connectivity는 5G의 특징인 대규모 IoT 디바이스 수용, 저지연 통신 특성을 활용하며, 데이터 기반 학습이 가능한 AI와 데이터 수집/저장/분석이 가능한 Big Data 등의 기술이 융합되어 사용되는 것으로 기존 IoT보다 진화된 서비스이다.

최근 다수의 혁신적 기술이 서로 융합되면서 새로운 서비스를 제공하여 사람의 생활을 편리하게 해주는 근본적인 변화가 일어나고 있다. 이러한 환경변화에서 사람과 사물이 지능적으로 소통하고 연결되는 Intelligent Connectivity가 활성화될 것으로 전망된다.

그림 3-94 MWC2019, MWC2020 슬로건

2019년의 MWC(Mobile World Congress) 주된 트랜드는 Intelligent Connectivity였으며, 2020년의 MWC 슬로건도 “Limitless Intelligent Connectivity”였다. 하지만, MWC2020의 경우 전세계적인 바이러스 문제로 행사가 취소되었다.

이처럼 2019년부터 Intelligent Connectivity는 전세계적으로 많은 관심을 받고 있으며, 일부 IT 언론은 향후 몇 년간 Intelligent Connectivity가 주된 IT 트랜드로 자리를 잡을 것이라고 전망했다.

GSMA는 Intelligent Connectivity가 다수의 서비스에 적용될 수 있지만, 새로운 서비스 발굴보다는 기존 서비스를 개선한 지능형 IoT 서비스가 될 것이라고 언급했다. 이 경우 IoT, 5G, Cloud, Big Data, AI 등의 신기술을 조기에 적용해야만 서비스 경쟁력을 갖출 수 있다.

예를 들면, Intelligent Connectivity 서비스로 ‘Smart Transportation’이 가능한데, 이것은 5G, AI, IoT가 결합되어 도로에서 차량, 보행자, 장애물 등의 상황이 실시간으로 교환되어야 사고방지, 트래픽 분산 등이 가능해진다.

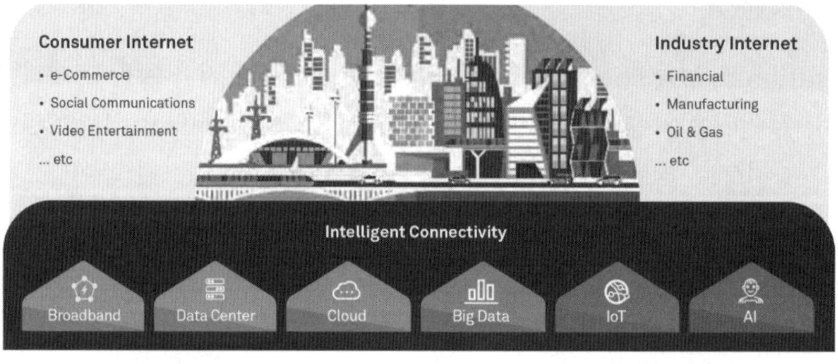

그림 3-95 Intelligent Connectivity 요소기술, 응용분야

또 다른 예는 공장 자동화에서 센서를 가진 많은 IoT 디바이스가 데이터를 수집하고, Big Data분석과 학습(즉, AI)을 통하여 가치있는 데이터가 생성된 다음, 빠른 응답이 가능한 5G 이동통신으로 공장의 로봇이나 생산장치를 실시간으로 제어할 수 있다.

한편, Intelligent Connectivity는 Digital Transformation에 많은 기여를 할 것으로 예측된다. 예를 들면, 영국의 통신사업자인 BT는 Intelligent Connectivity를 Digital Transformation의 핵심적인 기술로 정의하여 B2B 사업(예: 공장 자동화, 스마트 시티)에 적극 적용할 계획이라고 밝혔다.

Digital Transformation이란 디지털 기술을 기반으로 기업의 전략, 조직, 프로세스, 비즈니스 모델, 문화, 커뮤니케이션을 근본적으로 변화시키는 경영기법이다. Digital Transformation을 간단히 표현하면, 기존의 산업영역에 디지털 기술을 적용하여 효율을 개선시키는 것을 의미하며, 공장 자동화가 대표적인 사례가 될 수 있다.

언론회사인 Forbes는 Intelligent Connectivity를 위하여 Connectivity, AI, Digital Trust, Digital Wellness와 같은 4가지 핵심요소를 선정했다. 여기에서 Connectivity는 초고속 통신과 많은 IoT 디바이스를 수용할 수 있는 기술(특히, 5G)을 의미한다.

Digital Trust는 다양한 기술이 적용된 많은 디바이스가 서로 연결되어 있어서 보안과 안정성을 위한 기술이고, Digital Wellness는 AI와 같이 기술이 고도화되면서 사람의 존엄성, 평등과 같은 인간적인 측면을 의미한다.

또한 Forbes는 ① 과거 IT 산업은 통신을 위주로 성장했으며, ② 이후 Platform 사업자(예: Google, Facebook)의 성장기였으나 ③ 향후에는 Intelligent Connectivity 기반의 Digital Transformation을 활용한 새로운 산업분야(예: 금융, 물류, 운송, 헬스케어, 소매업)가 성장기를 맞이 할 것이라고 전망했다.

이처럼 많은 회사는 GSMA에서 정의한 Intelligent Connectivity와 관련된 기술을 개발할 것으로 예측되며, Intelligent Connectivity는 Digital Transformation, Industry 4.0 등과 연계되어 IT 분야에서 새로운 BM 창출을 위한 기반기술이 될 것으로 기대된다.

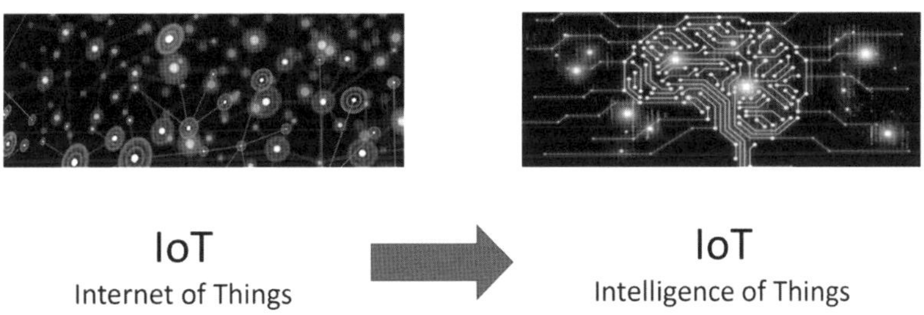

그림 3-96 IoT 기술 진화 (출처: CTA)

CES(Consumer Electronics Show)를 주관하는 미국 CTA(Consumer Technology Association)는 IoT(Internet of Things)가 IoT(Intelligence of Things)로 진화될 것이라고 언급했다. 이처럼 향후 IoT는 지능형 서비스가 제공되어야만 경쟁력을 갖출 수 있다. CES는 매년 개최되는 전세계에서 가장 큰 IT 전시회로써 그 해(Year)의 새로운 기술과 제품의 방향을 제시해준다.

요 약

Intelligent Connectivity

- Intelligent Connectivity는 기존 IoT에 5G 이동통신, AI, Big Data 등의 신기술이 융합된 지능형 IoT 서비스이다.
- Intelligent Connectivity는 현재의 IoT 보다 개선된 서비스로써 GSMA, CTA는 향후 주요 기술 트렌드로 Intelligent Connectivity를 선정했으며, 이것은 Digital Transformation과 Industry 4.0을 위한 필수적인 기술이다.

〈저자소개〉

김 현 욱

경북대학교 전자공학과(학사, 석사)를 졸업한 다음, SK Telecom ICT 기술원에 입사하여 20년 이상 이동통신 신기술, 이동통신 부가서비스, 단말기 기술 등을 개발하여 상용화했으며(연구위원), 이후 SK Planet에서 신기술 기반 사업을 개발하고 있습니다.

그 동안 이동통신(2G, 3G, 4G, 5G), 멀티미디어(화상통신 등), 보안기술, 실내외 측위, IoT, 해외 로밍, AR/VR, DMB, WiBro, RFID, eCommerce, O2O, Wireless Connectivity(WiFi, BT 등), Blockchain, AR/VR, USIM/eUICC, AI 기반 서비스 등 다수의 기술을 상용화하면서 실무경험을 보유하고 있습니다.

주요 저서로는 "5G 이동통신 기술과 서비스", "IMT-2000 이동통신 원리", "재미있는 CDMA 단말기"가 있고, SK Telecom 사내 직원 교육용으로 다수의 교육자료, 논문이 있습니다. 신기술 개발과정에서 특허를 작성하여 국내 약 200개, 해외 25개를 보유하고 있습니다.

본 서적과 관련된 문의사항이 있으시면, 저자에게 연락 부탁드립니다.

(김현욱 메일 주소 : hwkim7@gmail.com)

IoT 기술과 서비스

발　　행 / 2020년 5월 29일

저　　자 / 김 현 욱
펴 낸 이 / 정 창 희
펴 낸 곳 / 동일출판사
주　　소 / 서울시 강서구 곰달래로31길7 (2층)
전　　화 / (02) 2608-8250
팩　　스 / (02) 2608-8265
등록번호 / 제109-90-92166호

ISBN 978-89-381-1347-4-13000
값 / 22,000원